Peter B. Medawar / Jean S. Medawar
Von Aristoteles bis Zufall

Peter B. Medawar / Jean S. Medawar

Von Aristoteles bis Zufall

Ein philosophisches Lexikon der Biologie

Aus dem Englischen
von Friedrich Griese

Piper
München Zürich

Die Originalausgabe erschien 1983 unter dem Titel
»From Aristotle to Zoos. A Philosophical Dictionary of Biology«
bei Harvard University Press, Cambridge, Massachusetts.

ISBN 3-492-02901-9

Gesetzt aus der Times-Antiqua
Gesamtherstellung: Hieronymus Mühlberger GmbH, Augsburg
Printed in Germany

Inhalt

Vorwort

Harvard University Press bat uns, mit Peter Gays 1962 erschienener eleganter Übersetzung von Voltaires *Philosophischem Wörterbuch* als Köder, ein »philosophisches Wörterbuch der Biologie« in Angriff zu nehmen; doch während sich Voltaire die ganze Welt zum Gegenstand gewählt hatte, sollten wir uns auf biologische Themen beschränken – dabei aber Voltaires Format und, wenn möglich, seinen Esprit bewahren. Wir hoffen, der Titel *Von Aristoteles bis Zufall,* also das »von A bis Z«, weckt nicht die Erwartung einer erschöpfenden Behandlung, denn darum war es uns nicht zu tun.

Philosophisch ist dieses Werk nur in dem häuslich-behaglichen Sinne, daß es gemächlich, entspannt und nachdenklich ist. Es enthält keine Philosophie etwa von der Art der im Deutschland des 19. Jahrhunderts so verbreiteten »Naturphilosophie« – einer Art wissenschaftlicher Belletristik, die wahrhaft traurige Berühmtheit durch ihr Bemühen erlangte, in den Rätseln, an denen die Biologie so reich ist, einen Sinn zu finden.

Es war die Naturphilosophie, der wir die angebliche Existenz einfachster und aus fernster Urzeit stammender Organismen – der *Monera* – verdankten, die, wie es die vorherrschende Naturvorstellung forderte, lediglich aus nacktem Protoplasma bestehen sollten; der Naturphilosophie verdankten wir auch die Auffassung, der Schädel der Wirbeltiere sei im wesentlichen durch die Verschmelzung und die adaptive Umwandlung der vordersten Wirbel gebildet worden. Wie blamabel, daß Thomas Henry Huxley, der diese Theorie des Schädels 1858 in einer berühmten Croonian Lecture vor der Royal Society sachkundig zerpflückte, sich von Ernst Haeckels *Monera* so hereinlegen ließ, daß er glaubte, in einer Tiefwasserprobe aus dem Atlantik ein Exemplar dieser Art entdeckt zu haben!

Der Geist der Naturphilosophie kommt ferner in der falschen Auffassung zum Vorschein, Krebszellen seien im Grunde Embryozellen, die sich der Disziplin des Differenzierungsprozesses entzogen und auf anomale Weise bis ins Erwachsenenalter überdauert hätten, um dann als bösartige Wucherungen gewissermaßen flügge zu werden. Alle erfahrenen Biologen werden unser Anliegen teilen, daß das »philosophische« Element in unserem Wörterbuch nicht in diesem zutiefst irrigen Sinn ausgelegt werden darf.

Andererseits ist dies weder ein Nachschlagewerk noch ein Wörterbuch mit Erklärungen und Definitionen. Es besteht kein Bedarf für ein solches Werk, solange der *Penguin Dictionary of Biology,* ein kleines Meisterwerk an Sachkenntnis und Formulierungskunst, noch erhältlich ist – und er hatte es bis 1983 auf zehn Auflagen gebracht. Gewiß geben auch wir einige Definitionen, und sei es nur, um weiterentwickelnd an ein Wörterbuch anzuknüpfen, das der üblichen Art mehr entspricht als das Voltaires, doch sind diese Definitionen den Gegenständen, auf die sie sich beziehen, zugeordnet. Die weitreichende Änderung, die man jetzt an der 1771 geschaffenen *Encyclopaedia Britannica* vorgenommen hat, findet nicht unseren Beifall: Man hat weitschweifige, allgemeine Artikel aufgenommen, die ganze Wissenszweige behandeln und auf die der nach einer bestimmten Auskunft Suchende wiederholt verwiesen wird. Wir meinen, daß jemand, der – neugierig oder ängstlich – unter »Spina bifida« nachschlägt, wissen möchte, was das ist, und nicht auf eine Abhandlung über Embryologie verwiesen zu werden wünscht.

Die wohl berühmteste Passage in Voltaires Wörterbuch steht in dem Kapitel *»Tout est bien«,* welches die düstere Theodizee enthält, die folgendermaßen beginnt: »Entweder wünscht Gott das Übel aus dieser Welt zu tilgen und kann es nicht, oder er kann es und wünscht es nicht, oder er wünscht es weder, noch kann er es«. Voltaire hat die gesamte Passage aus einem Traktat über den Zorn Gottes zitiert, das von Lactantius stammt, einem Kirchenvater des 4. Jahrhunderts, der vorgab, sie von Epikur zu haben. Die Geringschätzung, mit der Voltaire das Bemühen des Lactantius abtat, die Schlußfolgerungen aus dieser Passage zu bestreiten, läßt uns annehmen, daß er wenig

Geduld für jenen theologischen Humbug aufgebracht hätte, den Ehrwürden Lord Bridgewater, mit dessen Überzeugungen wir uns später noch befassen werden, der Welt kundgetan hat.

Wenn das vorliegende Buch nicht zum Nachschlagen und nicht zur gezielten Information gedacht ist, wozu – und für wen – ist es dann gedacht? Zum zwanglosen Blättern. Das meiste wird der Leser davon haben, wenn er entschlossen davon absieht, irgend etwas zu lernen, was er nicht wissen möchte, und jederzeit das befreiende Vorrecht des Lesers nutzt, etwas zu überschlagen.

Unter den gebildeten Lesern, die uns vorschweben, könnten Biologen, Soziologen, Psychologen und andere sein, die zu der wachsenden Zahl nachdenklicher Menschen gehören, für welche die Biologie jene Wissenschaft ist, der für das Verständnis und die Verbesserung der Lage des Menschen die höchste Bedeutung zukommt.

Für die Genehmigung, die im Text vorkommenden Abbildungen und Fotografien zu verwenden, danken wir den folgenden Institutionen und Verlagen: dem Londoner naturwissenschaftlichen Museum für die Abbildungen, welche die dreidimensionale geometrische Realisierung einiger algebraischer Funktionen darstellen; dem Verlag Clarendon Press für die Darstellung der Gompertz-Funktion und ihrer wichtigsten Ableitungen; der Royal Society in London für die Darstellung der möglichen Verwechslung von Wachstums- mit Verteilungskurven; dem Verlag Cambridge University Press für die Abbildungen aus Sir D'Arcy Wentworth Thompsons *On Growth and Form* [deutsch: *über Wachstum und Form,* Basel und Stuttgart: Birkhäuser Verlag 1973].

Bei dieser Gelegenheit möchten wir uns auch herzlich bedanken bei unserer redaktionellen Mitarbeiterin, Frau Joy Heys, die uns half, das Manuskript zu erstellen, und bei Vivian Wheeler, Cheflektorin bei Harvard University Press, die unser Manuskript sorgfältig redigierte und gestaltete.

P. B. M.
J. S. M.

A

Aggressionstrieb

Leute, die vom »Aggressionstrieb« sprechen (Biologen sind kaum darunter), sind gewöhnlich gekränkt und verärgert, wenn man sie darauf hinweist, daß es so etwas nicht gibt, das heißt, daß es keinerlei Drang oder Appetenzverhalten gibt, der beziehungsweise das durch Aggressionshandlungen befriedigt oder entladen wird. Es gibt freilich aggressive Elemente in verschiedenen triebbestimmten Verhaltensweisen – so beispielsweise bei der Revierverteidigung, der sexuellen Rivalität und der Nahrungskonkurrenz. Verhaltensforscher wissen, daß manches an dieser Aggression Täuschung ist, eine Art Warnschuß oder Säbelrasseln, wodurch ohne Gefahr für die Kämpfenden all das erreicht werden kann, was eine wirkliche Aggression bewirken würde. Das Argument, Kriege zwischen den Völkern seien die unausweichliche Konsequenz von Aggressionstrieben, weil »der Mensch ein aggressives Tier ist« und »man die menschliche Natur nicht ändern kann«, entbehrt jeglicher Grundlage. Gebildete Menschen brauchen sich nicht auf ethologische Forschungsberichte zu berufen, um dergleichen Plattheiten zurückzuweisen. Tatsächlich ist man heute fast durchgängig der Ansicht, daß solche Phrasen ein besonders niedriges Gesprächs- oder Diskussionsniveau kennzeichnen.

Albinismus

Der Albinismus ist eine Störung des Pigmentsystems, bei der es, ohne Verringerung der Anzahl der Zellen und ohne Veränderung ihrer Anordnung, zu einer extremen Herabsetzung der Pigmentierungsfunktion in den Zellen kommt, die potentiell Pigment bilden können, nämlich den *Melanozyten.* Des schwarzen Pigments beraubt, erscheint die Netzhaut von menschlichen und tierischen Albinos wegen ihrer starken Durchblutung hellrosa. Ohne den Schutz des Pigments werden die Sinneszellen der Netzhaut leicht beschädigt, daher ist die Sehfähigkeit von Albinos im allgemeinen stark beeinträchtigt.

Der Albinismus oder vielmehr die Verdünnung des Pigments, deren extreme Form er darstellt, ist genetisch bedingt und wird bei vielen Haustieren, wie etwa Mäusen, Ratten, Meerschweinchen und Pferden, und auch bei Menschen angetroffen. In einigen Kulturen wurden menschliche Albinos mit abergläubischer Scheu behandelt, weiße Pferde dagegen sehr bewundert.

Bei den sogenannten Albino-Meerschweinchen und den Himalaya-Kaninchen spricht man zwar von Albinismus, doch handelt es sich in Wirklichkeit um eine extreme Verdünnung der Pigmentierung. Diese Tiere haben die Eigenschaft, daß ihre vorspringenden Punkte (Pfoten, Ohren- und Nasenspitzen) aus noch unbekannten Gründen bei kalter Witterung dunkel werden.

Aufgrund ihres ähnlichen Aussehens wird bei Albino-Ratten und -Mäusen oft angenommen, sie seien erbgleich; tatsächlich aber kann der Albinismus eine ansonsten offenkundige genetische Verschiedenartigkeit verdecken. Dies kann für unerfahrene Experimental-Biologen und -Psychologen leicht zur Falle werden. Die letzteren beispielsweise haben vielfach angenommen, Wistar-Ratten seien hinsichtlich ihres Genbestands ebenso gleichartig wie hinsichtlich ihrer Farbe.

Allergie

Eine Allergie ist ein Mißlingen der Immunisierung; dabei entwickelt dieser ursprüngliche Schutzmechanismus schädliche Auswirkungen, deren Schwere vom Juckreiz bis zum plötzlichen Tod reicht.

Es gibt eine unübersehbare Vielfalt von Allergien, und bislang sind nicht einmal alle ihre Erscheinungsformen oder die Wirkstoffe, von denen sie ausgelöst werden können, bekannt. Beinahe jede nicht körpereigene Substanz, die zu einem Immunreaktionszentrum Zugang findet, *kann* ein Allergen sein, das heißt ein Antigen, das der Hauptauslöser einer allergischen Reaktion ist. Die bekanntesten und lästigsten Antigene sind Pollen, die Heuschnupfen und Asthma hervorrufen, Pilzsporen, welche zu der sogenannten »Farmerlunge« führen, Milben im Hausstaub, deren Exkrement eine besonders schwer zu behandelnde Form von Asthma verursacht, Industriechemikalien, die ständig allergische Hautentzündungen bewirken, und die vielen, als Antigene wirkenden Nahrungsmittel wie Eiweiß und Schellfisch, die berüchtigt sind als Auslöser von Magenschmerzen und Nesselsucht.

Weitere schlimme Übeltäter sind neue Arzneimittel oder deren Trägerstoffe, Substanzen wie Antibiotika und insbesondere die Pferdeseren, welche Antikörper gegen bakterielle Toxine enthalten, beispielsweise das Serum gegen Diphterie und Tetanus. (Zyniker haben behauptet, das Pferdeserum habe als Allergen mehr Todesfälle verursacht, als durch die therapeutische Wirkung der Antikörper, deren Trägersubstanz es ist, je verhütet worden sind.) Die bei der Wechselwirkung zwischen Antigen und Antikörper stattfindende Freisetzung von Histamin durch eine bestimmte Art von weißen Blutkörperchen ist verantwortlich für den körperlichen Notstand des *anaphylaktischen Schocks;* andere in ähnlicher Weise pharmakologisch wirksame Substanzen rufen Allergien des sogenannten Arthus-Typs hervor, die durch das Zusammentreffen von Antigen und Antikörper innerhalb der Gewebe ausgelöst werden. (Die Farmerlunge ist eine Reaktion des Arthus-Typs.)

Eine theoretisch bedeutsame und medizinisch nützliche Form der Allergie ist die verzögerte Überempfindlichkeitsreaktion. Man nennt sie »verzögert« im Unterschied zu den sich rasch entwickelnden Quaddeln, die entstehen, wenn man Antigene, die Allergien vom Asthma/Nesselsucht-Typ hervorrufen, in die Haut injiziert. Zu einer verzögerten Überempfindlichkeitsreaktion kommt es dagegen normalerweise dann, wenn man Antigene jener Art, die eine durch Zellen vermittelte Immunität verleihen, in das Gewebe einbringt. Innerhalb von fünf bis vierundzwanzig Stunden entwickelt sich eine Schwellung und Rötung, verbunden mit Schmerz oder Juckreiz sowie einer mikroskopisch nachweisbaren Anreicherung von weißen Blutkörperchen (besonders Lymphozyten) in den Geweben um die Injektionsstelle. Ein Beispiel dafür ist die Tuberkulinreaktion, die dem *Mantoux*-Test zugrundeliegt; bei Menschen, die eine aktive Tuberkelinfektion haben oder gehabt haben, wird durch Extrakte von Tuberkelbazillen in sehr kleinen Mengen eine solche örtliche Hautreaktion hervorgerufen.

Der potentielle Nutzen des *Mantoux*-Tests geht den meisten Allergien ab; sie sind im Gegenteil die wesentliche Ursache von Unbehagen, Unwohlsein oder Schmerz. Zur Behandlung der Symptome setzt man im allgemeinen Antihistamin-Präparate und Corticosteroide ein, doch wie immer ist Vorbeugung auch hier das Beste: Allergene wie Pollen, Pilzsporen, Hausstaub und reizende Chemikalien sollten nach Möglichkeit (und sehr oft ist das natürlich nicht möglich) gemieden werden.

Allometrisches Wachstum

Es ist eine pure Binsenweisheit, daß das Großwerden nicht bloß in einem symmetrischen Größerwerden besteht, daß der Erwachsene nicht einfach eine größere Ausgabe des Kindes ist. Vielmehr ändert sich im Laufe der Entwicklung auch die Gestalt des Organismus, und insofern es sich dabei um einen gesetzmäßigen und geregelten Vorgang handelt, sollte man erwarten, daß auch zwischen der Wachstumsrate eines Körperteils und der Wachstumsrate des gesamten Körpers oder eines anderen Teils eine gesetzmäßige und vielleicht einfache Beziehung besteht.

Das »Gesetz« der Allometrie, wie es zuerst vorgeschlagen wurde, besagte, daß im Laufe des Heranwachsens die spezifische Wachstumsrate eines bestimmten Körperteils in einem konstanten Verhältnis zur spezifischen Wachstumsrate eines anderen Teils steht. Bezeichnet man zwei Körperteile sowie ihre jeweilige Größe mit x und y, so sind die spezifischen Wachstumsraten der Teile $(1/x)\ (dx/dt) = (d \log_e x)/dt$ beziehungsweise $(1/y)\ (dy/dt) = (d \log_e y)/dt$, und ihr Verhältnis ist entsprechend $(x/y)\ (dy/dx)$ oder $(d \log_e y)\ /\ (d \log_e x)$. In der ursprünglichen Formulierung von Julian Huxley galt dieses Verhältnis als konstant, so daß sich in der graphischen Darstellung der Logarithmen der beiden variablen Größen eine gerade

Linie gemäß der linearen Gleichung $\log y = \log b + a \log x$ ergeben mußte.

Obwohl es einige erstaunliche Übereinstimmungen mit der Regel gibt, wird dieses Gesetz heute nicht mehr als allgemeingültig angesehen. Aus der Gleichung kann man ersehen, daß $a = 1$ ist, wenn x und y streng proportional zueinander wachsen, und daß y gegenüber x zu- beziehungsweise abnimmt, wenn a größer beziehungsweise kleiner als 1 ist.

Für eine umfassendere Behandlung des Problems des Gestaltwandels im Laufe der Entwicklung sei der Leser auf das Stichwort *Transformationen* verwiesen. Siehe ferner die Erörterung unter *Wachstum (biologisches) und seine Gesetze.*

Altern

»Altern« bedeutet zwar wörtlich nichts anderes als Älterwerden, doch wenn von Altern die Rede ist, meint man zumeist jene Bedeutung, für die Fachleute das Wort *Seneszenz* bereithalten: das fortschreitende Nachlassen der körperlichen Fähigkeiten und Leistungen, das mit dem Älterwerden einhergeht. Wohl ist immer wieder versucht worden, die Seneszenz als pathologischen Vorgang hinzustellen, doch kann man, nach ihrem typischen Verlauf und ihrem Einsetzen bei Menschen und Haustieren zu schließen, kaum einen Zweifel daran haben, daß sie in Wirklichkeit ein natürlicher Prozeß ist, der einfach zur Entwicklung gehört und ihren Abschluß bildet.

Wann beginnt die Seneszenz? Von unserer eigenen Verfassung ausgehend, sind wir versucht, zu antworten: »nach einer Zeit des Wachsens und Reifens«; in einer fesselnden Artikelserie, die in *Popular Science Monthly* erschien (und unter dem Titel *The Problem of Age, Growth and Death,* London 1908, wiederveröffentlicht wurde), ist der amerikanische Anatom Charles Minot jedoch zu einer ganz anderen Antwort gekommen: Das Altern, so erklärte er, beginnt bei der Geburt. Nimmt man nämlich die spezifische Wachstumsrate, welche die Fähigkeit von lebendem Gewebe mißt, sich ebenso schnell zu reproduzieren, wie es selbst gebildet wurde, als das geeignetste Maß der »Vitalität«, so kann man getrost sagen, daß die Seneszenz bei der Geburt beginnt, da ja die spezifische Wachstumsrate von Geburt an sinkt.

Minots Anregung hat uns veranlaßt, das zweite der beiden Wachstumsgesetze, die wir unter dem Stichwort *Wachstum (biologisches) und seine Gesetze* darlegen, als Minotsches Gesetz zu bezeichnen; dieses Gesetz stellt fest, *daß die spezifische Beschleunigung des Wachstums stets negativ ist.* Es klingt allerdings ein wenig manieriert, wenn man sagt, das Altern beginne bei der Geburt; will man von der gängigen Betrachtungsweise nicht allzusehr abweichen, könnte man sagen, daß der körperliche Abbau unmittelbar nach der statistischen Blütezeit des Lebens einsetzt, jener kurzen Lebensphase, in der die Sterblichkeitsintensität am geringsten und die Wahrscheinlichkeit, daß wir einen weiteren Monat oder Tag, noch ein Jahr oder eine Minute länger leben werden, höher ist als zu irgendeinem früheren oder späteren Zeitpunkt.

Diese Bemerkung liefert das passende Stichwort, um die statistische Messung der Seneszenz einzuführen, die in der Altersforschung fast durchweg benutzt wird. Nach diesem Meßschema versteht man unter Seneszenz jene Veränderung der körperlichen Strukturen, Fähigkeiten oder Energien, welche die Wahrscheinlichkeit erhöht, daß man durch zufallsbedingte äußere Einwirkungen stirbt, denn nach der statistischen Blütezeit des Lebens werden wir immer anfälliger. Würden die Menschen nur durch zufallsbedingte äußere Einwirkungen sterben und würde das Altern nicht ihre Anfälligkeit erhöhen, so wäre die Sterblichkeitsintensität konstant, doch nimmt sie in Wirklichkeit von der statistischen Blütezeit bis zum Lebensende hin zu.

Dies ist zwar ein geeignetes und sinnvolles Meßschema, doch ist es nicht narrensicher. So wäre es beispielsweise pedantisch, die Menopause bei menstruierenden Lebewesen nicht als einen Vorgang des Alterungsprozesses zu beschreiben; gleichwohl erhöht die Menopause nicht die Anfälligkeit der Frau gegenüber tödlichen Gefahren, und heitere Gemüter könnten in ihr ein äußeres Zeichen dafür sehen, daß bestimmte Risiken überstanden wurden, jene nämlich, die mit Schwangerschaft und Entbindung im Zusammenhang stehen. Ebenso geht das Grauwerden des Haares, das allgemein als Symptom des Alterns gilt, nicht mit zunehmender Anfälligkeit einher. Dies ließe sich natürlich in dem Sinne deuten, daß das Grauwerden des Haares »eigentlich« keine altersbedingte Veränderung ist, sondern lediglich eine leicht erkennbare äußere Bestätigung dafür, daß eine Häufung von unbedeutenden Verletzungen und Traumata, wie auftreffende Strahlen oder körperliche Verwundungen, welche die Melanozyten, die das Haar mit Farbstoff versorgen, zerstören, zum körperlichen Verfall beitragen.

Allerdings ist es nicht ganz einfach, jene Altersveränderungen, die bisweilen als »vorprogrammiert« (d. h. als in der Entwicklung »angelegt«) bezeichnet werden, von jenen zu unterscheiden, die die Summe von winzigen, im einzelnen belanglosen Verletzungen und Funktionsstörungen darstellen. Es gibt sogar eine Theorie des Alterns (sie ist besonders mit dem Namen Leslie Orgel verknüpft), derzufolge eine solche Unterscheidung gar nicht berechtigt ist. Die Seneszenz ist nach dieser Theorie selbst die Folge einer Häufung von Fehlern bei der Umsetzung beziehungsweise Übersetzung der genetischen Botschaft, welche im Zuge der Synthese- und Lebensvorgänge die Enzymsynthese allgemein bestimmt.

In einer Hinsicht ist es jedoch durchaus angemessen, die Seneszenz als einen pathologischen Vorgang zu bezeichnen: Es ist kein Grund bekannt, warum sie eintreten *muß*. Die Vorstellung August Weismanns, daß die Seneszenz zum Wohle der Arten auftrete, um verbrauchte oder erschöpfte Tiere zu beseitigen, die nach seiner etwas wirklichkeitsfremden Ansicht die Umwelt verstopften und zahlreichen Jungtieren Nahrung und Lebensraum wegnähmen, wird von den Biologen nicht mehr akzeptiert (und als »Panglossismus« abgelehnt). Was aber könnte die Ursache für die zwangsläufige Seneszenz sein? Eine Möglichkeit wäre, daß Zellstämme eine begrenzte Lebensdauer haben, daß die Anzahl der Zellteilungen, die ein Klon von Zellen durchlaufen kann, beschränkt ist. Weismann hat merkwürdigerweise geglaubt, daß es eine solche Grenze gebe. Er gab zwar zu, nicht zu wissen, warum dies so sei, kam aber aufgrund eines konstitutionellen Mangels an Verständnis für Größenordnungen zu der Annahme, die Lebensdauer einer

Zelle könnte auf tausend oder zehntausend Zellteilungen beschränkt sein. Obwohl er im Prinzip nicht ganz unrecht hatte, täuschte er sich im Hinblick auf die Menge gewaltig. Obwohl wir alle einmal geglaubt haben, Zellen könnten in Gewebekulturen unendlich vermehrt werden, wissen wir heute, daß normale Zellen eine begrenzte Lebensdauer haben und unter keinen Umständen zu einer unbegrenzten Zahl von Zellteilungen veranlaßt werden können.

Daß der offenkundig nicht-adaptive Alterungsprozeß stattfindet, liegt in Wirklichkeit daran, daß es unter dem Gesichtspunkt der Evolution unerheblich ist, ob er stattfindet oder nicht. Unter dem Stichwort *Veitstanz (Chorea Huntington;* eine angeborene Krankheit mit dominantem Erbgang, die sich relativ spät im Leben bemerkbar macht) weisen wir darauf hin, daß die meisten ihrer späteren Opfer vor dem Auftreten der Krankheit eine Familie von normaler Größe gehabt haben können. Vermutlich gilt für alle Seneszenzerscheinungen, die hinreichend auffällig oder schwächend sind, um auf das Altern zurückgeführt zu werden, daß sie nach dem Ende der Fortpflanzungsphase auftreten, wenn die Menschen – oder sonstige Organismen – das Ihre zum Stammbaum künftiger Generationen beigetragen haben. Der Druck der natürlichen Auslese ist weitgehend abgeschwächt; daher kann die Seneszenz, als nichtadaptives Merkmal betrachtet, von den üblichen Selektionskräften nicht bekämpft und aus dem Genom irgendeiner Spezies ausgeschieden werden.

Dieser Umstand führte zur Aufstellung der Theorie des Alterns, die sich besonders mit den Namen P. B. Medawar und G. C. Williams verbindet und derzufolge das Altern die Folge einer Ansammlung von schädlichen Genen im Genom ist, deren ungünstige Wirkungen erst in einer so späten Lebensphase deutlich werden, daß sie von der natürlichen Auslese praktisch nicht erfaßt werden. Wenn wir Chorea Huntington und eine Reihe anderer spät im Leben einsetzender Krankheiten (wie die erblichen Darmpolypen, die oft zum Krebs führen) als einschlägige Beispiele betrachten, so läßt sich nicht bestreiten, daß die Theorie etwas für sich hat. Aus ihr folgt unter anderem – und das war eine der Überlegungen, die zu ihrer

Darlegung führten –, daß Seneszenz im wesentlichen ein Produkt der Domestikation ist. Das bedeutet natürlich nicht, daß die Domestikation die Ursache der Seneszenz, sondern lediglich daß sie jener unnatürliche Zustand ist, der es der Seneszenz ermöglicht, manifest zu werden, indem er viele der Faktoren, die sich in der Natur leicht tödlich hätten auswirken können (Mangel, Hunger, Erschöpfung oder eine Infektion), vom Organismus fernhält. Tatsächlich sind – im Gegensatz zu einem verbreiteten Aberglauben – betagte Tiere etwas Seltenes in der Natur, wo ein grausamer Tribut an den Tod die Regel ist.

Jedenfalls kann die Seneszenz nicht als bloße Randerscheinung des Lebens aufgefaßt werden. Wir müssen mit ihr leben. Andererseits handelt es sich bei ihr um eine körperliche Veränderung, und es ist nicht prinzipiell ausgeschlossen, daß man Mittel findet, sie angenehmer zu gestalten. Es gehört zu den Stärken des Ethos und der Lebensweise des Puritanismus, daß, nach der Erfahrung mit Labortieren zu urteilen, Maßhalten (vor allem im Kalorienverzehr) ein ganz wichtiges – vielleicht sogar das wichtigste – Mittel zur Verlängerung des Lebens ist. Verschiedene Forscher haben festgestellt, daß die systematische Verabreichung hoher Dosen von industriellen Antioxidantien eine signifikante Verlängerung des Lebens bewirkt. Diese Beobachtung ist nicht so begeistert aufgenommen worden, wie man zunächst meinen könnte, weil der beunruhigende Verdacht bleibt, daß die Wirkung der Antioxidantien, die leicht toxisch sind, darauf beruhen könne, daß sie den Appetit zügeln und dadurch die Kalorienaufnahme bis zu jenem Grad herabsetzen, der in der Regel einem langen Leben förderlich ist. Wenn von der systematischen Verabreichung hoher Dosen von Antioxidantien die Rede ist, denkt man gleich an die orale Aufnahme hoher Dosen von Ascorbinsäure (Vitamin C), die gleichfalls ihre Befürworter hat – darunter besonders zwei vitale Achtzigjährige, die sich in dem Augenblick, da dies geschrieben wird, bester Gesundheit erfreuen.

Altersaufbau

Bevölkerungen haben eine Struktur nicht nur im Raum (ihre geographische Verteilung), sondern auch in der Zeit, denn zwei Bevölkerungen können, was das Alter ihrer Mitglieder angeht, höchst unterschiedlich zusammengesetzt sein.

Der Altersaufbau wird von den jeweils geltenden Geburten- und Sterbeziffern bestimmt; nur wenn beide sich über viele Generationen hinweg in der gleichen Weise verhalten, gewinnt der Altersaufbau eine Stabilität, die sich nach zeitweiligen Schwankungen oder Störungen, etwa durch Bevölkerungsverschiebungen, Kriege und dergleichen, wieder herstellt.

Die Altersstruktur einer Bevölkerung ist politisch von grundlegender Bedeutung, denn sie vor allem bestimmt die Höhe der Soziallasten, die durch das Bildungswesen entstehen, sofern es staatlich finanziert wird, sowie durch die Altersrenten, sofern eine Rentenversicherung existiert. Sie kann außerdem die politische Stimmung beziehungsweise das Wahlverhalten der Bevölkerung beeinflussen, denn nach einer verbreiteten, aber vermutlich irrigen Ansicht bevorzugen junge Menschen, weil sie hitzköpfig sind, eine liberale oder radikale Politik und wählen entsprechend, während ältere gesetztere Menschen eher den bestehenden Zustand befürworten. Georges Clemenceau, in den Jahren 1917–1920 Premierminister in Frankreich, sagte einmal: »Ein Mann, der mit zwanzig kein Sozialist ist, hat kein Herz; ein Mann, der mit vierzig noch Sozialist ist, hat keinen Verstand.« Wir zweifeln kaum daran, daß die soziologische Forschung begründen könnte, daß beide Ansichten auf tönernen Füßen stehen.

Bei sehr unterschiedlichem Altersaufbau kann ein Vergleich zweier Bevölkerungen, etwa bezüglich ihrer Fruchtbarkeit oder Sterblichkeit, sehr irreführend sein. Denn zwischen zwei Ländern läßt sich die Sterblichkeit infolge von Krebs oder anderen, altersbedingt auftretenden Krankheiten nur dann vergleichen, wenn die jeweiligen Sterblichkeitsziffern auf eine normierte Altersverteilung bezogen werden; denn die Sterblichkeit kann in dem einen Land einfach deshalb höher sein, weil dort der Anteil älterer Menschen größer ist. Weil er Überlegungen wie diese ignorierte, konnte David Livingstone die bekannte Halbwahrheit formulieren, daß »Krebs eine Zivilisationskrankheit« sei. Eine Bevölkerung kann zahlenmäßig wachsen, weil die Zahl der Menschen, die das fortpflanzungsfähige Alter überschritten haben, ansteigt, während gleichzeitig ihre Reproduktionsfähigkeit im Abnehmen begriffen sein kann.

Altruismus

Altruistisch ist ein Verhalten, das anderen Vorteile bringt. Die Nebenbedeutung, daß es für denjenigen, der dieses Verhalten zeigt, nachteilig sei, ist kein wesentliches Element der Wortbedeutung, sondern eher eine besondere Eigenschaft, die als Beweis dafür angeführt wird, daß ein Verhalten unverfälscht altruistisch und nicht insgeheim von einem Eigeninteresse motiviert ist.

Für die genetische Theorie der Evolution durch Auslese wirft der Altruismus eine Reihe sehr heikler Probleme auf, denn diese Evolution ist ein vollkommen eigennütziger Vorgang, der darauf beruht, daß ein Gen gegenüber seinen alternativen Formen einen deutlichen Reproduktionsvorteil hat; wie kann aber ein Gen einen derartigen Vorteil haben, wenn es seinen Besitzer benachteiligt? Eine mögliche Antwort, die in der Theorie der Soziobiologie eine ausschlaggebende Rolle spielt, ist die *Verwandtschaftsauslese.*

Man betrachte zum Beispiel die elterliche Fürsorge für die Nachkommenschaft. Um Worte zu verwenden, die dem verstorbenen P. G. Wodehouse leicht in den Sinn hätten kommen können: Eine Henne, die ihre Küken ausbrüten will, ist für einen Fuchs oder einen anderen Räuber, der sich, mit einem kurzen Bleirohr bewaffnet, von hinten anschleicht, eine besonders leichte Beute; wie ist es dann möglich, daß die Gene, die für ein solches sozial vorteilhaftes Verhalten sorgen, in der Erbsubstanz verankert werden, wie es notwendig und wünschenswert ist? Die Antwort lautet: Ein Elterntier, das seine Jungen beschützt, beschützt zugleich seine eigenen Gene, die in den Jungen repräsentiert sind. J. B. S. Haldane hat das in einer beiläufigen Bemerkung, an die John Maynard Smith sich erinnert, pointierter ausgedrückt. Er sagte, er sei bereit, sein Leben für zwei Brüder oder acht Vettern zu opfern. Die Gene, die diese höchste Form altruistischen Verhaltens fördern (»Größere Liebe hat kein Mensch . . .«), wären in der Population erhalten geblieben und hätten den Genen ihres Besitzers auch dann einen Nettoreproduktionsvorteil verschafft, wenn dieser sein Leben verloren hätte. In einem solchen Fall lassen sich die Vor- oder Nachteile ziemlich leicht quantifizieren; doch sollten manche Berichte über altruistisches Verhalten mit äußerster Skepsis aufgenommen werden, so auch, um ein besonders berüchtigtes Beispiel zu nennen, der weitverbreitete Glaube, daß Lemminge, um ihre Anzahl zu verringern und auf diese Weise das Wohl der Art insgesamt zu fördern, von Zeit zu Zeit massenhaft Selbstmord begehen, indem sie sich über eine Klippe ins Meer stürzen und ertrinken. »Wenn Sie das glauben, können Sie alles glauben«, soll der Herzog von Wellington einer Dame gegenüber bemerkt haben, die mit den Worten: »Ich glaube, Sie sind Mr. Smith, nicht wahr?« an ihn herantrat.

Die theoretische Bedeutung der Verwandtschaftsauslese liegt darin, daß diese der in der Soziobiologie enthaltenen Spekulation über die Evolution eine gewisse Glaubwürdigkeit verleiht.

Aminosäuren

Eine Aminosäure ist der Baustein oder das Monomer, aus dem das Proteinmolekül aufgebaut ist. Man kann sich das so vorstellen, daß diese Verbindung entsteht, wenn eines der Wasserstoffatome in der Kohlenstoffkette einer Fettsäure durch eine Aminogruppe (NH_2) ersetzt wird. So ergibt die Substitution eines der Wasserstoffatome der Essigsäure CH_3COOH durch eine NH_2-Gruppe die einfachste Aminosäure, *Glycin:* CH_2NH_2COOH. Eine Aminosäure (es gibt zwanzig verschiedene Arten) reagiert sauer oder basisch, je nachdem, ob Karboxyl (COOH)- oder Aminogruppen im Molekül überwiegen.

Anabiose

Dieser inzwischen obsolet gewordene Begriff bezeichnet den Zustand vorübergehender Leblosigkeit, der für Gewebe charakteristisch ist, die durch extreme Kälte konserviert werden.

Die Idee, ganze Organismen auf diese Weise zu konservieren, hatte als erster John Hunter (1728–1793). In »Of the Heat of Animals« schildert er seine Bemühungen, zwei Karpfen einzufrieren, in der Hoffnung, »es könnte vielleicht möglich sein, das Leben beliebig zu verlängern, indem man jemand einfriert ... Wenn ein Mensch, so dachte ich, die letzten zehn Jahre seines Lebens dafür opfern würde, auf diese Weise abwechselnd tot und wieder lebendig zu sein, könnte es vielleicht auf tausend Jahre verlängert werden; und indem er sich alle hundert Jahre auftauen ließe, könnte er erfahren, was sich während seines Eingefrorenseins zugetragen hat. Wie andere Plänemacher dachte ich, damit mein Glück zu machen, doch dieses Experiment öffnete mir die Augen« (aus *The Works of John Hunter, FRS,* hrsg. von J. F. Palmer, London 1835, Bd. 1, S. 284).

Anpassung (Adaptation, Adaption)

Dieses Wort wird in der Biologie in mehreren unterschiedlichen Bedeutungen benutzt, doch in jeweils so verschiedenen Zusammenhängen, daß kaum Mißverständnisse entstehen können.

Anpassung kann sich auf den im Laufe der Evolution stattfindenden Wandel beziehen, der einen Organismus für seine Lebensweise oder seinen Lebensraum tauglich macht (die Flügel der Vögel passen diese an den Flug an, die Rüssel der Ameisenfresser diese an das Fressen der Insekten); in einem gewissen Sinne ist die gesamte Evolution Anpassung.

Der Begriff bezieht sich auch auf eine Veränderung in der Lebensweise eines Einzelorganismus, dank welcher er mit den Gefahren, denen er durch seine Umwelt ausgesetzt sein kann, besser fertig wird. Eine Anpassung in diesem Sinne ist die Bildung von Hühneraugen oder Schwielen an den Stellen, wo der Schuh drückt, oder etwa die Bildung eines Antikörpers gegen einen infektiösen Organismus; ferner die Tatsache, daß bei geringem Sauerstoffgehalt der Luft – beispielsweise in großer Höhe – die Zahl der roten Blutkörperchen zunimmt oder daß wiederholte Anstrengungen die davon in Anspruch genommenen Muskeln größer werden lassen. Adaptive Veränderungen dieser Art werden nicht im Genom aufgezeichnet und sind daher nicht erblich.

Im Zusammenhang mit Sinneswahrnehmungen bezieht sich ›Anpassung‹ auf die Tatsache, daß ein anhaltender gleicher Sinnesreiz schließlich aufhört, eine sensorische Information zu vermitteln; beim Betreten eines Raumes, in dem sich eine Vase mit Rosen befindet, wird man diese wohl zunächst riechen, sie aber später nicht mehr wahrnehmen. Hat diese sensorische Anpassung einmal stattgefunden, kann keine noch so angestrengte Aufmerksamkeit den Duft wieder zum Bewußtsein bringen, ganz anders als beim Ticken einer Uhr, das, wenn es sich unserer Aufmerksamkeit entzogen hat, durch konzentriertes Bemühen sehr wohl sofort wieder zum Bewußtsein gebracht werden *kann.* Es ist ein verbreiteter Irrtum, zu glauben, ein Kaugummi gewinne sein Aroma zurück, wenn er aus dem Mund genommen und, sagen wir, unter einem Stuhl »geparkt« wird. Wiedergewonnen wird nicht das Aroma, sondern die Fähigkeit, es zu schmecken, sobald die sensorische Anpassung nachläßt.

Antibiotika

Es ist ein Segen für die Menschheit, daß es keine Genfer Konvention gibt, welche die Kriegsführung der Keime untereinander verbietet – sonst gäbe es nämlich keine Antibiotika, Substanzen, die von gewissen Mikroorganismen produziert werden und andere Mikroorganismen vernichten oder deren Wachstum hemmen. Die Zweckbestimmung der Antibiotika ist zwar noch nicht völlig geklärt, doch stellen wir uns auf den vernünftigen Standpunkt, daß sie in der dicht bevölkerten Umwelt des Erdbodens die wichtigsten Mittel im Konkurrenzkampf zwischen den Mikroorganismen sind (Bodenbakterien gehören zu den Hauptlieferanten von Antibiotika).

Die Nutzung von Antibiotika für medizinische Zwecke wird

dadurch ermöglicht, daß Vererbung und Informationsübertragung bei Mikroorganismen und höheren Tieren auf der Ebene der Nukleinsäuren in der gleichen Weise funktionieren. Da diese Prozesse gegen den Angriff von Antibiotika praktisch ungeschützt sind, können diese dazu verwendet werden, Bakterien zu töten oder ihr Wachstum in vivo zu hemmen – vorausgesetzt natürlich, daß sie mit ihrer Wirkung den höheren Organismus, dessen Infektion bekämpft werden soll, nicht vergiften.

Die Entdeckung der Penicilline stellt, zusammen mit der vorausgegangenen Entdeckung der antibakteriellen Wirkung der Sulfonamide durch Gerhard Domagk, den bedeutendsten medizinischen Fortschritt des zwanzigsten Jahrhunderts dar. Sie setzte der tyrannischen Herrschaft der Mikroorganismen über die Menschheit ein Ende, und damit der Herrschaft der wichtigsten Selektionskraft, die seit den Anfängen ihrer Evolution auf die Menschen eingewirkt hatte.

Es ist wohl bekannt, daß Alexander Fleming das Penicillin durch Zufall entdeckt hat – als Produkt des Schimmelpilzes *penicillium notatum,* der sich in Sporenform durch die Luft ausbreitet. Weniger gut bekannt ist, daß Fleming, zeitweise Angestellter des British Medical Research Council und während des Ersten Weltkrieges als Forscher mit der Bekämpfung der Infektionen von Kriegsverletzungen befaßt, seit vielen Jahren nach Penicillin oder etwas sehr Ähnlichem gesucht hatte – nach einem nicht-toxischen antibakteriellen Mittel, einer Substanz also, die den Bakterien mehr schadet als dem von ihnen infizierten Organismus. Weil man diese wichtige psychologische Motivation nicht kannte, konnte eine Reihe von – wie man heute weiß – Legenden über die Entdeckung des Penicillins entstehen (so etwa die von der Spore, die durch das offene Fenster hereinschwebt, sich auf eine Bakterienzucht niederläßt und um sich einen Hof bildet, in dem das Bakterienwachstum gehemmt wird). Die Verbreitung dieser Legende lenkte die Aufmerksamkeit von dem einen wahrhaft erstaunlichen glücklichen Umstand ab, der sich mit der Entdeckung des Penicillins verbindet: daß sich das Penicillin als nicht-toxisch erwies. Inzwischen hat man nämlich erkannt, daß die Antibiotika im allgemeinen höchst toxisch sind und denselben Schaden, den sie

Bakterien zufügen, auch bei den von diesen befallenen Organismen anrichten. Das Penicillin verdankt seine relative Ungiftigkeit der Tatsache, daß der bakterielle Stoffwechsel, in den es eingreift, eine Besonderheit der Bakterien ist und beinahe ausschließlich mit Vorgängen zusammenhängt, die bei der Synthese ihrer Zellwände eine Rolle spielen, ein Umstand, der die Toxizität für höhere Tiere weitgehend reduziert.

Die Entdeckung des Penicillins und seine Gewinnung aus Kulturen in einer Quantität, die gerade zur Behandlung von Mäusen ausreichte, war freilich erst der Anfang der Geschichte. Das Labor von Howard Florey, in dem die Verfasser des vorliegenden Buches als Doktoranden arbeiteten, war ein typisches, dürftig ausgestattetes Universitätsinstitut, das ganz und gar nicht in der Lage war, Penicillin in dem für klinische Erprobungen notwendigen Umfang zu erzeugen. Zwar befaßten sich einige britische Firmen mit der Herstellung von Penicillin, doch die Erzeugung ausreichender Mengen gelang erst, als amerikanisches Geld und amerikanisches Know-how ins Spiel kamen. Florey hatte mit Mitarbeitern seines Instituts die Vereinigten Staaten besucht und von allen Erkenntnissen, die sie über die Erzeugung von kleinen Mengen gewonnen hatten, ganz offen berichtet. Die amerikanischen Firmen, die sie aufgesucht hatten, ließen sich dieses Wissen patentieren, mit dem Ergebnis, daß britische Firmen, als sie schließlich so weit waren, selbst Penicillin herzustellen, für die entsprechende Genehmigung Lizenzgebühren an die Amerikaner zahlen mußten. Diese Geschichte, die Floreys Biograph R. G. Macfarlane (in *Howard Florey: The Making of a Great Scientist,* Oxford 1979) wiedergibt, ist eine große Schande und gehört zu den wichtigsten Belegen, wenn es um die Frage geht, was am Kapitalismus verkehrt sei. Doch Moral hin, Moral her, das Geld und die Technik der Amerikaner brachten zuwege, worauf es wirklich ankam: Man erzeugte Penicillin in klinisch ausreichenden Mengen zu einem Zeitpunkt, da ein solches Medikament dringender benötigt wurde als je zuvor.

Mittlerweile ist das Penicillin sehr verbessert worden. Man hat viele neue Antibiotika entdeckt, die heute ein regelrechtes Arsenal darstellen. Selbst einige von denjenigen, die stark toxisch sind, lassen sich verwenden: beispielsweise in der Krebsbehandlung.

Antibiotika, die von Bakterien oder Pilzen stammen, sind bei Viren im allgemeinen wirkungslos. *Interferon,* Gegenstand eines eigenen Artikels, wirkt dagegen auf Viren und ist kein Antibiotikum in dem Sinne, in dem dieser Begriff hier benutzt wurde.

Antigene und Antikörper

Ein Antigen ist eine Substanz, die eine immunologische Reaktion hervorruft: charakteristischerweise Immunität (in diesem Fall bezeichnet man das Antigen als *Immunogen*), manchmal aber auch eine Reaktion der Toleranz. Das Adjektiv »antigen« ist genauer als das Substantiv »Antigen«, das bisweilen für den Träger des Antigens verwendet wird. Der Begriff wird ferner recht ungenau für beliebige Substanzen verwendet, die immunologisch (d. h. an ihren antigenen Eigenschaften) identifiziert werden, auch wenn die betreffende Substanz nicht als Antigen benutzt oder untersucht wird.

Wenn nur ein Teil eines Moleküls antigen ist, bezeichnet man diesen Teil als *Epitop* oder *Determinante.* Wenn die determinante Gruppe als eigenständiges Molekül existiert, so bezeichnet man sie als *Hapten,* ein Ausdruck, der oft mit der stillschweigenden Implikation verwendet wird, daß ein Hapten erst dann antigen wird, wenn es an ein größeres Molekül angelagert ist oder mit einem Hilfsstoff verabreicht wird, der die Anlagerung veranlaßt.

»Antigen« wird demnach operational definiert. Die Suche nach einem Substantiv, das eine Eigenschaft definiert, wird durch den Umstand erschwert, daß chemische Moleküle jeglicher Art, Form und Größe antigen sein können. Für die meisten Zwecke genügt es, wenn man sagt, das hervorstechende Definitionsmerkmal eines Antigens bestehe darin, daß es eine körperfremde Substanz ist – oder durch eine Veränderung, wie wir sie unter dem Stichwort *Immunität* beschreiben, zu einer solchen geworden ist.

Ein *Antikörper* ist dagegen ein modifiziertes Bluteiweiß, das durch das Eindringen einer antigenen Substanz in den Körper angeregt wird und mit dem Antigen beziehungsweise mit jenem Teil des Antigens, der die Immunreaktion hervorgerufen hat, auf spezifische Weise reagiert. Diese Reaktion zwischen Antikörper und Determinante ist hochgradig spezifisch; das Auflösungsvermögen eines Antikörpers – seine Fähigkeit, zwischen molekularen Konfigurationen zu unterscheiden – wird von keiner anderen biologischen Substanz übertroffen. Die Spezifizität der Antikörper ist so gut gesichert, daß Unterscheidungen, die sich auf diese Eigenschaft stützen – z. B. die Identifizierung von Blutflecken oder der Blutgruppenzugehörigkeit –, von den Gerichten heute ohne Bedenken als beweiskräftig anerkannt werden.

Antikörper bringen die humorale Immunität zur Wirkung, insbesondere bei der Abwehr von Viren und bei einigen Formen der Allergie und Überempfindlichkeit.

Daß die Fähigkeit, Antikörper zu bilden, lebenswichtig ist, weiß man durch die Existenz einer seltenen angeborenen Anomalie, der *Agammaglobulinämie;* sie ist mit einer konstitutionellen Unfähigkeit verbunden, Blutproteine jener Kategorie zu bilden, zu der die Antikörper gehören. Diese Krankheit war in jedem Fall tödlich, bis man das Verfahren der Elektrophorese erfand, mit dessen Hilfe man diese Proteine und dadurch auch den pathologischen Zustand, in dem sie fehlen, erkennen kann. Wer an Agammaglobulinämie leidet, kann nur mit dem Schutz von Antibiotika überleben.

Aquakultur

Aquakultur ist für Wassertiere das, was Viehzucht für Landtiere wie Hühner oder Rinder ist. Zu den Tieren, die im Wasser gezogen werden, gehören Fische wie der Katzenwels, die Forelle, der Lachs und die Meeräsche, Krebse wie der Hummer und Weichtiere wie die Auster. Zwischen der Aquakultur und der konventionellen Viehhaltung lassen sich mehrere deutliche Parallelen ziehen. Beide erfordern den Einsatz zusätzlicher Düngemittel und Nährstoffe, die organischer oder anorganischer Herkunft sein können; beide erfordern die Bereitstellung geeigneter Unterkünfte oder Gehege, oft in Gestalt von Käfigen oder von schwimmenden, durch Netze begrenzten Behältnissen, oder auch den Einsatz von herabhängenden Leinen, an denen, wie bei der Austernzucht, teilweise waagerechte Plattformen befestigt sind; beide erfordern eine strikte Bekämpfung von Freßfeinden und strenge Vorkehrungen gegen Verschmutzung. Allerdings ist die Aquakultur wesentlich schwieriger zu betreiben als die konventionelle Viehzucht, und sei es auch nur, weil die meisten (wenn auch nicht alle) im Wasser gehaltenen Tiere Fleischfresser sind und entsprechend gefüttert werden müssen – im Gegensatz zur relativ einfachen Haltung pflanzenfressender Tiere, die Getreide in Tierfleisch umsetzen. Man sollte die Aquakultur allgemein nicht so sehr als eine Quelle von Nährstoffen, sondern vielmehr als eine Quelle von Proteinen betrachten. Der jährliche Proteinertrag bewegt sich bei einer Million Tonnen, er kann aber durch verbesserte Verfahren noch einmal um die Hälfte gesteigert werden.

Archaeopteryx

Dieses Geschöpf, wohl das bekannteste aller »missing links«, stellt zwischen den Reptilien und den Vögeln eine ebenso überzeugende Verbindung her, wie sie das entenschnabelige Schnabeltier und andere Kloakentiere zwischen den Reptilien und den Säugern bilden.

Gefiedert und vermutlich Warmblüter, kann Archaeopteryx, der vor rund 150 Millionen Jahren datiert wird, als der erste Vogel gelten. Er ähnelt allerdings, mit Zähnen in beiden Kiefern, so sehr einem kleinen zweibeinigen Dinosaurier, daß man ihn ohne weiteres als einen solchen eingestuft hätte, wenn nicht an seinen Fossilien der Abdruck von Federn erkannt worden wäre. Da bei ihm das Brustbein (an dem bei rezenten Vögeln die pektoralen Flugmuskeln ansetzen) noch nicht richtig ausgebildet war, ließ seine Flugtüchtigkeit wahrscheinlich zu wünschen übrig, und er war wohl eher ein Gleitflieger.

Archaeopteryx war nicht das einzige Reptil, das sich in die Luft erhob – unter anderem gab es die Pterosaurier (mit dem berühmten Pterodactylus) –, doch waren die evolutionären

Veränderungen, die in der Gattung *Archaeopteryx* verkörpert waren, ein eindeutiger Fortschritt. Gut fünfzig Millionen Jahre später traten Vögel mit modernen Merkmalen auf, bei denen ein Zusammenhang mit den heute bestehenden Ordnungen zu erkennen ist.

Aristoteles

»Aristoteles war ein Mann der Wissenschaft im modernen Sinne. Er war ein sorgfältiger Sammler und Beobachter von ungeheuer vielfältigen Fakten . . . vieles in seinem Werk wird von Wissenschaftlern, die sich darauf einlassen, noch immer mit Respekt betrachtet.« Diese beiden Sätze des Humanisten Goldsworthy Lowes Dickinson verraten ein fast grandioses Unverständnis gegenüber dem Charakter der Naturwissenschaft und dem aristotelischen Einfluß auf die Wissenschaft im modernen Sinne. Ein Wissenschaftler ist ebensowenig ein Sammler und Klassifikator von Fakten, wie ein Historiker jemand ist, der die Daten von großen Schlachten, wichtigen Entdeckungen und dergleichen chronologisch zusammenstellt und klassifiziert.

Außerdem haben – obwohl Aristoteles' philosophische Anschauungen, etwa zur Teleologie, respektvolle Aufmerksamkeit verdienen – die Pioniere oder Wortführer der neuen Wissenschaft des 17. Jahrhunderts (Männer wie der Robert Boyle des *Sceptical chymist,* wie Ehrwürden Dr. Joseph Glanvill, wie Francis Bacon, der Lord Chancellor von England und der Dichter Abraham Cowley) die Lehrautorität des Aristoteles voller Überdruß und Erbitterung verworfen. Keiner hat mehr als Bacon dazu beigetragen, die Tyrannei der aristotelischen Lehre zu beendigen; Cowley schrieb von der »verderblichen Ansicht, daß alles, was in der Natur zu erforschen ist, von den Alten bereits gefunden und entdeckt worden sei«, und Henry Power, der erklärte, die neue Wissenschaft halte »auf einer Springflut ihren Einzug«, schrieb: »Ich meine zu erkennen, daß der ganze alte Kehrricht fortgeworfen werden muß«.

Es waren die Texte des Aristoteles, die Bacon zu der Aussage bewogen haben, nicht Worte, sondern *Taten* sollten die

Botschaft der neuen Wissenschaft verbreiten; und es waren zweifellos die Texte des Aristoteles, welche die älteste und berühmteste Wissenschaftsgesellschaft der Welt dazu veranlaßten, als ihr Motto einen Spruch von Horaz zu wählen: *Nullius in verba* – Laß dich von niemandes Worten blenden. Wenn wir uns nun den biologischen Werken des Aristoteles zuwenden (die wir, des Griechischen nicht mächtig, nur in den hervorragenden Übersetzungen lesen können, die unter der Herausgeberschaft von J. A. Smith und W. D. Ross bei Clarendon Press in Oxford erschienen sind), so erfahren wir aus der *Historia animalium,* daß es Fische und Vögel jeweils von vielerlei Art gibt; daß manche Tiere im Meer und andere auf dem Land leben; daß einige beweglich und andere unbeweglich sind; daß Vögel und Bienen Flügel, andere Tiere Beine haben. Ferner seien manche Geschöpfe zahm und manche wild, manche seien, wie der Mensch und der Maulesel, zu jeder Zeit zahm, während andere, so der Leopard und der Wolf, zu jeder Zeit wild seien; und manche Geschöpfe, wie der Elefant, ließen sich rasch zähmen. Manche Tiere gäben Laute von sich, andere seien stumm. Hier gibt es nicht viel, an dem man Anstoß nehmen könnte, doch an anderer Stelle gewinnen Gerücht und Geschwätz die Oberhand: Manche Vögel seien besonders »geil«, wie das Rebhuhn, der Haushahn und deren Artverwandte; andere neigten zur Keuschheit, so der gesamte Stamm der Krähen, denn Vögel dieser Art »geben sich nur selten dem Geschlechtsverkehr hin«. Manche Tiere seien gutartig, andere grausam, wieder andere niederträchtig und tückisch, aber der Löwe sei vornehm und von edler Herkunft.

Die biologischen Werke des Aristoteles sind ein sonderbares und, allgemein gesagt, ziemlich langweiliges Gemisch aus Gerüchten, unvollständigen Beobachtungen, Wunschdenken und einer Leichtgläubigkeit, die geradezu an Dummheit grenzt. Was für empirische Befunde mögen Aristoteles zu der Ansicht gebracht haben, daß der Same junger Männer zwischen der Pubertät und dem Alter von einundzwanzig Jahren »der Fruchtbarkeit entbehrt« und daß junge Männer und Frauen Nachkommen zeugen, die im Wachstum zurückgeblieben und mit Fehlern behaftet seien? Ein Gebärmuttervorfall und eine dreimal innerhalb eines Monats auftretende Menstruation seien, so heißt es, Symptome einer »maßlosen Begierde«.

Es fällt schwer, nicht mit jenen Vertretern der neuen Wissenschaft des 17. Jahrhunderts zu sympathisieren, die sich gegen die Lehrautorität solcher Behauptungen auflehnten und sie verwarfen. Einen gewissen Einblick in die Entstehung solcher bizarren Auffassungen vermittelt uns Sir Philip Sidney mit seiner *Apologie for Poetry* (1598). Sidney beklagte, daß die Geschichtsschreibung an das Empirische und Einzelne gefesselt sei, und erklärte, daß das »bloße *Es war*« des Historikers, wie er es wegwerfend nannte, niemals die Kraft der dichterischen Wahrheit haben könne; denn die dichterische Wahrheit sei nach der Konzeption des Aristoteles eine Offenbarung des Idealen, dessen, was *sein sollte*. Die Dichtung sei für Aristoteles eine mehr philosophische Angelegenheit, etwas Höheres gewesen als die Geschichte. Die Dichtung könne – durch ein Verstehen der wahren Absichten der Natur – offenbaren, was sein soll.

Es unterliegt kaum einem Zweifel, daß sich diese Einschätzung des Geschichtlichen bei Aristoteles auch auf die Naturwissenschaft erstreckte. In diesem Lichte werden einige seiner besonders befremdlichen irrigen Ansichten verständlich. So war Aristoteles zum Beispiel ein entschiedener Anhänger der Hebdomadalregel, nach der alles in Siebenereinheiten auftritt. Der Mensch hat sieben Lebensalter, die jeweils sieben Jahre dauern, und daher wird jeder, der die Natur wirklich versteht, einsehen, daß der menschliche Same im Alter von vierzehn bis einundzwanzig Jahren unfruchtbar sein muß – denn würde Fruchtbarkeit in diesem Zeitabschnitt nicht der Hebdomadalregel zuwiderlaufen? Auf diese Weise wurde das, was sein sollte, zu dem, was ist. Natürlich hat Aristoteles gelegentlich auch recht; seine Schriften waren derartig umfangreich, daß er kaum umhin konnte, manchmal etwas Richtiges zu sagen (hier schleicht sich der respektlose Gedanke an Affen und Schreibmaschinen ein). So verkündet er mit Nachdruck, daß der Same der Äthiopier nicht schwarz sei, und er schilt Herodot, weil dieser das annahm.

Wir glauben nicht, daß derjenige, der beschließt, die Werke

des Biologen Aristoteles nicht zu lesen, Gefahr läuft, geistig zu verarmen. Denn nirgends finden wir bei Aristoteles die geistvollen Einsichten eines Samuel Taylor Coleridge, dessen *Hints Towards the Formation of a More Comprehensive Theory of Life* (London 1848) jeder, der mit dem damaligen Stand der biologischen Wissenschaften vertraut ist, noch immer mit Genuß und Gewinn lesen kann.

Atavismus

Als John Langdon Down im Jahre 1866 jene Entwicklungsstörung, die humane und gebildete Menschen heute Down-Syndrom nennen, als Mongolismus bezeichnete, tat er das, weil er darin eine Degenerationserscheinung sah, einen Rückfall in einen Zustand ferner menschlicher Vorfahren, der vermeintlich dem der heutigen Mongolen ähnelte, oder – wie er in einer Weise andeutete, die ihn bei den mongolischen Vertretern in der Weltgesundheitsorganisation nicht beliebt machte – in einen »noch niedrigeren« Zustand. Wer am Down-Syndrom litt, galt also als Rückfall, als ein Beispiel für das Phänomen des Atavismus. Ähnlich deutete der italienische Kriminologe Cesare Lombroso (1835–1909) »verbrecherische Gesinnung« als Folge eines Atavismus, als Rückfall in einen niederen, primitiven menschlichen Zustand. Diese Idee paßte gut zu den dunklen und verworrenen Vorstellungen von Vererbung, die in der zweiten Hälfte des 19. und in den Anfängen des 20. Jahrhunderts bei Literaten herrschten, sowie bei »Denkern« – falls diese Bezeichnung nicht allzu weit hergeholt ist – wie Max Nordau, dessen populäres und einflußreiches Werk *Degeneration* (1898) Lombroso gewidmet war. Nordau stellte fest, daß Richard Wagner, Henrik Ibsen und Oscar Wilde allesamt in unterschiedlichem Maße degeneriert gewesen seien.

Die Atavismus-Vorstellung hing zweifellos mit einer weitverbreiteten Fehldeutung des Gesetzes der Wiederholung zusammen, das in der Form, in der Ernst Haeckel es vortrug, keine Geltung mehr hat.

Aus der Sicht der Genetik ist das Wiederauftreten eines Ahnen-Merkmals – insbesondere eines rezessiven Merkmals –

bei einem fernen Abkömmling keineswegs unmöglich; Aristoteles erkannte das als eine Möglichkeit und gab Beispiele dafür. Eine zufällige Mutation oder auch nur der Zufall der Partnerwahl kann zwei rezessive Gene, die viele Generationen getrennt geblieben sind, zusammenbringen; ein wichtiger, von allen späteren Forschungen bestätigter Grundsatz der Mendelschen Vererbungslehre besagt, daß die Gene physisch und genetisch stabile Einheiten sind, die unter genetisch und entwicklungsmäßig gleichen Gegebenheiten die gleichen Wirkungen hervorbringen. Für die Erklärung müssen wir uns also an die Mendelsche Lehre halten, und sie allein liefert auch eine solche. Rückschläge der geschilderten Art müssen von Viehzüchtern häufig beobachtet worden sein. Bezüglich einzelner Gene oder Genpaare ist dieses Phänomen nicht unwahrscheinlich; auf der anderen Seite ist die Wahrscheinlichkeit, daß das vollständige Genom eines Vorfahren in der Enkelgeneration oder in einer noch späteren wieder in seiner ursprünglichen Form auftritt, etwa so groß wie die, daß ein Wasserkessel, den man auf Eis stellt, zu kochen beginnt anstatt abzukühlen (dieses Beispiel wählte Arthur Edington, um den probabilistischen Charakter des Zweiten Hauptsatzes der Thermodynamik zu verdeutlichen).

B

Bakteriophagen

Ein Bakteriophage ist ein Virus, das Bakterienzellen infiziert und vielfach deren Auflösung (Lysis) bewirkt. Diese Eigenschaft hat einmal große Hoffnungen geweckt, Bakteriophagen therapeutisch zur Bakterienbekämpfung einsetzen zu können, eine Möglichkeit, die in Sinclair Lewis' Roman *Dr. med. Arrowsmith* von 1925 eine wichtige Rolle spielte. Am besten erforscht sind die Bakteriophagen der T-Reihe, die das Coli-Bakterium *Escherichia coli* infizieren.

Die Erforschung der Bakteriophagen hat einen unschätzbaren Beitrag zur Molekulargenetik geleistet. Innerhalb von Monaten wurden Erkenntnisse gewonnen, für die man sonst vielleicht Jahrzehnte benötigt hätte, wenn die Forscher nur über Viren verfügt hätten, die normale Gewebezellen in Gewebekulturen infizieren. Die Forschung an Bakteriophagen ist somit im höchsten Grade heuristisch gewesen – ein Wort, das von Laien öfter nachgeschlagen und öfter vergessen wird als jeder andere Begriff der Philosophie. Wenn auf Webster Verlaß ist, ist seine Bedeutung: »richtunggebend, erfindungs- oder entdeckungsfördernd«.

Behaviorismus

Wer regelmäßig Romane liest, sollte wissen, daß es zwei Kategorien von Romanschriftstellern gibt: Auf der einen Seite sind die Autoren, die, abgesehen davon, daß sie äußere Begebenheiten schildern, sich das Recht nehmen, den Figuren ihres Romans in die Seele zu schauen und wiederzugeben, was sie dort finden. Romanschreiber dieser Kategorie erzählen uns, was ihre Personen denken, welche Gefühle und Gemütserregungen, Hoffnungen und Ängste sie haben. Das versetzt uns in die Lage, die Handlungen zu den Absichten der Personen in

Beziehung zu setzen und dank dieses privilegierten Einblicks in das, was sie über sich selbst und über die anderen denken, ihre Interaktionen zu deuten.

Romanschriftsteller der zweiten Kategorie erzählen uns über ihre Figuren nur das, was wir selbst beobachten beziehungsweise erschließen würden, falls wir allgegenwärtige Beobachter des gesamten Geschehens wären. Außer der Erzählung, der »Story«, schildern diese Schriftsteller, wie ihre Personen sich unter den verschiedensten Umständen verhalten und was sie zueinander sagen, wobei sie im allgemeinen nicht vorgeben, sie wüßten, was die handelnden Personen bei sich denken. Deren Gedanken und Gefühlen widmet man keine besondere Aufmerksamkeit: diese werden allein aus dem deutlich, was die Figuren sagen oder tun.

Romanciers der ersten Kategorie können mit den »introspektiven Psychologen« verglichen werden, während solche der zweiten Kategorie (das herausragende Beispiel ist Jane Austen) treffender mit den Behavioristen zu vergleichen sind. Der behavioristische Stil ist ungeheuer wirkungsvoll, vorausgesetzt ein Schriftsteller beherrscht sein Handwerk und ist obendrein ein scharfsinniger und aufmerksamer Beobachter. Jane Austen braucht uns nicht ausdrücklich zu erklären, daß Herr und Frau Dashwood äußerst schäbige und egoistische Menschen sind – sie enthüllt deren niedrige Gesinnung auf den ersten sechs Seiten von *Sense and Sensibility* [1811; deutsch: *Verstand und Gefühl,* 1982] in so vollendeter Weise, daß Psychologisieren nichts mehr verbessern könnte.

Der Behaviorismus, inzwischen ein dreiviertel Jahrhundert alt, ist zugleich eine Seelenlehre und eine Forschungsmethodologie. Betrachten wir zunächst seine methodologischen Aspekte. John Broadus Watson (1878–1958) und seine Anhänger haben die Psychologie praktisch im Sinne Bacons revolutioniert; sie setzten überall das Empirische an die Stelle dessen, was nur, weil den Sinnen nicht unmittelbar zugänglich, erschlossen werden kann: insbesondere seelische Zustände wie Freude, Trübsal oder Bosheit, ja sogar (denn wo soll man die Grenze ziehen?) das Bewußtsein selbst wurden auf diese Weise ersetzt. Diese Methodologie ist von weitreichendem Einfluß und hat die in der introspektiven Psychologie herrschende Anmaßung eines Privilegs durch die empirische Erzählung und Berichterstattung ersetzt.

Als Seelenlehre ist der Behaviorismus in hohem Maße falsch dargestellt worden, so als verträte er eine krude mechanistische Reduktion des Menschen auf den Status einer kunstvoll funktionierenden Maschine, ohne Geist, ohne Psyche und ohne jenen speziellen Willen zur Kommunikation, der für den Durchschnittsmenschen ein ebenso überzeugender Beweis für Empfindungsvermögen ist, wie es Körperwärme und Herzschlag für physisches Leben sind.

Die Kritiker, die dem Behaviorismus solche finsteren Ansichten unterstellen, verwechseln die Methodologie mit der Seelenlehre. Ein Behaviorist wird nicht leugnen, daß es Bewußtsein gibt – täte er es, so wäre das nicht sehr überzeugend, denn allein eine solche Äußerung würde seine Zuhörer davon überzeugen, daß er Bewußtsein hat. Er wird jedoch entschieden behaupten, daß es nicht *notwendig* sei, den Begriff des Bewußtseins in der psychologischen Analyse zu verwenden. Statt Begriffe zu benutzen, die Schlußfolgerungen aus unserer empirischen Kenntnis von Verhaltensweisen sind, wird er fragen, weshalb wir uns nicht darauf beschränken, einfach Verhalten zu beschreiben. Das ist die Art Jane Austens, an die Dinge heranzugehen.

Die Schuld an diesen Mißdeutungen des Behaviorismus und an dem allgemeinen Odium, das ihn umgibt, haben die Behavioristen sich selbst zuzuschreiben. Die behavioristische Literatur ist zu einem großen Teil von einer gekränkten und aggressiven Tonart gekennzeichnet, so als wäre es das Hauptziel der neuen Wissenschaft, das angemaßte Privileg und die unberechtigten literarischen Prätentionen der introspektiven Psychologie ein für allemal zu Fall zu bringen.

Diese Schlacht haben die Behavioristen gewonnen, sie brauchen sie nicht mehr fortzusetzen. Die im Behaviorismus enthaltene Seelenlehre fand einen unerwarteten Anhänger in einem der bedeutendsten englischen Philosophen, dem verstorbenen Gilbert Ryle von der Universität Oxford, dessen Werk *Concept of mind* [1949; deutsch: *Der Begriff des Geistes,* 1969] einen – was er nicht leugnete – stark behavioristischen Anstrich hat.

Man kann nicht sagen, daß der Behaviorismus, ungeachtet seines Beitrags zur Methodologie, zu einer nennenswerten konzeptuellen Offenbarung geführt hätte oder daß er, als Psychologie, unser Verständnis des Seelischen vertieft und die zur Verfügung stehenden Vorbeugungs- oder Heilverfahren erweitert hätte.

Betrug

Betrug in der Wissenschaft besteht in der bewußten und planmäßigen Verfälschung der Wahrheit um des persönlichen Vorteils willen. Wir sehen keinen moralischen Unterschied zu gewöhnlichen Verbrechen mit wissenschaftlichem Hintergrund, etwa dem Plagiat, dem Daten- oder Ideendiebstahl, der Fabrikation günstiger Zeugnisse durch Arbeitssuchende usw.

Aufgedeckte Fälle von Wissenschaftsbetrug werden immer als besonders schockierend empfunden, und weil stets nur ein Bruchteil entdeckt werden kann, gerät in einem solchen Fall die Redlichkeit der Wissenschaft insgesamt in Zweifel (wer eigene Gedanken gewohnheitsmäßig durch Klischees ersetzt, spricht dann von der »Spitze eines Eisbergs«). Das ist natürlich äußerst ungerecht, denn wer weiß, wieviele bestechliche Polizisten es geben mag – oder wieviele heimliche Teufelsanbeter unter den Geistlichen oder wieviele Universitätspräsidenten, die insgeheim jeglicher Form von Gelehrsamkeit feind sind? Wir meinen jedoch, daß dies Ausnahmen sind und nicht die Regel.

Daß Wissenschaftsbetrug in vielen der Fälle, die man aufgedeckt hat, von Vertretern der biologischen Wissenschaften begangen wurde, überrascht nicht. In den physikalischen Wissenschaften ist alles sehr viel fester gefügt und der Gegenstand sehr viel weniger wandelbar. Würde ein Wissenschaftler, der auf seine Karriere bedacht ist, eine frei erfundene Behauptung über die physikalisch-chemischen Eigenschaften von Cetyltrimethylammoniumbromid oder von Trijodothyromin veröffentlichen, so bliebe das nicht lange unentdeckt; man würde bemerken, daß seine Behauptung einem physikalischen oder chemischen Gesetz zuwiderläuft, und seine Arbeit könnte ohne sonderliche Mühe rekonstruiert und widerlegt werden. Derart

Tröstliches läßt sich über die notorischen Fälschungen auf biologischem Gebiet nicht sagen: zum Beispiel über den Schädel von Piltdown, der beweisen sollte, daß England eine Wiege – und nicht bloß ein Thron – der Menschheit war, oder über die äußerst schändliche Geschichte mit der weißen Maus, die mit einem Filzstift derart präpariert wurde, daß man glauben konnte, sie trüge ein lebendes Hauttransplantat von einer nicht-verwandten schwarzen Maus. Die letztere Episode brachte den Forschern auf diesem Gebiet enorme Probleme ein und schadete dem Ruf eines Laborleiters, dem der Fälscher nichts als Dankbarkeit schuldete. Dann gab es noch den berühmten Fall eines Psychologieprofessors an einer Londoner Universität, der Angaben über die Intelligenzquotienten von Zwillingen so manipulierte, daß sie seine Auffassung stützten, Intelligenzunterschiede seien in weit stärkerem Maße, als man gemeinhin annehme, auf Vererbung und nicht auf Erziehung zurückzuführen. Ein erfahrener Wissenschaftsjournalist, der Kenntnisse auf dem Gebiet der Genetik besaß, deckte seine Verbrechen gegen die Wissenschaft schließlich auf. Die wohl bekannteste Fälschung auf biologischem Gebiet ist mit dem Namen von Paul Kammerer verbunden, der behauptete, bei Geburtshelferkröten einen lamarckistischen Vererbungsmechanismus nachgewiesen zu haben.

Herkömmliche Erklärungen versagen bei all diesen Betrügereien. In wenigstens drei Fällen lag ihnen als Motiv ein leidenschaftlicher Glaube an die Wahrheit und an die über die Wissenschaft hinausgehende Bedeutung einer richtig scheinenden Lehre zugrunde, die vom herrschenden Kanon so weit abwich, daß sie nach Ansicht ihrer Verfechter von den orthodoxen Wissenschaftlern zu Unrecht diskriminiert wurde. Tatsächlich brennt der Glaube an die lamarckistische Vererbung in seinen Anhängern mit jener Heftigkeit, die bei Literaten geradezu als Ausweis von Authentizität gilt. Von Coleridge ist uns, ebenso wie zuvor von Plato, versichert worden, daß die schöpferische Inspiration etwas Göttliches habe; mit einem solchen Gedanken mögen sich die Schwindler trösten, wenn sie merken, daß die Natur nicht so will wie sie. Man hat den Wissenschaftlern Arglosigkeit und Leichtgläubigkeit nachgesagt, weil sie solchen

Fälschungen auf den Leim gegangen sind. Es ist sogar angedeutet worden, daß sie zusammenhalten und alles tun, um Dinge zu vertuschen, die ihrem vermeintlich priesterlichen Ansehen schaden könnten. Das ist eine sehr oberflächliche Ansicht. Sie geht an der wesentlichen Tatsache vorbei, daß die Wissenschaft – und das hat sie mit dem Bankgeschäft, der Politik, der Ehe, ja mit den meisten menschlichen Beziehungen gemein – nur auf einer Vertrauensbasis betrieben werden kann. Man kann nicht immerfort auf der Hut sein. Der Feldforscher, der schüchtern ein Fossil ins Museum trägt, rechnet nicht damit, daß man ihn mit der Bemerkung »Wohl wieder so eine Fälschung!« empfängt, und auch der Wissenschaftler, der seinem Institutsleiter stolz seine neueste Abhandlung unterbreitet, erwartet nicht, von diesem zu hören: »Es freut mich, daß Sie mir Ihr Papier überlassen; Sie wissen ja, daß ich begeisterter Science- Fiction-Leser bin.« Die Wissenschaft könnte unter solchen Bedingungen ebensowenig gedeihen wie eine Ehe, in der der Mann, wenn er spät von der Arbeit heimkommt, stets mit den Worten empfangen wird: »Ich wette, du bist wieder fremdgegangen!«

Bevölkerungswachstum und Bevölkerungspolitik

Das zahlenmäßige Wachstum biologischer Populationen verdeutlicht eine wichtige und vielleicht charakteristische Eigenschaft des biologischen Wachstums: *Was durch Wachstum entstanden ist, das ist seinerseits fähig, weiter zu wachsen.* Dies ist das entscheidende Merkmal eines Wachstums mit Zinseszins, denn wenn die Ausgangszahl als Kapital und die durch Wachstum hinzugekommenen Mitglieder der Population als Zins betrachtet werden, dann wird der Zins eindeutig dem Kapital hinzugefügt und beginnt seinerseits, Zinsen zu verdienen. Ein solches Wachstum bezeichnet man vielfach als exponentiell oder logarithmisch.

Der Sinn dieser Nomenklatur leuchtet sofort ein, wenn wir den einfachen Fall einer Population von Organismen betrachten, von der jeder sich pro Zeiteinheit zweiteilt, also verdoppelt; die Population wird dann in jeder Zeiteinheit die aus der beigefügten Tabelle ersichtliche Größe haben. Die Logarithmen in der letzten Zeile stimmen notwendig mit den Exponenten in der vorletzten Zeile überein, denn die Logarithmen sind zur Basis 2 genommen, und der Logarithmus ist die Potenz, in die 2 erhoben werden muß, um die Anzahl der Organismen in der Population zu ergeben.

Zeiteinheiten	0	1	2	3	4	5	10
Populationsgröße	1	2	4	8	16	32	1024
Exponentielle Formulierung	2^0	2^1	2^2	2^3	2^4	2^5	2^{10}
Logarithmus zur Basis 2	0	1	2	3	4	5	10

Durch Nachprüfen wird man feststellen, daß die Punkte einer graphischen Darstellung, die den Logarithmus der Populationsgröße zum Zeitablauf in Beziehung setzt, auf einer Geraden liegen, während sie, wenn man die arithmetische Anzahl gegen die Zeit abträgt, eine Kurve bilden, die steil ansteigt, wie es bei Exponentialkurven der Fall zu sein pflegt.

Keine reale Population könnte lange im exponentiellen Maße wachsen; in der Realität wird das Populationswachstum stets durch einen oder mehrere *dichteabhängige* Faktoren beschränkt, zu denen für gewöhnlich Lebensraum, Nährstoffmangel, Häufung toxischer Abfallprodukte, Streß durch Überfüllung und andere gehören. Es ist daher eine bloße Metapher, wenn gesagt wird, die menschliche Bevölkerung könne irgendwann so zahlreich werden, daß sie die gesamte Landoberfläche der Erde Schulter an Schulter ausfüllt, womöglich gar in zwei Lagen übereinander; es ist jedoch keine Metapher, wenn es heißt, daß die dichteabhängigen Faktoren, die aller Wahrscheinlichkeit nach auf die menschliche Bevölkerung einwirken werden, Hungersnot und Seuchen von unvorstellbarer Härte sein werden.

Die letzten hundert Jahre waren dadurch gekennzeichnet, daß einige der wichtigsten dichteabhängigen Faktoren, die auf menschliche Bevölkerungen einwirken, teilweise abgeschafft worden sind. Dank der Bemühungen von Ärzten und Sanitärtechnikern haben wir eine *Sterbekontrolle* erreicht, der leider keine entsprechende *Geburtenkontrolle* gegenübersteht, wie sie nötig wäre, um die menschliche Bevölkerung in vernünftigen Grenzen zu halten. Die Bevölkerungsexplosion ist das wohlbekannte und erschreckende Resultat des Wachstums der Wissenschaft – und zugleich ein schlagender Beweis für die Unvorhersagbarkeit vieler der Übel, die es mit sich bringt.

Die Dringlichkeit des Bevölkerungsproblems hat viele Politiker und prominente Persönlichkeiten veranlaßt, eine Stabilisierung der Bevölkerungszahl zu fordern. Das klingt so, als wäre es ohne weiteres machbar, und wir könnten uns alle glücklich schätzen, wenn es so einfach wäre wie eine Fahrt zum Mond. Eine stabile Bevölkerungszahl ist nur dann zu erreichen, wenn Fruchtbarkeit und Sterblichkeit sich über längere Zeit so eingespielt haben, daß ein stabiler Altersaufbau entsteht und wenn die Bevölkerung sich künftighin genau nach diesem Muster fortpflanzt. Bisher hat keine menschliche Bevölkerung diesen stabilen Zustand erreicht, und nach unserer Ansicht wird es wohl nie eine Zeit geben, in der wir frei sein werden von Befürchtungen, daß die Bevölkerung entweder jäh zurückgehen oder zu einer Größe anschwellen könnte, die politisch und wirtschaftlich nicht mehr zu bewältigen wäre.

Eine Zeitlang fand, besonders in den Vereinigten Staaten, folgende Idee größere Aufmerksamkeit, daß nämlich eine stabile Bevölkerungszahl zu erreichen wäre, wenn alle Ehepaare sich auf zwei Kinder beschränken würden. »Dieser Vorschlag hat«, so wurde bemerkt, »jenen Anschein von Richtigkeit im Sinne des gesunden Menschenverstandes, der fast immer Symptom eines Denkfehlers ist.« Der Fehler besteht darin, daß Sterblichkeit und Unfruchtbarkeit nicht berücksichtigt werden, obwohl beide eine wichtige Rolle spielen. Ein Durchschnitt von zwei Kindern pro Familie wäre ein sicheres Rezept für den katastrophalen Bevölkerungsrückgang, den Demographen in den dreißiger Jahren unseres Jahrhunderts befürchteten.

Betrachten wir die Schwierigkeiten, denen ein hypothetischer Minister für Bevölkerungspolitik gegenüberstände. Angesichts der Tatsache, daß die Natur sich zugunsten der Fruchtbarkeit verschworen hat (dieser Tatsache verdanken wir unsere Anwesenheit auf der Erde), müßte er vor allem dafür sorgen, daß bessere Methoden der Geburtenkontrolle entwikkelt würden; und diese Methoden müßten Bevölkerungen nahegebracht werden, die nicht wissen – und vielleicht auch nicht lernen wollen –, wie sie anzuwenden sind. Das allein ist schon eine ungeheure politische, religiöse und erzieherische Aufgabe. In einer freien Gesellschaft, deren Mitglieder weder zur Fortpflanzung noch zum Verzicht darauf gezwungen werden können, hätte der Bevölkerungsminister, so gut es geht, mit fiskalischen und erzieherischen Mitteln zu arbeiten, um durch Bestechen, Beschwatzen, Umschmeicheln oder gutes Zureden zu erreichen, daß die Menschen mehr oder auch weniger Kinder zeugen, je nachdem, was die Situation gerade verlangt.

Beweise für die Evolution

In den letzten Jahren haben verschiedene zeitgenössische Denkströmungen den Eindruck, vielleicht auch die Hoffnung geweckt, der Evolutionsgedanke sei irgendwie in Mißkredit geraten, die Lehre von einer speziellen Schöpfung wieder zu Ehren gekommen und möglicherweise sogar auf eine wissenschaftliche Grundlage gestellt worden. Beide Ansichten sind unbegründet, wenn es auch schwerfällt, nicht mit dem Laien zu sympathisieren, der mit Bestürzung hört, daß sich die Evolutionshypothese nicht, wie er angenommen hatte, auf die Gültigkeit sogenannter Beweise der Evolution stützt – die zum größten Teil nicht überzeugend oder auch anders auszulegen sind –, sondern auf andersartige und sehr viel gewichtigere Zeugnisse.

Der Unterschied läßt sich am besten verdeutlichen, wenn wir uns überlegen, warum wir glauben, daß die Erde »rund« (kugelförmig) ist. Wenn man aufgeweckte Schulkinder zum ersten Mal mit dieser Vorstellung konfrontiert, bietet man ihnen »Beweise« für die Rundheit der Erde an, die im Rückblick ziemlich nichtssagend erscheinen; man erzählt ihnen, sie würden, wenn am Horizont ein Schiff auftaucht, zunächst seinen Großmast oder seine Schornsteine und dann seine übrigen Aufbauten erblicken; der Rumpf käme erst später in Sicht. Das ist ganz und gar nicht überzeugend – womöglich liegt eine bloße

Täuschung aufgrund der Brechung des Lichts vor, wie sie auf der Höhe des Horizonts vorkommen kann. Ein weiterer, ähnlich »gediegener« Beweis besteht darin, daß von drei Pfählen gleicher Länge, die man in gerader Linie in den Boden steckt, der mittlere höher erscheinen wird als die beiden anderen (in diesem Fall ist es sehr schwierig, die Dinge so einzurichten, daß ein solcher »Beweis« aus fachlicher Sicht annehmbar ist).

Wenn wir dann die Schule hinter uns haben, ist es nicht mehr eine Frage von ein oder zwei Beweisen, ob wir daran glauben, daß die Erde rund ist. Wir akzeptieren diese Vorstellung, weil die gesamte Schiffahrt, Luftfahrt, Geodäsie, Geometrie, Kartographie und Chronometrie auf ihr beruhen; ohne die Vorstellung von der runden Erde sind alle diese Gebiete heute vernünftigerweise nicht zu denken. Kein Wissenschaftler braucht sich von der Wahrheit des Sachverhalts dadurch zu überzeugen, daß er – wie man sich vielleicht vorstellen könnte – aufmerksam Photos von der Erde studiert, die vom Mond aus aufgenommen wurden.

Das gleiche gilt auch für die Hypothese der Evolution. Ihre Gegner – oft genug philosophisch wie wissenschaftlich ungebildet – betrachten es als bloße schlaue Ausrede, wenn behauptet wird, daß die Anerkennung der Hypothese *nicht* von der Anerkennung bestimmter Beweise für die Evolution abhängig sei, aber so ist es in der Tat. Wir erkennen den Evolutionsgedanken deshalb an, weil nur er das von der vergleichenden Anatomie aufgedeckte Muster der Ähnlichkeiten und Unterschiede zwischen gleichzeitig lebenden Organismen verständlich macht, und ebenso die durch von Baers Gesetz aufgezeigten oder implizierten Erscheinungen: die bemerkenswerte Ähnlichkeit zwischen den Embryos von Menschen, Vögeln und Reptilien einerseits und den Embryos ihrer mutmaßlichen Vorfahren, wie der Fische, andererseits. Verständlich macht der Evolutionsgedanke ferner das Vorkommen von Tieren mit intermediären Merkmalen, die man sonst als etwas Anomales ansehen würde, wie etwa Reptilien, die ein Federkleid, und Fische, die Lungen besitzen, oder Säugetiere, die Eier mit Schalen legen. Er macht auch die evolutionären Veränderungen begreiflich, die sich in einem Menschenalter vollzogen haben, so etwa die Ausbreitung schwarz pigmentierter Spielarten von Schmetterlingen in Industriegebieten. Ein weiteres Beispiel ist die in vielen Krankenhäusern beobachtete Evolution von Staphylokokken- und Streptokokken-Stämmen, die gegen die Wirkung von Penicillin und anderen Antibiotika resistent sind. Schließlich kann nur die Evolutionstheorie die Fossilienfunde überzeugend deuten. Wenn jemand glaubt, Fossilien seien die Überreste von Organismen, die bei der Sintflut untergegangen sind, so kann er alles glauben: seine Leichtgläubigkeit wäre bodenlos. Nur die Evolutionstheorie macht rudimentäre Strukturen bei heutigen Organismen verständlich, wie zum Beispiel das während der Entwicklung von höheren Wirbeltieren vorübergehend auftretende Scheitelauge (die Zirbeldrüse), wie wir es bei Neunaugen finden.

Gegner des Evolutionsgedankens meinen vielfach, sie hätten einen Pluspunkt für sich verbucht, wenn sie sagen: »Die Evolution ist nur eine Hypothese.« Dabei wird das Wort »Hypothese« in diesem Falle genau darum benutzt, weil es der logisch und philosophisch korrekte Begriff für eine Aussage von dieser Qualität ist.* Das Wort hat nicht die geringste pejorative Nebenbedeutung, dies zu meinen, ist ein Zeichen mangelnder Bildung.

Es gibt noch viele Ungewißheiten, was den Mechanismus der Evolution, und zumindest einige, was ihren genauen Verlauf in der Geschichte der heute existierenden Tiere und Pflanzen betrifft. Dennoch ist die Evolutionstheorie wissenschaftlich akzeptabel, und sie wird in der Tat weithin akzeptiert: als Produkt eines Denkaktes, der so völlig anderer Art ist als jener, aus dem die bewegende, phantasievolle Literatur des ersten Kapitels der Genesis hervorgegangen ist.

* Es ist eine Aussage, die man vorläufig für wahr hält, mit der logischen Stellung einer Prämisse in einem Deduktionsschluß, aus der deduktive Folgerungen gezogen werden können, um zu prüfen, ob sie mit der Realität übereinstimmen oder nicht.

Bilharziose

Diese den Organismus schwächende Krankheit (heute vielfach als Schistosomiasis bezeichnet) wird dadurch hervorgerufen, daß »Saugwürmer«, eine bestimmte Art unter über zweitausend Arten von parasitischen Flachwürmern, in die Blutgefäße der Eingeweide und sogar des Gehirns eindringen. Entdeckt wurden die Saugwürmer, die diese Krankheit erregen, von dem in Kairo tätigen deutschen Arzt Theodor Bilharz, nach dem die Krankheit zunächst benannt wurde. Ihre Opfer gehen weltweit in die Millionen: man stellt die Krankheit vor allem in Afrika, Japan, Südamerika und in der Karibik fest. Ihre schädlichen Wirkungen sind teils mechanischen Ursprungs und teils die Folge der heftigen allergischen Reaktion, die der Parasit auslöst. Zwischenwirt ist eine Wasserschnecke, die selbst nicht sonderlich davon beeinträchtigt wird, so daß es nicht richtig wäre, die Schistosomiasis als Krankheit von Wasserschnecken zu bezeichnen, die durch menschliche Überträger verbreitet sind. Ihre Ausbreitung kann weitgehend durch ein bewußtes Verhalten verhindert werden; den Menschen in gefährdeten Gebieten wird deshalb dringend geraten, nicht in schneckenverseuchten Gewässern zu baden.

Biogenese

In seiner positiven Form sagt das Gesetz der Biogenese, daß alle lebenden Organismen Nachkommen von lebenden Organismen sind, die vor ihnen da waren. Der bekannte lateinische Ausspruch lautet: *Omne vivum ex vivo* – Alles Lebendige stammt vom Lebendigen, oder anders gesagt: Jeder Organismus besitzt einen durchgehenden Stammbaum, der bis zu den ersten Lebewesen zurückreicht. In seiner negativen Form kann das Gesetz dahingehend ausgelegt werden, daß das Vorkommen (ja selbst die Möglichkeit) einer Urzeugung bestritten wird. Es besagt ferner, daß Mäuse Mäuse und Menschen Menschen zeugen – »Homogenese«: Gleiches zeugt Gleiches.

Das Gesetz der Biogenese ist unbestreitbar das fundamentalste Gesetz der Biologie, denn die Evolution kann als eine Form der Biogenese gedeutet werden, welche die gelegentliche Zeugung einer abweichenden Form vorsieht.

Nicht nur ganze Organismen, sondern auch einige ihrer Bestandteile, wie die Mitochondrien, sind biogenetisch, werden also nicht im Laufe der Entwicklung neu synthetisiert, sondern aus vorhandenen Mitochondrien gebildet, die notwendigerweise im Sperma oder im Ei weitergegeben wurden.

Biologie in der medizinischen Ausbildung

Die Medizin ist zu einem Großteil angewandte Biologie, und man könnte daher meinen, es verstehe sich von selbst, daß die Biologie sich gründlich, umfassend und ausschließlich positiv auf die Ausbildung und das Denken der Ärzte ausgewirkt habe. Das ist aber in Wirklichkeit nicht der Fall. Eine inzwischen überholte Biologie, wie Charles Darwin sie seinerzeit anerkannt hätte, hat der medizinischen Ausbildung eine nahezu unerträgliche pädagogische Bürde auferlegt und ist außerdem für so schwerwiegende Irrtümer wie den Panglossismus verantwortlich gemacht worden, auf den wir unten eingehen werden.

Es ist in der Tat eine überaus wichtige Lektion, daß der Mensch ein Tier ist, aber es war kein Biologe, der das lehrte. Aristoteles war sich dessen bewußt, und implizit ist sie in Platos großer Kette alles Seienden enthalten. Auf jeden Fall hat der Londoner Arzt Edward Tyson 1669 in einer für alle verständlichen Form die Verwandtschaft zwischen dem Tieraffen, dem Menschen und einem Schimpansenjungen (einem »Pigmäen«) nachgewiesen.

Nach dem Erscheinen von Darwins *Origin of species* [1859; deutsch: *Entstehung der Arten,* 1963] sahen die großen Evolutionsbiologen des 19. Jahrhunderts – unter ihnen Karl Gegenbaur, Johan von Wijhe und Edwin Goodrich – fünf Jahrzehnte lang die Hauptaufgabe der Biologie darin, die Evolutionslehre zu bestätigen und weiterzuentwickeln, vornehmlich mit den Methoden der vergleichenden Anatomie. Von missionarischem Eifer getrieben, begnügten sie sich nicht damit, die großen Linien der Evolution auszuarbeiten; vielmehr durchstöberten sie unter großem Zeitaufwand die Kirchenbücher der Evolution und versuchten, die Abstammungsverhältnisse zwischen Ordnungen und Unterordnungen aufzuspüren.

Bald entwickelte sich die Ansicht, daß man den Menschen nicht wirklich begreifen könne ohne ein klares Verständnis des Evolutionsprozesses, dessen höchstes Ergebnis der Mensch sei, daß man also den künftigen Arzt unbedingt auf eine Bildungsreise durch das Tierreich mitnehmen müsse, die mit der Amöbe begann und unterwegs bei Regenwurm, Küchenschabe, Hundshai, Knochenfisch, Frosch und Kaninchen verweilte. Am Ende sollte er dann ein tiefes historisches Verständnis dessen besitzen, was ihn erwartete, wenn er die Sektionsräume der Anatomie betrat. So kam es in Großbritannien zu dem propädeutischen Jahr, das nach ermüdender Büffelei mit dem »first MB« [einer ersten ärztlichen Vorprüfung] abschloß und ein Medizinstudium, das ohnehin viel zuviel Zeit in Anspruch nahm, um ein weiteres Jahr hinausschob. In den Vereinigten Staaten war es nie so schlimm, denn dank der Tradition des Studium generale war die Biologie, die ein künftiger Medikus lernte, Bestandteil eines wohldurchdachten Bildungsganges, der seinen eigenen erzieherischen Wert besaß, unabhängig davon, ob der Student anschließend Medizin, Naturwissenschaften oder irgendein anderes Fach studierte.

Auch wenn das kein besonderes Lob ist, so ist es doch erwähnenswert, daß aller Wahrscheinlichkeit nach kaum ein Medizinstudent durch den Besuch des propädeutischen Kurses (oder sonstiger, dem gleichen Zweck dienender Veranstaltungen) unheilbaren seelischen Schaden genommen hat. Der Hauptnachteil dieser propädeutischen Übungen bestand wohl darin, daß der falsche Eindruck erzeugt wurde, biologische Beobachtungen an Pflanzen und Tieren besäßen eine besondere Authentizität, und daß dadurch dann die Humanbiologie abgewertet wurde. Inzwischen sind wir klüger geworden und wissen, daß die theoretische Genetik sich am Menschen ebenso überzeugend darstellen läßt wie an der Fruchtfliege, der Erbse oder der Maus. Der Mensch ist sogar unter vielen Aspekten vorzuziehen, weil die Humangenetik sich für ein wirklichkeitsnahes Studium des Polymorphismus, der Populationsgenetik und dergleichen besonders gut eignet.

Ein weiterer Nachteil, der den propädeutischen Kursen in Biologie angelastet werden muß, besteht darin, daß sie bei vielen Medizinstudenten eine lebenslängliche Abwehr gegen die Biologie erzeugen, so daß sie für deren geistige Schätze und Freuden keinen Sinn mehr haben. Gelegentlich ist auch durch mißverstandene Vorlesungen über die Darwinsche Lehre und über die Evolutionstheorie ganz allgemein jene, besonders bei Medizinern und Biologen vorkommende Gedankenverirrung entstanden, die nach dem vortrefflichen Dr. Pangloss aus *Candide* als Panglossismus bezeichnet wird. Die Botschaft, der Voltaire den Boden entzog, lautete: *Tout est bien:* Alles ist gut; die Natur weiß es am besten, und die natürlichen Anlagen sind notwendigerweise zum besten – denn sind sie nicht in den Feuern der natürlichen Auslese erprobt worden, so daß uns zwar nicht immer die denkbar beste, aber doch die bestmögliche Lösung des vielfältigen Problems hinterlassen wurde, wie man sich in einer ziemlich feindseligen Umwelt am Leben erhält und fortpflanzt?

Betrachten wir zum Beispiel die offenkundige Unzulänglichkeit des Heilungsvorgangs bei Wunden, die einen weitgehenden Verlust der vollen Dicke der Haut nach sich ziehen: zum Beispiel bei Wunden, die durch schwerwiegende mechanische Verletzungen oder durch starke und ausgedehnte Verbrennungen entstehen. Der »natürliche« Reparaturvorgang beginnt in der Regel damit, daß totes Gewebe sich ablöst und durch vorläufiges Reparaturgewebe, das sogenannte Granulationsgewebe, ersetzt wird, eine gefäßreiche Wucherung von Bindegewebszellen und Blutgefäßen, welche die Fläche, deren Gewebe verlorenging, ausfüllt. Im weiteren Verlauf der Heilung wachsen vom Wundrand oder von noch vorhandenen Inseln lebender Epidermis aus normale Epidermiszellen über die wunde granulierende Fläche. Dieses neugebildete Epithel ist mechanisch schwach und äußerst instabil. Das Granulationsgewebe, das unter dieser zeitweiligen Oberfläche liegt, verwandelt sich durch die Einlagerung von Bindegewebsfasern in faseriges Gewebe, doch eine echte Haut aus dreischichtig gelagerten Bindegewebsfasern regeneriert sich nie wieder, und Schweißdrüsen, Talgdrüsen und Haare in der Regel auch nicht. Was noch schlimmer ist: Nun erfährt die Wunde eine Kontraktion, welche die ursprünglichen Ränder einander näher bringt und vielfach eine Narbe hinterläßt, die den Wundrand andeutet. Diese Kontraktion muß man besonders fürchten, da sie Verunstaltungen und sonstige Schäden zurückläßt. Am Bein kann sie beispielsweise die arterielle Blutzufuhr beeinträchtigen. Fast immer behindert sie den Lymphtransport und den venösen Rückfluß. Das Endergebnis ist unter funktionalem Aspekt mangelhaft und unter kosmetischem Gesichtspunkt in der Regel scheußlich.

Abhilfe schafft die Hauttransplantation, ein ungeheurer Fortschritt gegenüber der Natur, denn dadurch wird das Austreten von Körperflüssigkeiten aus der Wundfläche verhindert, die Infektionsgefahr wird bis auf ein Minimum reduziert, vor allem aber wird der Kontraktion vorgebeugt, und sie wird, wenn man Glück hat, weitgehend vereitelt. Dem plastischen Chirurgen sollte man nicht predigen, daß die Natur es am besten wisse.

Biotechnik

Eine einzelne Beschreibung dieses naturwissenschaftlichen oder paramedizinischen Forschungsbereiches kann vermutlich nicht alle, die darin tätig sind, zufriedenstellen. Die Biotechnik umfaßt eine Reihe ganz unterschiedlicher Aktivitäten.

Da ist zunächst das Entwerfen von Geräten, die physikalisch-mechanische Funktionen des Körpers ausführen oder vorübergehend übernehmen können. Die künstliche Niere, die mit der Ultrafiltration eine der Hauptfunktionen der Niere ausführt, ist ein Beispiel; ein anderes die Herz-Lungen-Maschine, durch die Operationen am offenen Herzen und Herzverpflanzungen möglich wurden. Künstliche Gliedmaßen und sogar Hörgeräte gehören hierher.

Ein weiteres Gebiet der Biotechnik ist die Analyse der physikalisch-mechanischen Aspekte der körperlichen Aktivität. Man untersucht Bewegungen wie Schwimmen, Gehen und Laufen und stellt thermodynamische Bilanzen auf, die mit der Energieaufnahme und dem Verbrauch von Energie durch Muskelbewegung und Wärmeverlust zu tun haben.

Zur Biotechnik gehört ferner die Anwendung biologischer

Methoden in der Gütererzeugung und in der Industrie allgemein: die Weinherstellung, das Zurichten von Leder, die Erzeugung von enzymhaltigen Reinigungsmitteln und die Essigproduktion – das alles sind biologische Unternehmungen, die zum Teil auf empirischem Wege entdeckt und weiterentwikkelt wurden.

Nicht diese einfachen und segensreichen Formen der Biotechnik sind es, mit deren Hilfe »der böse Wissenschaftler« seinen Plan umzusetzen gedenkt, Bewußtsein und Seele abzuschaffen und den Menschen zu einem seelenlosen, aber gehorsamen Automaten zu degradieren, dessen Verkehr mit seinen Mitmenschen, nicht länger durch Liebe oder sonstige Gefühle getrübt, auf den Austausch von sachlichen Informationen beschränkt sein wird. Nein – mit Hilfe der *Gentechnik* wird »der böse Wissenschaftler« seine Ambitionen zu verwirklichen trachten. Gentechnologie ist alles, was mit der planmäßigen Veränderung des Genoms zu tun hat.

Der Laie ist möglicherweise schockiert, wenn er hört, daß es längst in unserer Macht steht, zwei verschiedene Arten von Menschen entstehen zu lassen: die eine hochgewachsen, stattlich und mit körperlichen und geistigen Vorzügen reichlich versehen; die andere kleinwüchsig, dumm und gehorsam, mit dem Äußeren, der Unterwürfigkeit und den Fähigkeiten eines Sklaven. Solche Menschen würden sich nicht stärker voneinander unterscheiden, als gewisse Hunderassen es heute schon tun. Um dieses Endresultat zu erreichen, braucht man nur Zeit, Geld und Neigung. Die Menschen haben ein offenes, unorganisiertes Zuchtsystem mit einem ungeheuren Vorrat an genetischer Varianz. Aus biologischer Sicht spricht grundsätzlich nichts dagegen, das wirksamste gentechnologische Verfahren, das wir kennen – die künstliche Auslese –, anzuwenden, um Menschen praktisch wie Hunde zu züchten; denn das haben wir ja mit den Hunden getan (siehe P. B. Medawar, *Pluto's Republic,* Oxford 1982, S. 311). Das würde die despotische Durchsetzung einer Politik der selektiven Züchtung über eine Zeitspanne erfordern, die nicht länger zu sein brauchte, als das Haus Habsburg bestanden hat. Was die Verwirklichung dieses Ziels bisher verhindert hat, war nur der weltweite Mangel an verrückten Wissenschaftlern und die praktische Unmöglichkeit, über viele Generationen hinweg einen bestimmten politischen Kurs durchzuhalten.

»Gentechnik« bedeutet normalerweise etwas anderes, nämlich die planmäßige Herbeiführung von Erbänderungen durch die Manipulation der Desoxyribonukleinsäure (DNA), des Trägers der Erbinformation. Dazu muß in die DNA eines geeigneten Empfängers (etwa eines nichtvirulenten Bakteriums) ein Stück DNA eingefügt werden, das die genetischen Anweisungen enthält, in denen die Synthese des gewünschten Endprodukts verschlüsselt ist. Das könnte ein Hormon wie Insulin oder ein Wachstumshormon oder ein Antigen sein, das wir zur Impfung brauchen. Ermöglicht wurde das Kunststück durch eine ganze Reihe vorzüglich entwickelter technischer Erfindungen, die dem Experimentator ein Arsenal an Geräten zur Verfügung stellten, mit denen er die DNA-Kette unterbrechen und das erforderliche DNA-Stück einspleißen kann.

Obwohl es in letzter Zeit einige sehr ermutigende Entwicklungen gegeben hat, steht das Paradies auf Erden noch nicht so nahe bevor, wie einige Inserenten uns glauben machen möchten. Wer alt genug ist, um dieses Buch zu lesen, wird sich gewiß der Fanfarentöne erinnern, mit denen das Zeitalter des Kunststoffs angekündigt wurde, Fanfarentöne, mit denen man fortfuhr, bis die Leute es nicht mehr hören konnten, daß in allernächster Zukunft praktisch alles durch Kunststoff ersetzt sein werde. Es war wirklich ermüdend, aber der Kunststoff kam gleichwohl, und er war höchst nützlich. Gentechnisch erzeugte Hormone, Antigene und pharmakologisch wirksame Substanzen werden ebenfalls kommen. Es wäre Leichtsinn, das zu bestreiten, denn ist es nicht eine zentrale Tatsache der technischen Entwicklung, daß alles, was im Prinzip möglich ist, auch realisiert wird, sofern die Absicht nur mit genügender Entschlossenheit und Ausdauer verfolgt wird? Eine Landung auf dem Mond? Ja, gewiß. Ausrottung der Pocken? Mit Vergnügen. Mängel im menschlichen Genom ausgleichen? Hmm, ja, wenn das auch schwieriger ist und noch auf sich warten lassen wird. Noch sind wir nicht so weit, aber wir sind mit Sicherheit auf dem Wege dorthin.

Einige Wissenschaftsautoren, verantwortungslose Mitglieder eines ansonsten gewissenhaften und recht bedeutenden Berufsstandes, haben diese beeindruckenden experimentellen Großtaten als erste Schritte zu einer Art biologischem Horrorstück hingestellt, in dem alle Arten von genetischen und epigenetischen Greueltaten begangen werden sollen. Nichts in der bisherigen Geschichte der Biologie rechtfertigt die Verleumdung, die Biologen schickten sich an, solche Dummheiten zu begehen, und bejubelten die Möglichkeit, solche Dummheiten zu begehen, nur weil die moderne Biotechnik sie ermöglicht hat. Einer der berühmtesten englischen Genetiker wurde bei der Rückkehr nach England von einem Zollbeamten ausgefragt und bekam dann zu hören: »Ich lasse Sie wohl besser durch, sonst verwandeln Sie mich noch in einen Frosch.« Der Beamte bewies zumindest eine gesunde Einschätzung seiner Stellung im Leben, so als wüßte er instinktiv, daß jemand, der so leichtgläubig und naiv ist, es nicht verdient, daß man ihn in einen Märchenprinzen verwandelt.

Blut und Blutkreislauf

Das Blut ist eine salzige, zähflüssige, gelbliche oder strohfarbene Flüssigkeit und enthält eine Reihe von Körperchen in Suspension, vor allem die roten Blutkörperchen *(Erythrozyten),* die mit ihrer abwechselnden Oxidation und Reduktion für den Sauerstofftransport innerhalb des gesamten Körpers verantwortlich sind. Der flüssige Teil des Blutes heißt Blut*plasma;* wenn Blut gerinnt, ziehen sich die Fibrinfasern, aus denen der Pfropf gebildet wird, zusammen und pressen eine nichtgerinnende Flüssigkeit, das *Serum,* heraus, das normalerweise keine Zellen enthält.

Es gibt zwar Ausnahmen, doch gewöhnlich enthalten die Arterien sauerstoffreiches Blut unter einem Druck, den man dadurch abschätzt, daß man mit einem einfachen Apparat den Druck feststellt, der erforderlich ist, um eine Arterie zu verschließen und den Blutstrom vorübergehend anzuhalten. Venen enthalten dagegen sauerstoffarmes Blut, das dunkler ist als das arterielle Blut – wobei natürlich die Lungenarterie die

Ausnahme bildet: sie enthält noch nicht mit Sauerstoff angereichertes Blut, das den Lungen zugeleitet wird, von wo die Lungenvenen sauerstoffreiches Blut wieder der Vorkammer des Herzens zuleiten. Die Arterien weisen im allgemeinen eine mit Muskelfasern durchzogene Schicht auf, und durch die Kontraktion dieser Schicht wird das Bluten verhindert, wenn kleine Arterien verletzt sind.

Neben den roten Blutkörperchen enthält das Blutplasma in Suspension eine Reihe von weißen Blutkörperchen oder *Leukozyten,* darunter in besonders großer Zahl die Lymphozyten und die *Granulozyten* verschiedener Art, die imstande sind, fremde Partikeln wie etwa Bakterien zu verschlingen (besonders wenn ihre Ziele zuvor mit Antikörpern überzogen worden sind).

Man kann sich heute kaum noch in diejenigen hineindenken, die einmal geglaubt haben, die Bewegung des Blutes sei im wesentlichen wie Ebbe und Flut – ein Vordringen und Zurückweichen. Man unterschätzt daher leicht die Bedeutung, die der Entdeckung des Blutkreislaufs zukommt, einer Entdeckung, die allein durch ihre Größe und die Art und Weise, in der sie gemacht wurde, den Entdecker William Harvey unter die großen Wissenschaftler aller Zeiten einreiht, an deren Spitze Sir Isaac Newton steht, zu denen Galilei und Darwin zählen und die wenigen, die zu ihrer Zeit dem Denken eine neue Richtung gegeben haben.

Zwar hatte der spanische Arzt Servetus den Lungenkreislauf (vom Herzen zu den Lungen und wieder zurück) erkannt, doch ging Harvey weit über ihn hinaus, indem er das Wesen des Pulsschlags und die anatomischen Grundlagen des Kreislaufsystems ausmachte; ferner erkannte er die Funktion der Ventile und den passiven Charakter der Ausdehnung des Herzens; praktisch erkundete er sämtliche Grundlagen unseres heutigen Verständnisses der Blutzirkulation.

Das alles entdeckte Harvey durch anatomische Untersuchungen sowie durch einfache, ausreichende Beobachtungen: die beste Methode.

Um eine beliebte, aber realitätsferne Vorstellung von der

klinischen Beobachtung zu stützen und Harvey als »Wissenschaftler« im Sinne von John Stuart Mill und Karl Pearson erscheinen zu lassen, hat man Harvey bedauerlicherweise als einen induktiven Forscher dargestellt, der vollkommen voraussetzungslos Beobachtungen machte und Experimente durchführte, aus denen er dann die Theorie der Blutzirkulation ableitete. Wir glauben, daß Harvey in Wirklichkeit eine klare Vorstellung vom Kreislauf gehabt haben muß. Er hat daher keineswegs Fakten gesammelt und empirische Beobachtungen zusammengetragen, sondern genau jene Experimente durchgeführt, die man macht, wenn man eine bestimmte Hypothese überprüfen will. Kurz, Harvey war in weit höherem Maße ein echter Wissenschaftler als in der Darstellung jener, die ihn als einen Induktivisten hinzustellen versuchten, der nichts anderes getan habe, als der Natur demütig die Lehren von den Lippen abzulesen.

Die Evolutionsgeschichte des Blutes ist Gegenstand einiger romantischer Spekulationen gewesen, darunter auch die, daß das Blut im Grunde ein evolutionärer Abkömmling des Meerwassers sei und seine salzige Beschaffenheit bei den heutigen Säugetieren auf die salzige Beschaffenheit des Meeres in jenem Zeitalter hindeute, als Fische das Meer verließen, um das Festland zu erobern. Diese Vorstellung hätte etwas für sich, wenn auch nur die geringste Wahrscheinlichkeit bestände, daß es zwischen dem Blut der Fische und dem sie umgebenden Meerwasser jemals ein osmotisches und Ionen-Gleichgewicht gegeben hat. Tatsächlich besteht zwischen der salzigen Zusammensetzung des Meerwassers und der des Blutes eine gewisse Affinität; da das Leben ja im Meer entstanden sein muß, muß der Zellstoffwechsel sich zwangsläufig in Beziehung zu den anorganischen Bestandteilen des Meerwassers entwickelt haben, insbesondere zu den Natrium-, Kalium- und Calcium-Kationen und den Magnesium- und Chlorid-Anionen.

Wir haben die Hypothese vom marinen Ursprung des Blutes als einen Fall von *Poetismus* angeführt, als Beispiel der Bewertung wissenschaftlicher Hypothesen nach literarischen anstatt nach wissenschaftlichen Kriterien; sie ist ein ebenso ärgerlicher Denkfehler wie der *Szientismus,* die Anwendung vermeintlich wissenschaftlicher Verfahren bei der Erforschung von Problemen, mit denen die Wissenschaft absolut nichts zu tun hat (P. B. Medawar, *Pluto's Republic,* Oxford 1982, S. 60 f.)

Der Begriff »Blutsverwandtschaft« ist ein bildhafter Ausdruck für Verwandtschaft, genetische Zusammengehörigkeit. Obwohl es keine theoretische oder faktische Grundlage für die Meinung gibt, daß die Merkmale des Blutes eine tiefere Erkenntnis von Affinitäten erlaubten als die übrigen Gewebe, werden, wenn es um Probleme der Identität geht, die Eigenschaften des Blutes am eifrigsten untersucht, da es leicht zugänglich und forensisch von Bedeutung ist. Zur Ermittlung benutzt man weniger chemische als vielmehr immunologische Methoden, weil diese von allen das höchste Auflösungsvermögen und das höchste Maß an Spezifizität besitzen.

Es versteht sich von selbst, daß blaues Blut kein Merkmal des Adels und rotes Blut kein Zeichen für Standhaftigkeit und Mut ist. Dennoch hat die übertragene Bedeutung in gewissen Zusammenhängen die eigentliche gänzlich unterdrückt. »Sanguinisch« wird heute nicht mehr im Sinne von »blutrot« verwendet, sondern nur noch für jene fröhlich-zuversichtliche Gemütsverfassung, von der ein gerötetes Gesicht angeblich Zeugnis ablegt. Das Wort »optimistisch« wird tunlichst gemieden von jenen, die der Person, auf die es sich bezieht, nicht gern unterstellen möchten, sie glaube an diese oder jene metaphysische Folgerung aus der Leibnizschen Philosophie.

C

Chimäre

Die Chimäre stellt – wie vieles aus der klassischen Mythologie – die Geduld und die Glaubensbereitschaft auf eine harte Probe. Eine Ausgeburt des Typhon und der Echidna, die beide Ungeheuer waren (offenbar lag diese Eigenschaft in der Familie), setzte sich die klassische Chimäre aus drei Teilen zusammen: sie war in der Mitte eine Ziege, vorne ein Löwe und hinten ein Drachen.

In der Biologie versteht man unter einer Chimäre ein Tier, das aus Zellen besteht, die von zwei oder mehr genetisch verschiedenen Tieren stammen. Sie ist etwas anderes als das *Mosaik,* obwohl dieses ebenfalls ein Tier ist, das Zellen von unterschiedlicher genetischer Zusammensetzung enthält; bei einem Mosaik sind die genetischen Unterschiede zwischen den Somazellen durch Anomalitäten der Zellteilung entstanden, von der die Chromosomen betroffen werden, besonders in den Frühstadien der Entwicklung (so sind einige Insekten Scheinzwitter – gynandromorph: an einer Körperseite männlich, an der anderen weiblich); es können auch bei der einen oder anderen Zellteilungsreihe, aus denen der ausgewachsene Körper hervorgeht, Mutationen vorgekommen sein. Natürliche Chimären treten öfter bei zweieiigen Zwillingen von Rindern auf, bei Menschen dagegen selten. Solche Zwillinge teilen sich vielfach in eine Plazenta, so daß ihr Blut und die blutbildenden Zellen sich während des fötalen Zustands vermischen können. Derartige Chimären nehmen Transplantate voneinander an, ohne sie abzustoßen, und scheinen daher den Gesetzen der Transplantation Hohn zu sprechen; das liegt aber nur daran, daß sie eine gegenseitige Verträglichkeit ihrer Gewebe entwickelt haben.

Zwillingshühner (zwei Küken, die aus einem Ei geschlüpft sind) können ein- oder zweieiig sein; im letzteren Fall sind es immer Chimären.

Künstliche Chimären kann man dadurch herstellen, daß man im Labor jenes Phänomen reproduziert, das in der Natur bei Zwillingen mit gemeinsamem Chorion [embryonale Hülle] vorkommt; ferner dadurch, daß man zwei sehr junge Embryonen zu einem einzigen Organismus verschmilzt, für den sich die Bezeichnung »tetraparental« eingebürgert hat. Chimären entstehen auch, wenn die blutbildenden Zellen eines Tieres aus irgendeinem Grund (zum Beispiel durch Röntgen- oder Gammastrahlen) zerstört wurden und durch eingeimpfte blutbildende Zellen ersetzt werden; ein solches genetisch verändertes Tier ist eine Strahlungschimäre. Chimären aus so verschiedenartigen Elementen wie die klassische Chimäre bleiben reine Fiktion; die Forscher versuchen sich nicht an ihnen, weil ein solches Unternehmen keine Erkenntnisse brächte und sinnlos wäre.

Cholinesterase-Hemmer

Der Nervenimpuls, der einen gestreiften Muskel veranlaßt, sich zusammenzuziehen, wird durch die Substanz Acetylcholin übertragen, die auf einen speziellen Rezeptor im Muskel einwirkt und unmittelbar nach der Kontraktion unterdrückt werden muß, damit der Muskel erneut kontrahieren kann. Die Hemmung bewirkt das Enzym Cholinesterase. Ein Cholinesterase-Hemmer ist eine Substanz, welche die Wirkung des Enzyms, das das Acetylcholin unterdrückt, aufhebt; eine Anhäufung dieses Enzyms würde zu einer neuromuskulären Lähmung führen. Die bekanntesten Cholinesterase-Hemmer sind das Naturprodukt Physostigmin (Eserin) und das verwandte Neostigmin. Aufgrund ihrer Wirkungsweise, die eine Verstärkung der Effekte des Acetylcholins an den neuromuskulären Verbindungsstellen einschließt, bringen die Cholinesterase-Hemmer eine gewisse symptomatische Linderung bei schwerer Myasthenie, und sie können die Muskelerschlaffung, die durch solche Stoffe wie Curare hervorgerufen wird, bis zu einem gewissen Grad beheben.

Chordatiere

Chordatiere (Chordaten) heißt jene systematische Einheit, die sämtliche Wirbeltiere sowie einige kleinere Gruppen, die durch ihre stammesgeschichtliche Herkunft mit den Wirbeltieren verwandt sind, umfaßt. In irgendeinem Stadium ihres Lebens weisen sie eine *Chorda* auf, einen starken, aber biegsamen Skelettstab, der sich an der Rückseite über die ganze Körperlänge erstreckt. Bis zur Evolution paariger Gliedmaßen (etwas wie eine Innovation) bewegten sich die Chordaten durch schlangenähnliche Kontraktionen fort, die am Körper hinunterwandern, der durch die elastische Rückkehr der Chorda in ihre ursprüngliche Stellung wieder gestreckt wird. Das Zentralnervensystem der Chordaten besteht gewöhnlich aus einer Röhre, die dadurch gebildet wird, daß sich aus den Zellen, welche die äußere Schicht des Embryos bilden, gleichsam zwei »Schultern« emporwölben, die zunächst eine längs über den Rücken verlaufende tiefe Rinne bilden, über der sich dann entlang der Mittellinie die äußeren Zellen schließen, so daß ein Rohr entsteht. Das Herz ist ein ventral gelegenes Gebilde, und die Hauptleibeshöhle, das Coelom, entsteht dadurch, daß eine im »Mesoderm« – zwischen dem Ektoderm [äußere Hautschicht des Embryos] und dem embryonalen Darm – gebildete Spalte sich erweitert. Bei Wirbeltieren ist der vordere Teil des Darms (die Rachenhöhle) üblicherweise von Kiemenspalten durchbrochen, die der Atmung dienen, während die Körpermuskulatur sich in Form von Segmenten bildet, die auf beiden Seiten der Chorda von einem Körperende zum anderen verlaufen.

Den Urchordaten, von denen sich wahrscheinlich die Wirbeltiere herleiten, kommen unter den heute lebenden Tieren die rund dreißig Arten der Lanzettfischchen am nächsten, die zusammen die Gattung *Branchiostoma* (= Amphioxus) bilden, und diese wiederum zeigt in ihrer Entwicklung eine enge Verwandtschaft mit den *Tunicata* oder Manteltieren, zu denen die Seescheiden gehören, deren Larven eine Chorda und ein dorsal in der Mitte verlaufendes Neuralrohr aufweisen. Auch andere Tiere erfüllen einige der Kriterien des Stammes Chordata, zum Beispiel die Eichelwürmer und die Pfeilwürmer, wobei die Bezeichnung »Wurm« in beiden Fällen nicht korrekt ist.

Chromosomen

Chromosomen sind die Träger der Erbinformation sämtlicher Organismen mit Ausnahme der allereinfachsten, die man entsprechend als Prokaryonten [Lebewesen mit einfacher Zellorganisation] bezeichnet. Die Chromosomen, sich selbst reproduzierende Körper von Nanometer-Größe (ein Nanometer ist ein milliardstel Meter), sitzen in den Kernen der Zellen. Sie haben ein sehr unterschiedliches Erscheinungsbild, und wenn man sie, der Konvention gemäß, als fadenförmig beschreibt, so ist das nicht angemessen, denn einige sind eher kurz, dick und stachlig wie Raupen, während andere mehr bandförmig sind, so wie Suppennudeln im Vergleich zu Spaghetti. Daß man die Chromosomen ohne Bedenken zu Trägern der Erbinformation erklären kann, liegt daran, daß es eine Reihe sicherer Anhaltspunkte gibt; der erste und wichtigste besteht in der äußerst genauen Entsprechung zwischen dem beobachteten Verhalten von Chromosomen und dem postulierten Verhalten von Mendels »Erbfaktoren«; so liegen die Chromosomen paarweise vor, wobei jedes Mitglied eines Paares von jeweils einem Elternteil stammt. Bei der Gametenbildung treten die Chromosomen auseinander, von jedem Paar gelangt nur ein Chromosom in den Gameten. Entsprechend weisen die Gameten nur die halbe Chromosomenanzahl der Eltern auf – den haploiden statt des normalen diploiden Satzes.

Die Reproduktion der Chromosomen ist der grundlegende Replikationsvorgang in der Biologie: ein Chromosom wird nicht neu synthetisiert, sondern als Kopie eines bestehenden Chromosoms zusammengesetzt; mit anderen Worten, ein Chromosom kann nur dann entstehen, wenn zuvor eines da war. Dies gilt auch für viele andere Zellbestandteile wie die Mitochondrien und Chloroplasten, die alle als selbstreproduzierend bezeichnet werden. Wir verweisen auf das Stichwort *Nukleinsäuren.*

Wenn die Gameten sich bei der Befruchtung vereinigen, treten die Chromosomen wieder paarweise zusammen, und die diploide Anzahl wird wiederhergestellt. Als man das genetische Phänomen der Koppelung erkannte (was bedeutet, daß die Mendelschen Faktoren nicht einzeln, sondern zusammen vererbt werden), nahm man befriedigt zur Kenntnis, daß die Zahl der Koppelungsgruppen der Anzahl der Chromosomenpaare entspricht, so daß man das Chromosom als physische Verkörperung der Koppelungsgruppe betrachten konnte. Thomas Hunt Morgan (1866–1945), ein berühmter amerikanischer Embryologe und Genetiker, wies als erster nach, daß Chromosomen aus differenzierten Abschnitten bestehen. Mit Hilfe hoch auflösender Mikroskope war es schließlich möglich, verschiedene strukturelle Besonderheiten auf dem Chromosomenfaden zu identifizieren und diese vielfach mit bestimmten genetischen Wirkungen in Zusammenhang zu bringen; Gene als solche waren jedoch nicht zu erkennen, da sie nichts anderes sind als besondere lokale Kombinationen von Nukleinsäure-Nukleotiden.

Obwohl sehr starke Indizien für eine Beteiligung der Chromosomen am Vererbungsvorgang sprachen, waren einige Genetiker nicht davon überzeugt oder gaben vor, es nicht zu sein. Zu ihnen gehörte der englische Genetiker William Bateson, der durch seine großartige Arbeit *Mendel's Principles of Heredity* (Cambridge 1909) [deutsch: *Mendels Vererbungstheorien,* Leipzig 1914] viel dazu beigetragen hat, die englischsprachige Welt mit der Mendelschen Lehre bekannt zu machen. Vielleicht war es Bateson darum zu tun, daß sich in weiteren Kreisen die Einsicht verbreitete, daß die Existenz von Chromosomen und Faktoren, die man später Gene nannte, auch ohne Zuhilfenahme des Mikroskops aus den genetischen Tatsachen erschlossen werden kann. Jedenfalls fanden Bateson und andere, die seine Einstellung teilten, manchen Grund, die gefällige Annahme, daß Chromosomen die Träger der Mendelschen Faktoren seien, in Frage zu stellen. Während der Zellteilung sind die Chromosomen sichtbar, in der ruhenden Zelle zwischen den Teilungen aber in der Regel nicht. Man hat es einmal ausdrücklich für angebracht gehalten, wegen dieser scheinbaren Unterbrechung gewisse Befürchtungen zu äußern, doch war diese Sorge total geheuchelt, denn angesichts der genetischen Tatsachen, die eindeutig für den Fortbestand der Chromosomen sprechen, hat kein Genetiker wirkliche Zweifel gehabt. Inzwischen weiß man, daß einige Chromosomen auch im ruhenden Kern gesehen werden *können* (namentlich – was von größtem Vorteil ist – das zusätzliche weibliche X-Chromosom, Barr-Körper genannt nach seinem Entdecker Murray Barr).

Chromosomen bestehen aus Desoxyribonukleoprotein, einer salzartigen Verbindung zwischen Nukleinsäure und einem basischen Protein wie etwa Histon; die genetische Funktion dieser Verbindung ist unbekannt, obwohl die Zweckbestimmung des chromosomalen Aufbaus hinreichend deutlich ist. Die Chromosomen stellen ein System dar, Nukleinsäure so zu verpacken, daß verschiedene Unfälle verhindert werden, die, sollten sie eintreten, den überwiegend konservativen Vorgang der Mendelschen Vererbung und den geordneten Ablauf der Entwicklung völlig durcheinanderbringen würden (zu solchen Unfällen gehören das gelegentliche Durchsickern von DNA in den Kern oder aus dem Kern heraus sowie die gegenseitige Beeinflussung von Nukleinsäuren benachbarter Chromosomen). Den Chromosomen selbst stoßen auch Unfälle zu, mit erkennbaren und oft sehr schädlichen genetischen Auswirkungen, darunter die Vermehrung der Chromosomenzahl über den normalen oder euploiden Satz hinaus. Man spricht dann von Polyploidie; sie kann in der Form auftreten, daß ein Chromosom, das nur doppelt vorhanden sein sollte, dreifach vorliegt, wie es beim Down-Syndrom mit dem menschlichen Chromosom 21 der Fall ist. Chromosomen sind außerdem an der *Geschlechtsbestimmung* beteiligt; Näheres dazu unter den genetischen Fachausdrücken.

Da Physiker bei der Erforschung der Nukleinsäuren eine so bedeutende Rolle gespielt haben, ist es erwähnenswert, daß es ein Physiker war, Erwin Schrödinger (1887–1961), der in seinem Buch *What is Life?* (Cambridge 1944) [deutsch: *Was ist Leben?* München 1951] als erster das Chromosom als physische Materialisierung einer Codeschrift für die Vererbung bezeichnet hat. Dieses Bild wurde sehr bekannt, als man die besondere Bedeutung der Informationstheorie für die Biologie erkannte.

Curare

Curare ist ein Pfeilgift, das von südamerikanischen Indianern aus der Wurzelrinde bestimmter Giftpflanzen, insbesondere *Strychnos toxifera,* gewonnen wird. Wenn es parenteral (unter Umgehung des Verdauungsweges) in den Körper eingeführt wird, blockiert es die Verbindung zwischen motorischen Nerven und Muskeln. Als erste werden die Muskeln des Augapfels gelähmt, danach andere willkürliche Muskeln und schließlich die Muskeln des Zwerchfells; anschließend tritt der Tod durch Versagen der Atmung ein.

In der Chirurgie wird Curare vielfach als Muskelrelaxans eingesetzt. Für den Notfall hält man Neostigmin (einen Cholinesterase-Hemmer) bereit. Die Symptome einer Curare-Vergiftung ähneln in mancher Hinsicht denen der Muskelerschlaffung (Myasthenia gravis).

D

Definition des Lebens und andere Begriffe

In gewissen formalen Zusammenhängen – zum Beispiel in der mathematischen Logik, in der eine Definition eine Regel ist, nach der ein oder mehrere Symbole durch ein anderes ersetzt werden – sind Definitionen von entscheidender Wichtigkeit, doch im Alltagsleben und in den Naturwissenschaften wie der Biologie wird ihre Bedeutung stark übertrieben. Es stimmt einfach nicht, daß ein Diskurs nicht möglich ist, solange nicht sämtliche Fachausdrücke präzise definiert sind; wäre das der Fall, dann gäbe es keine Biologie.

Ein Hauptzweck der Definition besteht darin, Seelenfrieden zu schaffen. Der ist in manchen Fällen freilich allzu teuer erkauft. Wie das Wort selbst andeutet, hat eine »Definition« etwas Endgültiges, das oft ungerechtfertigt und irreführend ist und bewirken kann, daß die Seele oder der Geist nicht befreit, sondern eingeengt wird. Viele Nichtbiologen sind der Meinung, daß ganze Universitätsinstitute und Fachbereiche der Biologie vornehmlich mit lebhaften und streitbaren Diskussionen über die Definition des »Lebens« befaßt sind. In Wirklichkeit wird das Thema überhaupt nicht berührt, es sei denn, man will sich über jene einfältigen Gemüter lustig machen, die meinen, man käme zu einem besseren Verständnis der Biologie, wenn man sich über eine Definition des Lebens verständigt hätte. Die Biologen sind sich über den Begriff »Leben« soweit einig, daß ihr Verständnis für gegenwärtige Zwecke ausreicht, und wir glauben nicht, daß irgendein Forschungsvorhaben auch nur im geringsten darunter leidet, daß es an einer strengeren Definition mangelt. Die Schwierigkeit dabei ist einfach, daß das Wort »Leben« – wie viele andere Fachtermini in der Wissenschaft – ein Plagiat aus der Umgangssprache ist und in Zusammenhängen benutzt wird, die völlig vom Alltagsgebrauch abgehoben sind.

Gewiß können im Alltag Situationen auftauchen, in denen es auf eine Definition von »Leben« (oder zumindest eine genaue Beschreibung dessen, was »lebend« bedeutet) tatsächlich ankommt. Nehmen wir zum Beispiel an, daß entschieden werden muß, ob die Niere oder sonst ein Organ eines potentiellen Spenders, dessen Herz noch schlägt, für eine Transplantation verwendet werden darf. Eine solche Entscheidung hängt von einer Anzahl fachlicher Beurteilungen ab, die zu einer ganz anderen Welt gehören als die Eintragungen in einem semantischen Wörterbuch: insbesondere von der Einschätzung der Hirnfunktion sowie von der Beantwortung der Frage, ob der mögliche Spender noch zu retten sei oder nicht. Das sind Fragen, bei denen es um empirische Tatsachen geht, und sie werden nicht dadurch beantwortet, daß man in einem Wörterbuch nachschlägt.

Im Hunger nach Definitionen äußert sich sehr oft der tiefsitzende Glaube – er gehört zu den vielen philosophischen Phantasien, die Lewis Carroll in seinen zauberhaften Satiren *Alice im Wunderland* und *Alice hinter dem Spiegel* verspottet hat –, daß alle Wörter eine innere Bedeutung hätten, die sich durch geduldiges Nachdenken und Grübeln klären und von falschen oder verfälschten Bedeutungen unterscheiden ließen, die möglicherweise ihre wahre Bedeutung verdrängt haben. Amateure pflegen ja, wenn es um Definitionen geht, bisweilen durch die Art ihrer Fragestellung zu verraten, daß sie dieser Illusion erlegen sind; sie fragen dann: »Was bedeutet ›Leben‹ eigentlich?« Es gibt aber keine eigentliche Bedeutung. Es gibt einen *Sprachgebrauch,* mit dem die Biologen in der Praxis einigermaßen zurechtkommen und der kein Gegenstand von Auseinandersetzungen oder Debatten ist.

Demographie

Der Wissenschaftszweig, der mit dem Wachstum, der Reproduktion und den statistischen Daten von Bevölkerungen zu tun hat, rückte erstmals in den dreißiger Jahren unseres Jahrhunderts in den Mittelpunkt des öffentlichen Interesses. An die Stelle weitverbreiteter Befürchtungen, daß die Völker der westlichen Welt wegen Unfruchtbarkeit bald aussterben würden, trat die Ansicht, daß infolge medizinischer Fortschritte und wegen der hohen Fruchtbarkeit der Entwicklungsländer ein explosionsartiger Bevölkerungszuwachs drohe, der auf seine Weise ebenso verheerend sei wie ein Bevölkerungsrückgang durch Unfruchtbarkeit.

In der Demographie ist wie in der Entwicklungsbiologie bei der Verwendung von Fachausdrücken eine gewisse Pedanterie angebracht. Jeder Lehrer, dessen Schüler die »Sterbeziffer« schon einmal mit »Zahl der Gestorbenen pro tausend« erklärt haben, wird dem beipflichten. Deshalb geben wir nachstehend einige Definitionen von Wörtern und Ausdrücken, die häufig falsch verwendet werden.

Lebenserwartung Dank der in allen zivilisierten Ländern üblichen standesamtlichen Eintragung von Geburten und Sterbefällen vermag das statistische Amt eines Staates die durchschnittliche Lebenserwartung eines Menschen bei der Geburt oder in einem beliebig gewählten Lebensalter abzuschätzen. Die Berechnung ist im Grunde ganz einfach: Man entnimmt den amtlichen Unterlagen die Gesamtzahl der Personen-Jahre, die von Menschen eines bestimmten Alters erreicht werden, und teilt dieses Produkt durch die Anzahl der Personen, die ein entsprechendes Alter erreichen.

Die mittlere Lebenserwartung bei der Geburt, die vielfach als ein Maßstab für das Wohlergehen und den allgemeinen medizinischen Standard einer Bevölkerung genommen wird, ist in den letzten zwei Jahrhunderten gewaltig gestiegen. Das ist hauptsächlich auf den Rückgang der Sterblichkeit von Säuglingen und Kindern zurückzuführen (der seinerseits ein Ergebnis medizinischer Fortschritte und verbesserter sanitärer Einrichtungen ist, durch die die Zahl der Todesfälle infolge von Infektionen sehr reduziert wurde). Die mittlere Lebenserwartung in höheren Lebensjahren ist nicht annähernd so stark gestiegen. Gleichwohl kommt den älteren Menschen manches zugute, nicht zuletzt die erhöhte Abwehrkraft, die ihnen daraus erwachsen ist, daß sie zuvor mit infektiösen Substanzen in Berührung gekommen sind, ohne daran zu sterben – eine Art von immunologischer Weisheit –, hinzu kommt noch eine eher herkömmliche Art von Weisheit (wie sie in der Redensart steckt »Gebranntes Kind scheut das Feuer«).

Mittlere Lebenserwartung (in Jahren) in Schweden nach dem Alter

Zeitraum	Geschlecht	Geburt	60 Jahre	80 Jahre
1755–1776	männlich	33,20	12,24	4,27
	weiblich	35,70	13,08	4,47
1856–1860	männlich	40,48	13,12	3,12
	weiblich	44,15	14,04	4,91
1936–1940	männlich	64,30	16,35	5,25
	weiblich	66,90	17,19	5,49
1971–1975	männlich	72,07	17,65	6,08
	weiblich	77,65	21,29	7,28

Die mittlere Lebenserwartung weiblicher Personen ist in jedem Alter – vielleicht sogar schon von der Empfängnis bis zur Geburt – höher als die von männlichen.

Die vollständigsten Dokumentationen, die wir besitzen, stammen aus Schweden. Die beigefügte Tabelle, die ohne prinzipielle Abweichung auch für Nordamerika und Großbritannien gelten könnte, belegt alle oben getroffenen Feststellungen.

Malthusianischer Parameter Ronald A. Fishers Ausdruck für Alfred J. Lotkas »echte natürliche Zuwachsrate« ist ein Versuch, die Reproduktionskraft einer Bevölkerung durch eine einzige Zahl auszudrücken. Wenn b_x die Geburtenziffer und l_x die Wahrscheinlichkeit ist, das Alter von x zu erreichen, erhält man den Malthusianischen Parameter durch Lösen der Gleichung

$$\int_0^\infty e^{-mx}\, l_x b_x \, dx = 1.$$

Lotka hielt den Malthusianischen Parameter für einen Fortschritt gegenüber der früheren Nettoreproduktionsrate (siehe nächste Definition), aber die Einwände gegen ihre Handhabung gelten auch für ihn.

Nettoreproduktionsrate Robert Kuczynski machte den ersten und berühmtesten Versuch, ein an sich unlösbares demographisches Problem zu lösen: den Reproduktionserfolg und die künftigen Wachstumsaussichten einer Bevölkerung durch eine einzige arithmetische Zahl auszudrücken – die Nettoreproduktionsrate. (Das entspricht etwa dem Versuch, die Temperatur einer Nation in der gleichen Weise zu messen, wie man die Temperatur eines Kranken auf einem Fieberthermometer abliest). Man kann die Nettoreproduktionsrate als Antwort auf die Frage auffassen: Wie groß ist die Wahrscheinlichkeit, daß ein bestimmtes Individuum von heute in der nächsten Generation durch eine Person desselben Alters vertreten sein wird? Wenn wir nur die Mädchengeburten beachten, kann die Nettoreproduktionsrate ausgedrückt werden als Rate der Lebendgeburten von Mädchen in aufeinanderfolgenden Generationen: beträgt sie eins, dann kann man annehmen, daß die Bevölkerung sich knapp behauptet; ist sie kleiner als eins, dann geht die Reproduktion der Bevölkerung zurück; ist sie dagegen größer als eins, dann nimmt die Bevölkerung zu. Moderne Bevölkerungswissenschaftler sind mit diesem Prinzip, den Reproduktionserfolg einer Nation zu messen, nicht einverstanden. Der Versuch, komplexe Größen durch eine einzige Zahl zu erfassen, ist, wie in vielen anderen Zusammenhängen, auch hier zum Scheitern verurteilt (siehe P. B. Medawar, *Pluto's Republic,* Oxford 1982, S. 167–193).

Sterbeziffer Der Begriff der Sterbeziffer scheint innerhalb der Demographie einigermaßen klar zu sein, doch muß man, wenn man ihn benutzt, vor allem auf die unabhängige Variable achten, auf die die Ziffer bezogen wird. Je nachdem, wozu man sie verwenden oder welche Folgerungen man aus ihr ziehen will, kann eine Sterbeziffer angeben, wie viele Personen auf 1000 der Bevölkerung in einem Kalenderjahr (z. B. 1984) oder in einem bestimmten Lebensalter (z. B. im siebzigsten Lebensjahr) sterben. Jede Sterbeziffer dient einem eigenen Zweck; das in mancher Hinsicht aussagekräftigste Maß ist die *altersspezifische Sterbeziffer*: die Anzahl der Gestorbenen eines bestimmten Lebensalters (zwischen x und $x + 1$ Jahren), bezogen auf 1000 der Lebenden im Alter von x Jahren. Die altersspezifische Sterbeziffer wird vielfach als Sterblichkeitsintensität bezeichnet.

Down-Syndrom

Dies ist die anerkannte medizinische Bezeichnung für das angeborene Gebrechen, das gemeinhin als Mongolismus bekannt ist und ursprünglich so genannt wurde, weil John L. H. Down glaubte, es stelle einen Fall von Atavismus dar, eine Auffassung, die durch die vermeintliche Ähnlichkeit des breiten, ziemlich flachen Gesichts und der schrägstehenden Augen mancher betroffenen Kinder mit typisch mongolischen Gesichtszügen begünstigt wurde. Obwohl die geistige Zurückgebliebenheit und die generelle Hilflosigkeit, die mit dem Down-Syndrom einhergehen, seine betrüblichsten Symptome sind, ist das Leiden noch durch viele weiteren Mißbildungen der inneren Organe und eine allgemeine Anfälligkeit für Infektionen und die Belastungen des Lebens gekennzeichnet. Kinder, die das Down-Syndrom aufweisen, sind zwar bis zu einem gewissen Grade bildbar, doch werden sie nur selten unabhängig von einer besonderen Pflege, und ihre Lebenserwartung ist geringer als die normaler Kinder.

Die Häufigkeit des Down-Syndroms in der Gesamtbevölkerung – mehr als eine von tausend Lebendgeburten – steigt mit dem Alter der Mutter steil an. Deshalb empfehlen Geburtshelfer heute eine Fruchtwasseruntersuchung [Amniozentese], wenn schwangere Frauen über dreißig sind – und um so mehr bei werdenden Müttern über vierzig, bei denen die Häufigkeit des Down-Syndroms auf über ein Prozent der Lebendgeburten ansteigen kann.

Das Down-Syndrom ist die Folge einer starken Abweichung bei den Chromosomen. Zwei Abweichungen hängen speziell mit diesem Leiden zusammen. Die eine besteht in *Trisomie-21* (das Chromosom Nummer 21 ist statt in der üblichen doppelten Anzahl dreifach vorhanden). Bei der anderen Abweichung ist das Chromosom 21 deshalb im Übermaß vorhanden, weil sich Material von einem anderen Chromosom zu ihm verlagert hat. Bei der trisomalen Form des Down-Syndroms nimmt die Häufigkeit mit dem Alter der Mutter zu; die auf Verlagerung beruhende Form ist nicht so stark vom Alter der Mutter abhängig, kann aber im Unterschied zu der anderen Form in bestimmten Familien erblich sein.

Chromosomale Abweichungen sind nicht zu korrigieren. Die Behandlung des Down-Syndroms beschränkt sich auf allgemeine Pflege und unterstützende Behandlung, die man in einer humanen Gesellschaft den Eltern des betroffenen Kindes ebenso gewähren wird wie dem unmittelbaren Opfer.

E

Elektrophorese

Biologische Makromoleküle sind in der Regel entweder positiv oder negativ elektrisch geladen und werden deshalb in Lösung zu dem einen oder anderen Pol eines angelegten elektrischen Feldes wandern. Die Elektrophorese leistet also für Kolloidteilchen dasselbe wie die Elektrolyse für anorganische Solvate, die in Lösung ionisiert werden. Das von Arno Tiselius eingeführte Verfahren ist bei der Bestimmung und Isolierung von biologischen Makromolekülen ungeheuer hilfreich gewesen. Eine besonders nützliche Variante ist die Anwendung der Elektrophorese bei einem Gel statt bei einer Flüssigkeit; man kann dabei verschiedene Klassen von Verbindungen voneinander trennen, indem man das Gel mit einer scharfen Klinge in Scheiben zerteilt, von denen eine vielleicht die gesuchte Verbindung enthält.

Embryonale Achse

Im Laufe ihrer Entwicklung gehen alle Wirbeltiere durch eine embryonale Phase, die man als Neurula bezeichnet, ein Stadium, in dem die Larve viele der Merkmale eines prototypischen Chordaten besitzt. Der Embryo ist ein länglicher, bilateralsymmetrischer Organismus, seitlich etwas abgeflacht, und er hat einen deutlich gekennzeichneten Kopf mit paarigen Sinnesorganen sowie eine geräumige Leibeshöhle (das Coelom), die hervorgeht aus einem Spalt in den Zellen, die die mittlere (Mesoderm-) Schicht des Embryos bilden. Die Niere entsteht aus jenem Teil des Coeloms, der die Höhlen der segmentalen Muskelblöcke mit der ventral gelegenen, den Darm umgebenden großen Leibeshöhle verbindet. Die Bildung des Neuralrohrs wird unter *Chordatiere* beschrieben. Die axialen Strukturen sind natürlich das Neuralrohr und die Rückensaite [Chorda].

Endokrine Drüsen

Am bekanntesten sind jene Drüsen, die ihr Sekret in einen Gang entleeren, der es von der Drüse dorthin befördert, wo es benötigt wird. Die Ohrspeicheldrüse, deren Sekret durch einen Gang in den Mund gelangt, gehört zu diesen »exokrinen« Drüsen.

Die Sekrete anderer Drüsen (darunter die der Nebenniere) wirken nicht nur örtlich, sondern systemisch. Diese »endokrinen« Drüsen haben keinen Ausführungsgang und entleeren ihr Sekret direkt ins Blut oder in die Lymphflüssigkeit. Einige Drüsen sind zugleich exokrin und endokrin; die sogenannten Inselzellen in der Bauchspeicheldrüse erzeugen außer Verdauungssäften das Hormon Insulin und schütten es in den Blutstrom aus; desgleichen erzeugen die Gonaden Keimzellen und darüber hinaus innere Sekrete, welche die sexuelle Entwicklung und das Sexualverhalten beeinflussen.

Die verschiedenen endokrinen Drüsen weisen einige entwicklungsgeschichtliche Gemeinsamkeiten auf, unter denen am meisten hervorsticht, daß eine Anzahl der endokrinen Drüsen homolog sind, evolutionäre Nachfolger von obsolet gewordenen Organen. So geht zum Beispiel die Schilddrüse der heutigen Landwirbeltiere, die für die Stoffwechselregulation so entscheidend ist, entwicklungsgeschichtlich auf ein Organ zurück, das bei den primitivsten Chordaten zum Apparat der Nahrungsaufnahme gehörte: eine schleimabsondernde Rinne oder Furche auf der Unterseite des Schlundes, deren Funktion es war, die Innenwand des Schlundes mit dem klebrigen Sekret zu überziehen, an dem winzige Nahrungsteilchen, die mit dem Atmungsstrom durch den Schlund wanderten, haften blieben. Und der überaus wichtige Hypophysenvorderlappen (wichtig deshalb, weil andere endokrine Drüsen zu seinen Zielorganen gehören) war in einem früheren Evolutionsstadium einmal eine von der Oberseite des Mundes zur Unterseite des Gehirns verlaufende median gelegene Nase.

Wie kam es, daß entwicklungsgeschichtliche Relikte eine wichtige innersekretorische Funktion übernahmen?

Daß die endokrine Funktion neu erworben wurde, ist höchst unwahrscheinlich; weitaus wahrscheinlicher ist, daß das Organ eine endokrine Funktion, die es schon hatte, beibehielt, als seine primäre Funktion überflüssig wurde. Schließlich spricht einiges dafür, daß viele Organe eine mit ihrer physiologischen Hauptaktivität zusammenhängende innersekretorische Funktion haben (wie zum Beispiel die Eierstöcke oder die Hoden); so sammelt die Nahrungsrinne des Schlundes, die oben als entwicklungsgeschichtlicher Vorläufer der Schilddrüse genannt wurde, genau wie die Schilddrüse Jod und bildet nahezu mit Sicherheit ein Hormon, das dem der Schilddrüse ähnelt.

Der klassische (aber keineswegs einzige) Nachweis einer endokrinen Funktion wird dadurch geführt, daß man die Drüse entfernt, die Folgen beobachtet und anschließend zeigt, daß durch Wiedereinsetzen der Drüse oder durch Injektion eines Drüsenextrakts der Normalzustand wiederhergestellt werden kann. Natürlich ist dieses Verfahren dann nicht möglich, wenn die Drüse nicht entfernt werden kann, sei es aus anatomischen Gründen oder weil sie mit ihrer tagtäglichen Leistung für die Aufrechterhaltung des Lebens unerläßlich ist. Dies gilt ganz entschieden für die Leber (in der sehr wahrscheinlich eine ganze Reihe von Hormonen entsteht) und für das Gehirn (mit dem zu ihm gehörenden Hypothalamus, der für die Ausschüttung von Hormonen verantwortlich ist, von denen man einmal glaubte, sie würden im Hypophysenhinterlappen gebildet). In Fällen wie diesen machen Indizienbeweise, die unter anderem von der Mikroanatomie und der Histochemie geliefert werden, eine endokrine Funktion sehr wahrscheinlich, auch wenn diese nicht so elegant und endgültig bewiesen werden kann wie im Falle der Nebenniere, der Schilddrüse und der Bauchspeicheldrüse.

Mit unserer Theorie, daß Organe, die im Laufe der Evolution funktional überflüssig werden, ihre innersekretorische Funktion beibehalten, stimmt es überein, daß die »modernen« innersekretorischen Drüsen oft eine Funktion erfüllen, die mit der ursprünglichen Funktion des Organs zusammenhängt. So erfüllt das Nebennierenmark weitgehend eine Funktion, wie man sie bei einem stammesgeschichtlichen Abkömmling eines sympathischen Ganglions erwarten würde, und die Regulation der Körpersalze ist eine nicht unerwartete Funktion bei einem

Organ – der Nebennierenrinde –, das der obsolet gewordenen Vorniere *(Pronephros),* der zuerst gebildeten Wirbeltierniere, entsprechen könnte.

Eine andere merkwürdige und bislang unerklärte Tatsache der Evolution der innersekretorischen Drüsen ist die Häufigkeit, mit der zwei endokrine Organe ganz unterschiedlichen Ursprungs und unterschiedlicher Funktion im Laufe der Evolution zu einem einzigen zusammengesetzten Organ geworden sind, so zum Beispiel die Rinde und der Kern der Nebenniere, die Schilddrüse und die Nebenschilddrüse und der Vorder- und der Hinterlappen der Hypophyse.

Enzyme

Die meisten der molekularen Umwandlungen, die den Stoffwechsel ausmachen, werden durch die Wirkung von Proteinen vermittelt, sogenannten Enzymen, die diese Umwandlungen dermaßen beschleunigen, daß man praktisch sagen kann, sie würden ohne Enzyme gar nicht stattfinden. Die Wirksamkeit vieler Enzyme hängt von der Mitwirkung zusätzlicher Faktoren ab, die, bisweilen als Koenzyme bezeichnet, vielfach selbst enzymatische Eigenschaften besitzen. So wird zum Beispiel Trypsinogen, Vorstufe des überaus wichtigen eiweißspaltenden Dünndarmenzyms Trypsin, durch das Enzym Enterokinase aktiviert. In ihrer Wechselwirkung mit dem Substrat sind die Enzyme im großen und ganzen spezifisch, und sie stellen, wenn sie optimal arbeiten sollen, sehr hohe Ansprüche an die Temperatur oder den Grad der Acidität bzw. Alkalinität. Das wichtigste eiweißspaltende Enzym des Magens, das Pepsin, ist zum Beispiel in einem recht sauren Medium aktiv, in einem alkalischen dagegen fast gar nicht.

Das Molekül, auf das ein Enzym wirkt, wird als dessen Substrat bezeichnet, und die offiziellen Bezeichnungen der Enzyme werden durch Anfügen der Endung *-ase* an den Namen des Substrats gebildet; entsprechend wirken Proteasen, Lipasen und Carbohydrasen jeweils auf Proteine, Fette und Kohlenhydrate. Der Begriff »proteolytisches Enzym« für eine Protease wird immer ungebräuchlicher, und »proteoklastisches Enzym«

ist schon obsolet geworden. Der Aufbau der Enzyme ist wie der aller anderen Eiweiße durch die Nukleinsäuren bestimmt, in denen die Information zur Steuerung ihrer Synthese verschlüsselt ist. Es kann schwerlich bezweifelt werden, daß die Spezifikation der Enzymsynthese eine Hauptfunktion der in den Keimzellen weitergegebenen Nukleinsäuren ist. Mutationen, die die Synthese eines bestimmten Enzyms beeinträchtigen, führen zu der entsprechenden Enzym-Mangelkrankheit. Als Beispiel nennen wir die Phenylketonurie; sie wird durch ein Gen verursacht, das, wenn es von beiden Eltern ererbt wird, einen Mangel an Phenylalaninhydroxylase hervorruft. Bei Albinismus ist das fehlende Enzym die Tyrosinase.

Enzyme werden außerdem, wie unter dem Stichwort *Biotechnik* erörtert, in vielfältigen biologischen Herstellungsverfahren eingesetzt.

Epithel

Das Epithel ist ein Gewebe, das sich aus benachbarten Zellen gleicher Art zusammensetzt, die durch ihre Anordnung eine Oberfläche begrenzen. Nach dem ursprünglichen Wortgebrauch begrenzte ein Epithel eine konvexe Oberfläche, ein *Endothel* dagegen eine innere oder konkave Oberfläche. So ist die Hornhaut, das Fenster des Auges, außen mit einem Epithel, die unmittelbar hinter ihr liegende Augenvorkammer innen mit einem Endothel beschichtet.

Zu den wenigen Punkten, in denen wir nicht mit dem *Penguin Dictionary of Biology* übereinstimmen, gehört der, daß wir den Ausdruck »Mesothel« *(mesothelium)* für unnötig und etymologisch fragwürdig halten. (Er wurde vermutlich zur Kennzeichnung eines Epithels von mesodermalem Ursprung geprägt – ein ganz überflüssiges Eindringen der Keimschichtentheorie in die Anatomie.) Die Zellen, die die innere Beschichtung des Herzens und der Blutgefäße im gesamten Körper bilden, werden ohne Verwechslungsgefahr stets als »vaskulares Endothel« bezeichnet.

Ethologie

In den zwanziger und dreißiger Jahren befand sich die Erforschung des tierischen Verhaltens – beziehungsweise eines Teils davon, den die Forscher für »wissenschaftlich« hielten – in einem traurigen Zustand. Lebende Organismen wurden zu Labor-Darstellern degradiert, und Experimentieren hieß, festzustellen und aufzuzeichnen, wie veränderte Bedingungen eine Verhaltensweise beeinflussen. Es genügte nicht, ein Tier zu beobachten, nein, man mußte es stechen, knuffen, pieksen oder ihm mit einem hellen Licht in die Augen leuchten, woraufhin es dann sein Verhalten in einer Weise änderte, die automatisch als aufschlußreich galt (was sie in Wirklichkeit selten war). Ein Tier lediglich zu beobachten, und zwar hauptsächlich in seiner natürlichen Umwelt, galt nicht als wissenschaftliche Beschäftigung, sondern eher als ein angenehmer Zeitvertreib an der frischen Luft, geeignet für Geistliche an Wochentagen und für begeisterte junge Mütter, die ihrem Nachwuchs die Gewohnheiten verständiger Aufmerksamkeit beibringen.

Das Wort »Ethologie« ist nicht bloß eine andere Bezeichnung für Verhaltensforschung, vielmehr steht dieser Ausdruck für eine wahre Revolution im biologischen Denken. Die Ethologie wurzelt in der *Beobachtung* tierischen Verhaltens, einer Tätigkeit, die nur Einfaltspinsel für einfach halten. Die Beobachtung ist – abgesehen von dem Sonderfall, daß sie nur eine bestehende Erwartung bestätigt oder widerlegt – ein schwieriger und hochkomplizierter Vorgang, der alle geistigen Tugenden mobilisiert: Aufmerksamkeit, Geduld, gesteigerte Bewußtheit, Behutsamkeit bei Schlußfolgerungen, Mut bei der Formulierung der eigenen Erwartungen. Ethologen erkunden in der Regel nicht ein künstlich hervorgerufenes, sondern ein natürliches Verhalten und bemühen sich darüber hinaus, die *Struktur* des natürlichen Verhaltens zu erkennen, also in dem, was sich einem unkundigen Beobachter als eine Abfolge von isolierten, durch keinen Zweck miteinander verknüpften Handlungen darstellen würde, eine funktional zusammenhängende, quasi zielgerichtete Handlung auszumachen.

Mit besonderer Genugtuung stellen wir fest, daß die erste Verhaltensstudie, der jeder moderne Ethologe zugestehen würde, daß sie in Geist und Ausführung ethologisch ist, von einem experimentellen Biologen stammte, der in allen Fächern zu Hause war und bedeutende Beiträge zur Genetik, zur Embryologie und zur Erforschung des Wachstums geleistet hatte. Wir sprechen von Julian S. Huxleys Abhandlung »The Courtship Habits of the Great Crested Grebe« [= Die Balzgewohnheiten des Haubentauchers], die er am 21. April 1914 der Zoological Society of London vortrug und in Band 35 der *Proceedings* dieser Vereinigung veröffentlichte. Tierisches Verhalten mit jener gespannten Aufmerksamkeit zu erforschen, die es erlaubt, eine Verhaltensstruktur zu erkennen, ist keineswegs eine Sache der passiven Beobachtung, sondern ein Forschungsprozeß, in dem der Beobachter ständig Hypothesen entwirft und Erwartungen im Hinblick auf das Geschehen entwickelt – Erwartungen, die durch erneute Beobachtungen entweder bestätigt oder widerlegt werden. Auf diese Weise haben die Ethologen eine beeindrukkende Anatomie des Normalverhaltens geschaffen. Das Verhalten wird unter den natürlichen Bedingungen erforscht, weil das Ziel der Ethologie die Erklärung des natürlichen Verhaltens ist. Experimentelle Eingriffe – etwa derart, daß bei einem Gelege ein Ei hinzugefügt oder fortgenommen wird – erfolgen nur insofern, als sie Licht auf das natürliche Verhalten werfen. Es gibt kein Experimentieren um seiner selbst willen, nur um den Anschein zu erwecken, es gehe alles fein wissenschaftlich zu.

In der Beschreibung hat die Ethologie größere Erfolge erzielt als in der kausalen Erklärung, das heißt in der Deutung des Verhaltens im Sinne der elektrischen Vorgänge in Gehirn und Nervensystem – dies ist nicht die Erklärungsebene, auf der die Ethologen arbeiten wollen. Lernen und Gedächtnis rangieren daher für die Ethologen nicht so weit oben wie für jene ältere Forschungsrichtung, die weitgehend von der Ethologie verdrängt worden ist. Die Ethologie entwickelt vielmehr einen Bestand an kontextgebundenen Begriffen wie Trieb, Appetenzverhalten, Übersprunghandlung und dergleichen, mittels derer das Verhalten auf einer ethologischen Ebene erklärt werden kann, genau wie sich politisches Verhalten ohne Rückgriff auf psychologische Erklärungen auf einer politischen Ebene erklären läßt.

Wenn es eine Physiologie und Anatomie des Menschen und

eine Humangenetik gibt, dann fragt man sich, warum es nicht auch eine Humanethologie geben sollte. Es spricht überhaupt nichts dagegen. Bisher hat es einfach keine systematischen Versuche in dieser Richtung gegeben. Als der Zusammenhang zwischen Rauchen und Lungenkrebs bekannt wurde, wäre es in der Tat nützlich gewesen, wenn die Ethologen bereits die Ethologie des Rauchens erforscht und seine verschiedenen Formen genauer erfaßt hätten, als es bei der bekannten, aber unzureichenden Unterscheidung zwischen Inhalierern und Nichtinhalierern geschieht. Das ist eine Aufgabe, die wirklich professionell angepackt werden sollte, ungeachtet dessen, daß natürlich jeder von uns aus seiner eigenen Erfahrung den medizinisch bedeutsamen Unterschied kennt zwischen denen, die nur gelegentlich an einer Zigarette ziehen (die sie zwischen den Zügen in einem Aschenbecher ablegen, wenn sie gut erzogen sind, oder, wenn nicht, an der Kante eines unbezahlbaren Intarsientisches) und den anderen, bei denen die Zigarette zwischen den Lippen hängt und beim Reden auf und ab wippt (während der ungefilterte Rauch, der sich vom brennenden Ende emporringelt, ihnen in die Augen beißt, so daß sie blinzeln müssen). Wer das Rauchen aufgegeben hat, fühlt sich wie von einer Tyrannei befreit, insbesondere von solchen Appetenzhandlungen wie dem Abklopfen der Jackentaschen, dem Herumtasten in Handtaschen und dem Öffnen und Schließen von Schubladen, die am Ende möglicherweise den schrecklichen Verdacht bestätigen, daß keine Zigaretten mehr da sind.

Die »olympische Zungenfertigkeit« von psychoanalytischen Deutungen menschlichen Verhaltens ist wiederholt der allgemeinen Ächtung ausgesetzt worden (siehe »Further Comments on Psychoanalysis«, in: P. B. Medawar, *Pluto's Republic,* Oxford 1982, S. 67–72). Nicht minder zungenfertig waren jedoch Erklärungen menschlichen Verhaltens, auf die Ethologen sich sporadisch eingelassen haben, und sie sind in gewisser Hinsicht sogar noch strenger zu tadeln, weil ihnen eine Plausibilität anhaftet, von der unkundige und unbedachte Menschen sich oft haben täuschen lassen. Wir denken dabei an quasi-ethologische Erklärungen der Entstehung der menschlichen Aggression, des Stammesverhaltens und des Territorialinstinkts. Erklärungen, die in diesem Zusammenhang mit der größten Selbstsicherheit vorgetragen werden, sind für erfahrene Fachleute unter den Ethologen ein Ärgernis, und häufig rücken sie entschieden von solchen Theorien ab. Das heißt natürlich nicht, daß die Erforschung tierischen Verhaltens nicht ein gewisses Licht auf menschliche Verhaltensweisen würfe; es wäre eine unerklärliche Anomalie, wenn sie das nicht täte, denn die Menschen haben sich aus niederen Tieren entwickelt, und ein Großteil ihres Verhaltensrepertoires ist dem von Tieren gleich. Ein einschlägiges Beispiel ist die mütterliche Fürsorge, denn niemand, der bei Verstand ist, könnte annehmen, das ganze komplizierte Repertoire mütterlichen Verhaltens sei mit der Evolution des Menschen neu entstanden. Dies ist natürlich ein einfaches Beispiel, weil die Homologie durch so viele unabhängige und parallele Belege aus der Embryologie, der Endokrinologie und anderen Gebieten bestätigt wird. Dr. Johnson oder Voltaire hätten, lebten sie heute, nicht jenen Teil des menschlichen Verhaltens am interessantesten gefunden, der als Hinterlassenschaft von niederen Tieren gedeutet werden kann, sondern vielmehr den größeren und bedeutenderen Teil, der spezifisch menschliche Handlungen und Neigungen, wie das moralische Urteilen und das logische Denken, umfaßt.

Auf jeden Fall ist es beruhigend, zu wissen, daß Spiel, Aggressivität, dreiste Täuschung und Prahlerei keineswegs spezifisch menschliche Verhaltensweisen sind, sondern Teil einer sehr alten Erbschaft. Und es ist auch keine Herabsetzung des Menschen, wenn man anerkennt, wie Darwin es in seinem Werk *Descent of Man* (London 1890) [deutsch: *Abstammung des Menschen*, Stuttgart 1975] getan hat, daß der Mensch in seinem Verhaltensrepertoire noch immer »den unauslöschlichen Stempel eines niederen Ursprungs trägt«.

Die deskriptiven Begriffe der Ethologie, die im folgenden skizziert werden sollen, sind aus einem Bedürfnis entstanden und haben sich behauptet, weil sie es befriedigten. Obwohl viele bildhafter Art sind (was sich in der englischen Sprache nicht vermeiden läßt), ist die Terminologie natürlich und unprätentiös, und wer sie verstehen möchte, versteht sie leicht. *Trieb* ist zum Beispiel ein bildhafter Ausdruck für die *Motiva-*

tion (ebenfalls ein bildhafter Ausdruck), die einem Verhalten zugrunde liegt, welches gewisse biologische Grundbedürfnisse befriedigt; Ausdrücke wie »Geschlechtstrieb« und »Nahrungstrieb« sind unmittelbar intuitiv verständlich. Ein Trieb pflegt so lange zu bestehen, bis sein Ziel, eine *Endhandlung,* erreicht ist. So wird der Nahrungstrieb durch Essen und der Geschlechtstrieb durch Paarung gleichsam abgeschaltet. Jenes Verhalten, das die Wahrscheinlichkeit steigert, ein solches Ziel zu erreichen, heißt *Appetenzverhalten,* was – mit dem Appetit zusammehängend – beim Nahrungstrieb im wörtlichen und beim Geschlechtstrieb im übertragenen Sinne zutrifft. Ethologen beobachten häufig, daß Tiere, deren Trieb frustriert wird oder die vor nicht zu vereinbarenden Alternativen stehen – wie jener sprichwörtliche Esel, der Hungers starb, weil er sich zwischen zwei gleich weit entfernten und gleich großen Heubündeln nicht entscheiden konnte –, daß solche Tiere sich ablenken, indem sie in eine unruhige Aktivität ohne erkennbare funktionale Bedeutung ausweichen. Dies ist ein *Übersprungverhalten,* und man könnte meinen, daß ein Wissenschaftler sich einem solchen hingibt, wenn er mit einem geplanten Artikel für eine wissenschaftliche Zeitschrift nicht weiterkommt und anfängt, einen nutzlosen Apparat zu bauen oder ein völlig belangloses Experiment zu veranstalten.

Von doktrinären Behavioristen weiß man, daß sie diese ganze Fachterminologie als einen Affront betrachten. Menschen von gemäßigterem Urteil werden dagegen erfreut sein, daß die reichste und vielseitigste aller Sprachen über die Mittel verfügt, eine geschmeidige und unprätentiöse Terminologie zu entwickeln, die ihrem Zweck so gut entspricht.

Eugenik

Am zutreffendsten als eine Reihe von Bestrebungen charakterisiert, die angeblich etwas mit der Erbgesundheit der Menschheit zu tun haben und sich auf die Autorität einer nicht ganz verstandenen Wissenschaft (der Genetik) stützen, ist die Eugenik heute derart mit rassistischen Vorstellungen vermengt, daß es schwierig ist, sie emotionslos zu beurteilen. Es muß jedoch versucht werden, wenn wir nicht weiterhin auf Gedeih und Verderb ehrgeizigen Politikern ausgeliefert sein wollen, die die Autorität der Genetik erneut für ihre unheilvollen, engstirnigen Ambitionen mißbrauchen könnten.

Es war Francis Galton (1822–1911), der das Wort »Eugenik« prägte (das er auch schon einmal mit *»viriculture«* – Männerzucht – umschrieb) und der die Idee im Jahre 1908 folgendermaßen erläuterte: »Der Mensch ist mit Mitleid und anderen gütigen Empfindungen begabt; er besitzt ferner die Macht, vielerlei Leiden zu verhüten. Ich denke, daß er durchaus das Recht hat, die natürliche Auslese durch andere Prozesse zu ersetzen, die barmherziger und nicht minder wirksam sind. Genau dies ist das Ziel der Eugenik.«

Würde man, den Blick auf ein Foto Galtons aus seinen besten Mannesjahren gerichtet – ein Gentleman mit dem Habitus eines ältlichen Londoner Klubmitglieds schaut uns wohlwollend an –, diese Worte vor sich hinmurmeln, so könnten sie den Eindruck erwecken, Galton sei seinem inneren Wesen nach ein vernünftiger und wohlmeinender Gelehrter gewesen, darum bemüht, die Menschheit vor der einschneidenden Schärfe der natürlichen Auslese zu bewahren. Jede solche Deutung wäre freilich ganz verfehlt: Galton schwebte vor, unter den von der Natur besonders begabten Angehörigen aller gesellschaftlichen Schichten ein starkes »Gefühl der Kastenzugehörigkeit« zu entwickeln. Diese sollten als genetische Elite in der Gesetzgebung das Sagen und, sofern verlangt, den ersten Anspruch auf Nächstenliebe haben. Galton schrieb: »Ich sehe nicht, wieso irgendein Kastendünkel die Klasse der Begabten, wenn sie an der Macht wäre, daran hindern sollte, ihre Landsleute mit allem Wohlwollen zu behandeln, solange diese das Zölibat wahren würden. Sollten diese aber fortfahren, moralisch, geistig und körperlich minderwertige Kinder zu zeugen, dann kann man sich leicht vorstellen, daß sie irgendwann als Staatsfeinde gelten würden, die jeglichen Anspruch auf Wohlwollen verwirkt hätten« (*Fraser's Magazine* 7 [1873]).

Soviel zu all den schönen Worten über den Menschen, der »mit Mitleid und anderen gütigen Empfindungen begabt« sei. Galtons Moral ist die Moral der Gaskammer. Bei einiger

Lebenserfahrung wird man nicht überrascht sein, zu erfahren, daß Galton ein krankhaftes Interesse an der Todesstrafe hatte, insbesondere am Tod durch Erhängen (*Nature* 57 [1897]: 79).

Die angeblich wissenschaftliche Rechtfertigung der Eugenik beruht auf einem Vergleich oder einer Analogie, die, wie wir zeigen werden, vollkommen unhaltbar ist. Man beruft sich auf das, was in der Viehzucht üblich ist: Wenn der Viehzüchter durch selektives Paaren sein Vieh veredeln kann, warum kann dann Männerzucht nicht dasselbe für den Menschen leisten? Die erste Antwort, die einem dazu einfällt, ist, daß selektive Züchtung nicht die einzige Strategie des Viehzüchters ist: er bedient sich außerdem des *Ausmerzens.* Aber kein Eugeniker besaß den Wahnwitz, das für den Menschen vorzuschlagen – doch Galton glaubte vielleicht, den gleichen Effekt zu erzielen, indem er den Menschen Nächstenliebe, vielleicht ärztliche Behandlung und alles weitere vorenthielt, was – um seinen eigenen unglücklichen Ausdruck zu benutzen – unter die Verwirkung jeglichen Anspruchs auf Wohlwollen fiel.

Die fachlichen Einwände gegen den Vergleich mit der Viehzucht schlagen jedoch wissenschaftlich stärker durch. Die Elite-Klasse, die Galton vorschwebte, wäre nicht sehr sinnvoll, wenn ihre Nachkommenschaft nicht dieselben hervorragenden Eigenschaften besitzen würde – und das, so glaubte man zuversichtlich, ließe sich erreichen, wenn man dafür sorgte, daß ihre Mitglieder nur untereinander heirateten, weil sonst die Selektionsbemühungen vieler Generationen von kontrollierten Paarungen zunichte gemacht würden.

Die Annahme, die dieser Idee zugrunde liegt, entspricht ganz und gar den elementaren Vorstellungen, die man seit vielen Jahren von den genetischen Zusammenhängen hatte, daß nämlich ein wohlangepaßtes Tier bezüglich der genetischen Faktoren, auf die hin es gezüchtet worden war, reinerbig sei und daß aus der Paarung von Tieren, die beide bezüglich bestimmter Gene reinerbig sind, Nachkommen hervorgingen, die sich untereinander und auch den Eltern bezüglich dieser Gene gleichen. Entsprechend würde die Elite hinsichtlich der genetischen Faktoren, die sie zur Elite machten, reinerbig sein. Leider ist dies von der genetischen Realität weit entfernt. In der

Natur sind Populationen nicht reinerbig, sondern sehr weitgehend mischerbig, wenngleich die Struktur der genetischen Verschiedenheit innerhalb der Population durchaus ziemlich stabil sein kann – Lehren, die wir den Beobachtungen von Th. Dobzhansky, E. Mayr und vielen anderen hervorragenden Populationsgenetikern verdanken. Man würde sich also nicht darauf verlassen können, daß die Elite erbkonstant ist – ein Ziel, das sich nur verwirklichen ließe, wenn die genetischen Faktoren, von denen die Eliteeigenschaften abhängen, so wenige wären, daß man sie durch selektive Züchtung im reinerbigen Zustand beim Zuchtmaterial »fixieren« könnte.

Die Vermutung, das Endprodukt der Kunst des Viehzüchters sei eine reinerbige Population, geht an den Tatsachen völlig vorbei, ja, die Viehzucht baut in wachsendem Maße auf die Produktion und Vermarktung von überwiegend mischerbigen Endprodukten, die ihrerseits das Ergebnis einer Kreuzung zwischen Elternrassen sind, die beide nicht reinerbig zu sein brauchen. Die Vorstellung, man könne eine Kaste höherwertiger Menschen heranzüchten, die sich durch Heirat innerhalb der Kaste erhalten werde, ist ohne jede solide genetische Grundlage; das ließe sich natürlich machen, wenn wir uns damit begnügen würden, ein oder zwei Gene, die als besonders wünschenswert gelten, zu fixieren; der Ehrgeiz der Eugeniker geht jedoch weit über so bescheidene Maßnahmen hinaus.

Die bislang kritisierten Vorstellungen haben nichts mit jenem Programm zu tun, das man bisweilen als negative Eugenik bezeichnet: die vermeintliche Verbesserung des menschlichen Genotyps durch genetische Intervention von Fall zu Fall, besonders durch jene, die sich der Eheberatung und der genetischen Beratung bedient, ohne daß irgendein Zwang ausgeübt oder mit dem Entzug von Rechten gedroht würde. Es handelt sich um vorbeugende Maßnahmen, die so gut wie möglich ein vorhersehbares Zusammentreffen von Genen verhindern sollen, deren Folge ein körperlich oder biochemisch verkrüppeltes Kind wäre. Einige Mißbildungen (darunter Phenylketonurie, Hämophilie und Chorea Huntington) können zwar mit diesem Verfahren erreicht werden, doch sind angeborene Mißbildungen, die auf Mißbildungen der Chromosomen beruhen (das

Down-Syndrom ist das auffälligste Beispiel), eine Kategorie für sich. Daß die Häufigkeit des Down-Syndroms in der Bevölkerung drastisch zurückgegangen ist, liegt zweifellos an einem Einstellungswandel, der das durchschnittliche Gebäralter um fünf Jahre gesenkt hat.

Weil Chromosomenmißbildungen und die von ihnen hervorgerufenen Leiden praktisch unheilbar sind, beschwören solche Fälle all die Probleme und Gefahren herauf, die mit der Tötung der Leibesfrucht zusammenhängen, die jedoch nicht in die Kompetenz des Genetikers fallen. Seine Aufgabe ist es, zusammen mit dem Arzt auf die Tatsachen hinzuweisen und Argumente zu nennen, auf deren Grundlage entschieden werden kann, ob die vorsätzliche Tötung der Leibesfrucht eine wünschenswerte Handlungsweise ist. Eine solche Entscheidung würde sicherlich in dem klaren Bewußtsein getroffen, daß den Menschen von niemandem ein Recht verliehen oder umgekehrt versagt wurde, körperlich oder geistig behinderte Kinder in die Welt zu setzen. Soziologische Befunde deuten freilich darauf hin, daß moderne Eltern nicht auf ein hypothetisches Recht pochen werden, geschädigte Kinder zur Welt zu bringen. Wir können zum Beispiel anführen, wie man weithin auf die Entdeckung reagiert hat, daß die hämolytische Neugeborenenerkrankung in den meisten Fällen auf einer Rhesusfaktor-Unverträglichkeit beruht; wegen des verbreiteten Mißverständnisses, *alle* Kinder von Rhesus-positiven Vätern und Rhesus-negativen Müttern würden an Hämolyse erkranken (was keineswegs der Fall ist), haben junge Paare, deren Blutgruppe festgestellt worden war, in manchen Fällen ihre Verlobung aufgelöst.

Wir wollen nun an einigen Beispielen erläutern, auf welche Weise Erbkrankheiten durch genetische Beratung unterbunden werden könnten. Betrachten wir zunächst die Hämophilie, eine überaus quälende und behindernde Störung der Blutgerinnung, deren Opfer die sogenannten »Bluter« sind. In der bekanntesten, am gründlichsten erforschten Ausprägung ist diese Krankheit geschlechtsgebunden und rezessiv; Träger des schädlichen Gens sind Frauen, betroffen dagegen überwiegend Männer. Nach den Mendelschen Vererbungsgesetzen werden die Söhne einer Trägerin zur Hälfte erkranken, während die Töchter zur Hälfte Trägerinnen des Gens sein werden. Wenn eine Trägerin des Gens Einsicht und Großherzigkeit beweisen will, muß sie auf eigene Kinder verzichten.

Aus etwas anderen Gründen sollte man dieses Verhalten auch bei den schwerwiegenden Störungen wählen, die genetisch durch spät wirkende, dominante Gene bewirkt werden. Ein solches Leiden ist der Veitstanz (Chorea Huntington), der erst in relativ fortgeschrittenem Alter auftritt, so daß ein späteres Opfer noch Kinder haben kann, bevor das Leiden offenbar wird. Im Durchschnitt wird die Hälfte der Kinder aus einer Ehe zwischen einer normalen Person und einem künftigen Chorea-Kranken Träger des dominanten Gens sein und erkranken; die andere Hälfte wird scheinbar normal sein. Wenn ein Chorea-Opfer also heiratet und Kinder zeugt, wird es Nachkommen in die Welt setzen, die entweder im späteren Leben an einem ganz schrecklichen Leiden erkranken oder mit der entsetzlichen Angst vor dem schließlichen Ausbruch der Krankheit leben werden. Auch in diesem Fall ist der Verzicht auf eigene Kinder das einzig humane und sozial richtige Verhalten.

Zu den sogenannten rezessiven Krankheiten gehört die Phenylketonurie, eine der Hauptursachen für leichten Schwachsinn. Wenn es auch höchst unwahrscheinlich ist, daß man schon alle Krankheiten dieser Art identifiziert hat, so liegt die Häufigkeit derer, die man kennt, bei 10^{-4} (eins zu zehntausend).

Als rezessiv bezeichnet man diese Erkrankungen deshalb, weil das verantwortliche Gen in *beiden* Gameten, aus deren Vereinigung der neue Mensch entsteht, vorhanden sein muß. Bedenkt man die Seltenheit von Mutationen und die Tatsache, daß die Opfer der Phenylketonurie unfruchtbar sind, dann muß die überwältigende Mehrheit der Betroffenen aus Ehen zwischen zwei heterozygoten Trägern des schädlichen Gens hervorgegangen sein. Im Durchschnitt wird ein Viertel der Kinder aus einer solchen Verbindung normal sein, ein Viertel wird an der Krankheit leiden, und die Hälfte wird wie ihre Eltern Träger des Gens sein. In der nachstehenden Tabelle haben wir zur Veranschaulichung die Häufigkeit der Erkrankung mit 1 : 10000 und 1 : 40000 gewählt. Nach dem Hardy-Weinberg-

Gesetz wird die Häufigkeit der heterozygoten Träger des Gens 1 : 100 beziehungsweise 1 : 200 betragen.

Häufigkeit der Erkrankung p^2	1:10000	1:40000
Häufigkeit der (heterozygoten) Träger $2p$	1:50	1:100
Häufigkeit der Heirat zw. Trägern $(2p)^2$	1:2500	1:10000
Genhäufigkeit p	1:100	1:200

Falls diese Träger identifiziert werden können (was bei einer wachsenden Zahl von rezessiven Krankheiten möglich ist, aber noch nicht bei allen), besteht die angemessene Präventivmaßnahme natürlich darin, von einer Heirat zwischen Trägern des *gleichen* schädlichen rezessiven Gens abzuraten. Ein bekannter Anthropologe, der gerne Kritik übt, hat diese Empfehlung in den wirklich lächerlichen Vorschlag umgedeutet, man solle den Trägern schädlicher rezessiver Gene von einer Heirat abraten (würde dieser Vorschlag befolgt, so würde man die Institution der Ehe gänzlich abschaffen, denn *jeder* ist Träger eines oder mehrerer schädlicher rezessiver Gene). Beträgt die Häufigkeit der Träger der von uns erörterten beiden Krankheiten 1 : 50 beziehungsweise 1 : 100, dann würde, wie aus der Tabelle hervorgeht, der Anteil der Eheschließungen, von denen abzuraten wäre, bei 1 : 2500 beziehungsweise bei 1 : 10000 liegen; und das sind Zahlenverhältnisse, die man vernünftigerweise nicht als eine ernsthafte Bedrohung der individuellen Freiheit oder als eine mutwillig grausame Vorenthaltung des vermeintlich angestammten Rechtes deuten kann, körperlich oder geistig behinderte Kinder in die Welt zu setzen.

Das praktische Vorgehen ist allerdings nicht so einfach, wie es auf den ersten Blick erscheinen mag. Man müßte heiratswillige Paare in einem gewissen Umfang überprüfen, was nur auf freiwilliger Grundlage geschehen könnte und nur dann, wenn sich aus der jeweiligen Familiengeschichte die Wahrscheinlichkeit oder auch nur die ferne Möglichkeit ergeben würde, daß der eine oder andere Partner Träger eines schädlichen Gens sein könnte. Genetisch kann das Unterbinden der natürlichen Auslese das Problem übrigens nur verlagern, denn das schädliche Gen wird – mag es im heterozygoten Zustand auch verborgen sein – durch den normalen Mutationsdruck an Häufigkeit zunehmen. Das von dem Gen gegenwärtig hervorgerufene Problem wird sich von Generation zu Generation vergrößern. Der Hinweis, man werde schon eine Therapie für die Phenylketonurie finden, bevor die Situation unhaltbar wird, bietet nicht viel Trost, denn das wird keine genetische, sondern nur eine symptomatische Therapie sein können, deren Effekt wie beim Abraten von einer Heirat zwischen Trägern nur dysgenisch sein könnte.

Das Problem, wie man mit Erbkrankheiten fertig wird, ist eine ernste Herausforderung, deren Schwere in dem Maße zunehmen wird, wie die Sterblichkeit durch andere Ursachen zurückgeht. Es lassen sich aber Lösungen finden, wenn man Takt, Menschlichkeit und Klugheit walten läßt. Siehe *Francis Galton: The Life and Work of a Victorian Genius* von D. W. Forrest (London 1974).

Eukaryonten

Dieser Begriff bezieht sich auf Zellen oder auf Organismen, die Zellen enthalten, in deren Kern die DNA als eine salzartige Verbindung mit einem basischen Protein zu Chromosomen organisiert ist, die in einem Kern untergebracht sind, der durch eine ausgeprägte Membran vom Rest der Zelle getrennt ist.

Euphänik

Diese Bezeichnung prägte Joshua Lederberg für das Bemühen, die Wirkungen schädlicher Gene durch eine Verbesserung der Umwelt aufzuheben. Ein Beispiel findet man unter *Phenylketonurie,* wo vorgeschlagen wird, den Anteil von Phenylalanin in der Kost von Kindern zu senken, die konstitutionell außerstande sind, das Enzym Phenylalaninhydroxylase zu bilden, das für den Abbau von Phenylalanin benötigt wird.

Im Gegensatz zu einer verbreiteten Ansicht sind die Folgen der Euphänik nicht ausnahmslos dysgenisch; gewisse euphänische Bemühungen führen tatsächlich zu einer genetischen Verbesserung. Ein Beispiel wird unter *Sichelzellenanämie* genannt.

Exogenetische Vererbung

Unter exogenetischer Vererbung verstehen wir jene Art von Vererbung, die nicht durch die Chromosomen vermittelt wird, sondern durch andere – allgemein ausgedrückt, »kulturelle« – Mittel der Informationsübertragung. Was weitergegeben wird, sind Wissen, technisches Know-how und verschiedene Produkte des Geistes, wie Bücher, Gesetze, Verhaltensregeln, mechanische und sonstige Erfindungen. Wenn menschliche Artefakte von Generation zu Generation einen allmählichen, systematischen, säkularen Wandel durchmachen – und das ist vielfach der Fall –, dann dürfen wir vernünftigerweise von einer »Evolution« sprechen – einer exogenetischen oder, wie Alfred J. Lotka es einmal genannt hat, »exosomatischen« Evolution, im Unterschied zu der vertrauteren endogenetischen oder endosomatischen Art von Evolution.

Biologen, die sich selbst als geradlinige, realistische und nüchterne Menschen einschätzen, neigen dazu, die Vorstellung einer exogenetischen Evolution insgesamt als eine wirklichkeitsfremde, verschwommene oder (mit einem leicht pejorativen Unterton) rein »philosophische« Idee abzutun. Diese gescheiten Leute sollten nicht übersehen, daß der erste, der die Vorstellung von der exogenetischen Vererbung vortrug, ein besonders geradliniger, realistischer Genetiker war, bekannt dafür, daß ihm jeglicher Sinn für Phantastereien abging. Thomas Hunt Morgan (1866–1945) schrieb zu dem Thema folgendes: »Zwar verwerfen die Biologen inzwischen die Theorie der Vererbung erworbener Merkmale vermittels der Keimzellen, aber dennoch erkennen sie die Tatsache an, daß es der menschlichen Gattung auf eine andere Weise gelungen ist, gewisse in einer Generation erworbene Züge an die nächste weiterzugeben. Beim Menschen gibt es daher zwei Vererbungsvorgänge: einen durch die physische Kontinuität der Keimzellen und den anderen durch die Weitergabe der Erfahrungen einer Generation an die nächste durch das Beispiel und durch die gesprochene und geschriebene Sprache. Seine Fähigkeit, sich mit seinesgleichen zu verständigen und seine Nachkommen zu unterweisen, war vermutlich die Haupttriebfeder der raschen sozialen Evolution des Menschen. Im Tierreich finden wir viele

Fälle, in denen die Jungen von ihren Eltern beschützt und umsorgt werden. Aus solchen Anfängen hat sich das kompliziertere Verhältnis zwischen Eltern und Kindern bei der menschlichen Gattung entwickelt, wo eine verlängerte Kindheit außerordentliche Möglichkeiten bietet, Traditionen und Erfahrungen weiterzugeben.« (*The Scientific Basis of Evolution,* London 1983, 10. Kap.)

Man spricht, wenn es um diese Art von Vererbung und die durch sie vermittelte Form des evolutionären Wandels geht, bisweilen vom »kulturellen Erbe« oder von der »kulturellen Entwicklung«, Bezeichnungen, die nicht sonderlich geeignet sind, weil sie den Eindruck entstehen lassen, es sei die Kultur, die sich entwickelt; die von uns gewählte Terminologie macht dagegen deutlich, daß es um ein System der Vererbung und der Entwicklung (Evolution) geht, das *durch* die Kultur vermittelt ist. Die Vorstellung einer exogenetischen Evolution läßt einen zwar zunächst stutzen, aber zugleich ist sie einleuchtend; die meisten Biologen sind irgendwann auf sie gestoßen oder haben sie selbst entwickelt, ohne von Morgan, Herbert Spencer oder einem sonstigen Verfechter dieser Idee dazu angeregt worden zu sein. Vielleicht war sie gerade deshalb, weil sie so einleuchtend ist, als Forschungsthema so wenig attraktiv.

Es war die exogenetische Evolution, die den Menschen nicht nur zu einem Landlebewesen, sondern außerdem zu einem Luft-, Wasser- und Unterwasser-Lebewesen gemacht hat, die dazu geführt hat, daß Menschen am Äquator und an den Polen, im Weltraum und eines Tages sicher auch anderswo in unserem Sonnensystem leben können. Es war auch die exogenetische Evolution, die dazu geführt hat, daß die Wahrnehmungsfähigkeit des Menschen so sehr verfeinert wurde, daß wir mit Hilfe des einen oder anderen exosomatischen Instruments Dinge sehen können, die milliardenfach kleiner sind als das kleinste, mit bloßem Auge erkennbare Objekt und viele Millionen Meilen über die größte Entfernung hinaus, bis zu der wir normalerweise sehen können. Mit ausgeklügelten Instrumenten können wir darüber hinaus Röntgenstrahlen aufspüren und die Wärme einer in sechs Kilometer Entfernung brennenden Kerze wahrnehmen.

Mikroskope, Fernrohre, Geigerzähler, Kleider, Hebel, Schraubenschlüssel, Hämmer, Messer und Gewehre gehören zu den exosomatischen Organen der Menschheit, die zum großen Teil wie unsere richtigen Organe eine Evolution durchgemacht haben. Die Evolution der endo- und der exosomatischen Organe weist eine Reihe amüsanter und sehr aufschlußreicher Parallelen auf: beide verlaufen graduell, und in beiden können rudimentäre Merkmale erhalten bleiben, speziell in der Kleidung (man denke an die längst funktionslos gewordenen Knöpfe an den Ärmeln von Herrenjacketts und die Knopflöcher im Revers). Außerdem müssen verbrauchte oder abgelegte exosomatische Organe in industriellen Prozessen neu hergestellt werden; dabei spielt, was ihre ökonomische Tauglichkeit betrifft, die natürliche Auslese eine Rolle: nur das, was funktioniert und so begehrt ist, daß es auch gekauft wird, stellt man erneut her, und bald wird eine neue Variante zum vorherrschenden Typus in der Population. Der Markt hat den Gänsekiel, der unseren Urgroßeltern so lange gedient hat, erbarmungslos durch den Kugelschreiber verdrängt.

Die Mutation spielt in der exosomatischen Evolution eine ähnliche Rolle wie in der natürlichen Evolution. Die von John Boyd Dunlop (1840–1921) erfundene Luftbereifung brachte ein so hohes Maß an ökonomischer Tauglichkeit, daß sie sich in der Population der Fahrzeuge aller Arten sofort durchsetzte und ein Fahrzeug mit Vollgummibereifung mittlerweile zu einer Rarität geworden ist.

Sind diese Parallelen eher scherzhaft gemeint, so sind die Unterschiede zwischen exo- und endosomatischer Evolution grundlegend. Während man die exosomatische Evolution vollkommen rückgängig machen kann, ist das bei der endosomatischen Evolution praktisch ausgeschlossen. Ferner verläuft, wie Morgan klar vorhersah, die exosomatische Evolution lamarckistisch, da sie einen Lernprozeß darstellt. Das ist bei der endogenetischen Vererbung nicht der Fall: Gelerntes kann nun einmal nicht zum Bestandteil des Erbguts werden. Die kürzeste Inhaltsbeschreibung des exogenetischen Erbes ist Karl Poppers Begriff der »Dritten Welt«, aus naheliegenden Gründen inzwischen umbenannt in »Welt 3« (siehe Poppers *Objective Know-*

ledge, Oxford 1975; [deutsch: *Objektive Erkenntnis,* Hamburg 1973]). Während Welt 1 die gewöhnliche physikalische Welt und Welt 2 die Welt unserer bewußten Erfahrung ist, umfaßt Welt 3 die Produkte des menschlichen Geistes: die Welt der Erinnerungen, Programme, Regeln und Instruktionen, Argumente, Theorien, den Inhalt von Büchern usw. Im Lichte dieser Beschreibung, die im wesentlichen auf Popper zurückgeht, erkennen wir die Bedeutung von Richard Dawkins' Konzeption der *Meme* als einer Einheit der exogenetischen Vererbung.

Viele Biologen reagieren, wenn sie von exogenetischer Vererbung und Evolution hören, häufig mit einem »Na und?«. Wir brauchen uns hier nicht weitschweifig über die Antwort auszulassen, daß die Menschen ihre gegenwärtige Lebenstüchtigkeit überwiegend der exogenetischen Vererbung verdanken – und darüber hinaus auch ihre Hoffnung, künftig noch besser mit dem Leben fertigzuwerden.

F

Fitness (Tauglichkeit)

Wenn Wörter, deren umgangssprachlicher Gebrauch seit langem feststeht, mit einer speziellen fachlichen Bedeutung in die Wissenschaft eingebracht werden, kommt es immer wieder zu Verwirrung und Verlegenheit. Ein einschlägiges Beispiel liefert das Wort »Fitness« oder »Tauglichkeit«, denn aus dem umgangssprachlichen Gebrauch bleibt nur die Nebenbedeutung der »Eignung« oder *Angepaßtheit* in der fachlichen Bedeutung erhalten. Die andere Nebenbedeutung, bei der man an Menschen im mittleren Alter denkt, die um einen Häuserblock joggen oder am geöffneten Fenster tief durchatmen, geht in der fachsprachlichen Verwendung unter.

Fitness ist jenes Merkmal von Organismen, Populationen oder Genen, das durch die Wirkung der natürlichen Auslese maximiert wird. Die maximierte Größe oder Eigenschaft ist der *Nettoreproduktionsvorteil,* wobei das Wörtchen »netto« verdeutlicht, daß bei der Messung der Fruchtbarkeit die Sterblichkeit berücksichtigt wird (siehe »Nettoreproduktionsrate« unter dem Stichwort *Fruchtbarkeit*).

Aufgrund dieser Bedeutung von »Fitness« bezeichnete Herbert Spencer die natürliche Auslese als eine Wirkkraft, die zum »Überleben der Fittesten« führt. Intelligente Schüler entdekken rasch das Tautologische in dieser Bezeichnung, die man auch als »Überleben derer, die überleben« auslegen kann; es ist allerdings eine Schande, daß die aufgeweckten jungen Leute oft nicht halten, was sie zunächst versprechen, und zu Erwachsenen werden, die diese Kritik wiederholen, als wäre sie originell oder ernsthaft abträglich. Der Begriff des Nettoreproduktionsvorteils wird unter dem Stichwort *Natürliche Auslese* an Beispielen erläutert.

Ein kluger Biologe hat darauf hingewiesen, daß der Nettoreproduktionsvorteil nicht die einzige denkbare Möglichkeit sei, die Fitness im umfassenderen Sinne der Angepaßtheit zu messen. Man könne die Tauglichkeit des wolligen Pelzes eines Mammuts durchaus an dessen Wärmeleitfähigkeit messen (je geringer, desto besser), aber dennoch bleibe richtig, daß Mammute sich nicht bis zum Besitz eines dicken wolligen Pelzes hätten entwickeln können, wenn dieser seinen Besitzern – oder, falls man es lieber so ausgedrückt sieht, den für seine Bildung verantwortlichen Genen – nicht Fitness im Darwinschen Sinne verliehen hätte. Die letzthin vorgetragene Idee einer *kollektiven Fitness* berücksichtigt explizit den Umstand, daß der Nettoreproduktionsvorteil eines Gens notwendigerweise jeden Vorteil einschließt, der durch andere sichergestellt wird, dergestalt, daß elterliche Fürsorge und gewisse Formen der familiären Kooperation die Ausbreitung der Gene eines Individuums begünstigen können. »Kollektive Fitness«, hat eine Autorität geschrieben, »kann definiert werden als jenes Merkmal eines individuellen Organismus, das maximiert zu werden scheint, wenn in Wirklichkeit das Überleben von Genen maximiert wird.«

Weil er aus der Umgangssprache in die Fachsprache übernommen wurde, wird an dem Darwinschen Begriff der Fitness noch immer herumgenörgelt. Zumindest ein Teil dieser Kritik beruht auf einer Fehlinterpretation des Begriffs, insbesondere die Ansicht, daß die Fitness allein an der Fruchtbarkeit gemessen werde, mit der Implikation, daß alle genetischen Veränderungen, die eine größere Fruchtbarkeit bewirken, sich notwendig durchsetzen müßten.

Form und Mathematik

Die Anwendung mathematischer Methoden auf die Beschreibung und Analyse biologischer Formen ist ein Unternehmen, das auf quantitativ orientierte Biologen starke Anziehungskraft ausgeübt hat. Dazu sind zwei extreme und scheinbar unversöhnliche Ansichten vertreten worden. Sir D'Arcy Wentworth Thompson schrieb in dem berühmten Essay *On Growth and Form* (Cambridge 1917) [deutsch: *Über Wachstum und Form*, Basel 1973]:

»Das Studium der Form kann entweder nur beschreibend sein, oder es kann analytisch werden. Man kann damit beginnen, die Gestalt eines Objektes mit den einfachen Ausdrücken der gewöhnlichen Sprache zu beschreiben, und damit enden, sie in der exakten Sprache der Mathematik zu bestimmen: Die eine Methode folgt aus der andern nach streng wissenschaftlicher Ordnung und mit historischer Kontinuität . . . Die mathematische Definition einer Form zeichnet sich durch eine Exaktheit aus, die in unserem früheren Stadium der reinen Beschreibung ganz fehlte . . . durch sie kommen wir in Berührung mit Galileis Aphorismus (so alt wie Plato und auch wie Pythagoras, vielleicht so alt wie die Weisheit der Ägypter), der besagt, daß ›das Buch der Natur in geometrischen Lettern geschrieben ist‹«. (S. 326)

Die entgegengesetzte Auffassung hat David Meredith Seares Watson, einer der führenden Paläontologen des 20. Jahrhunderts, in seinen Silliman Lectures (abgedruckt in *Paleontology and the Modern Biology*, New Haven 1951) bewundernswert formuliert:

»Das Vorhandensein einer realen, fundamentalen strukturellen Ähnlichkeit läßt sich nur feststellen mittels jener geistigen Prozesse, die für den Zweig der Zoologie kennzeichnend sind, der als Morphologie bezeichnet wird. Die Morphologie ist eine Form logischen Denkens, die insofern bemerkenswert ist, als sie nicht mathematisch ist; tatsächlich lassen sich ihre wesentlichen Elemente, eben weil sie Qualitäten sind, mathematisch nicht ausdrücken.« (S. 3)

Wir hoffen in den folgenden Absätzen zeigen zu können, daß beide Ansichten ein Stück Wahrheit enthalten.

Betrachten wir zunächst die mathematische Darstellung der Form. Nach den cartesianischen Prinzipien kann ein System von Flächen im Raum grundsätzlich immer durch ein System funktionaler Beziehungen zwischen drei Variablen x, y und z dargestellt werden, wobei die Beziehungen üblicherweise in der Form $F(x, y, z) = O$ ausgedrückt werden.

So können die unten links abgebildeten Hörner algebraisch dargestellt werden durch eine Funktion

$$(x + cy^2 + (z - y^{2/3})^2 = a(k^2 - y^2)^3.$$

Entsprechend sind der Paraboloid (unten Mitte) und seine mehr künstlerische Darstellung (rechts) räumliche Realisationen der Formcl

$$\left[ax + \left(z^2 - \frac{a^2}{4}\right)\right]^3 \left[ax - \left(z^2 - \frac{a^2}{4}\right)\right] + k^2a^4y^2 = 0.$$

Wie kann man angesichts dieser Beispiele (alle aus der mathematischen Abteilung des Londoner Science Museum, mit dessen freundlicher Erlaubnis sie hier abgedruckt sind) mit Recht behaupten, die Form sei der mathematischen Behandlung nicht zugänglich? Watson hatte dennoch recht, denn bei den von uns gewählten Beispielen ging es nicht darum, für vorgegebene Formen eine mathematische Beschreibung zu finden. Vielmehr waren zuerst die Formeln da, und die Figuren sind einfach deren geometrische Realisation. Die räumliche Realisation komplexerer algebraischer Beziehungen ist unter dem Einfluß der Geometriker Julius Plücker und Jacob Steiner zu so etwas wie einem Kunstgewerbe geworden. Die im Text zitierten Formeln hat ein geduldiger irischer Dozent am ehrwürdigen ›City and Guilds College‹ in London ausgetüftelt; die Gestalt auch nur eines ganz einfachen Organismus mathematisch zu beschreiben, wäre ein Lebenswerk und würde eine ganze Batterie von Computern erfordern; und dabei wäre eine solche Übung vollkommen sinnlos, denn man würde nichts daraus lernen. Schließlich wird eine genaue Beschreibung einer gegebenen Form nicht sehr häufig benötigt. Öfter wollen wir dagegen – besonders in der Biologie – Formen *vergleichen*. Das ist mathematisch durchaus machbar, dank der Methode der Transformationen, die mit ihren Hilfsbegriffen der Varianz und Invarianz auf so grundlegende biologische Begriffe wie Homologie ein Licht zu werfen vermag.

Betrachten wir nun ein Bild, das ein Projektor auf eine starre Leinwand wirft, und stellen wir uns vor, die Leinwand würde aus ihrer normalen Position, die mit der optischen Achse des Projektors und des von ihm ausgehenden Lichtkegels einen rechten Winkel bildet, in diese oder jene Richtung gedreht. Dadurch würde der Lichtkegel unter verschiedenen Winkeln geschnitten, und das auf die Leinwand projizierte Bild könnte verzerrt werden, wobei die Art und Weise und das Ausmaß von der Richtung und dem Ausmaß der Drehung abhängig wären. Man könnte auf diese Weise eine ganze Klasse geometrischer Figuren erzeugen: Kreis, Ellipse, Parabel, Hyperbel und im äußersten Fall zwei sich schneidende Geraden – praktisch alle *Kegelschnitte.* Diese werden durch »projektive Transformationen« [Abbildungen] erzeugt, die einer ganz präzisen mathematischen Definition zugänglich sind, auch wenn wir die Form des projizierten Bildes (das eine Landschaft, ein Porträt oder ein Tier zeigen mag) nicht mathematisch zu definieren vermögen. Die Gestaltänderung läßt sich auch dann mathematisch definieren, wenn das für die Gestalt selbst nicht möglich ist.

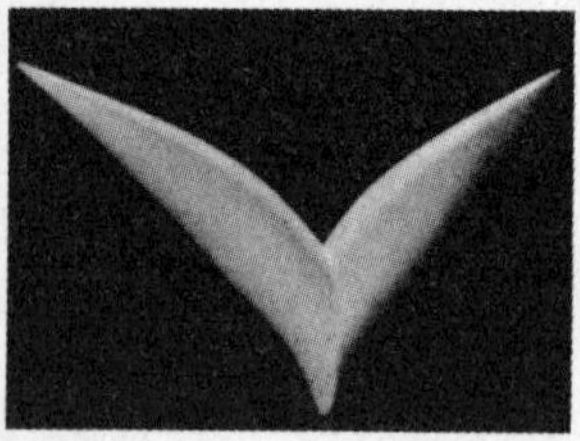

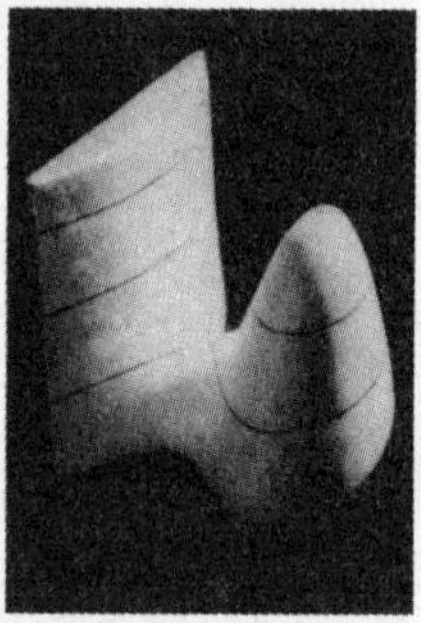

Man kann eine Transformation, da sie von dem Objekt, auf das sie angewandt wird, unabhängig ist, als eine eigenständige Operation auffassen. Der mathematische Ausdruck, der die Eigenschaften der Operation definiert und die Regeln für sie angibt, heißt *Abbildungsvorschrift,* wie unter *Transformationen* erläutert wird.

Wenn wir an das Beispiel mit dem Projektor denken, wird uns der Unterschied zwischen den Eigenschaften, die bei einer Transformation [Abbildung] variant beziehungsweise invariant sind, einsichtig. Die Eigenschaft, ein Kreis oder ein Quadrat zu sein, hat im projektiven Raum keine Bedeutung, weil ein Kreis bei der Projektion zu einer Ellipse oder sonst einem Kegelschnitt und ein Quadrat zu einem Rechteck wird; die Eigenschaft, ein Kegelschnitt zu sein, bleibt jedoch bei einer Transformation eindeutig invariant. Die in den Theoremen der projektiven Geometrie enthaltenen Wahrheiten sind unter projektiver Transformation gleichfalls invariant – so ist die projektive Geometrie nämlich definiert. Zwei weitere invariante Eigenschaften dürfen wir anführen: die *Linearität* gehört dazu, denn was auf dem Dia eine Gerade ist, wird auch auf der Leinwand eine Gerade sein, gleichgültig, wie wir sie drehen, und einige spezielle Verhältnisse wie das Doppelverhältnis oder das anharmonische Verhältnis sind ebenfalls invariant. Nicht aber die *Parallelität.* Es war ein bedeutender Augenblick in der Geschichte der Geometrie, als Felix Klein (1849–1925) eine Geometrie als eine Untersuchung von Eigenschaften des Raums definierte, die unter einer bestimmten Gruppe von Transformationen invariant sind. Eine »Gruppe« von Operationen in diesem Sinne ist eine Menge von Operationen derart, daß, wenn zwei beliebige Operationen der Menge nacheinander angewandt werden, das Ergebnis oder die Konsequenz wiederum ein Element der Menge ist.

Viele morphologische Begriffe, die wir intuitiv erfassen, können im Sinne der Transformationstheorie formal definiert werden. Fragen wir zum Beispiel nach der minimalen Ähnlichkeit, die zwischen zwei Formen bestehen muß, damit sie überhaupt miteinander vergleichbar sind. Darauf gibt es eine exakte Antwort: Zwei Formen sind miteinander vergleichbar, wenn sie *homöomorph,* das heißt, durch stetige eineindeutige Abbildungsfunktionen miteinander verknüpft sind. Geometrisch bedeutet das, daß die Abbildungsfunktion, welche die Transformation definiert und dadurch die beiden Formen einander ähnlich macht, so beschaffen sein muß, daß jeder Punkt in der einen Form zu genau einem Punkt in der anderen in Beziehung gebracht wird und daß die Funktion stetig ist. Eine anschauliche Erfüllung dieser Forderungen wären die Transformationen, die eine Zeichnung auf einem Stück Gummi erfährt, das nach Belieben gedehnt, zusammengezogen, gekrümmt oder verdreht wird, *solange das Gummi nicht zerreißt.* Figuren, die in dieser Weise miteinander verknüpft sind, nennt man *homöomorph;* insofern sind die beiden Formen, die unmittelbar folgen, homöomorph;

desgleichen die drei folgenden, bei denen nun alle metrischen Beziehungen verlorengegangen sind. Man wird sich gewiß fragen, ob unter diesen sehr weitgehenden Transformationen überhaupt noch irgendeine Eigenschaft invariant bleibt. Für einige trifft das zu, denn eine elementare Ähnlichkeit bleibt mit Sicherheit bestehen: die Beziehungen von Innen und Außen und die relative Lage der Landmarken sind die Hauptinvarianten. So lautet das durch die erste Reihe von homöomorphen Figuren veranschaulichte Eulersche Theorem: Die Anzahl der eingeschlossenen Flächen plus die Anzahl der Berührungspunkte ist gleich der Anzahl der Linien plus eins. Die Homologien in diesen Gebilden sind unschwer zu erkennen.

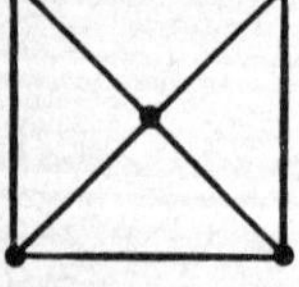

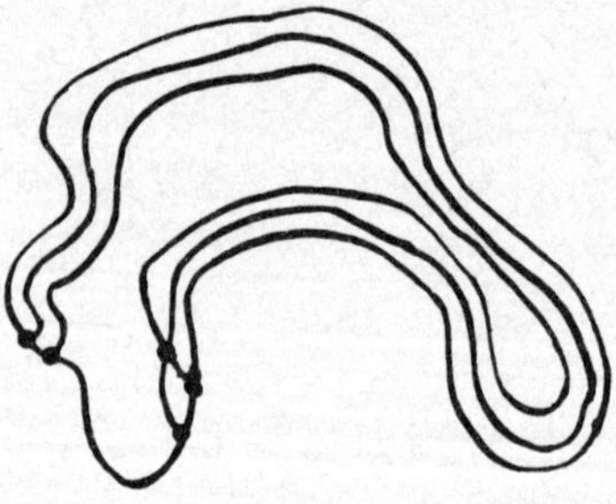

Diesen Reihen homöomorpher Figuren stelle man nun die nachstehend abgebildeten gegenüber. Kein Prozeß stetiger Transformation [Abbildung] könnte sie ineinander transformieren [abbilden]. Sie sind nichthomöomorph: von unterschiedlichem topologischen Rang. Wenn es Organismen wären, könnten wir sie unterschiedlichen systematischen Einheiten zuordnen.

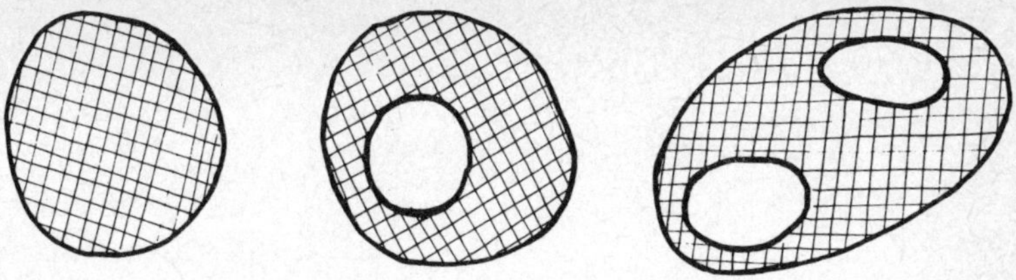

Homöomorphie besteht in jener ganz elementaren Übereinstimmung des Grundplans, die die Mitglieder eines Stammes miteinander verbindet, einer Ähnlichkeit, die Unterschiede, welche keine Unterschiede im Grundplan sind, vernachlässigt.

Kurz, wir glauben, daß die mathematische Behandlung der Form an sich meistens nicht, die exakte mathematische Behandlung der Form*veränderung* dagegen sehr oft möglich ist. Wir glauben ferner, daß manche Ideen der abstrakten geometrischen Theorie die biologischen Grundbegriffe der Morphologie durchaus erhellen können. In den *beiden* gegensätzlichen Ansichten, die am Anfang dieses Artikels zitiert wurden, steckt also eine Menge Wahrheit. Wer die Mathematik der Form in einer sehr viel anspruchsvolleren und vielseitigeren Darstellung kennenlernen möchte, die aber im wesentlichen noch immer den Kleinschen Ansatz verfolgt, ziehe *The Fractal Geometry of Nature* (San Francisco 1982) von Benoit B. Mandelbrot heran.

Fruchtbarkeit

In der Bevölkerungswissenschaft ist unter »Fruchtbarkeit« [Fertilität] die Reproduktions*leistung* zu verstehen; das Potential oder die *Fähigkeit* zur Fortpflanzung wird dagegen mit »Fekundität« bezeichnet. Wir kommen darauf zu sprechen, weil die [englischsprachigen] Biologen dazu neigen, diese Wörter im umgekehrten Sinne zu benutzen. Im Wege einer spontanen Bedeutungserweiterung werden Eier als fruchtbar beziehungsweise unfruchtbar bezeichnet, je nachdem, ob sie fähig sind oder nicht, sich zu etwas zu entwickeln, von dem sie die Eier sind. Die mit der Fortpflanzung zusammenhängenden Fragen werden an anderer Stelle behandelt; deshalb beschränken wir uns hier auf Probleme der Fruchtbarkeit im Rahmen der Bevölkerungswissenschaft.

In den dreißiger Jahren sank die Fruchtbarkeit der Bevölkerung in den Vereinigten Staaten und in den Ländern Nordeuropas – eine Tendenz fortsetzend, die mindestens schon fünfzig Jahre früher eingesetzt hatte – auf ein so niedriges Niveau ab, daß Zweifel aufkamen, ob diese Bevölkerungen sich quantitativ würden behaupten können. Es war viel die Rede von einem »Niedergang der Elternschaft«, und führende Bevölkerungswissenschaftler der Welt waren überzeugt, daß das Abendland seinem Untergang entgegensah, obwohl die Bevölkerungszahlen nicht zurückgingen. Die Laien waren nicht im geringsten beunruhigt, weil ihnen nicht bewußt war, daß der Anstieg beziehungsweise der nicht zu beobachtende Rückgang der Bevölkerungszahlen nur darauf beruhte, daß die Zahl derer ständig wuchs, die über das Alter der Fortpflanzungsfähigkeit hinaus waren. Die Bevölkerungswissenschaftler waren wiederum sehr daran interessiert, ein Maß für die Reproduktionskraft einer Bevölkerung zu entwickeln, für ihre Fähigkeit, sich im Hinblick auf die vorherrschenden Fruchtbarkeits- und Sterblichkeitsziffern zahlenmäßig zu behaupten.

Man kann zum Beispiel danach fragen, mit welcher Wahrscheinlichkeit irgendein Mitglied der Bevölkerung in der nächsten Generation durch ein Individuum vertreten sein wird, das das gleiche Alter erreicht. Wenn wir diese Frage nur in bezug auf die weibliche Bevölkerung stellen, dann fragen wir im Grunde nach der Zahl der weiblichen Lebendgeburten in aufeinanderfolgenden Generationen. Diese Zahl ist Robert Kuczynskis »Nettoreproduktionsrate«. Ist sie größer als eins, dann nimmt die Bevölkerung zu, ist sie kleiner, nimmt die Bevölkerung ab. Ein anderes Maß dieser Art ist Alfred J. Lotkas »echte natürliche Zuwachsrate«, von R. A. Fisher umbenannt in den »Malthusianischen Parameter«, der den fortlaufenden Zinseszinssatz wiedergibt, mit dem die Bevölkerungszahl sich mit Bezug auf die geltenden Sterblichkeits- und Fruchtbarkeitsziffern verändert. Ist der Wert positiv, behauptet sich die Bevölkerung, ist er negativ, nimmt sie ab.

Der Versuch, die Reproduktionskraft einer Bevölkerung

durch ein einziges skalares Maß auszudrücken – so als würden wir ihre Temperatur messen –, ist zum Scheitern verurteilt; darin äußert sich die gleiche blauäugige Naivität wie in dem Eifer, der manche Psychologen zu der Ansicht verleitet hat, die Intelligenz ließe sich durch eine einzige skalare Zahl wie den Intelligenzquotienten messen.

Inzwischen bedienen sich die Demographen für Zwecke der Vorausschätzung der Bevölkerungsentwicklung eines ganz anderen Verfahrens, bei dem die *durchschnittliche Kopfzahl der vollständigen Familie* als die signifikanteste Größe gilt. Dieses Meßverfahren läßt sich viel einfacher in unabhängige Variablen auflösen, die über das Verhalten der Menschen wirklich etwas aussagen: etwa über das Heiratsalter, die Heiratsziffer oder über Muster der Familienbildung.

G

Genetische und embryologische Fachausdrücke

Mit ihren Fachausdrücken pflegen es die Biologen im allgemeinen und die Genetiker und Embryologen im besonderen sehr genau zu nehmen; sie meiden so nachlässige Redewendungen wie »das Gen für Albinismus« oder »das Gen für hohen Körperwuchs«. Ein so liederlicher Sprachgebrauch verdunkelt eher die Art der Wechselwirkung zwischen dem Gen und der Umwelt, in der es sich ausdrückt. Deshalb im folgenden eine Reihe von Fachausdrücken aus der Genetik und der Embryologie mit den Erläuterungen, die wir für angebracht halten.

Allantois Die Ausscheidung nicht-gasförmiger Abfallprodukte ist bei Wirbeltieren, die Eier mit Schalen legen, ein ziemliches Problem. Als Behälter für flüssige oder halbflüssige Exkrete dient ihnen die Allantois, ein embryonales Organ, das als Ausstülpung des embryonalen Enddarms entsteht, der entweder in den Dottersack oder in die Amnionhöhle mündet. Aufgrund ihrer Entstehung besitzt die Allantois zwangsläufig eine Außenschicht aus gefäßreichem Bindegewebe. Dieses Gewebe spielt eine sehr wichtige Rolle bei der Bildung der Plazenta der höheren Säugetiere, bei denen ebenfalls eine Allantois vorhanden ist und wo die Entwicklung weitgehend der eines Reptils in seinen frühen Stadien gleicht.

Allel Die bahnbrechenden genetischen Untersuchungen Gregor Mendels wurden dadurch sehr erleichtert, daß er – eine Verbindung von glücklichem Zufall und Überlegung – die Vererbung von Unterschieden zwischen Paaren gegensätzlicher Merkmale studierte, zum Beispiel an Erbsenpflanzen, die entweder hoch- oder kleinwüchsig waren, gelbe oder grüne Samen hatten, die wiederum glatt oder runzlig sein konnten. Dadurch wurzelte sich die Vorstellung ein, daß Erbfaktoren überwiegend paarweise vorkommen und für ein Paar gegensätzlicher Merkmale verantwortlich sind.

Dieser Fall ist durchaus nicht die Regel. Erbfaktoren treten gewöhnlich nicht paarweise, sondern in ganzen Sätzen auf, von denen natürlich nie mehr als zwei in einem Organismus vorhanden sein können. Man bezeichnet solche Merkmalssätze als allelomorph (griechisch *allos* = von anderer Art). Mendel untersuchte den Sonderfall der Merkmalsausprägung durch zwei Allelpaare, während im allgemeinen die Merkmalsbestimmung durch mehrere Allelpaare erfolgt; so bilden die Faktoren, von denen die unterschiedlichen Farbabstufungen abhängen, deren Extremfall der Albinismus ist, ein Allelsystem.

Amnion Es heißt zwar zu Recht, daß die Wirbeltiere aus Wassertieren hervorgegangen und zu Land- beziehungsweise Flugtieren evoluiert seien, doch hat keines sich vollkommen emanzipiert, denn alle Wirbeltiere entwickeln sich in einer wäßrigen oder quasi-wäßrigen Umgebung. Das embryonale Organ, das dies ermöglicht, ist das Amnion, ein sackartiges Gebilde, das aus der äußersten der verschiedenen Hüllen gebildet ist, die den sich entwickelnden Embryo umgeben. Es ist mit Bindegewebe beschichtet, innerhalb dessen Blutgefäße verlaufen, die mit dem Herzen des Embryos verbunden sind. Die mehrfachen Hüllen umschließen einen Innenraum, die Amnionhöhle, die mit einer Flüssigkeit gefüllt ist, welche unter jedem Aspekt – dem der Osmose, des Ionenaustauschs oder der Hydrostatik – eine geeignete Umgebung für die Embryonalentwicklung darstellt. Die Amnionflüssigkeit kann durch den offenen Mund des Embryos ungehindert in dessen Darm gelangen. Demnach sind die Embryonen aller Wirbeltiere Wasserlebewesen.

Wirbeltiere, die ein Amnion besitzen, werden als Amnioten bezeichnet; diese Bezeichnung, die sich auf Reptilien, Vögel und Säugetiere erstreckt, ist in systematischer Hinsicht korrekter als die Bezeichnung »Vierfüßler«, der die Vögel nicht leicht unterzuordnen sind.

Angeborenes Merkmal Wörtlich genommen, bezeichnet »angeboren« das, womit ein Mensch geboren wird. Im gewöhnlichen Sprachgebrauch wird der Ausdruck jedoch meistens auf Abweichungen vom Normalen eingeschränkt. Es wird wohl niemand erfreut sein, zu hören, er habe angeborene Ohren. Es gibt eine Vielzahl von angeborenen Mißbildungen, darunter auch die *Mikrozephalie* und das *Down-Syndrom,* die in gesonderten Artikeln behandelt werden.

Bevorzugung gleichartiger Partner Damit bezeichnet man besonders in der Erforschung der menschlichen Vererbung die Verbindung zwischen Partnern, die einander bezüglich eines bestimmten natürlichen oder kulturellen Merkmals gleichen. Eine Bevorzugung gleichartiger Partner liegt vor, wenn Männer und Frauen von gleicher Statur, gleicher Intelligenz, gleicher Blutgruppe, gleicher Religion oder gleichem sozio-ökonomischen Status die Neigung haben, eine Verbindung miteinander einzugehen. Bestimmte Vorlieben bei der Partnerwahl haben – ob sie sich nun an der Gleichartigkeit orientieren oder nicht – selbstverständlich einen starken Einfluß auf die genetische Struktur menschlicher Populationen. Die orthodoxen Juden zum Beispiel würden die rassische Eigentümlichkeit, die sie noch aufweisen, einbüßen, wenn sie nicht bevorzugt Glaubensgenossen heiraten würden.

Crossing over So wie die Genkoppelung das Gesetz der unabhängigen Verteilung modifiziert, wird das Prinzip der Koppelung durch die Erscheinung des Crossing over in Richtung auf eine unabhängige Verteilung modifiziert. Koppelungsgruppen bleiben in der Regel nicht unangetastet erhalten, weil die einander entsprechenden Chromosomen eines Paares vielfach Material untereinander austauschen und dadurch die gekoppelten Erbfaktoren, deren Träger sie sind, neu zusammenstellen. Durch diesen Vorgang wird die genetische Varianz enorm bereichert.

Dominanz und Rezessivität Tritt die somatische Wirkung eines Allels nur dann auf, wenn von beiden Eltern gleichartige Allele ererbt wurden, sagt man, daß das Erbmerkmal, für welches dieses Allel verantwortlich ist, in seinem Ausdruck *rezessiv* sei; ein einschlägiges Beispiel, das von Mendel untersucht wurde, ist die Kleinwüchsigkeit von Erbsenpflanzen. Die Phenylketonurie bei Menschen wird als ein rezessives Leiden bezeichnet, weil der für sie verantwortliche Faktor von beiden Eltern geerbt werden muß, damit die Krankheit manifest wird. Von einem Gen, das sich auch dann manifestiert, wenn es nur von einem Elternteil geerbt wurde, sagt man, es sei im Ausdruck *dominant;* Mendel stellte zum Beispiel fest, daß die mischerbigen Abkömmlinge einer Kreuzung zwischen hoch- und kleinwüchsigen Erbsenpflanzen hochwüchsig sind. Einige menschliche Krankheiten – darunter die Chorea Huntington – sind Ausdruck eines dominanten Gens, das man nur von einem Elternteil geerbt zu haben braucht. Dominanz und Rezessivität stellen selbstverständlich keine moralischen Wertungen dar; es sind lediglich Feststellungen, in welcher Weise genetische Faktoren sich ausdrücken. Beide Zustände können durch andere genetische Faktoren modifiziert werden. Es ist durchaus möglich, daß Gene, die teils dominant und teils rezessiv sind – und bei Mischerbigkeit in einem bestimmten Maß zum Ausdruck kommen –, sich zur vollständigen Dominanz oder vollständigen Rezessivität des Ausdrucks entwikkeln.

Theoretisch dürfte man ein dominant-reinerbiges Individuum von einem dominant-mischerbigen nicht unterscheiden können, doch kann ein bei Mischerbigkeit vorhandener rezessiver Faktor manchmal einen so starken Einfluß ausüben, daß die Mischerbigkeit erkennbar wird. Dies gilt etwa für die mischerbigen »Träger« gewisser rezessiver Krankheiten; der mischerbige »Träger« des rezessiven Gens, das für Phenylketonurie verantwortlich ist, kann eine verringerte Phenylalanin-Verträglichkeit haben, die sich durch geeignete klinische Tests feststellen läßt. Dieser Umstand ist von einiger Bedeutung, wenn man der Phenylketonurie dadurch vorbeugen will, daß man Trägern des Gens von einer Heirat abrät.

Die elementarste genetische Algebra zeigt, daß bei der Paarung von zwei Individuen, die bezüglich eines Erbfaktors mischerbig sind, Nachkommen entstehen, die zur Hälfte ebenfalls mischerbig sein werden, während die andere Hälfte bezüglich der beiden Gene, die in die Hybriden gelangt sind, reinerbig sein wird; die Formel lautet $(Tt \times Tt) = TT + 2Tt + tt$.

Dottersack Bei Wirbeltieren, die Eier mit Schalen legen, ist der Dotter von einer doppelten Membran umgeben, dem Dottersack. Anatomisch gesehen, ist der Dottersack eine Erweiterung des embryonalen Darms. Seine innere Beschichtung setzt die des Darms fort, während die äußere Beschichtung aus Bindegewebe besteht, das stark mit Blutgefäßen durchsetzt ist, die mit dem embryonalen Herzen verbunden sind. Dottersäcke brauchen nicht, um diesen Namen zu verdienen, mit Dotter gefüllt zu sein; einer der wichtigsten Hinweise, durch den Säugetiere verraten, daß sie von Reptilien abstammen, besteht im Besitz dieses Sackes, der bei der Nahrungsversorgung des Embryos und seinen physiologischen Austauschprozessen mit der Mutter eine bedeutende Rolle spielt.

Einkreuzen von Merkmalen Die Steigerung der körperlichen Vitalität (insbesondere von Fruchtbarkeit, Langlebigkeit und Widerstandsfähigkeit gegen Krankheiten), wie man sie bei den Abkömmlingen von Kreuzungen zwischen ingezüchteten oder partiell ingezüchteten Organismen antrifft, wird als Einkreuzen von Merkmalen bezeichnet. Man erklärt sich diese Erscheinung damit, daß ein überwiegend mischerbiger Zustand wiederhergestellt wird. Sie wird daher besonders bei der Kreuzung zweier ingezüchteter und überwiegend reinerbiger Linien wirksam; sie spielt jedoch keine Rolle bei der Kreuzung zwischen Angehörigen verschiedener menschlicher Populationen, die wahrscheinlich jeweils an ihre Umwelt angepaßt und auf jeden Fall überwiegend mischerbig sind. Der eigentümliche Mythos, den Laien und Anhänger der Eugenik mit der »Reinheit« der Rasse und der Bastardisierung verknüpfen, ist eine wissenschaftlich unhaltbare Begriffsverwirrung, wie sie beispielsweise in Knabenbüchern gepflegt wird, wo die »reine Rasse« als eine Garantie für Mut, Seelenstärke und alle männlichen Tugenden hingestellt wird, während man von einem Mischling oder »Halbblut« ohne weiteres annehmen darf, er sei feige und hinterhältig.

Entelechie Die *entelecheia* war für Aristoteles das Prinzip oder der Geist, der eine Struktur beseelt und sie in einer wesentlichen Hinsicht erst vollendet, indem er das, was vorher nur erst möglich war, wirklich werden läßt.

Der berühmte deutsche Experimental-Embryologe Hans Driesch (1867–1941) hat in seinen *Gifford Lectures* von 1908 seine Lehre des Vitalismus auf einer Variante des Entelechiebegriffs aufgebaut, deren Sinn und Stoßrichtung dem aristotelischen Wortgebrauch folgten: der Organismus ist mehr als seine Substanz und Form; er *lebt,* weil ihm das Lebensprinzip Entelechie innewohnt. Diese Auffassung diskutieren wir unter dem Stichwort *Vitalismus.* Das für die aristotelische Wortbedeutung wesentliche Element der Vollendung findet man auch in der Erklärung von Paul Tillich (1886–1965), der *Mut* sei die Entelechie, die einen Menschen vollende.

Epigenese Früher hat man »Epigenese« und »Präformation« als Gegensatz verstanden; bedeutete Präformation die Entfaltung einer bereits vorhandenen Struktur, so bezeichnete Epigenese den Erwerb von Struktur und Differenziertheit bei einem anscheinend unstrukturierten System, wie man es im Ei sah. Da man inzwischen weiß, daß das Ei auf einer molekularen Ebene hochgradig strukturiert ist, hat die Antithese ihren Sinn verloren. Im heutigen Sprachgebrauch werden mit »Epigenese« all jene Prozesse bezeichnet, die an der Verwirklichung der im befruchteten Ei enthaltenen Erbinstruktionen beteiligt sind. »Die Genetik denkt, die Epigenetik lenkt.«

Fruchtwasser-Untersuchung (Amniozentese) Bei dieser Untersuchung werden während der Schwangerschaft einige Tropfen Amnionflüssigkeit entnommen, um fötale Zellen zu beschaffen, die dann kultiviert werden, damit festgestellt werden kann, ob die Chromosomen des Embryos normal strukturiert sind oder nicht. Auf diese Weise kann eine Mißbildung wie das Down-Syndrom schon vor der Geburt erkannt werden. Diese Diagnose kann einer Entscheidung über die Zukunft des Embryos als Grundlage dienen. Das Verfahren, das bei älteren Müttern vielfach angewandt wird, bietet den unverhofften zusätzlichen

Vorteil, die Eltern über das Geschlecht ihres Kindes zu informieren, und versetzt somit Freunde und Verwandte in die Lage, über einen Namen für das Kind zu befinden.

Gamet Ein Gamet ist eine Fortpflanzungszelle, die sich in genetischer Hinsicht dadurch auszeichnet, daß sie die Hälfte der Chromosomen besitzt, die sich in den normalen somatischen Zellen des Körpers befinden. Bei weiblichen Individuen sind die Gameten Eizellen *(Ova),* bei männlichen Spermien.

Gen Das »Gen« wurde von Wilhelm Ludvig Johannsen, der als erster dieses Wort verwendete, und von Thomas Hunt Morgan (1866–1945), dem berühmten amerikanischen Genetiker, als physische Verkörperung von Mendels bestimmenden »Faktoren« der Vererbung aufgefaßt. Dennoch wurde es genetisch definiert, als eine genetische Einheit behandelt. Ein Gen war das, was für eine Einheit »Merkmalsunterschied« verantwortlich war – im Mendelschen Kanon zum Beispiel Hochwüchsigkeit gegenüber Kleinwüchsigkeit bei Erbsenpflanzen oder grüne gegenüber gelben Erbsen. Ein Gen erscheint, wenn es so erklärt wird, als eine Einheit der *Aufspaltung;* in anderen Systemen könnte es als eine Einheit der *Mutation* oder des *Crossing over* definiert werden.

Lange Jahre blieb dieses rein genetische Verständnis des Gens für die Deutung von Züchtungsexperimenten ausreichend. Daß es keine physikalische Definition des Gens gab, war für die Entfaltung der Genetik kein Hindernis und wurde auch nicht als Hindernis angesehen. Tatsächlich wurde eine physikalische Definition erst möglich, nachdem man zufällig zu der richtigen Auffassung von der Natur der Gene gekommen war. Ganz unterschiedliche Vorstellungen hat man sich von den Genen gemacht: als Schablonen, als Zünder, als Modelle oder repräsentative Beispiele wurden sie gedacht, als riesige Makromoleküle, als perlenartige *micellae,* die irgendwie linear aufgereiht sind usw.

Mit keinem dieser Ausdrücke sind die Gene angemessen beschrieben, denn Gene sind *Nachrichten* oder *Botschaften* – eine Auffassung, die bezüglich der Chromosomen erstmals von

Erwin Schrödinger und, was die Gene betrifft, erstmals von Hans Kalmus im *Journal of Heredity* 1 (1950:19) vorgeschlagen wurde. Es macht einen großen Unterschied, ob man nach einem Signal Ausschau hält, oder ob man nach etwas sucht, von dem man ein mikroskopisches Präparat, einen Auszug oder eine Lösung machen könnte. Wie bei vielen anderen Fragen kamen die Antworten von der Molekularbiologie.

Genetischer Code Unter den Stichwörtern *Molekularbiologie* und *Nukleinsäuren* erklären wir, daß die Erbinformation durch die lineare Anordnung von Nukleotiden entlang einem Nukleinsäure-Molekül übermittelt wird. Diese Aussage allein besagt nicht mehr, als wenn man sagen würde, daß bei der altmodischen Morse-Telegraphie eine Nachricht durch die Reihenfolge übertragen wird, in der kurze und lange elektrische Impulse oder Lichtzeichen einander folgen. Tatsächlich ist der genetische Code genauso bekannt wie die Morse-Übersetzung von »M'aidez« (=Mayday), dem internationalen Notsignal.

Im genetischen Code werden bestimmte Aminosäuren durch Tripletts von Nukleotiden festgelegt; da es vier verschiedene Nukleotide gibt, sind vierundsechzig verschiedene Tripletts möglich. Das Codierungssystem enthält daher eine Reihe von Synonymen und sogar spezielle Signale wie »Beginn der Nachricht« oder »Ende der Nachricht«.

Der genetische Code und seine Umsetzung und Übersetzung in die spezifischen Strukturen verschiedener Eiweiße stimmen bei Pflanzen, Tieren und Bakterien im wesentlichen überein. Er stellt also offensichtlich in der Welt der Lebewesen ein sehr altes Erbe dar.

Genetische Drift In den meisten Theoremen der Populationsgenetik wird als Grundlage der Norm angenommen, daß die Paarung in einer potentiell inzüchtenden Population dem Zufall unterliegt, so daß jedes Mitglied die gleiche Chance hat, zu den Vorfahren späterer Generationen zu gehören. Wenn die Paarung dem Zufall unterliegt und die Geschlechter jeweils den gleichen Anteil an der Population haben, so bleiben, dem Hardy-Weinberg-Gesetz entsprechend, die Genhäufigkeit und auch die relativen Anteile der verschiedenen Genotypen konstant.

Man kann sich jedoch vorstellen, daß eine Abweichung von diesem Zustand in zweierlei Weise möglich ist. Zum einen kann ein systematischer Einfluß im Paarungsverhalten das Vorkommen eines bestimmten Gens oder Genotyps – im Gefolge der natürlichen Auslese oder als Ergebnis der wiederholten Einführung eines Gens in die Population durch wiederkehrende Mutationen – ansteigen lassen. Die Abweichung kann aber auch zufälliger Natur sein, und zwar dann, wenn durch die Unberechenbarkeit der zufälligen Paarung ein bestimmtes Gen in der Tochtergeneration häufiger oder seltener auftritt, als nach den Zufallsgesetzen zu erwarten wäre. Wenn eine solche Abweichung vom strikten Zufall mehrere Generationen nacheinander in die gleiche Richtung geht, kann die Genhäufigkeit in der Population sich allein durch Zufall verändern. Man hat die Ansicht vertreten, daß dieses Phänomen, die genetische Drift, besonders in kleinen Populationen eine wichtige Rolle spiele. In großen Populationen sind die Aussichten, zu den Vorfahren späterer Generationen zu zählen, eher ausgeglichen.

Nun besteht kaum ein Zweifel daran – oder kaum ein Anlaß, daran zu zweifeln –, daß eine Drift vorkommt. Umstritten ist aber noch, wie stark sie sich auswirkt und in welchem Umfang sie zum evolutionären Wandel beiträgt. Dem Konzept der Drift ist mit größter Entschiedenheit von R. A. Fisher widersprochen worden, der von Sewall Wright (hauptsächlich, wie wir glauben, aus Neid) die denkbar schlechteste Meinung hatte. Wright war einer der Hauptpioniere der Populationsgenetik. Seine englischen Zeitgenossen waren größtenteils ein boshafter und streitsüchtiger Haufen – den meisten fehlte es an der Größe, jemand anderem als sich selbst Kredit einzuräumen. Mendels Theorie, so erklärte Fisher, hätte man aus elementaren Grundsätzen ableiten können, auf jeden Fall seien die Ergebnisse, die er erzielt haben wollte, aus statistischer Sicht zu schön, um wahr zu sein.

Genetisches System Das genetische System einer Spezies ist die Gesamtheit dessen, was für die Weitergabe der Erbinformation von einer Generation zur anderen sorgt. Ein sehr wichtiges Element ist das Paarungssystem: ob es Inzucht oder im Gegenteil die Paarung mit nichtverwandten Individuen einschließt, oder ob es ein gewisses Maß an Bevorzugung gleichartiger Partner beinhaltet oder nicht. Natürlich gehört zum genetischen System auch das Verhalten der Chromosomen, beispielsweise die Häufigkeit des Crossing over.

Genetische Varianz Als genetische Varianz bezeichnet man jenen Teil der Varianz einer Population, der auf genetischen Unterschieden zwischen ihren Mitgliedern beruht. Werden die meßbaren Eigenschaften der Mitglieder einer Population als positive oder negative Abweichungen von deren Mittelwert ausgedrückt, so ist die Varianz des gemessenen Merkmals – notwendig eine positive Größe – der Mittelwert der Quadrate der Abweichungen vom Mittel. Bei der Mendelschen Vererbung hat die genetische Varianz keine von Generation zu Generation sinkende Tendenz, wie es der Fall wäre, wenn Mischvererbung die Regel wäre. Dieses Theorem ist von äußerster Wichtigkeit in der Mendelschen Theorie des evolutionären Prozesses.

Genhäufigkeit Darunter versteht man das prozentuale oder proportionale Vorkommen eines Gens in der Population; reinerbiges Vorkommen wird doppelt, mischerbiges einfach gezählt. Bezeichnen wir ein Paar gegensätzlicher Mendelscher Gene mit *A* und *a;* wenn sie innerhalb einer Population mit den Anteilen *AA, AA, Aa* und *Aa* auftreten, beträgt die Häufigkeit von *A* 0,7 und die seines Allels notwendigerweise (1–0,7) = 0,3. Bei ungesteuertem Paarungsverhalten werden diese Genhäufigkeiten sich nach den Mendelschen Vererbungsgesetzen unbegrenzt erhalten. Mit Hilfe des Hardy-Weinberg-Gesetzes können Aussagen über Genhäufigkeiten in Aussagen über die Häufigkeit von Genotypen übersetzt werden.

Genom Ein Genom ist der als Ganzes und als charakteristisch angesehene genetische Apparat einer Spezies.

Genotyp und Phänotyp Die Gesamtheit der äußerlich erkennbaren Merkmale eines Organismus ist sein Phänotyp, sein Genotyp ist dagegen die Gesamtheit der materiellen genetischen Determinanten, mag man diese als Mendelsche Erbfaktoren, als Gene oder wie auch immer bezeichnen. Die Unterscheidung ist in der Genetik und der Züchtungspraxis von entscheidender Bedeutung. So kann ein Organismus, der bezüglich eines dominanten Gens mischerbig ist, den gleichen Phänotyp aufweisen wie ein reinerbig-dominanter, doch wird sich bei Kreuzungsversuchen rasch zeigen, daß ihre Genotypen völlig verschieden sind.

Geschlechtsbestimmung Manchmal wird darunter die vorgeburtliche Feststellung des Geschlechts verstanden, manchmal die vorhergegangene Festlegung des Geschlechts und manchmal der Vorgang, der dafür sorgt, daß ein Tier entweder dem einen oder dem anderen Geschlecht angehört; »Geschlechtsbestimmung« ist also ein sehr vieldeutiger Begriff. Wir befassen uns zunächst mit der dritten Bedeutung.

Bei den Wirbeltieren erfolgt die primäre geschlechtliche Differenzierung durch die Aufspaltung eines überzähligen Paares von Chromosomen, die man im Unterschied zu den anderen Chromosomen, die gewöhnliche somatische Funktionen erfüllen – den »Autosomen« –, als Geschlechtschromosomen bezeichnet. Bei den Säugern generell und mit Sicherheit bei den Menschen ist das männliche Geschlecht durch den Besitz eines ungleichen Paares von Geschlechtschromosomen gekennzeichnet, die mit X und Y bezeichnet werden. Der männliche Genotyp ist bezüglich des Geschlechts demnach XY, der weibliche Genotyp dagegen XX, da das weibliche Geschlecht zwei gleiche Chromosomen besitzt. Bei der Gametenbildung spalten sich bei den männlichen Individuen die Geschlechtschromosomen genau wie die Autosomen auf, das heißt, sie treten auseinander, so daß zwei Arten von Spermien in annähernd gleicher Anzahl gebildet werden: solche, die X, und solche, die Y enthalten. Das männliche ist hier das heterogametische Geschlecht. Das homogametische weibliche Geschlecht produziert Oozyten, die alle ein X-Chromosom enthalten. Es ist demnach gleichermaßen wahrscheinlich, daß ein Ei bei der Befruchtung von einem Spermium, das X enthält und eine weibliche Frucht entstehen läßt, oder von einem Spermium mit Y-Chromosom befruchtet wird, aus dem eine männliche Frucht entsteht. So erklärt sich die annähernde numerische Gleichheit der Geschlechter zum Zeitpunkt der Empfängnis. Bei einigen Säugetieren fehlt das Y-Chromosom, und der männliche Genotyp wird entsprechend mit X0 bezeichnet.

Das heterogametische Geschlecht ist offensichtlich das geschlechtsbestimmende Geschlecht: bei den Säugetieren ist es das männliche, aber bei den Vögeln das weibliche.

Will man ein bestimmtes Geschlecht erzeugen, dann muß man bei Säugetieren selbstverständlich beim Sperma ansetzen. In der Viehzucht ist dies von gewisser Bedeutung, und man hat nichts unversucht gelassen, um für Zwecke der künstlichen Besamung Spermien entsprechend ihrer geschlechtsbestimmenden Wirkung voneinander zu trennen. Obwohl es wahre Wunder an Einfallsreichtum gab, sind die Bemühungen bislang ohne Erfolg geblieben. Was die Feststellung des Geschlechts betrifft – die erste der oben unterschiedenen Bedeutungen –, so wird sie dadurch möglich, daß man in Embryozellen den Barr-Körper identifiziert, von dem unter dem Stichwort *Chromosomen* die Rede ist. Gewöhnlich ist die Feststellung des Geschlechts ein zusätzlicher Vorteil, der sich bei der vorsorglichen Fruchtwasser-Untersuchung ergibt.

Der Mechanismus der geschlechtlichen Differenzierung ist derart beschaffen, daß er bei der Empfängnis ein Geschlechtsverhältnis von 100 : 100 liefert; bei der Geburt ist dieses Verhältnis jedoch ein anderes, und es ändert sich das ganze Leben hindurch, was vor allem daran liegt, daß das männliche Geschlecht in utero und von Geburt an in mancherlei Hinsicht – speziell was die Widerstandsfähigkeit gegen Infektionen betrifft – anfälliger ist als das weibliche. So kommt es, daß die Witwen die Witwer an Zahl weit übertreffen und es generell weit mehr ältere Frauen als ältere Männer gibt. Bei den Menschen überwiegt zum Zeitpunkt der Geburt das männliche Geschlecht in einem Ausmaß, das vom allgemeinen Gesundheitszustand der Bevölkerung, ihrem Altersaufbau und ihrem

Wohlergehen abzuhängen scheint. Unter günstigen Bedingungen (günstig nicht im Sinne der Statistik) kann das Geschlechtsverhältnis bis auf 106 : 100 steigen. Es ist eine allgemeine Erfahrung, daß sich während größerer Kriege und unmittelbar danach der Anteil der Geschlechter zugunsten von Knabengeburten verschiebt. Es gibt dafür eine Reihe von Erklärungen; am verbreitetsten ist die, daß während und nach Kriegen der Anteil junger frischverheirateter Frauen und junger Mütter besonders hoch ist, mit der Folge, daß in der günstigeren uterinen Umgebung die anfälligeren männlichen Föten am Leben bleiben. Dem liegt die noch nicht schlüssig bewiesene Annahme zugrunde, daß das primäre Geschlechtsverhältnis (das bei der Empfängnis) Knaben begünstigt. Was es damit auch immer auf sich haben mag – ein relativ hohes anteiliges Geschlechtsverhältnis hat zur Folge, daß im fortpflanzungsfähigen Alter die Zahl der Männer und Frauen annähernd ausgeglichen ist. Diese Ausgeglichenheit ist zwar in einer monogamen Gesellschaft überaus wünschenswert, wird aber reichlich oft durch Kriege, Auswanderung und andere Bevölkerungsbewegungen durchkreuzt.

Eine Kombination all dieser Faktoren – insbesondere die Auswanderung von Männern – führte im viktorianischen England dazu, daß die Zahl der Frauen im heiratsfähigen Alter die der möglichen Partner weit überstieg, was einen schrecklichen Überschuß an unverheirateten Frauen zur Folge hatte; das war die große Zeit der Gouvernanten und Kindermädchen, die man ihre vermeintlich geringe Stellung oft sehr genau spüren ließ. Sir W. S. Gilbert, dessen gefällige Knittelverse von Sir Arthur Sullivan vertont wurden, wußte die Einstellungen und Gebräuche der Theaterbesucher perfekt einzuschätzen und machte immer wieder alternde, unverheiratete Frauen mit Ehewünschen zur Zielscheibe des Spotts. Dieser und ähnliche Aspekte seines Charakters machten Gilbert zu einer der unangenehmsten Erscheinungen in der Geschichte des Showgeschäfts.

Hardy-Weinberg-Gesetz Von vielen Naturforschern wurde es als gräßlich abstrakt empfunden, daß die Populationsgenetiker in Genhäufigkeiten zu denken pflegen; dabei erlaubt es der

Algorithmus, der im Hardy-Weinberg-Gesetz enthalten ist, Aussagen über Genhäufigkeiten in konkrete Aussagen über die Häufigkeit des Vorkommens bestimmter Genotypen zu übersetzen.

Nehmen wir an, ein Paar gegensätzlicher Mendelscher Gene *A* und *a* sei in einer Population mit den Häufigkeiten $p = 0{,}7$ bzw. $q = (1 - p) = 0{,}3$ vertreten. Das Hardy-Weinberg-Gesetz sagt dann aus, daß bei ausgewogenem Geschlechtsverhältnis und zufallsgesteuertem Paarungssystem die drei möglichen Genotypen *AA, Aa* und *aa* mit den Häufigkeiten p^2, $2pq$ und q^2 in der Population vertreten sein werden; Genotyp *AA* also mit 0,49, *Aa* mit 0,42 und *aa* mit 0,09. Diese Häufigkeiten bleiben von Generation zu Generation konstant, es sei denn, man ließe eine äußere »Kraft« wie die natürliche Auslese auf die Population einwirken – eine Erkenntnis, die für die Evolutionstheorie von ungeheurer Bedeutung ist.

Inzucht und Inzuchtlinie Das Paarungssystem, bei dem ein Stamm sich durch Paarungen zwischen engen Verwandten – also zwischen Brüdern und Schwestern oder zwischen Eltern und ihren Nachkommen – fortpflanzt, heißt Inzucht. Die extreme Form findet man bei jenen Pflanzen, bei denen Selbstbefruchtung möglich ist (was bei der Mehrzahl der zwittrigen Tiere nicht möglich ist). Die Inzucht steigert die Reinerbigkeit und führt – unter Umständen – schließlich zu einer reinerbigen Linie. Durch Inzucht können einigermaßen schädliche rezessive Gene in der reinerbigen Form zusammenkommen, in der allein sie Wirkungen ausüben können, die normalerweise durch dominante Gene der Wildform verdeckt sind. Inzucht führt daher in der Regel zu einer gewissen genetischen Verschlechterung – eine sehr alte empirische Beobachtung von Viehzüchtern. In Maßen findet Inzucht (wie im Falle von Vetternehen) in manchen menschlichen Gesellschaften statt, und die einzelnen Religionen lassen Inzucht in unterschiedlichem Umfang zu.

Eine Inzuchtlinie ist dann gegeben, wenn ihre Mitglieder in genetischer Hinsicht praktisch gleich und in ihrer genetischen Zusammensetzung so reinerbig sind, wie sie durch Inzucht werden können. Die Nachkommen einer Kreuzung zwischen zwei solchen Linien sind, obwohl ebenfalls genetisch gleich, bezüglich jedes Gens, in dem die beiden ingezüchteten elterlichen Linien sich unterscheiden, mischerbig.

Inzucht ist ein mit Schwierigkeiten behaftetes Verfahren, das meistens zum Absterben der Inzuchtlinie führt, weil sich in ihr allzu viele schädliche rezessive Gene häufen, die nicht mehr durch dominante Gene der Wildform verdeckt werden. Besonders die Fruchtbarkeit ist oft so schwer beeinträchtigt, daß sich die ingezüchtete Linie einfach nicht mehr vermehren läßt.

Koppelung Formal stellt die Koppelung eine Einschränkung des Gesetzes der unabhängigen Verteilung dar. Die Aufspaltung der Mendelschen Erbfaktoren und ihre zufällige und unabhängige Verteilung auf verschiedene Gameten findet nur dann statt, wenn die betreffenden Faktoren auf verschiedenen Chromosomen liegen – eine einfachere Situation, als sie normalerweise vorliegt. Die Chromosomen enthalten nämlich mehr als einen Erbfaktor, und diese Faktoren werden zumeist en bloc in sogenannten Koppelungsgruppen weitergegeben, deren mikroskopisches Äquivalent ein Chromosom ist.

Larve Man kann von einer embryonalen Form, die eine klar umgrenzte Station innerhalb eines Entwicklungsablaufs darstellt, als von einer Larve sprechen. Im Zusammenhang mit der Entwicklung von Chordatieren werden beispielsweise die Begriffe *Blastula, Gastrula* und *Neurula* benutzt. Obwohl es sich dabei nicht um unabhängige, frei lebende Organismen handelt, bezeichnet man alle gemeinhin als Larven. Ganz allgemein wird mit diesem Ausdruck jedoch ein unabhängiger, frei lebender Organismus bezeichnet, der sich mehr oder weniger radikal von der erwachsenen Form unterscheidet und durch eine verhältnismäßig radikale Metamorphose in die erwachsene Form verwandelt wird; die bekanntesten Beispiele sind die Raupen und Maden, die oft das Larvenstadium von Insekten darstellen. Viele Larven, besonders die von seßhaften Tieren und von Parasiten, dienen der Ausbreitung.

Larven als solche vermehren sich nicht (siehe aber unter dem Stichwort *Neotenie*) und werden nur durch Vermittlung der erwachsenen Form neu erzeugt. Bei manchen Organismen kann freilich die Larve in einem unbestimmten Sinne ebenso »wichtig« sein wie die erwachsene Form – und Gegenstand eines mindestens ebenso starken Interesses der Zoologen. Das könnte etwa für die Larve der Eintagsfliege gelten, denn die kurzlebige erwachsene Eintagsfliege existiert nur für ein paar Stunden und ist im Grunde ein Fortpflanzungsorgan der Larve.

Aus dem von Baerschen Gesetz folgt unter anderem, daß zwischen den Larven verwandter Formen eine stärkere Ähnlichkeit besteht als zwischen den entsprechenden erwachsenen Tieren, zu denen sie sich entwickeln; bei einigen größeren Gruppen verraten charakteristische Larven die Verwandtschaft zwischen ihren jeweiligen erwachsenen Formen (siehe z. B. unser Stichwort *Rankenfüßer*). Krebse haben zumeist eine Nauplius-Larve, Weichtiere eine Trochphora-Larve und Seeigel und deren Verwandte eine Pluteus-Larve. Die berühmteste aller Larven ist natürlich die Kaulquappe der Frösche und Kröten; ihre Metamorphose, die weitgehende regressive Veränderungen, namentlich des Schwanzes, einschließt, gehört zu den kleinen Wundern der Natur.

Die Ascidien-Larve ist die leicht bewegliche Larve der Seescheide und ihrer Verwandten; ihren Namen [englisch: ascidian tadpole = A.-Kaulquappe] verdankt sie ihrem relativ großen Kopf und ihrem relativ langen, sich schlängelnden Schwanz. Vielfach sieht man in ihr die Form, aus der durch Neotenie der Vorläufer der höheren Chordaten wurde.

Larven – das sollte man hinzufügen – unterliegen einem eigenen Selektionsdruck und können eine hochgradig unabhängige Evolution ihrer Spezialisierung durchmachen, die häufig etwas mit der Ausbreitung zu tun hat. Ein Beispiel ist der lange klebrige Haftfaden der Glochidium-Larve der Schwanenmuschel.

Mischerbigkeit und Reinerbigkeit Hat ein Organismus von beiden Eltern zwei gleiche Allele ererbt, dann ist er bezüglich dieses Allels reinerbig (homozygot). Wenn, um ein Beispiel von Mendel zu wählen, *T* und *t* für die Erbfaktoren stehen, die bei der Erbsenpflanze die Merkmale Hoch- bzw. Kleinwüchsigkeit bestimmen, sagt man von einem Organismus, der die Faktoren *TT* aufweist, er sei bezüglich *T* reinerbig, und sollte seine genetische Zusammensetzung *tt* sein, nennt man ihn reinerbig bezüglich *t*. Die Zusammenstellung *Tt*, Ergebnis der Vereinigung von Gameten mit ungleichen Faktoren, nennt man mischerbig (heterozygot) oder hybrid bezüglich dieser Allele.

Mutation Eine Mutation ist die Begründung einer erblichen Variation, sei es in den Keimzellen (generative Mutation), sei es in einer normalen Körperzelle, die teilungsfähig ist (somatische Mutation); in diesem Fall entsteht ein mutierter Klon. Die physische Grundlage der Mutation ist eine Strukturveränderung bei einem oder mehreren der Nukleotide, in denen die von der DNA übermittelte Erbinformation verschlüsselt ist; sie kann sich aber auch in einer Strukturveränderung bei einem Chromosom äußern. Die durch Mutation entstandene veränderte Form heißt Mutante.

Ein mutiertes Gen ist ein Allel des Wildtyp-Gens, von dem es eine Abweichung darstellt. Das Wildtyp-Gen wird manchmal der Einfachheit halber mit dem Symbol + gekennzeichnet. Mutierte Gene sind natürlich erbkonstant, können jedoch eine weitere Mutation erfahren und entweder ein neues Allel ergeben oder die ursprüngliche + Form (Rückmutation).

Mutationen erfolgen »spontan«, das heißt, aus ungeklärten Ursachen mit einer Häufigkeit, die bei einem von zehntausend Gameten liegt; allerdings steigt die Häufigkeit durch ionisierende Strahlung wie Röntgen- und Gammastrahlung sowie durch eine Vielzahl chemischer Substanzen, besonders durch alkylierende Stoffe. Alle Substanzen, die mit der oder auf die DNA reagieren, haben die Tendenz, auch die Mutationshäufigkeit zu steigern.

Die Wirkung dieser Stoffe ist unspezifisch, sie rufen also keine bestimmte Mutation hervor. Die Zufälligkeit der Mutationen ist bei Amateuren der Biologie Anlaß zu erheblicher Unruhe, doch ist es für das Verständnis der Evolutionstheorie wesentlich, sich zu vergegenwärtigen, daß – wie unter dem Stichwort *Lamarckismus* erwähnt – »Mutationen nicht in Reaktion auf die Bedürfnisse eines Organismus entstehen und sie auch nicht – es sei denn zufällig – befriedigen«. Es stimmt nicht ganz, wenn man sagt, Mutationen seien das »Rohmaterial des evolutionären Wandels«, denn das klingt so, als müßten evolutionäre Neuerungen auf das zufällige Auftreten einer geeigneten Mutante warten, die, falls sie vorteilhaft ist, dann in den genetischen Bestand aufgenommen würde. Genauer würde man sagen, daß mutierte Gene für genetische Vielfalt sorgen und daß, nachdem sie durch sexuelle Verschmelzung in das Genom eingeführt sind, das Crossing over zusammen mit der normalen Mendelschen Aufspaltung ein breites Spektrum genetischer Variation liefert, die dann das Material selektiver Aussonderung ist.

Es ist kein Definitionsmerkmal von Mutationen, daß Mutanten schädlich sind, aber oft sind sie es, und das ist auch nicht erstaunlich, stellen sie doch eine Störung des bestehenden genetischen Gleichgewichts dar; ebensowenig ist es ein Definitionsmerkmal von Mutanten, daß sie sich rezessiv äußern, wenngleich das oft der Fall ist. Nach der ursprünglichen Theorie von R. A. Fisher sind mutierte Gene im allgemeinen »völlig dominant«. Das heißt, daß sie im mischerbigen Zustand in einem gewissen Umfang zum Ausdruck kommen und dann, je nachdem, ob sie sich vorteilhaft auswirken oder nicht, eine Evolution zur Dominanz oder zur Rezessivität erfahren.

Ontogenie und Phylogenie Die Ontogenese eines Organismus ist, wörtlich genommen, seine Entstehung, während seine Ontogenie seine abstrakt als Ganzes gesehene Entwicklung ist. Seine Phylogenie ist dagegen seine Entstehung im Rahmen der evolutionären Abstammung und kann also in dem Sinne aufgefaßt werden, daß sie seine abstrakt als Ganzes gesehene Stammesgeschichte bedeutet. Das Gesetz der Rekapitulation wird zuweilen knapp in die Formel gefaßt: »Ontogenie wiederholt Phylogenie«.*

Oozyte Der weibliche Gamet, die Eizelle, auch als Oozyte

* Im deutschen Sprachgebrauch wird zwischen *Ontogenie* und *Ontogenese* bzw. zwischen *Phylogenie* und *Phylogenese* nicht in diesem Sinne unterschieden – es sind Synonyme. Anm. d. Ü.

bezeichnet, besitzt nur die haploide Anzahl von Chromosomen. Er enthält nur ein Chromosom von jedem der Chromosomenpaare, die für die Gewebe des weiblichen Individuums charakteristisch sind; die reguläre oder diploide Anzahl wird wiederhergestellt durch die Vereinigung mit einem Spermatozoon, das seinerseits die haploide Chromosomenzahl enthält.

Größe und Struktur der von einem Organismus zum anderen sehr unterschiedlichen Oozyten hängen von der Dottermenge ab, die das Ei enthält, und von Anzahl und Beschaffenheit seiner schützenden Hüllen. Manche Eier sind nahezu dotterfrei, und die gesamte Substanz des Eis nimmt nach der Aufteilung in Zellen an der Entwicklung des Embryos teil; die Eier von Amphibien, Reptilien und besonders von Vögeln enthalten jedoch Dotter, der im Laufe der Entwicklung an einen Ort außerhalb des Embryos verbannt wird, bis er von Zellen des embryonalen Darms eingehüllt wird, so daß er bis zum Ende der Entwicklung verbraucht werden kann. In dotterreichen Eiern ist nur die Polkappe der Eizelle, die Keimscheibe, an der Bildung des Embryos beteiligt. Das Ei des Straußenvogels muß die größte aller Zellen sein.

Anders als die Spermatozoen werden Oozyten bei den wirbellosen Tieren nicht neugebildet. Es gibt, allgemein gesprochen, bei der Geburt eine begrenzte Zuteilung von Oozyten, die während der Lebenszeit aufgebraucht werden. Unter diesen Umständen wird jede Vorkehrung, die dazu beiträgt, die Wahrscheinlichkeit einer Befruchtung der Oozyte auf ein Höchstmaß zu steigern und diese während der ersten Lebenstage zu schützen, einen Auslesevorteil bieten. Auch die unverzügliche Befruchtung einer ausgestoßenen Oozyte bietet großen Vorteil. Emil Witschi und andere haben gezeigt, daß die Befruchtung überreifer Eier zu einer Reihe von Fehlentwicklungen führen kann. Durch die Evolution von Sexualzyklen sind die Chancen einer Befruchtung und eines Überlebens des Embryos maximiert worden.

»Junge« Eier sind noch aus einem anderen Grunde älteren vorzuziehen; da sämtliche Oozyten schon bei der Geburt vorliegen, sind die Oozyten, die eine ältere Mutter ausstößt, natürlich länger den Risiken aller dem Ei feindlichen Einflüsse ausgesetzt, darunter ionisierenden Strahlen und giftigen Chemikalien, die nicht völlig von der Oozyte ferngehalten werden können. Es ist hinreichend belegt, daß Chromosomenmißbildungen – besonders jene, die das Down-Syndrom hervorrufen – bei Kindern älterer Mütter häufiger sind. Auch gebären ältere Mütter häufiger als jüngere Mütter gewöhnliche (zweieiige) Zwillinge.

Paarung zwischen nichtverwandten Organismen Der für die meisten frei lebenden Organismen bezeichnete Umstand, daß sie sich nicht mit Geschwistern oder Blutsverwandten paaren, wird bei zwittrigen und seßhaften Organismen, die sonst in besonderem Maße zur Inzucht neigen könnten, durch bestimmte genetische oder Entwicklungsmechanismen erreicht.

Parabiose Einst ein gern angewandter experimenteller Kunstgriff, ist die Parabiose ein unelegantes und, allgemein gesagt, uninformatives Verfahren, bei dem zwei Tiere auf chirurgischem Wege miteinander verbunden werden, in der Hoffnung, daß die beiden Blutkreislaufsysteme zu einem verschmelzen. Über Transplantationen wissen wir inzwischen, daß eine dauerhafte Gefäßverbindung nicht zu erreichen ist, wenn die Partner der Parabiose genetisch verschieden sind, weil jeder dann für den anderen Fremdgewebe darstellt. Fast alles, was durch Parabiose erreichbar ist, läßt sich mit einfacheren und wirksameren Methoden erreichen, unter anderem durch Zelltransplantation.

Plazenta Die höheren Säugetiere, die man auch Plazentatiere nennt, zeichnen sich dadurch aus, daß sie ein embryonales Organ besitzen, die Plazenta, durch die nahezu alle physiologischen Transaktionen zwischen Mutter und Fötus vermittelt werden; sie sorgt sowohl für die Atmung als auch für die Ernährung. Die Plazenta wird dadurch gebildet, daß die gefäßreichen Membranen des Embryos sich an die Uteruswand anheften. Durch die starke Fältelung der aneinanderliegenden Oberflächen entsteht eine sehr große Grenzfläche zwischen Mutter und Fötus.

Plazenten werden gleichsam opportunistisch bei Mitgliedern aller Klassen von Wirbeltieren außer bei Vögeln gebildet. Sie könnten, theoretisch gesehen, aus einem der beiden äußerst gefäßreichen Organe gebildet werden, die dem Embryo anhängen, einen Teil von ihm bilden, aber anatomisch von ihm getrennt sind: dem Mutterkuchen (Allantois) und dem Dottersack. Bei den Beuteltieren findet man tatsächlich beide Arten von Plazenten: Die Beutelkatze *Dasyurus* hat eine Dottersack-Plazenta, während der Beuteldachs *Perameles* eine Mutterkuchen-Plazenta besitzt.

Die höheren Säugetiere haben eine Mutterkuchen-Plazenta, und es galt einmal als selbstverständlich, daß sie das Medium sämtlicher physiologischer Transaktionen zwischen Mutter und Fötus sei. Inzwischen ist aber deutlich geworden, daß auch der Dottersack eine wichtige Verbindung darstellt, durch die insbesondere mütterliche Antikörper in den Fötus gelangen. Namentlich bei Känguruhs wird ein nährstoffreiches Sekret des Uterus nicht durch die Plazenta, sondern direkt vom Dottersack aufgenommen.

Nach ihrer Entstehungsweise muß die Plazenta teils mütterlicher, teils fötaler Herkunft sein; der den Geweben der Mutter am engsten anliegende fötale Teil enthält nur wenige der Antigene, die bei Organtransplantationen eine Abstoßungsreaktion hervorrufen. Aus diesem und aus anderen Gründen wird der Säugetierfötus nicht als ein Fremdkörper betrachtet, der immunologisch abgestoßen würde, obwohl Bestandteile des Embryos die Mutter unter bestimmten Umständen immunisieren können (siehe unter unserem Stichwort *Rhesusfaktor*).

Polymorphismus Man spricht von Polymorphismus oder Polymorphie, wenn eine Population ohne Inzucht in verschiedene genetische Typen zerfällt, deren Anteile über Generationen hinweg konstant bleiben und deren seltenste Variante zu häufig vorkommt, als daß allein der normale Mutationsdruck dafür verantwortlich gemacht werden könnte. Bekannte Beispiele sind die Unterteilung der Menschen in die Blutgruppen A, B, AB und 0 oder in die grob als Rhesus-positiv und Rhesus-negativ bezeichneten Typen. Weniger bekannt ist die

Unterteilung von Populationen von Menschen und Mäusen in verschiedene Gewebetransplantationsgruppen, die mit HLA beziehungsweise H2 benannt werden. Ein anderer Fall von Polymorphismus ist die Fähigkeit beziehungsweise Unfähigkeit, die Verbindung Phenylthiourea (Phenylthiocarbamid) zu schmecken, die für manche Menschen geschmacklos und für andere – so heißt es – sehr bitter ist. Ein weiteres und theoretisch sehr bedeutsames Beispiel für Polymorphismus liegt bei den Bevölkerungen Westafrikas und des Mittelmeerbeckens vor, die teils normales Hämoglobin (Variante A), teils die anomale rezessive Variante S aufweisen; letztere äußert sich heterozygot als Sichelzellenmerkmal und homozygot als Sichelzellenanämie.

Die ungewöhnlich hohe Häufigkeit von bisweilen äußerst schädlichen Genen und die Stabilität des Polymorphismus von Generation zu Generation deuten auf eine genetische Kontrolle hin, für die es eine Reihe von möglichen Mechanismen gibt. Es kann zum Beispiel sein, daß die Varianten nur zusammen weiter vererbt werden. So ist es bei dem genetisch bedingten Sexualdimorphismus.

Üblicherweise erhält sich ein Polymorphismus jedoch dadurch, daß der heterozygote Merkmalsträger gegenüber den beiden homozygoten Formen einen Selektionsvorteil genießt (siehe *Sichelzellanämie*). Wenn die Heterozygoten bevorzugt werden, werden die Nachkommen zu gleichen Teilen hetero- und homozygot sein: ein Zustand, der sich selbst verewigt. Der Selektionsvorteil ist durchaus nicht immer sichtbar und manchmal mehr ein Produkt des Wunschdenkens als eines hinreichend bewiesenen Nettoreproduktionsvorteils.

Auf jeden Fall ist Polymorphismus nichts Seltenes oder Sonderbares, sondern Grundmerkmal aller normalen Populationen. Ein Polymorphismus der Gene, die den Aufbau von Struktur-Makromolekülen bestimmen, ist, wenn man nach ihm forscht, fast immer festzustellen – ein Umstand, der die orthodoxe Ansicht, daß der Selektionsvorteil von Heterozygoten *durchweg* die Ursache des Polymorphismus sei, zweifelhaft erscheinen läßt.

Populationsgenetik Es war eine regelrechte Theorie-Revolution in der Biologie, als die populationsgenetische Evolutionsauffassung die genealogische oder dynastische Konzeption ablöste. Letztere war nicht leicht zu überwinden gewesen, denn es war eine eingefleischte Gewohnheit, sich den Ablauf der Evolution im Sinne eines Familienstammbaums vorzustellen (»Fische brachten Amphibien hervor, Amphibien brachten Reptilien hervor, und Reptilien brachten einerseits Vögel und andererseits Säugetiere hervor . . .«). Mit der Populationsgenetik wurde das alles anders. Das, was eine Evolution durchmacht, ist kein Stammbaum, sondern eine *Population,* und was aus der Evolution hervorgeht, ist nicht *ein* anderer Organismus oder *ein* neuer »Typ«, sondern eine neue Population, deren Mitglieder ein Spektrum der genetischen Zusammensetzung aufweisen, das für eine bessere Anpassung an die – wie auch immer beschaffenen – Kräfte der Auslese sorgt. Dies ist eine völlig andere Betrachtungsweise als die, die in den konventionellen genealogischen Tafeln der stammesgeschichtlichen Abfolge deutlich wurde: sie wird unter dem Stichwort *Neodarwinismus* weiter erörtert.

Spaltung Wenn man das Mendelsche Spaltungsgesetz nicht rein vererbungstheoretisch, sondern im Sinne mikroskopischer Beobachtungen ausdrückt, besagt es, daß die Chromosomen eines Paares sich bei der Gametenbildung trennen und in verschiedene Gameten eingehen. Im Sinne der Vererbungslehre treten die Faktoren, die für die Bestimmung von Paaren gegensätzlicher Merkmale in den klassischen Experimenten Mendels verantwortlich sind (glatte gegen runzlige, grüne gegen gelbe Samen, hoch- gegen kleinwüchsige Pflanzen), in verschiedene Gameten ein. Die Spaltung der Erbfaktoren bei der Gametenbildung und die anschließende zufällige Wiedervereinigung der Gameten bei der Befruchtung ermöglicht die Neuzusammenstellung der Gene, die durch die sexuelle Fortpflanzung bewerkstelligt wird.

Unabhängige Verteilung Die unabhängige Verteilung, eine Ergänzung zum Spaltungsgesetz, besagt im Sinne der mikroskopischen Beobachtung, daß die Chromosomen, die sich bei der Gametenbildung voneinander trennen, unabhängig voneinander, wahllos auf die verschiedenen Gameten verteilt werden. Dies gilt auch für Mendels »Erbfaktoren«, sofern sie auf verschiedenen Chromosomen liegen.

Ungeschlechtliche Fortpflanzung Eine Fortpflanzung, die nicht durch Gameten erfolgt, sondern durch Fortpflanzungszellen wie etwa Sporen oder durch Knospung aus dem elterlichen Stamm, nennt man ungeschlechtlich. Das Ergebnis sind Klone von Organismen, welche die gleiche genetische Struktur haben wie der Elternorganismus; die genetische Vielfalt wächst also nicht. Bei seßhaften Tieren und Pflanzen ist die ungeschlechtliche Fortpflanzung durchaus üblich, deshalb spricht man bei Tieren oft auch von »vegetativer Fortpflanzung«. Sie hängt eng mit der Regenerationsfähigkeit zusammen und bietet sich natürlicherweise für die Bildung zusammenhängender Kolonien an, wie bei Korallen und Polypen. Sie ist deutlich zu unterscheiden von der Parthenogenese, einer Spielart der geschlechtlichen Fortpflanzung. Die Entstehung von eineiigen Zwillingen, wie unter *Zwillinge* definiert, stellt die einzige Art ungeschlechtlicher Fortpflanzung dar, die man bei Wirbeltieren antrifft.

Zwillinge Bei den Menschen wird, anders als bei den meisten Säugetieren, bei jeder Geburt normalerweise nur ein Kind geboren. Dennoch sind Zwillingsgeburten nichts Ungewöhnliches. Es gibt zwei Arten von Zwillingen. Zunächst sind da die gewöhnlichen oder zweieiigen Zwillinge, die eigentlich – wenn man so sagen darf – zu einem gemeinsamen Wurf gehören und aus zwei verschiedenen Eiern hervorgegangen sind, die jedes für sich befruchtet und in den Uterus implantiert wurden. Aufgrund ihrer Entstehung sind zweieiige Zwillinge genetisch ganz verschieden voneinander und ähneln einander – abgesehen vom Alter – nicht stärker als Geschwister mit unterschiedlichem Geburtsdatum. Zwillinge können aber auch von der Art sein, die als identisch bezeichnet wird, diese entstammen einem einzigen befruchteten Ei, so als hätten die aus der ersten Teilung der Zygote hervorgegangenen beiden Tochterzellen sich getrennt und unabhängig voneinander entwickelt. Genetische Unfälle ausgenommen, sind sie notwendigerweise vom gleichen Geschlecht. Es können in ein und derselben Schwangerschaft beide Arten der Zwillingsbildung vorkommen, und Mehrfachgeburten (Drillinge, Vierlinge oder Fünflinge) sind oft die Folge einer sowohl zweieiigen als auch eineiigen Zwillingsbildung. So können unter Drillingen zwei Geschwister eineiige Zwillinge sein, während das dritte aus einem anderen befruchteten Ei hervorgegangen ist.

Nicht immer kommen die Prozesse, aus denen eineiige oder monozygotische Zwillinge entstehen, zum Abschluß. Wenn nicht, dann werden zum Beispiel Zwillinge geboren, die nicht vollständig voneinander getrennt sind. Diese bezeichnet man aufgrund einer Reihe von etymologischen Mißverständnissen häufig als siamesische Zwillinge. Das Ausmaß, in dem sie miteinander zusammenhängen, ist von Fall zu Fall sehr verschieden; manchmal hängen sie Bauch an Bauch oder Rücken an Rücken zusammen, manchmal haben sie ein gemeinsames Rektum.

Die eineiige Zwillingsbildung ist die einzige Form der ungeschlechtlichen Vermehrung, die man bei Wirbeltieren antrifft. Das nutzen das Neunbindengürteltier und die *Gürteltiere* generell aus, denn deren Würfe sind normalerweise eineiig und gehen durch Teilung aus einem einzigen befruchteten Ei hervor.

Gewöhnliche zweieiige Zwillinge können sich eine gemeinsame Plazenta teilen oder nicht, sie können also synchorial sein oder nicht. Bei Rinder-Zwillingen ist das immer der Fall. Oft vermengen sich die Blutströme synchorialer Zwillinge ungehindert, obwohl der Kreislauf beider natürlich von dem der Mutter getrennt ist. In diesem Fall wird jeder Zwilling zu einer Chimäre: neben seinen eigenen roten Blutkörperchen enthält er solche, die rechtmäßig seinem Zwillingsgeschwister gehören.

Wie Francis Galton als erster erkannt hat, sind Zwillinge von großem Nutzen bei dem Versuch, den jeweiligen Beitrag der Natur und der Kultur zu menschlichen Charakterunterschieden zu bestimmen. Die theoretisch – und manchmal auch in der Praxis – möglichen Beobachtungen sind in ihrer Anlage von klassischer Einfachheit: Die Unterschiede zwischen eineiigen

Zwillingen, welche in unterschiedlichen Umgebungen aufgewachsen sind und unterschiedlichen Erziehungseinflüssen ausgesetzt waren, dürfen wohl mit Recht der Umwelt, also in einem weiten Sinne der Kultur zugeschrieben werden. Dagegen können die Unterschiede zwischen gewöhnlichen zweieiigen Zwillingen, die zusammen und nach Möglichkeit in der gleichen Weise erzogen wurden, ohne Bedenken auf Unterschiede ihres Erbguts zurückgeführt werden.

Solche Untersuchungen können hilfreich sein, sofern sie mit gewissenhafter Redlichkeit und mit zuverlässigen Meßverfahren durchgeführt werden. Es ist daher besonders mißlich, daß die berühmtesten und angeblich umfassendsten aller Galtonschen Zwillingsstudien – jene, die Sir Cyril Burt durchführte – von sehr zweifelhafter Redlichkeit waren.

Zygote Eine Zygote ist die Fortpflanzungszelle, die bei der Vereinigung von männlichen und weiblichen Gameten entsteht; dabei wird die reguläre diploide Chromosomenanzahl wiederhergestellt.

Genetizismus

Die begriffliche Neuschöpfung »Genetizismus« kennzeichnet bewußt abschätzig die Auffassung, daß Vererbung und genetische Ausstattung bei der Formung des Menschen und der Menschheit allgemein nicht nur wichtig, sondern ausschlaggebend seien. Ihre Anhänger meinen, nicht nur für Merkmalsunterschiede, wie Mendel sie untersuchte, sei die Erklärung in der Genetik zu suchen, sondern auch für den Aufstieg und Niedergang von Nationen, für die Existenz von Gesellschaftsschichten, für die Existenz von nationalen Unterschieden in der Aussprache (so etwa die Fähigkeit oder Unfähigkeit, *theta* so auszusprechen, daß man es von *zeta* unterscheiden kann) und – dies ganz gewiß – für Unterschiede der Intelligenz. Es ist sogar – unter völliger Mißachtung der Überlegungen, die wir unter *Natur und Kultur* vortragen – geäußert worden, daß die Intelligenz zu rund 80 Prozent erblich (d. h. genetisch bestimmt) sei.

Einer der schwerwiegendsten und verbreitetsten Irrtümer

des Genetizismus besteht in der Ansicht, daß ein Merkmal, das *allen* Individuen einer Gemeinschaft eigen ist, eine genetische Grundlage haben müsse. Sollte sich etwa herausstellen, daß eine grundlegende sprachliche Form wie die aristotelische Subjekt/Prädikat-Form in allen Sprachen der Welt vorkommt, dann muß nach dieser Ansicht ihre Verwendung genetisch programmiert sein. (Manche Schriften Noam Chomskys sind nicht schuldlos an dieser Annahme, die zugleich eine Entstellung der Soziobiologie ist, welche zwischen den beiden Gefahren des Genetizismus und des Historizismus einen riskanten Kurs steuert.) In diesem Zusammenhang ist es vielleicht angebracht, noch einmal den Grund zu nennen, warum dieses oberste Gesetz des Genetizismus unbefriedigend ist: Wenn ein Merkmal als »angeboren« oder genetisch programmiert gelten soll, dann muß es einige Menschen geben, denen dieses Merkmal fehlt. Man weiß zum Beispiel, daß die Fähigkeit, Phenylthiocarbamid zu schmecken, genetisch programmiert ist, weil manchen diese Fähigkeit fehlt.

Wer den Genetizismus vertritt, muß den Gedanken der kulturellen Vererbung, den wir unter dem Stichwort *Exogenetische Vererbung* umreißen, systematisch abwerten, ja sogar aktiv bekämpfen. Bedeutung und Eigenart der kulturellen Vererbung wurden erstmals von Thomas Hunt Morgan erkannt, der, was seinen Stellenwert in der Geschichte der Genetik angeht, gleich nach Mendel kommt. Morgans Beschreibung dessen, was man heute bisweilen als psychosoziale Evolution bezeichnet, wurde von C. D. Darlington, seinerzeit Professor der Botanik an der Universität Oxford und ein notorischer Verfechter des Genetizismus, scharf zurückgewiesen. Siehe seine Besprechung von Morgans *Scientific Base of Evolution* (New York 1932) in *Nature* 278 (1979): 786–787. Morgans Reputation hat die Darlingtons jedoch überlebt, und es besteht kein Zweifel, daß der Begriff der exogenetischen Vererbung sie beide überleben wird.

Genie und Wahnsinn

Die Idee, daß zwischen Genie und Wahnsinn ein enger Zusammenhang bestehe, ist eine philosophische Vulgarität.

Interessant daran ist vor allem, wie es kam, daß sie zu einer konventionellen *Un*weisheit wurde. Am bekanntesten ist die Formulierung der Idee durch John Dryden, bei der er übrigens, wie wir finden, mehr auf das Metrum als auf den Inhalt geachtet hat:

Great wits to madness sure are near allied
And thin partitions do their bounds divide.
[Dem Wahnsinn ist der große Geist verwandt,
Und beide trennt nur eine dünne Wand.]

Dryden soll die Vorstellung von Seneca übernommen haben. Sie reicht sogar bis zu Aristoteles und Platos »Göttlichem Taumel des Schöpferischen« zurück. Cesare Lombroso hat als einer der ersten eine psychologische Korrelation zwischen Genie und Wahnsinn vorgeschlagen, doch Henry Maudsley hat sie entschieden bestritten; die ganze Geschichte dieser Idee ist eine Geschichte der Behauptungen und Gegenbehauptungen. Es handelt sich mehr um eine literarische als um eine psychologische Vorstellung; Pascal schrieb zum Beispiel: L'extrême esprit est voisin de l'extrême folie. [Der höchste Geist wohnt nahe bei der höchsten Narrheit.]

Wo alles nur Behauptung und Gegenbehauptung ist, kann man nichts Besseres tun, als sich an jemanden zu halten, der ein scharfes und umfassendes Urteilsvermögen besitzt, und wer käme da eher in Frage als Samuel Johnson, der in seinem *Life of Cowley* schrieb: »Das wahre Genie ist ein Geist von großer allgemeiner Potenz, der sich zufällig auf eine bestimmte Richtung festgelegt hat.« Dieser Meinung war auch Charles Lamb in seinem Essay »The Sanity of True Genius«. Er sprach zweifellos mit einer gewissen persönlichen Autorität, denn in seiner Familie gab es schwere Fälle von Wahnsinn, und er selbst verlor in regelmäßigen Abständen den Verstand.

Angebliche Belege für einen Zusammenhang zwischen Genie und Wahnsinn bestehen überwiegend in Anekdoten oder

Reminiszenzen an Männer oder Frauen, die überaus begabt und zugleich neurotisch oder manisch veranlagt waren. Wenn man diese Forschungsmethode jedoch überstrapaziert, läßt sich unschwer eine Korrelation zwischen Wahnsinn und zweitrangigem Genie herstellen; Männer wie Friedrich Nietzsche, Robert Schumann und Charles Lamb hatten durchaus Talent, aber doch nicht in dem Maße, daß man versucht wäre, sie als Genies zu bezeichnen. Doch wären sie nicht vielleicht Genies gewesen, wäre ihr Geist nicht in einem gewissen Ausmaß gestört gewesen?

Gleichwohl versteht man kaum, warum die Vorstellung, die zunächst in sich widersprüchlich erscheint, so bereitwillig aufgegriffen wurde. Vielleicht liegt es daran, daß sie der Dummheit eine gewisse Rückenstärkung zu geben scheint: »Mag sein, daß ich nicht sonderlich begabt bin«, könnte einer sagen, der schwer von Begriff ist, »aber wenigstens bin ich nicht verrückt.«

Gewebezüchtung und -aufbewahrung

Als Gewebezüchtung bezeichnet man das Verfahren, lebende Zellen außerhalb des Körpers in einer keimfreien Nährlösung am Leben zu erhalten. In entsprechenden Kulturen können die Zellen ihre normalen physiologischen Funktionen fortsetzen; Herzmuskelzellen werden sich weiterhin rhythmisch zusammenziehen, teilungsfähige Zellen werden sich teilen, und Nervenzellen werden weiter jene dünnen Auswüchse hervortreiben, an denen entlang sich in vivo die Nervenimpulse ausbreiten.

Es war Ross Granville Harrison (1870–1959) von der Yale-Universität, einer der größten amerikanischen Biologen, der das Verfahren der Gewebezüchtung einführte. Er kultivierte Teile des Zentralnervensystems von Fröschen in Tropfen von Lymphflüssigkeit und konnte das Wachstum von Nervenfasern beobachten. Viele Jahre lang blieb die »Kultur in einem hängenden Tropfen« das Standardverfahren; dabei wurde ein Tropfen Nährflüssigkeit auf ein Deckglas aufgetragen und dieses umgekehrt auf einen hohlgeschliffenen Objektträger gelegt, so daß eine mikroskopische Beobachtung von oben ohne weiteres möglich war. Meistens genügte die Oberflächenspannung, um den Tropfen festzuhalten; dazu trug auch die Verwendung einer gerinnenden Flüssigkeit wie Blutplasma oder Lymphe in der Nährflüssigkeit bei. Nahm man teilungsfähige Zellen (bevorzugt Bindegewebszellen aus dem Herzen eines Hühnerkeimlings), so teilten sie sich weiter; hatte sich das Gewebestück hinreichend vergrößert, so ließ es sich teilen, und jede Hälfte ließ sich weiterzüchten.

Alexis Carrel und sein Kollege Albert Ebeling vom Rockefeller Institute for Medical Research arbeiteten im großen Maßstab mit Gewebekulturen und benutzten dabei ein aus heutiger Sicht unnötig umständliches Ritual. So entstand der verbreitete Eindruck, die Gewebekultur sei ein allzu esoterisches und kompliziertes Verfahren, um von experimentellen Biologen in schäbigen Normallabors routinemäßig benutzt werden zu können; wie das aber meistens der Fall ist, ließ die Vorsicht der Experimentierer nach, je mehr ihnen die Verfahrensweisen vertraut wurden. Die Pioniere hatten sich sehr bemüht, die für die Kultur vorgesehenen Gewebeteile nicht auf Raumtemperatur absinken zu lassen, ehe sie auf die auf Körpertemperatur gehaltenen künstlichen Nährböden explantiert wurden. Die Erfahrung zeigte bald, daß solche Vorsicht unnötig war. Gewebeteile bleiben auch bei Raumtemperatur am Leben, wenn sie sich in der Flüssigkeit befinden, die ihr Wachstum in der Gewebekultur unterstützt. Es wurde sogar zur ganz normalen Praxis, Gewebeteile vor der Kultivierung für einen oder zwei Tage im Kühlschrank aufzubewahren. Auch ließen sich Kulturen für die Inkubation vorbereiten und dann beliebig lange kühl (bei 5–10°C) aufbewahren, bevor man sie in einen Inkubator mit Körpertemperatur gab, woraufhin dann das Wachstum einsetzte.

Das am häufigsten verwendete Kulturmedium war eine Mischung aus Lymphflüssigkeit oder Blutplasma und Saft von embryonalem Gewebe. Die Lymphe oder das Plasma bildeten einen festen Fibrinklumpen, aus dem die Zellen besonders gut herauswandern konnten, und der Embryonalsaft enthielt alle erforderlichen Nährstoffe, um Zellbewegung und Zellteilung über mehrere Tage aufrechtzuerhalten.

Zunächst glaubte man, Gewebekulturen seien »unsterblich«, oder – um es genauer auszudrücken – die Zellen könnten sich unbegrenzt weiter teilen. Eingehendere Untersuchungen zeigten dann, daß eine Kultur aus *normalen* Zellen (die keinerlei bösartige Veränderung erfahren haben) eine begrenzte Lebensdauer hat und nach einer endlichen Zahl von Teilungen abstirbt, wobei die Zahl vom chronologischen Alter in vivo des gezüchteten Gewebes bei Beginn der Züchtung abhängt. Die berühmte langlebige Kultur von Herzfibroblasten eines Hühnerkeimlings am Rockefeller-Institut muß während des Züchtungsvorgangs durch unbeabsichtigtes Einbringen von neuen Zellen aufgefrischt worden sein, vielleicht aus dem Embryonalsaft, mit dem die Kulturen genährt wurden. Es kann natürlich auch sein, daß die Kulturen von Zeit zu Zeit neu begonnen wurden durch Assistenten, die sich nicht dem Vorwurf aussetzen wollten, eine Züchtung, die rasch den Wert eines Familienstücks erlangte, verdorben zu haben.

Die Anfänge der Gewebekultur waren in mancher Hinsicht unbefriedigend; die Züchter waren von der Schönheit der gezüchteten Zellen und von dem Wunder, daß es überhaupt möglich war, mit ihnen umzugehen, dermaßen betört, daß sie sie nicht zu Forschungszwecken nutzten. Das führte dann dazu, daß man, wenn es um ernsthafte biologische Fragestellungen ging, dazu neigte, die Gewebekultur als eine Liebhaberei abzutun. Ungeachtet dieser kritischen Einwände hat man über das Verhalten von Zellen viel Hochinteressantes in Erfahrung gebracht, besonders über die Mechanismen der Zellbewegung und der Zellteilung und auch über Erscheinungen wie die Pinozytose, bei der die Zellen winzige Flüssigkeitstropfen aus dem umgebenden Medium in sich aufnehmen. Außerdem besitzen Gewebekulturen einige recht aufschlußreiche organismusähnliche Eigenschaften. Man hat zum Beispiel beobachtet, daß eine Gewebekultur, die zu ihrer maximalen Größe herangewachsen ist und die Form einer runden Zellscheibe angenommen hat, nach dem Herausschneiden eines Sektors in Gestalt eines Kuchenstücks durch Regeneration die Lücke schließt und die Kreisform wiederherstellt – ein Phänomen, das man sich erst erklären konnte, nachdem der Vorgang der Kontaktinhibition erkannt war. Alle diese Fortschritte wurden dadurch ermöglicht, daß Kulturen im hängenden Tropfen sich so einfach mit Hochleistungsmikroskopen untersuchen lassen.

Es gab eine ungeheure Umwälzung in den Züchtungsmethoden, als man zu eigentlich bakteriologischen Verfahren überging; in den Vereinigten Staaten und in Kanada begann man, Zellen in Flüssigkulturen zu züchten, wobei die einzelnen Zellen nicht notwendig an einem Substrat wie etwa der Glas- oder Kunststoffoberfläche des Kulturgefäßes hafteten. Diese Methode eignete sich besonders dazu, Viren für die Herstellung von Impfstoffen zu züchten oder Zellprodukte wie das Interferon zu gewinnen. Damit begann für die Gewebekultur die Phase einer mittleren Technologie; man sprach sogar davon, Steaks in vitro zu züchten. Man braucht jedoch nur kurz zu überlegen, in welchem Verhältnis der notwendige Einsatz von Nährstoffen zum Ertrag an Zellen steht, um zu erkennen, daß dieses ehrgeizige Ziel völlig unrealistisch ist – oder daß man es weit besser mit einer so einfachen Methode erreicht wie dem Verfüttern von Mais an Rinder, die auf diese Weise in die Lage versetzt werden, pflanzliches in tierisches Eiweiß umzuwandeln.

Mit dem wachsenden Erfolg der Transplantation von Organen und Geweben wurde die Aufbewahrung zu einem der wichtigsten technischen Probleme innerhalb der angewandten Biologie. Bezüglich ihrer Haltbarkeit während der Lagerung weisen die Gewebe große Unterschiede auf; wie zu erwarten, ist die äußerste Schicht der Haut, die Epidermis, das haltbarste und widerstandsfähigste Gewebe des Körpers. Haut kann eine Woche lang im Kühlschrank aufbewahrt werden, man braucht lediglich dafür zu sorgen, daß sie nicht austrocknet. Eine monatelange Aufbewahrung erfordert größere Aufmerksamkeit im Detail. Am National Institute for Medical Research wurde durch Zufall entdeckt, daß Glyzerin sich hervorragend eignet, um Gewebe vor den Schäden zu bewahren, die sonst durch das Festgefrieren auftreten würden. Wenn man dünne Hautstücke, wie sie für Transplantationen verwendet werden, mit einer Mischung aus 15 Volumenprozent Glyzerin und physiologischer Kochsalzlösung imprägniert, können sie in einem luftdichten Gefäß monatelang bei −80 °C oder jahrelang in flüssigem Stickstoff aufbewahrt werden. Aus Beobachtungen wie diesen erwuchs ein jüngerer Zweig der Biologie, die Kryobiologie, benannt nach dem griechischen Wort *kryos* = eiskalt.

Leider ist die Aufbewahrung solcher Organe wie Herzen und Nieren eine weit schwierigere Angelegenheit, die bislang ungelöste Probleme aufwirft (an deren Lösbarkeit allerdings nicht zu zweifeln ist). Allzu leichtgläubig hat man nach Berichten über das Tiefgefrieren von Säugetieren in der Größe von Ratten und Hamstern angenommen, es gebe bereits sichere Verfahren, um Organismen von der Größe des Menschen am Leben zu erhalten. Das ist nicht der Fall. Das Geld, das jemand investiert, um menschliches Leben in der Tiefkühltruhe zu konservieren, ist nach unserer Meinung verschwendet, wobei die Summen, um die es da geht, groß genug sind, um als selbstauferlegtes Bußgeld für Leichtgläubigkeit und Eitelkeit eine Straffunktion zu erfüllen.

Nach der Konservierung durch Gefrieren ist die nächste zu erwartende Neuerung das Konservieren durch Trocknung; dieses Bestreben wird genährt durch das recht ungewöhnliche Beispiel des Krebses *Artemia salina,* dessen Eier in einem Vakuumtrockner in Gegenwart von Phosphorpentoxyd – also in völliger Trockenheit – konserviert werden können. Bislang ist die Sache jedoch noch nicht weiter gediehen als bis zur Wahl des Wortes *Xerobiologie* als passenden Namen für diesen Zweig menschlichen Strebens.

Gliederfüßer

Als die unter allen Tieren arten- und zahlreichste Gruppe verkörpern die Gliederfüßer (Arthropoden) die Erfolgsstory im Tierreich. Die wichtigsten Klassen bilden die Insekten und die Krebse (Crustaceen), deren vielfältige Arten an alle Umgebungen angepaßt sind. Die gegliederten Gließmaßen, andere gegliederte Anhänge und sogar ein Körper, der segmentiert ist – Erscheinungen, denen der Stamm seinen Namen verdankt –, sind in ihrer Gliederung notwendig wegen eines starren Außenskeletts, das sich hauptsächlich aus *Chitin* zusammensetzt, einer flexiblen, aber praktisch unverdaulichen Substanz, die entfernt mit der Zellulose verwandt ist. Chitin bildet das Außengehäuse des gesamten Körpers. Wachsen können Gliederfüßer nur dank einer periodischen Häutung (in der Fachsprache »Ekdysis«), bei der das Außenskelett abgeworfen und durch ein neugebildetes Skelett ersetzt wird.

Krebse und Insekten besitzen im Unterschied zu den Wirbeltieren nicht ein sogenanntes geschlossenes Blutgefäßsystem. Während das Blut bei diesen in Blutgefäßen fließt und von einer Pumpe (dem Herzen) vorangetrieben wird, durchdringt es bei den Gliederfüßern ungehindert die Leibeshöhle und die Gewebezwischenräume. Es wird mit sehr geringem hydrostatischen Druck vorwärtsgetrieben durch die peristaltischen Kontraktionen einer Röhre, die dorsal liegt (im Gegensatz zum ventral gelegenen Herzen der Wirbeltiere) und mitleidsvoll als »Herz« bezeichnet wird. Ein solches offenes Blutsystem erfordert, wenn überhaupt eine Zirkulation von Hämolymphe stattfinden soll, ein recht starkes äußeres Skelett. Die Situation entspricht weitgehend der bei Wirbeltieren, wo die Arterien, besonders in der Nähe des Herzens, durch eine Muskelschicht verstärkt werden müssen.

Das Außenskelett stellt die Insekten bei der Atmung vor ein besonderes Problem, dessen Lösung darin besteht, daß durch ein sich verzweigendes System überaus feiner Röhrchen, der sogenannten *Tracheen,* der Luftsauerstoff direkt an die Gewebe herangeführt wird. Dieser Mechanismus ist jedoch so schwerfällig und ineffizient, daß wir vermuten, daß auch Körperbewegungen wie etwa das Schlagen der Flügel zur Atmung etwas beitragen.

Ein weiteres morphologisches Merkmal, das die Gliederfüßer und die stammesgeschichtliche Linie, deren Hauptvertreter sie sind, unterscheidet, ist die Lage des Nervenstranges, der nicht wie bei den Chordatieren dorsal liegt, sondern längs der ventralen Mittellinie verläuft. (Deshalb wird den Studenten immer wieder gesagt, sie sollten Wirbellose von der dorsalen Seite her sezieren.) Die Segmentierung eines Gliederfüßers ist nicht wie bei den Chordaten vornehmlich eine Segmentierung der Längsmuskulatur, sie ist eine Segmentierung des gesamten

Körpers, so daß jedes Segment ein Nervenganglion, ein Ausscheidungsorgan und in der Regel auch Anhänge umfaßt.

Stammesgeschichtlich müssen die Gliederfüßer von einem annelidenähnlichen Vorläufer abstammen. Die Arthropodenklasse der Stummelfüßer (Onychophora) – Peripatus und Peripatopsis zählen zu ihren repräsentativen Mitgliedern – steht nach ihren Merkmalen zwischen den Gliederfüßern und den Anneliden. Peripatus ist somit ein sogenanntes *missing link* oder – für mehr literarisch orientierte Geister – eine Sprosse in der großen Leiter des Seienden.

Gondwanaland

Bis ins letzte Viertel des 19. Jahrhunderts genoß die Vorstellung von der Stabilität der Kontinente (daß die Kontinente schon immer dort lagen, wo sic heute liegen) die gleiche stillschweigende Anerkennung wie die Vorstellung von der Stabilität der Arten (daß die Spezies sich seit ihrer göttlichen Erschaffung gleich geblieben seien). Seit den achtziger Jahren begann man jedoch – vornehmlich auf Betreiben des österreichischen Geologen Eduard Sueß –, eine ganz andere Möglichkeit zu erforschen: daß nämlich die Kontinente sich relativ zueinander tangential über die Oberfläche der Erde bewegen könnten. Seinen stärksten Ausdruck fand dieses neue Konzept in jener Hypothese, die allgemein mit dem Namen Wegener verknüpft wurde, obwohl sie weitgehend auf den Arbeiten der Vorgänger Wegeners, vor allem von Sueß, beruhte.

Nach dieser Hypothese bildeten die gegenwärtigen Landmassen am Anfang einen riesigen, am Südpol zentrierten Kontinent *Pangea;* ein erster Riß spaltete diesen Urkontinent auf in einen nördlichen Teil: Laurasia, und in einen südlichen Teil: Gondwanaland. Laurasia umfaßte den größten Teil von Asien und Europa, wie sie heute sind, ferner Nordamerika (einschließlich Grönlands) und Nordwestafrika. Gondwanaland umfaßte die Landmassen, aus denen später die Antarktis, Australien, Südamerika, der größte Teil Afrikas und der indische Subkontinent hervorgingen. Zwischen den beiden Urkontinenten erstreckte sich ein gewaltiges, in Ost-West-Richtung verlaufendes Meer mit dem Namen Tethys (wörtlich: ein Mittelwelt-Meer), von dem das gegenwärtige Mittelmeer übriggeblieben ist. Im Mesozoikum, das vor über zweihundert Millionen Jahren begann, traten weitere Risse ein, und die Kontinente begannen auseinanderzudriften, bis sie schließlich ihre gegenwärtige Lage erreichten.

Zur Beurteilung der Wegener-Hypothese müssen zwei Fragen beantwortet werden: Hat es eine Kontinentalverschiebung gegeben, und, wenn ja, wie kam es zu ihr?

Ein gewisses Unbehagen empfindet man gegenüber der Vorstellung Wegeners, daß die verhältnismäßig leichten Gesteine der Erdkruste (wegen ihrer Hauptbestandteile Silizium und Aluminium »Sial« genannt) auf den dichteren geschmolzenen Gesteinen des Erdmantels (von Sueß wegen der Hauptbestandteile Silizium und Magnesium »Sima« genannt) schwimmen sollen.

Andererseits ist die Kontinentalverschiebung inzwischen eine anerkannte Vorstellung, und sie stimmt völlig mit modernen Konzepten der Schollentektonik überein. Daß sie stattgefunden hat, beweist nicht allein die puzzleartige Komplementarität der atlantischen Küstenkonturen von Afrika und Südamerika, über die sich schon Francis Bacon äußerte. Eine nachdrückliche Bestätigung liefern relativ junge Erkenntnisse über den Magnetismus der Gesteine, und die geologischen Übereinstimmungen zwischen paläozischen Gesteinen beiderseits des Atlantiks sind genau das, was man erwarten würde, wenn eine Kontinentalverschiebung Grönland von Nordeuropa losgerissen hätte. Außerdem erklärt die Kontinentalverschiebung die Gebirgsbildung mindestens so plausibel wie die Annahme Michail W. Lomonossows, daß Gebirgsketten durch ein Schrumpfen der Erdkruste bei der Abkühlung entstanden seien, denn es ist durchaus möglich, daß die großen Gebirgsketten, die das Rückgrat-Nord- und Südamerikas bilden – das Felsengebirge und die Anden –, aufgeworfen wurden, als Nord- und Südamerika infolge der Westverschiebung auf die pazifische Scholle stießen.

Auch die Verbreitung von Tieren liefert Anhaltspunkte, insbesondere die »Wallace-Linie«. Dies ist eine quer durch Ostindien verlaufende Demarkationslinie, die Borneo und Bali von Celebes beziehungsweise Lombok trennt und zugleich eine orientalische Fauna von einer überwiegend australischen Fauna scheidet. Noch überzeugender ist die Tatsache – überzeugender, weil es äußerst unwahrscheinlich ist, daß Süßwasserfische von einem Kontinent zum anderen gewandert sein könnten –, daß die heute existierenden Gattungen von Lungenfischen auf die Subkontinente Gondwanalands beschränkt sind.

Die Wegenersche Hypothese – die Idee der tangentialen Beweglichkeit der Erdkruste – ist eine der kühnsten und kreativsten Neuerungen der gesamten Wissenschaftsgeschichte. Das sind Eigenschaften, die entschieden für sie sprechen – wenigstens in den Augen derer, die sich bewußt sind, daß die Wissenschaft ihre raschesten Fortschritte solchen Exkursionen des Geistes verdankt; für viele unbedeutendere Sterbliche sind jedoch gerade diese Eigenschaften ein besonderer Anlaß, der Idee mit Skepsis und Mißtrauen zu begegnen. Solche Menschen, die erstens ziemlich mittelmäßig sind und sich überwiegend wissenschaftlichen Tätigkeiten widmen, welche sich dem Bemühen vergleichen lassen, das Vaterunser in einen Stecknadelkopf einzugravieren, kommen sich bei jeder Art von schöpferischer Intelligenz noch unbedeutender vor. Ihre Haltung verrät uns mehr über das Wesen der Wissenschaftler als über das Wesen der Wissenschaft.

Vielleicht sollten wir uns deshalb nicht darüber wundern, daß die Kontinentalverschiebung viele Jahre lang Gegenstand einer – wie Lord Blackett es ausgedrückt hat – »heftigen und bisweilen in Schmähungen ausartenden Kontroverse« gewesen ist.

Große Kette des Seienden

In dem Artikel *Des Menschen Stellung in der Natur* wagen wir die Behauptung, daß die Entdeckung der Menschenaffen in Ostafrika und Südostasien im Zuge der Entdeckungsreisen des 15. und 16. Jahrhunderts einer der größten Kulturschocks gewesen sein muß, den die Menschheit je erlebt hat. Doch die Schriften aus jener Zeit verraten nichts von dem Erschrecken angesichts dieser seltsamen, beinahe menschlichen Tiere, wie man es von Menschen erwarten würde, die gerade eine furchtbare Begegnung durchgemacht haben. Vergeblich sucht man nach Anklängen etwa an die düsteren, beunruhigten Gedanken, die bei späteren Autoren des Fin de siècle wie Henrik Ibsen und – in geringerem Maße – George Bernard Shaw um Fragen der Vererbung kreisten.

Was also schirmte nachdenkliche Menschen um das Jahr 1600 vor der ängstlichen Verwirrung ab, die ein Geschöpf wie jenes, das von Linné später den Namen *Homo silvestris orang-outang* erhielt, bei ihnen – ähnlich wie heute bei aufgeweckten Kindern – hätte hervorrufen müssen? Was sie davor beschützte, war nach unserer Ansicht die uralte Vorstellung von einer *großen Kette des Seienden* oder einer großen Stufenleiter des Seienden. Nichts konnte nach Platos Auffassung das Wirken einer rationalen göttlichen Macht deutlicher beweisen als ein Universum, in dem zu jedem Wesen, das rational vorstellbar war, eine tatsächliche Entsprechung gefunden werden konnte. Wenn es in einem solchen System irgendwo eine Lücke gäbe, wäre es vollkommen: Es mußte eine stetige Stufenfolge vom einfachsten und bescheidensten Geschöpf bis hinauf zum Göttlichen geben.

Diese Vorstellung war außerordentlich lebendig, eindringlich und beständig, und sie ist wohl die tiefste Wurzel der Evolutionsidee, die in einem gewissen Sinne nichts anderes ist als die große Kette, »temporalisiert«, wie Arthur O. Lovejoy* gesagt hat – zeitlich gedehnt. Die »große Kette« liegt der Leibnizschen Metaphysik ebenso zugrunde wie derjenigen, die Teilhard de Chardin in seiner inkohärenten Rhapsodie *Der Mensch im Kosmos* vortrug.

Welche Stellung auch immer die »große Kette« im Stammbaum des Denkens einnimmt, der im Evolutionsgedanken gipfelte – sie lieferte zugleich ein geistiges Gegengift gegen die Gottlosigkeit, die in der Zurückweisung der Idee einer speziellen Schöpfung lag. Wenn nämlich jede erdenkliche Art von

* Jeder, der über den Begriff der großen Kette des Seienden schreibt, ist Lovejoys *Great Chain of Being: A Study of the History of an Idea,* Cambridge (Massachusetts) 1936, zutiefst verpflichtet.

Organismus speziell erschaffen worden wäre, hätte dann nicht ein allmächtiger Schöpfer – als Antwort auf platonische Erwartungen an die Macht der Gottheit – jeden nur möglichen Organismus erschaffen, ohne irgendeine Lücke offenzulassen, auf daß man in der Existenz von Zwischenformen und – aus evolutionärer Sicht – Übergangsformen (zum Beispiel von gefiederten Reptilien und eierlegenden Säugetieren) das erwartete und selbstverständliche Werk eines Großen Planers erkenne?

Voltaire hat sich in seinem *Philosophischen Wörterbuch* mit der »großen Kette des Seienden« befaßt und sich an jenem Aspekt gestoßen, den Lovejoy als »Prinzip der Vollkommenheit« bezeichnete, dem Prinzip, daß es keine Lücken gebe: Alles, was vorstellbar ist, muß existieren. Voltaire war nicht dieser Ansicht. Ist es nicht offenkundig, so fragte er, daß es zwischen dem Affen und dem Menschen eine Lücke gibt? Kann man sich nicht ohne weiteres einen ungefiederten Zweifüßler vorstellen, intelligent, aber wortlos und äußerlich von uns verschieden, den wir abrichten können und der auf unsere Zeichen reagieren und uns dienen wird? Und sind nicht noch weitere Zwischenformen zwischen diesen neuen Wesen und uns denkbar?

Voltaires stumme Diener kann man sich in der Tat vorstellen; H. G. Wells tat es und gab ihnen sogar einen Namen: es sind die Morlocks aus seinem Roman *The Time Machine* [1895; deutsch: *Die Zeitmaschine,* 1904].

Größenordnungen

In der Biologie stößt man öfter auf sehr kleine als auf sehr große Größen; die beigefügte Tabelle soll uns als Merkhilfe für die Bezeichnungen der einzelnen Größenordnungen dienen.

Ferner dürfen wir nicht vergessen, daß eine Bezeichnung wie 10^{-3} für $1/10^3$, also ein Tausendstel, steht und daß vereinbarungsgemäß $10^0 = 1$ ist.

Eine entsprechende Terminologie gilt für die Masse, deren Einheit das Gramm ist, also Milligramm, Mikrogramm (griech. my), Nanogramm usw. Bei der Messung von Rauminhalten ist die Volumeneinheit das Liter: ein Milliliter ist annähernd ein

Bezeichnung des Bruchteils	Teil eines Meters	Größenordnung (Potenz von 10)
Meter	Eintel	0
Dezimeter	Zehntel	− 1
Zentimeter	Hundertstel	− 2
Millimeter	Tausendstel	− 3
Mikrometer	Millionstel	− 6
Nanometer	Milliardstel	− 9
Picometer	Billionstel	−12

Kubikzentimeter, und ein Mikroliter ist ungefähr ein Kubikmillimeter.

Für Größen kleiner als eins werden lateinische, für Größen über eins griechische Präfixe benutzt; *Deka-, Hekto-, Kilo-* und *Mega-* bezeichnen dementsprechend die Vielfachen 10, 100, 1 000 und 1 000 000. In der Fachliteratur werden extrem große oder extrem kleine Zahlen fast durchweg als Zehnerpotenzen angegeben, je nachdem positiv oder negativ. Die Größenordnungen der obengenannten Größen sind also (+) 1, 2, 3 und 6.

Gruppenauslese

Gewöhnlich meint man, ein individueller Organismus, in der Populationsgenetik, ein Gen sei das Objekt der natürlichen Auslese – jenes Element also, das einen Nettoreproduktionsvorteil genießt oder auch nicht. Es besteht jedoch kein Grund, sich so zu beschränken, denn Objekt der natürlichen Auslese können beliebige Mengen sich replizierender oder replizierter Wesen sein, zwischen denen erbliche Unterschiede bestehen. Eine solche Auslese wird als Gruppenauslese bezeichnet; auf sie beruft man sich immer wieder, wenn man den evolutionären Ursprung von Eigenschaften erklären will, die mit den Interaktionen von Organismen zu tun haben, insbesondere solcher Merkmale, die für die Gruppe als Ganzes vorteilhaft sind.

Es hat einmal die Gefahr bestanden, daß der Begriff der Gruppenauslese wieder die allzu glatten Erklärungen in die

Evolutionstheorie einführen würde, die eine Schwäche des älteren Darwinismus waren; inzwischen weisen aber die Populationsgenetiker einhellig die Vorstellung zurück, daß die Bemerkung »dient dem Wohl der Spezies« die Evolution irgendeiner Merkmalsausprägung hinreichend erklären könne, auch wenn es sich um eine Ausprägung handelt, die für einzelne Mitglieder der Gruppe oder der Spezies in einem gewissen – wenn auch noch so geringen – Maße nachteilig ist.

Das Gemeinte soll an einem konkreten Beispiel verdeutlicht werden. Nehmen wir an, in zwei benachbarten Krankenhäusern gebe es zwei verschiedene Populationen von Staphylokokken. Solche Bakterien sind beständigen, starken Selektionsdrücken ausgesetzt; sie werden von den Krankenhausverwaltungen gar nicht gern gesehen, und diese setzen alles daran, um sie spüren zu lassen, daß sie unerwünscht sind, indem sie ihnen ständig mit den verschiedensten Antiseptika und Antibiotika zu Leibe rükken. Unter solchen Umständen können nur jene Staphylokokken-Populationen überleben, deren Mitglieder eine hinreichend große Mutabilität aufweisen, um Varianten hervorzubringen, die eine gewisse Resistenz gegen dieses oder jenes Antiseptikum oder Antibiotikum verleihen. Die solchermaßen ausgestattete Minderheit wird sich durch Selektionskräfte rasch vermehren und schließlich zum vorherrschenden Typus werden. Rückblickend kann man also sagen, daß nur jene Bakterienpopulationen überleben, die, was ihr genetisches System und besonders dessen Mutabilität betrifft, hinreichend wendig sind, um mit neuen Selektionsdrücken und Gefahren fertig zu werden.

Was hier stattfindet, ist also letztlich Gruppenauslese, wenngleich das, was ihr zugrunde liegt und sie möglich macht, natürlich die orthodoxe Darwinsche Auslese der Einzelorganismen ist, aus denen die Gruppen sich zusammensetzen. Allerdings würde in einer Welt, in der solche Gruppen oder Populationen die Grundelemente bilden, die Evolution dem äußeren Anschein nach lamarckistisch verlaufen, es würde also so aussehen, als hätten Gruppen infolge einer spezifischen Anpassungsreaktion an einen Wandel der Umwelt eine erbliche Veränderung erfahren. Diesen Aspekt im Zusammenhang mit der

Gruppenauslese besonders hervorzukehren, wäre freilich unangebracht, denn im Grunde ist diese ja ganz offenkundig »darwinistisch«. Dennoch hat C. N. Hinshelwood, ein hervorragender Physikochemiker, in den dreißiger Jahren vorgeschlagen, daß, wenn wir die Bakterienzelle als eine Population von Enzymen oder von deren Replikationsträgern auffassen würden, einer scheinbar lamarckistischen Anpassung der Bakterienzellen eine unverkennbar darwinistische Auslese innerhalb der Enzympopulation der Zelle zugrunde gelegt werden könnte; aber worin würde dann die Selektionskraft bestehen, und welche Eigenschaften würden das einzelne Enzym bei einem solchen Ausleseprozeß begünstigen? Hinshelwoods Gedanke war nicht verkehrt, und wenn damals der Ausdruck »Gruppenauslese« geläufig gewesen wäre, hätte er darin eine gewisse Verwandtschaft mit seinen Ideen entdeckt.

H

Henne und Ei

Es ist in Großbritannien Tradition, daß selbst in den Großstädten jedem Haushalt täglich die Milch von einem Milchmann gebracht wird, und oft ist das auch alles, was Stadtmenschen über die Herkunft der Milch wissen. Als Londoner Knirpse zu Beginn des Zweiten Weltkrieges aufs Land evakuiert wurden, erfuhren viele von ihnen zum ersten Mal, daß die Milch ein Produkt der Kuh ist; aber selbst denjenigen, für die das so etwas wie eine Offenbarung darstellte, war klar, daß Küken aus Eiern schlüpfen. Dieses Wissen ist im allgemeinen Bewußtsein so tief verwurzelt, daß Küken und Eier immer wieder zu den Bildern und Metaphern der Wissenschaft und der Umgangssprache beigetragen haben.

Nehmen wir zum Beispiel den Ursprung eines der berühmtesten Epigramme, in dem Küken und Eier vorkommen. Was August Weismanns (1834–1914) Lehre von der völligen Getrenntheit von Soma und Keimplasma für die Biologie bedeutete, beschrieb A. D. Darbyshire in *Breeding and the Mendelian Discovery* (London 1911) folgendermaßen:

»Weismanns Schriften bewirkten einen Umschwung der Ansichten in der Biologie um 180°, und das ist der diametrale Gegensatz zu der bislang herrschenden Ansicht. Wer vom Körper ausgeht und fragt, wie seine Merkmale in den Keim gelangen, betrachtet nach der von Weismann verkündeten Lehre die Reihenfolge vom falschen Ende her; der wirkliche Ausgangspunkt ist danach der Keim, und die eigentliche Frage ist: ›Wie sind die Merkmale eines Organismus in der ihn hervorbringenden Keimzelle repräsentiert?‹; oder man muß, wenn man die Beziehung zwischen aufeinanderfolgenden Generationen angemessen beschreiben will, mit den Worten Samuel Butlers sagen, daß ›eine Henne bloß die Art ist, wie ein Ei ein anderes Ei hervorbringt‹«. (S. 187)

Eindeutig schreibt Darbyshire das Epigramm Butler zu, obwohl Butler selbst in einer Fußnote zur zweiten Auflage von *Life and Habit* (London 1878) lediglich anmerkte: »Es ist, glaube ich, oft geäußert worden, daß ›eine Henne bloß die Art ist, wie ein Ei ein anderes Ei hervorbringt‹.« Von Besitzerstolz ist hier nicht viel zu spüren, aber das liegt nach unserer Meinung daran, daß Samuel Butler zu bescheiden war, um zu schreiben, wie er es durchaus hätte tun können: »Wie ich selber so treffend und geistreich bemerkt habe, ›ist eine Henne usw . . .‹« Wir müssen es als einen Segen betrachten, daß die Bemerkung zu spät geäußert wurde, um noch Oscar Wilde zugeschrieben zu werden. Butlers Epigramm, in dem eine der profundesten Wahrheiten der Biologie steckt – es bestätigt ja die vorrangige Bedeutung der Replikation der DNA –, war dem verstorbenen Jacques Monod nicht vertraut, und wir hatten das Glück, sein Entzükken mitzuerleben, als er es zum ersten Mal vernahm.

Henne und Ei kommen auch in einem berühmten Rätsel vor, von dem man vielfach meint, es enthalte ein unauflösliches Paradoxon: »Was war zuerst da – die Henne oder das Ei?« Die beiden möglichen Antworten grenzen zwei grundverschiedene biologische und politische Haltungen sauber voneinander ab. Wer glaubt, daß das Ei zuerst dagewesen sei – daß vor einer neuen Art von Huhn eine neue Art von Ei dagewesen sein müsse –, ist ein Mendelist und ein Morganist und in der westlichen Welt ein vertrauenswürdiger, anständiger Mensch (vielleicht ein gewisser Ausgleich für den Makel, in der Sowjetunion als Anhänger einer genetischen Elitetheorie und als Bluthund des Faschismus klassifiziert zu sein, der nur darauf aus ist, die Arbeiterklasse noch mehr zu unterjochen). Wer dagegen glaubt, daß die Henne zuerst dagewesen sei – daß eine neue Art von Huhn, vielleicht klüger oder hübscher als seine Eltern, eine neue Art von Ei hervorbringen könne –, wäre in der westlichen Welt zu einer gewissen Zeit als Geheimagent der Komintern denunziert worden, der auf den Sturz der Verfassung der Vereinigten Staaten hinarbeitet.

Es gibt natürlich noch eine ganze Reihe von Epigrammen und Wendungen, die sich des Bildes von Henne und Ei bedienen, doch ist keines so tiefgründig wie die beiden, die wir angeführt haben; wir enthalten uns zum Beispiel der Behauptung, daß in der Redensart »Kümmere dich nicht um ungelegte Eier« ein feines demographisches Gespür für die weite Verbreitung der Unfruchtbarkeit zum Ausdruck komme.

Hierarchie

Die Hierarchie, ein in der Biologie sehr gebräuchliches Ordnungssystem, besteht in einer Reihe, bei der jedes Glied im vorhergehenden enthalten ist und seinerseits alle folgenden Glieder enthält. Ein einschlägiges Beispiel für Hierarchie ist die Gliederung des Militärs: Heer, Korps, Division, Brigade, Bataillon, Kompanie, Zug und Gruppe bilden ebenso eine Hierarchie wie die Offiziere der jeweiligen Stufe. Eine Hierarchie bilden auch die systematischen Einheiten, die zusammen ein Schema der biologischen Klassifikation ergeben: Reich, Stamm, Unterstamm, Klasse, Ordnung, Familie, Gattung, Art und Unterart bilden eine Hierarchie, in die man neugeschaffene systematische Gruppen wie Stufe, Kohorte, Unterordnung oder Unterart einfügt. Populationen von Organismen weisen ebenfalls eine Hierarchie in ihrer Zusammensetzung auf, an deren Spitze eine Gemeinschaft steht, die untergeordnete Zusammenstellungen wie etwa geographische Rassen und Familien umfassen kann.

Desgleichen bestehen einzelne Organismen aus Organen, die sich aus Geweben zusammensetzen; die Gewebe bestehen wiederum aus Zellen, in denen sich Zellorganelle befinden, die sich aus vielerlei Makromolekülen zusammensetzen, welche sich meistens in einfache Monomere auflösen lassen, die natürlich aus Radikalen und Atomen bestehen – diese Hierarchie endet beim Elementarteilchen. Diese Hierarchie der Zusammensetzung läßt sich in Beziehung setzen zur Hierarchie der biologischen Wissenschaften, angefangen bei der Ökologie über die organismische und zelluläre Biologie bis hin zur Molekularbiologie. Die Hierarchie kann selbstverständlich auch andersherum gelesen werden, und die genannte Ordnung darf nicht als eine Rangfolge des Verdienstes oder der Selbstachtung der auf dem jeweiligen Gebiet tätigen Wissenschaftler gedeutet werden. Die zur Zeit geltende Hackordnung setzt die Molekularbiologen an die erste Stelle, doch wird diese Ansicht nicht von den Ökologen geteilt, die mit einem sehr ausgeprägten Stolz eine Disziplin betreiben, welche nicht nur den empirischen Gehalt aller ihr in der Stufenfolge nachgeordneten Disziplinen umfaßt, sondern auch ihre eigenen, für ihren Kontext spezifischen oder aus ihm »erwachsenden« Ideen.

Weil Hierarchien aus Elementen bestehen, die ihrerseits hierarchisch aufgebaut sind, besteht eine gewisse Versuchung, anzunehmen, daß die rein formale Entsprechung zwischen den verschiedenartigen Elementen auf eine grundlegende Isomorphie hindeute. Ein unglückliches Beispiel wäre es, eine Entsprechung zwischen der bürgerlichen Gesellschaft und einem Organismus herstellen zu wollen; die Leukozyten mit ihren polymorphen Kernen wären dann kleine Polizisten oder Müllmänner, die Blutgefäße Hauptverkehrsstraßen und das Nervensystem eine Art von eingebautem Super-Telefonnetz. Das Endergebnis dieses irreführenden Gedankengangs ist dann natürlich die Vorstellung vom korporativen Staat, in dem alles einen Platz hat und alles an seinem Platz ist und wo jede nicht vorgeschriebene Aktivität verboten ist.

Der Versuchung, von der eben die Rede war, ist Arthur Koestler in seinem Buch *Act of Creation* (London 1964) [deutsch: *Der göttliche Funke,* Berlin und München 1966] erlegen. Nachdem Koestler eine zufriedenstellende Erklärung für den Hierarchiebegriff gegeben hat, erklärt er anschließend (Zitat aus: P. W. Medawar, *Pluto's Republic,* Oxford 1982, S. 256 f.),

»daß auf jeder Stufe der Hierarchie ›homologe‹ Prinzipien wirksam seien, was zur Folge hat, daß jedes Phänomen einer bestimmten Stufe auf jeder anderen Stufe seine homologe oder formale Entsprechung besitzen muß. So stoßen wir namentlich auf ›geistige Äquivalente‹ dessen, was auf tieferen Stufen der Hierarchie geschieht, und umgekehrt – da wir die Leiter der Entsprechungen hinauf- und hinabsteigen können – physische Äquivalente dessen, was sich im psychischen Bereich abspielt. Der ›schöpferische Streß‹ des Künstlers oder Wissenschaftlers entspricht der ›allgemeinen Alarmreaktion‹ des verwundeten Tieres, und das Träumen ist das geistige Äquivalent der regenerativen Prozesse, die der Abnutzung entgegenwirken. Die embryonale Entwicklung hat eine gewisse Tendenz zur Selbstbehauptung, und Gleiches gilt für ›Wahrnehmungsraster‹. Eine noch nicht verbalisierte Analogie entspricht einem Organrudiment beim frühen Embryo, und Rhythmus und Reim, Assonanz und Wortspiel sind ›spurenhafte Anklänge‹ an die ›ursprünglichen Pulsationen der belebten Materie‹.

Dies sind keine Metaphern für Koestler: ›sie haben feste Wurzeln in der Erde‹; für mich klingen sie jedoch töricht, und ich glaube, daß sie so töricht sind, wie sie klingen. Wenn man einmal davon absieht, ob es richtig oder falsch ist, Hierarchien aus nicht-homogenen Elementen aufzubauen (obwohl es tatsächlich nicht angeht, Wahrnehmungsraster mit Nebennierenrinden, Embryonen, Scherzen und Reimen zu vermischen), sind die Entsprechungen, um die Koestler soviel Wesens macht, von jener rein formalen und abstrakten Art, die man ohne Rücksicht auf ihren Inhalt aufstellen kann.«

Historizismus

Eine geistige Verirrung im Bereich der Sozialwissenschaften, die eine gewisse Ähnlichkeit mit dem Genetizismus innerhalb der biologischen Wissenschaften besitzt, verdient der Historizismus in einem Buch, das sich hauptsächlich mit Biologie befaßt, gleichwohl Erwähnung. Der Historizismus vertritt die Auffassung, daß es eine historische Sozialwissenschaft gebe (oder doch geben könne), welche die Gesetze des sozialen Wandels (sogar die Gesetze des Schicksals der Menschheit) offenlegt und dadurch die historische Voraussage zu einer ebenso vertrauten und zuverlässigen Angelegenheit werden läßt, wie es die astronomische Vorhersage ist. Man darf nicht unterschätzen, welch tiefen Eindruck der Freund und Helfer Sir Isaac Newtons, der Mathematiker und Astronom Edmund Halley, hinterließ, als er im Jahre 1704 voraussagte, daß der Komet, der heute seinen Namen trägt, 1758 wiedererscheinen werde (man halte 1986 erneut Ausschau). Das war ein wahres wissenschaftliches Wunder, und man hoffte, daß die Geschichtswissenschaft es ebenso weit bringen werde, wenn sie nur die Gesetze des sozialen Wandels in der gleichen Weise zu handhaben vermöchte, wie Newton die Gesetze der Himmelskörper gehandhabt hatte.

Daß wir hier das Stichwort »Historizismus« behandeln, wird zusätzlich gerechtfertigt durch den Anspruch, den Friedrich Engels in seiner Grabrede auf Karl Marx erhob: »Wie Darwin das Gesetz der Evolution in der organischen Natur, so entdeckte Marx das Evolutionsgesetz der menschlichen Geschichte.« (Siehe Franz Mehring, *Karl Marx. Geschichte seines Lebens,* Frankfurt am Main 1967.) Wie man sich erinnern wird, leitete Marx das Gesetz aus dem Prinzip des Klassenkampfes ab, demzufolge die Lage der Arbeiterklasse sich unausweichlich von Jahr zu Jahr verschlechtern sollte. Er hätte sich nicht gröblicher irren können; seine Vorhersage blieb so weit hinter dem von Halley gesetzten Maßstab zurück, daß sie geradezu das Gegenteil der Wahrheit darstellte, denn in den industrialisierten Ländern des Westens – dort, wo der Arbeiterklasse von den Machenschaften des Kapitalismus die schwerste Gefahr hätte drohen müssen – hat sich ihre Lage fortlaufend verbessert, gemessen am Realeinkommen wie auch an den Annehmlichkeiten des Lebens und an der Einsicht der Gesellschaft, was sie den Arbeitern schuldig ist.

Der Historizismus war in der Soziologie so lange vorherrschend, bis die Soziologie ihren Hume fand; denn innerhalb des soziologischen Denkens nimmt Karl Popper eine vergleichbare Position ein. In seinen Arbeiten *Poverty of Historicism* (London ^{3}1957) [deutsch: *Das Elend des Historizismus,* Tübingen 1965] und *Open Society and Its Enemies* (rev. ed. London 1957) [deutsch: *Die offene Gesellschaft und ihre Feinde,* Bern 1957/1958] legte Popper ebenso eindrucksvoll dar, daß der Erklärungsanspruch des Historizismus unbegründet ist, wie Hume den Erklärungsanspruch des Empirismus unterminiert hatte. Mit dem Ergebnis, daß man heutzutage sehr viel weniger vom Wirken historischer Kräfte reden hört, und wenn wir Glück haben, wird man bald gar nichts mehr von ihnen hören.

Holismus

Der Holismus ist eine Doktrin, die auf Naturphilosophen und auf Amateurphilosophen allgemein eine mächtige Anziehungskraft ausgeübt hat. Der berühmteste unter ihnen war Jan Christiaan Smuts (1870–1950), der einstige Ministerpräsident des Dominions Südafrika – siehe sein *Holism and Evolution* (London 1926).

Der Holismus lehrt, daß ein Ganzes – und besonders ein ganzer Organismus – mehr ist als die bloße Zusammenstellung seiner Bestandteile, daß ihm vielmehr aufgrund der funktionalen Wechselbeziehungen und Interdependenzen zwischen seinen verschiedenen Teilen ein ganzheitlicher Charakter zukommt. Die philosophische Ansicht, vor der uns die Holisten zu schützen vorgeben, ist die mechanistische Philosophie; nach Meinung ihrer analytisch-summierenden Vertreter ist ein Organismus nicht mehr als die schlichte additive Summe seiner Bestandteile, deren funktionale Wechselbeziehungen vollständig durch Physik und Chemie erklärbar sind. Es trübt ein wenig den Glanz des philosophischen Sieges des Holismus, daß der analytisch-summierende Mechanizist gar nicht existiert – er ist so etwas wie ein weltlicher Teufel, den die unbedeutenderen Naturphilosophen erfunden haben, um die Rituale des Exorzismus genießen zu können.

Die Holisten meinen (und schelten deshalb die Mechanizisten), daß Mechanizisten die Teile eines Organismus isoliert erforschen und sie daher nie gründlich verstehen. Keine Klage verrät deutlicher, wie naiv die Holisten sind und wie wenig sie sich in praktischen biologischen Dingen auskennen, denn das Kunststück, ein Organ »isoliert« zu untersuchen, ist in Wirklichkeit ausgeschlossen. Gewiß kann man einem Organismus das Herz oder eine Niere entnehmen und erreichen, daß sie, von geeigneten blutähnlichen Flüssigkeiten umspült, Pumpbewegungen beziehungsweise Dialysefunktionen ausführen, aber das bedeutet nicht, daß man Herz und Niere isoliert untersucht. Ihre gegenwärtige Gestalt und Funktionsweise sind so, wie sie sind, weil sie – angefangen vom ersten Auftreten als embryonale Rudimente bis hin zum funktionstüchtigen Endprodukt – Teile eines ganzen Organismus und den Einflüssen des Gesamtorganismus ausgesetzt waren. Es besteht keine Möglichkeit, sie »isoliert« zu untersuchen. Seine Popularität verdankt der Holismus teilweise dem weitverbreiteten Glauben, er sei ein Bollwerk gegen den Reduktionismus. Was es damit auch immer auf sich haben mag – unser Urteil über den Holismus kann nur lauten, daß er unsere biologische Erkenntnis nicht gefördert hat, allerdings auch nicht in nennenswertem Maße beeinträchtigt.

Homologie

Es war Richard Owen (1804–1892), ein berühmter Leiter der naturgeschichtlichen Abteilung des Britischen Museums, der mit der Homologie einen der wichtigsten biologischen Begriffe einführte und ihn von der bloßen »Analogie« unterschied. Organe von genetisch verwandter Struktur – nennen wir sie A, B und C – sind homolog, wenn die Entwicklung des einen als eine Modifikation oder Spielart der Entwicklung eines anderen gedeutet werden kann, oder wenn bei allen dreien die Entwicklung eine Variante der Entwicklung eines gemeinsamen stammesgeschichtlichen Vorläufers ist. So sind zum Beispiel, ungeachtet der Unterschiede in Struktureinzelheiten, die Brustflossen von Fischen, die Vordergliedmaßen von Landsäugetieren, die Flügel von Vögeln und die Flügel von Fledermäusen allesamt homologe Gebilde, denn in jedem Fall ist die Entwicklung eine Variante der Entwicklung der für Wirbeltiere typischen fünffingrigen Gliedmaße. Die Flügel von Vögeln und die Flügel von Insekten sind dagegen lediglich analoge Organe, da sie nach Ursprung und Entwicklung vollkommen verschieden und nur insofern miteinander verwandt sind, als sie die gleiche Funktion erfüllen: das Fliegen. Die Homologie ist der Kernbegriff der vergleichenden Anatomie.

Hypothalamus

Zwischen dem Mittelhirn und dem Vorderhirn liegt das Diencephalon, das »Zwischenhirn«, dessen am weitesten ventral gelegener Teil, anatomisch gesprochen, der Hypothalamus ist – im Grunde das Zentrum des autonomen Nervensystems, das sowohl endokrine als auch nervöse Funktionen erfüllt. Die Unterseite des Hypothalamus bildet einen sanften Vorsprung, der zwischen den nervösen Elementen im Hypothalamus und dem hormonausschüttenden Element des Hirnanhangs (Hypophyse) eine Verbindung herstellt. Die endokrine Funktion des Hypothalamus besteht in der Bildung von Hormonen, sogenannten Releasing-Hormonen, welche die Hormone des Hypophysen-Vorderlappens aktivieren und freisetzen, speziell jene, die auf andere endokrine Drüsen einwirken. Außerdem ist der Hypothalamus die Quelle jener Hormone, von denen man früher glaubte, sie würden vom Hypophysen-Hinterlappen ausgeschüttet. Dazu gehören Hormone, welche die Muskulatur des Uterus beeinflussen und den Blutdruck erhöhen – quasi-autonome Funktionen. Wie wir unter dem Stichwort *Endokrine Drüsen* vermerkt haben, sind die endokrinen Funktionen eines Organs diejenigen Funktionen, die es wahrscheinlich beibehalten würde, falls seine primäre Funktion im Zuge evolutionärer Veränderung verlorengehen sollte. Zwischen der endokrinen und der neurologischen Funktion des Hypothalamus besteht ein deutlicher Zusammenhang.

Der Hypothalamus ist ein Zentrum der Wärmeregulation: der *Streifenhügel* des Hypothalamus enthält temperaturempfindliche Zellen, welche die Körpertemperatur kontinuierlich überwachen.

Wo Funktionen in der Großhirnrinde lokalisiert sind, stellte man durch elektrische Reizung verschiedener Punkte der Rinde bei chirurgischen Operationen fest. In der gleichen Weise hat man durch örtliche Reizung des Hypothalamus die mannigfaltigen autonomen Funktionen – und die mit ihnen einhergehenden Empfindungen und Vorstellungen – aufgedeckt, die vom Hypothalamus gesteuert werden. Dazu gehört zum Beispiel das ganze Spektrum der Nahrungsaufnahme-, Verdauungs- und Ausscheidungsfunktionen. Durch lokale Reizung des Hypothalamus kann man Tätigkeiten wie Schnüffeln, Lecken, Kauen, Schlucken und schließlich Darmentleerung hervorrufen. Reizt man bestimmte Gebiete des Hypothalamus, so entstehen intensive Hunger- beziehungsweise Sättigungsgefühle;

die ersteren sind derart drängend, daß selbst gut gefütterte Tiere dazu gebracht werden können, gierig zu fressen; die letzteren eröffnen vielleicht die Möglichkeit einer pharmakologisch vernünftigen Diätmethode, bei der weniger das Essen als vielmehr die Neigung zum Essen kontrolliert wird. Man weiß, daß die Zerstörung des Sättigungszentrums krankhafte Eßsucht *(Hyperphagie)* zur Folge hat. Die Reizung anderer Zentren im Hypothalamus erregt Angst, Wut, Aggression, höchste Lust und Schlaf. Gewisse Hypothalamusverletzungen können zu jenem beunruhigenden Syndrom führen, als dessen Opfer sich viele Medizinstudenten empfinden müssen: periodische Schlafsucht begleitet von krankhaftem Hunger.

Die Erforschung des Hypothalamus liefert reiche Erkenntnisse, die man braucht, um physikalische Vorgänge im Gehirn, welche mit psychischen Akten oder seelischen Zuständen einhergehen, verstehen zu können. Obwohl diese Vorgänge dazu beitragen können, *Veränderungen* seelischer Zustände zu erklären, können sie die Zustände selbst nicht erklären; das Empfinden äußerster Angst wird durch eine elektrische Erregung in einem Teil des Hypothalamus ebensowenig erklärt, wie die sinnliche Wahrnehmung von Röte sich mit einer Folge von Impulsen im Sehnerv erklären läßt, die über eine Reihe von Vermittlungen an die Schläfenlappen der Großhirnrinde weitergegeben werden.

Hypothese und Theorie

Innerhalb einer philosophischen Terminologie haben diese Wörter eine präzise Bedeutung und eine genaue Verwendungsweise. Wir wollen sie zu erklären versuchen, um die Biologen vor so bedauerlichen Mißverständnissen zu warnen, wie sie unter dem Stichwort *Beweise der Evolution* angeführt werden, namentlich vor der Ansicht, das Wort »Hypothese« habe einen negativen Beiklang.

Die Erklärungen oder Behauptungen, aus denen logische Schlußfolgerungen gezogen werden, tragen unterschiedliche Bezeichnungen: Prämisse, Hypothese, Axiom oder Postulat. In der logischen Anatomie nehmen sie alle die gleiche Stellung ein, aber die Entstehungsweise dieser Aussagen und das Maß des Vertrauens, das wir in ihre empirische Richtigkeit setzen, wird doch durch eine unterschiedliche Ausdrucksweise deutlich. Unnötig zu sagen, daß diese Unterschiede im Sprachgebrauch erscheinen: Man stellt Postulate auf, man wagt es, Hypothesen vorzuschlagen, und Axiome werden angenommen oder aufgestellt, oder ihre Wahrheit wird für erwiesen gehalten.

Hypothesen spielen in der Wissenschaft eine besondere Rolle, denn sie sind die Eingangspforte des imaginativen Denkens. Eine Hypothese ist eine imaginative Vorwegnahme dessen, was die Wahrheit sein *könnte*. An Hypothesen glaubt man, bis man Anlaß hat, es nicht mehr zu tun – im Kantschen Sinne des Wortes »Glauben« (»ein objektiv unzureichendes Fürwahrhalten«). Charles Sanders Peirce (1839–1914), der führende amerikanische Logiker seiner Zeit, war sich völlig darüber im klaren, daß es ohne Hypothesen keinen Fortschritt in der Wissenschaft geben könne, und dasselbe hat Karl Popper erklärt. Wir können uns der Wahrheit nicht nähern, wenn wir uns nicht vorher schon eine gewisse Vorstellung davon machen, was die Wahrheit sein könnte. Es ist der Kern von Poppers Philosophie, daß die Wissenschaft voranschreitet durch ein beständiges Zwiegespräch zwischen *Vermutung* und *Widerlegung,* zwischen der Formulierung von Hypothesen und ihrer Überprüfung durch Beobachtung und Experiment, in deren Folge wir dann entweder die Hypothese bekräftigen oder Grund haben, sie zu modifizieren. Wird eine Hypothese bekräftigt, dann gewinnen wir Vertrauen zu ihr und können sie sozusagen für eine höhere Prüfung anmelden. In einem formallogischen Sinne können Hypothesen manchmal widerlegt werden, aber es gibt kein logisches Verfahren, mit dem sich die Wahrheit einer Hypothese beweisen ließe.

Eine Theorie ist eine Hypothese und zusätzlich das, was diese logisch einschließt, also eine Hypothese plus die deduktiven Schlüsse, die wir aus ihr ziehen. Die Wahrheit einer Theorie läßt sich deshalb nicht logisch beweisen, wie Popper mit aller Deutlichkeit erklärt hat, und nicht nur er, sondern auch Peirce (»wissenschaftliche Schlußfolgerungen erheben nicht den Anspruch, mehr als wahrscheinlich zu sein«, schrieb er). Natürlich entspringen Hypothesen der Imagination: sie werden nicht *abgeleitet* – denn eine Hypothese ist etwas, aus dem Schlußfolgerungen abgeleitet werden. Hypothesen sind Vermutungen, und diese können natürlich besonnen oder unbesonnen, töricht oder weise, annehmbar oder unannehmbar sein. Das System der jeweils annehmbaren Hypothesen stellt effektiv ein »Establishment« von anerkannten Überzeugungen, Deutungen und theoretischen Konstruktionen dar, die in ihrer Gesamtheit das – wie Thomas S. Kuhn es genannt hat – vorherrschende »Paradigma« bilden, ein Wort, das nicht so rasch Anklang gefunden hätte, hätte es nicht ein Bedürfnis befriedigt.

Fast alle Wissenschaftler glauben, es gebe eine eindeutige Unterscheidung zwischen *Theorie* und *Tatsache.* Die Tatsache beziehungsweise die Aussage, in der sie enthalten ist, sei nichts anderes als eine Affirmation »der Sache«, dessen, was *ist*, frei von Theorie und Interpretation. William Whewell (1794–1866) verneinte, daß es eine solche klare Unterscheidung gebe, und betonte, daß unsere Wahrnehmung angeblich schlichter Tatsachen auf jeder Ebene von Interpretation und Theorie durchwoben sei. In einer subtil durchdachten Passage, die mit den Worten endet: »Das ganze Gesicht der Natur ist von einer Maske der Theorie bedeckt«, schrieb Whewell: »Die meisten Menschen sind sich der ständigen Gewohnheit nicht bewußt, daß sie die Sprache der Außenwelt lesen und dabei fortwährend übersetzen« (*The Philosophy of the Inductive Sciences,* London 1837, Bd. 1, Abs. 4).

Die Konstruktion einer Theorie ist nur möglich auf der Grundlage eines Systems von Konventionen oder Vereinbarungen über die Bedeutung der verwendeten Begriffe, der Umformung von Sätzen und deren Verwendung bei der logischen Ableitung. Diese Vereinbarungen stellen die *Metatheorie* dar, die zwei Hauptelemente aufweist: die logische Syntax, die mit den Regeln der Deduktion zu tun hat, und die *Semantik,* die sich mit der Bedeutung von Ausdrücken und mit den Konventionen befaßt, die im Definieren, das heißt, in der Ersetzung von einem oder mehreren Begriffen durch andere, stecken. Jenes Element der Metatheorie, das bei der Wissenschaft auf allen Ebenen ins Spiel kommt, ist das, welches mit der *Wahrheit* zu tun hat. »Wahrheit« ist ein metatheoretischer Begriff, denn es sind Sätze oder Erklärungen, die wahr sind oder auch nicht, und jede Aussage über die Wahrheit oder Falschheit eines Satzes ist metasprachlich oder, anders gesagt, ist eine Aussage über eine Aussage. Die intuitive Bedeutung empirischer Wahrheit ist einigermaßen klar: Die Aussage »Das Schnabeltier legt Eier« ist nur dann wahr, wenn das Schnabeltier Eier legt. Diese intuitive Konzeption hinreichend streng formalisiert zu haben, war der größte Beitrag Alfred Tarskis zur Logik (*Logic, Semantics and Metamathematics,* Oxford 1956, 8. Kap.).

Die Anerkennung oder Ablehnung einer Theorie – und damit der Hypothese, deren deduktive Entwicklung sie darstellt – ist nur ganz selten eine Sache der bloßen Erklärung: wahr oder falsch. In diesem Buch werden einige kühne Hypothesen erwähnt: die Hypothese der Evolution, die Hypothese der Kontinentalverschiebung (siehe *Gondwanaland*) sowie die Hypothese (siehe *Blut und Blutkreislauf*), es gebe eine uralte, dunkle und geheimnisvolle Verwandtschaft zwischen Meerwasser und Blut, so daß es gerechtfertigt sei, das Blut als einen evolutionären Abkömmling des Meerwassers zu bezeichnen.

Die beiden ersten Hypothesen sind weithin anerkannt, aber die dritte ist falsch und wird heute nur noch von Dilettanten oder Naturphilosophen vertreten, die eine Vorliebe für Verworrenes hegen. Abgelehnt wird diese Idee deshalb, weil sie auf einer Hilfshypothese beruht, die offenkundig unwahr ist: daß nämlich, bevor die Wirbeltiere aus dem Meer stiegen, ihr Blut (oder das ihrer Vorfahren) sich im Ionen- und osmotischen Gleichgewicht mit dem Meerwasser befunden habe. Auf der anderen Seite sind sowohl die Evolutionstheorie als auch die Theorie der Kontinentalverschiebung anerkannte Theorien, hauptsächlich wegen der enormen Reichweite ihrer Erklärungen. Beide leisten weit mehr, als nur die Tatsachen zu erklären, zu deren Erklärung sie möglicherweise formuliert wurden, Tatsachen, zu denen die Komplementarität der atlantischen Küstenlinien von Afrika und Südamerika ebenso gehört wie die frühere Existenz eines gefiederten Reptils – wie des Archaeopteryx – und die heutige Existenz eines Säugetiers, das außerhalb seines Körpers Eier mit Schalen legt. Das mindeste, was wir von der Hypothese erwarten, ist, daß sie erklärt, was sie erklären sollte; wenn sie das leistet, berechtigt uns dies an sich noch nicht dazu, ihrer Erklärung große Reichweite zuzuerkennen. Die ungeheure Überlegenheit der Evolutionstheorie und der Theorie der Kontinentalverschiebung beruht darauf, daß sie sehr viele, sehr mannigfaltige und ganz unerwartete Phänomene erklären.

Manche biologischen Theorien (wir denken insbesondere an die Keimschichtentheorie und an die Theorie der ontogenetischen Rekapitulation der stammesgeschichtlichen Evolution) sind in der Form, in der sie gewöhnlich vorgeschlagen werden, zweifellos nicht wahr; dennoch sind sie gewissermaßen im Repertoire geblieben, weil sie ein wichtiges Element der Wahrheit enthalten; es ist aufschlußreich, zu verfolgen, wie sie eine unannehmbar dogmatische Form annehmen, und zu fragen, was getan werden müßte, um sie zu rehabilitieren. Die wissenschaftliche Forschung ist kein ständiges Geschrei von Behauptung und Widerlegung, ihrem Wesen nach ist sie dem Tasten, dem gewissenhaften Erforschen viel näher. Es kommt daher ziemlich selten vor, daß eine Theorie direkt widerlegt wird.

I

Immunität

Immunität ist ein Zustand erhöhter Resistenz oder gesteigerter Reaktionsbereitschaft gegen Mikroorganismen, Transplantate oder sonstige körperfremde Substanzen, die in den Körper gelangen. Immunität ist eine Anpassungsreaktion und insofern etwas anderes als die *Unanfälligkeit* (in dem Sinne, daß Hunde nicht für Masern und Menschen nicht für die Hundekrankheit Staupe anfällig sind). Die Unanfälligkeit für Mikroorganismen kann bei Tieren darauf beruhen, daß sie kein geeignetes Nährmedium abgeben. Rattenjunge sind zum Beispiel nicht anfällig für *Plasmodium berghei,* den Malaria-Erreger bei Nagetieren, weil sie nicht genügend p-Aminobenzoesäure bereitstellen, die *P. berghei* zum Wachstum benötigt.

An dieser Stelle sei daran erinnert, wie die Immunität üblicherweise eingeteilt wird. Man sagt, sie sei *aktiv erworben,* wenn sie dadurch hervorgerufen wurde, daß ein Tier einem Immunität auslösenden Reiz ausgesetzt war. Auf diese Weise erwerben die meisten Menschen ihre Immunität gegen Masern und andere Infektionskrankheiten, und dies ist die Art von Immunität, die durch einen Impfstoff erzeugt wird. *Passiv erworben* ist eine Immunität dann, wenn sie von einem anderen Organismus übernommen wurde; ein neugeborenes Kind wird passiv immunisiert, wenn es einem mütterlichen Antikörper ausgesetzt ist, der ihm durch die Plazenta, den Dottersack oder die erste Milch, das *Kolostrum,* das es von der Brust aufnimmt, zugeführt wird. Passive Immunität wird auch dann erworben, wenn einem Patienten Blutserum einer immunen Person injiziert wird.

In der Fachsprache wird die Immunität oder Abwehr weiter unterteilt in eine humorale und eine zelluläre Abwehr; die humorale Abwehr wird durch einen löslichen Antikörper vermittelt. Die für die zelluläre Abwehr verantwortlichen Zellen sind Blut-Leukozyten, insbesondere Lymphozyten. Eine operationale Unterscheidung besteht darin, daß humorale Immunität durch Blutserum übertragen werden kann, während zelluläre Immunität nicht durch Serum übertragbar ist, sondern die Übertragung von Zellen erfordert. Dieses Kunststück ist normalerweise nicht möglich; um zu vermeiden, daß die übertragenen Zellen als Fremdtransplantate abgestoßen werden, müssen Spender und Empfänger so eng miteinander verwandt sein wie eineiige Zwillinge. Natürlich könnte das Hindernis der Fremdtransplantat-Reaktion umgangen werden, wenn es regelmäßig gelänge, die zelluläre Abwehr durch einen zellfreien Extrakt von Leukozyten zu übertragen – ein Verfahren, das mit einem Leukozytenextrakt namens »Transferfaktor« beim Menschen mit einem gewissen Erfolg ausprobiert wurde. Seine Funktionsweise ist noch unbekannt.

Der (aus der Sicht der Immunologie) merkwürdig ungeschickte Ausdruck »Immuntoleranz« bezeichnet einen immunologisch spezifischen Zustand fehlender Abwehr gegen einen Stoff, der normalerweise als Antigen gewirkt hätte. Von Natur aus tritt dieser Zustand bei dizygotischen Zwillingen und bei jenen Tieren auf – gewöhnlich bei Rindern und gelegentlich bei Menschen –, bei denen Zwillinge aufgrund einer gemeinsamen Plazenta vor der Geburt Blut miteinander austauschen können. Nach der Geburt stellt man fest, daß solche Zwillinge Chimären sind, die Hauttransplantate und dergleichen voneinander annehmen können, was bei Geschwistern normalerweise nicht möglich ist. Der Mechanismus der Toleranz ist noch nicht völlig erkannt. In der Regel besteht bei Tieren eine Toleranz für die Bestandteile des eigenen Körpers, und wenn sie diese Toleranz nicht erreichen oder aufrechterhalten können, kommt es zu einer Autoimmunkrankheit.

Das immunologische Reaktionssystem wird, so haben wir erklärt, durch das Eindringen einer körperfremden Substanz in den Körper ausgelöst. Bisweilen geschieht es sogar, daß die eigenen Körperbestandteile sich wie körperfremde Substanzen verhalten. Sie können auf verschiedene Weise zu Antigenen werden. Eine exogene Substanz kann sich beispielsweise mit Zellbestandteilen verbinden, so daß diese tatsächlich zu etwas

Fremdem werden (das geschieht, wenn Industriechemikalien wie Dinitrochlorbenzol oder Pikrylchlorid sich an die Haut heften und dadurch allergische Dermatitis hervorrufen); zweitens kann eine Zelle durch eine Virusinfektion in ihrer Konstitution derart verändert werden, daß sie antigene Eigenschaften bekommt, die sich von denen des Virus unterscheiden und zu diesen noch hinzukommen; außerdem kann eine Mutation bei einem Klon von Lymphozyten eine neuartige Abwehrbereitschaft hervorrufen, die sie sonst nicht besessen hätten und die sich, zufällig entstanden, durch unglückliche Fügung gegen Bestandteile des eigenen Körpers richten könnte.

Es gibt noch eine vierte, ganz andere Entstehungsweise von Autoimmunkrankheit. Im allgemeinen ist Autoimmunität etwas Seltenes, weil der Körper, so glaubt man, gegenüber seinen eigenen Bestandteilen oder Sekreten immunologische Toleranz erwirbt. Diese Toleranz kann nur entstehen, wenn das immunologische Reaktionssystem während der Entwicklung mit den Körperbestandteilen in Berührung kam und Gelegenheit erhielt, sie immunologisch zu erkennen. Möglicherweise sind einige Körperbestandteile jedoch so versteckt, oder sie entstehen in einer so späten Entwicklungsphase, daß dieser Toleranz verleihende Vorgang nicht stattfinden kann. Ein Beispiel sind die Spermatozoen, ein anderes gewisse Bestandteile der Augenlinse, die keine Blutgefäße enthält. Es ist bekannt, daß man durch Injektion von Spermatozoen oder Linsenprotein künstlich eine Autoimmunreaktion auslösen kann.

Eine Verletzung kann die Ursache dafür sein, daß eine Substanz, die normalerweise abgekapselt ist, in den Blutstrom gelangt. Die Hashimoto-Krankheit (Autoimmun-Thyroiditis) scheint durch eine physische oder sonstige Verletzung der Schilddrüse zu entstehen, und da diese Krankheit sich (wie in der Erörterung der positiven Rückkoppelung erläutert wurde) durch Anti-Schilddrüsen-Antikörper automatisch verschlimmert, wird die Schilddrüse noch stärker beschädigt, so daß eine noch stärkere Autoimmunreaktion die Folge ist. Bei vielen Krankheiten, die mit einer Verletzung von Körperorganen zusammenhängen, könnte durchaus Autoimmunität im Spiele sein. Zu den Krankheiten, bei denen Autoimmunität als Ursache vermutet wird oder bekannt ist, gehören die Myasthenie, eine Lähmung ähnlich der, die durch Curare ausgelöst wird, die multiple Sklerose, eine fortschreitende Paralyse, deren Ursache unbekannt ist, sowie einige andere neurologische Störungen, die zu Schwachsinn führen, zum Beispiel SSPE (subakute sklerotisierende Panencephalomyelitis). Dickdarmentzündung mit Geschwüren, Keratitis und rheumatische Arthritis werden ebenfalls als Autoimmun-Krankheiten eingestuft.

Eine Autoimmun-Krankheit ist wegen ihres sich selbst verschärfenden Charakters besonders schwierig zu behandeln. Man kann lediglich Wirkstoffe einsetzen, welche die Immunreaktion unterdrücken, oder durch bestimmte Verfahren versuchen, einen Teufelskreis zu durchbrechen (so werden Blutkörperchen von dem Plasma, in dem sie schwimmen, gereinigt und in einem harmlosen Plasmaersatz wieder injiziert).

Daß das Nervensystem für Autoimmun-Krankheiten besonders anfällig ist, liegt sicherlich daran, daß seine Bestandteile normalerweise gegen die Immunreaktionszentren abgeschirmt sind.

Immunologische Überwachung

Die Konzeption der immunologischen Überwachung enthält eine teleologische Deutung der Fremdtransplantat-Reaktion und versucht den immunologischen Prozeß, der normalerweise die Verpflanzung von Organen und Geweben von einem Individuum auf ein anderes verhindert, als natürlichen Vorgang zu erklären. Die Abstoßung von Fremdgeweben, so wird argumentiert, sei ein lästiges Nebenprodukt der Existenz eines den ganzen Körper umfassenden Überwachungssystems, dessen primärer Zweck es sei, bösartige Varianten normaler Gewebszellen – genauer: im Entstehen begriffene bösartige Gewächse – auszumachen und für ihre Abstoßung zu sorgen.

Diese attraktive, plausible und weithin anerkannte Hypothese wurde zuerst von Lewis Thomas vorgeschlagen und von Macfarlane Burnet weiterentwickelt; der Wille, sie für wahr zu halten, ist stets stärker gewesen als die für sie sprechenden Beweise. Ihre Akzeptanz hängt natürlich eng mit der immunologischen Theorie der natürlichen Krebsabwehr zusammen. Die Pathologen neigen weiterhin zu der These, daß im Entstehen begriffene Krebse weit häufiger sind als jene, die schließlich zu einer klinischen Gefahr werden; jene Gewächse, die nicht mehr fortschreiten, heißt es, müßten durch einen normalen, gegen Krebs gerichteten Überwachungsmechanismus gehemmt worden sein.

In der ziemlich naiven Form, in der viele von uns diese Hypothese zunächst akzeptierten, stimmt sie mit Sicherheit nicht, nämlich in einer Form, die in der Annahme gründet, daß im Entstehen begriffene Tumore durch einen immunologischen Prozeß beseitigt würden, der nahezu vollkommen demjenigen entspricht, durch den Fremdtransplantate abgestoßen werden. Der eigentliche Träger der Überwachung muß demnach eine andere Zelle sein als die periphere Blut-Lymphozyte; auch könnte die sogenannte natürliche Killerzelle beteiligt sein. Die Hypothese steht oder fällt mit der immunologischen Interpretation der Tumorresistenz: ist diese Hypothese falsch, dann mit Sicherheit auch die Idee der immunologischen Überwachung.

Ob nun richtig oder falsch – die Idee hat die Hauptaufgabe einer wissenschaftlichen Theorie erfüllt: sie hat zu Beobachtungen und Experimenten geführt, die sonst nicht durchgeführt worden wären, und im vorliegenden Fall unsere allgemeinen Erkenntnisse über den Krebs erheblich erweitert.

Impfung

Impfung ist im umfassenden Sinne ein Verfahren, mit dem aktive Immunität gegen einen Infektionsträger geschaffen wird. Es gibt dafür zwei Möglichkeiten, die wir beide anhand der aktiven Immunisierung gegen Poliomyelitis beschreiben wollen. Im ursprünglichen Salk-Impfstoff war die immunisierende Substanz (oder das Antigen) ein virulentes Poliovirus, das durch Behandlung mit Formaldehyd unschädlich gemacht worden war. Bei dem alternativen Verfahren wird der Versuchsperson ein virulentes, abgeschwächtes Lebendvirus zugeführt, das mit dem virulenten Poliovirus hinreichend eng verwandt ist, um stellvertretend Schutz zu verleihen (so wie die Infektion mit Kuhpocken vor der Infektion durch das Pockenvirus schützt).

Pocken waren einmal eine allgemeine Plage der Menschheit, und deshalb war die vorbeugende Immunisierung gegen Pokken noch dringlicher als der Schutz vor der Poliomyelitis. Die Pockenimpfung, die im Abendland erst im 18. Jahrhundert gebräuchlich wurde, hatte man in China und im Mittleren Osten schon seit Jahrhunderten praktiziert. Die hochbegabte Lady Mary Wortley Montagu hatte das Verfahren aufs genaueste beobachtet und anschließend davon berichtet. Diese – wenn man nach ihrem Porträt von Sir Godfrey Kneller urteilen darf – attraktive junge Frau wurde als Dichterin immerhin so ernst genommen, daß Alexander Pope seinen Hohn über sie ausgoß und Samuel Johnson sie tadelte, weil sie unziemlicherweise Henry Fieldings *Tom Jones* den Vorzug vor Samuel Richardsons *Clarissa* gab. Bei dem von ihr befürworteten Impfverfahren ging es darum, den Betreffenden bewußt mit der Pustel eines Erkrankten zu infizieren, der in milder Form von Pocken befallen war. Das war eine ungefährliche Methode, die wirksamen Schutz vor einer ernsthaften Infektion bot.

Vielleicht war es Lady Montagu, die das Interesse König Georges I. an dem Verfahren weckte. Er ließ die Wirksamkeit der Impfung an einigen abgeurteilten Verbrechern (drei Männern und drei Frauen) im Newgate-Gefängnis erproben. Sie alle überlebten die Impfung. Voltaire hielt mit Befriedigung fest, daß die Gefangenen vom Glück doppelt begünstigt worden seien, da sie nicht nur ihr Leben gewannen (denn sie wurden begnadigt), sondern außerdem Schutz gegen Pocken. Man muß allerdings sagen, daß seine Ansicht über die Impfung eher die eines literarischen Intellektuellen als die eines Weisen war; das Verfahren, Menschen vor Pocken zu schützen, indem man sie ihnen absichtlich übertrug, hielt er eindeutig für eine typisch englische Schnurre. Von dem anderen »Großintellektuellen« des 18. Jahrhunderts, Samuel Johnson, weiß James Boswell zu vermelden, daß er an den Pocken nichts auszusetzen hatte, doch ließ er sich auf dieses Thema nur insofern ein, als er die literarische Urteilsfähigkeit von Lady Montagu bemängelte.

Da die Pockenimpfung schon weithin gebräuchlich war, können wir das Verdienst, die Impfung im umfassenden Sinne der vorbeugenden Immunisierung eingeführt zu haben, Edward Jenner (1749–1823) nicht zuerkennen; seine großartige Leistung bestand darin, daß er die Beobachtung ausnützte, daß Menschen, die an Kuhpocken gelitten hatten, Immunität gegen Pocken besaßen. Statt Pockenpusteln benutzte er dementsprechend Kuhpocken für die Impfung. Dies ist, wörtlich genommen, die eigentliche »Vakzination« (von dem lateinischen *vacca,* die Kuh) in einem ganz speziellen Sinne [»vaccination« ist das gebräuchliche englische Wort für Impfung].

Jenners berühmter Bericht über sein Verfahren erschien 1798 unter dem Titel »An enquiry into the causes and effects of the *variolae vaccinae,* a disease . . . known by the name of the cow pox« [Eine Untersuchung über die Ursachen und Wirkungen von *variolae vaccinae,* einer Krankheit . . . die man unter dem Namen Kuhpocken kennt]. Ihm verdanken wir daher eine ungeheure Errungenschaft, die wohl zur Vollendung gelangte, als die Weltgesundheitsorganisation 1980 verkündete, daß die Pocken praktisch verschwunden seien.

In Frankreich wurde die Impfung im Jahre 1800 eingeführt, und zwar zunächst in Boulogne, wo eine schöne eherne Statue die Dankbarkeit der Nation zum Ausdruck bringt. Edward Boylston von der Harvard Medical School, der das Verfahren in Boston einführte, ist dort durch einen Straßennamen verewigt. In England wurde Jenner trotz seiner beeindruckenden Entdeckung eine solche Auszeichnung nicht zuteil. N. McIntyre berichtet (in *History of Medicine,* März/April 1980:8), daß man im britischen Unterhaus der Ansicht gewesen sei, die auf dem Trafalgar Square errichtete Jenner-Statue habe »unter den Seefahrer- und Kriegerhelden des Landes nichts verloren«, ja sie »besudele und entweihe den Ort«. Diese Äußerungen waren begleitet von dem lauten Geschrei der Konservativen, das nur dadurch zum Verstummen gebracht werden konnte, daß man die Statue an die Nordseite von Kensington Gardens versetzte.

In das Royal College of Physicians wurde Jenner nicht berufen, 1789 aber immerhin in die Royal Society of London gewählt. Ein ähnliches Schicksal wurde Jonas Salk zuteil, der die Polio-Schutzimpfung entscheidend vorangetrieben hat und unter den medizinischen Pionieren des 20. Jahrhunderts (d. h. jenen, welche den Gedanken in die Tat umsetzten) einen herausragenden Platz einnimmt. Salk hat keinen Nobelpreis erhalten und ist bis heute nicht in die amerikanische Nationale Akademie der Wissenschaften aufgenommen worden – Unterlassungen, die beide Ehrungen mindern.

Individualität

In Wirklichkeit ein Scheinproblem, von Naturphilosophen ersonnen, um der Biologie einen Anstrich von Tiefgründigkeit zu geben, ergab sich das »Problem« der Individualität aus den folgenden Umständen. Es gibt mehrere Gruppen von Organismen, deren repräsentative Vertreter solitär und sessil sind und die daher erhebliche Fähigkeiten der Regeneration und der ungeschlechtlichen Vermehrung besitzen; sie kommen sowohl in Kolonien als auch in solitären Formen vor. Dazu gehören die Korallen, die Salpen und Meeresorganismen wie *Physalia physalis,* die Portugiesische Galeere, sowie deren Verwandte. Diese Kolonien bilden sozusagen biologische Polymere, deren Grundeinheit oder Monomer im Aufbau der solitären sessilen Form der jeweiligen Gruppe entspricht. Bei den Korallen ist das ein individuelles Hydrozoon oder ein individueller Polyp, bei den Salpen ein individuelles seßhaftes Manteltier. Das sogenannte Individualitätsproblem besteht in der Frage, ob diese Kolonien (hochgradig integrierte Gebilde mit einer weitgehenden Arbeitsteilung zwischen den individuellen Teilen) als Kolonien oder als individuelle Organismen aufzufassen sind.

Als wir, die Autoren dieses Bandes, noch studierten, gehörte das Individualitätsproblem zu den Themen, über die wir kritische und analytische Abhandlungen schreiben sollten. Wir waren damals nicht erfahren genug oder nicht hinreichend philosophisch gebildet, um das Individualitätsproblem als einen Schwindel zu durchschauen, als ein Unproblem von sehr geringem Interesse, von dessen Beantwortung nichts von Bedeutung abhing. Ein Organismus wie etwa *Pyrosoma* ist nämlich *sowohl* ein Individuum *als auch* eine aus Individuen zusammengesetzte Kolonie – und es gibt keine Vorschrift, nach der ein mit Recht als solcher bezeichneter individueller Organismus nur aus individuellen Zellen bestehen darf. Eine Termitenkolonie ist in mancherlei Hinsicht ein individueller Organismus, eine Art von sozialem Polymer, dessen Bestandteile morphologisch den individuellen solitären Formen entsprechen.

Die Naturphilosophen hatten eine unselige Neigung, Probleme zu erfinden. Ein anderes Scheinproblem stellte die Frage dar, ob Bindegewebsfasern im gleichen Sinne wie Zellen als lebendig zu betrachten oder als tot abzutun seien. Derartige Probleme zu ersinnen, ist ganz und gar überflüssig. Die Biologie ist schon schwierig genug. Ein echtes Problem, das mit der Individualität zu tun hat, wird unter dem Stichwort *Transplantation* erörtert.

Instinkt

Es ist leichter, den Instinktbegriff zu beschreiben, zu erklären und durch Beispiele zu belegen, als ihn formal zu definieren. Diejenigen, die sich unsicher fühlen und meinen, man könne erst dann über etwas reden, wenn die Wörter definiert sind (eine hoffnungslose Ansicht, deren Unhaltbarkeit schon daraus hervorgeht, daß Biologen seit vielen Jahren von Instinkten sprechen, ohne sich je um eine formale Definition bemüht zu haben) – jene Menschen mögen sich damit trösten, daß mit dem Ausdruck »Instinkt« fast in jedem Fall nicht eine einzelne Handlung, sondern eine funktional zusammenhängende Handlungskette bezeichnet wird, die das aufweist, was normale Menschen als einen Zweck bezeichnen (so etwa die offenkundig gefährliche Klettertour eines neugeborenen Beuteltieres aus dem Schoß der Mutter in den Beutel).

Die erste Eigenschaft, die einem in den Sinn kommt, wenn ein Verhalten als »instinktiv« bezeichnet wird, ist vielleicht die, daß es nicht gelernt wurde, daß es anscheinend um das Ausagieren eines angeborenen oder ererbten Handlungsschemas geht. Man muß jedoch hinzufügen, daß manche Handlungen, die als ganz und gar instinktiv bezeichnet werden, in Wirklichkeit auf Umweltreize angewiesen sind, zum Beispiel der Gesang der Vögel. Automatismus ist ein weiteres Merkmal, das üblicherweise mit instinktivem Verhalten assoziiert wird, besonders in Fällen, wo dieses Verhalten funktional unangemessen und unangepaßt ist; oft verbindet man es auch mit einer gewissen Starrheit, welche verhindert, daß das Verhalten den Umständen entsprechend abgewandelt wird.

Manchmal werden Handlungen mit dem Ausdruck »instinktiv« charakterisiert, wenn nichts anderes gemeint ist, als daß sie funktional angemessen sind sowie rasch und zweckmäßig ausgeführt werden. Erfahrene Autofahrer sagen zum Beispiel, sie führen ziemlich »instinktiv«, ein Sprachgebrauch, der sehr gut die Wahrheit der klugen Ansicht belegt, die Alfred North Whitehead in seiner *Introduction to Mathematics* (London 1911) [deutsch: *Einführung in die Mathematik,* Wien 1948, S. 51 f.] geäußert hat: »Es ist eine weit verbreitete, aber völlig irrige Auffassung, die sich in allen Anleitungen findet und durch hervorragende Leute in Reden wiederholt wird, daß wir die Denkgewöhnung bei allem, was wir tun, pflegen müssen. Das genaue Gegenteil ist der Fall. Die Zivilisation schreitet vorwärts, indem sie die Zahl der wichtigen Operationen, die wir, ohne zu denken, ausführen können, erhöht.« Dies ist, wie wir finden, eine scharfsinnige Beobachtung, welche die meisten aus eigener Erfahrung werden bestätigen können. Wenn man ein neues Repertoire neuromuskulärer Verrichtungen wie Autofahren oder Skifahren lernt, dann lernt man gerade, *nicht* immer an sie denken zu müssen. Man lernt, rasch und angemessen auf jeden auftretenden Reiz zu reagieren. Unser Verhalten muß quasi instinkthaft sein, denn dies sind Tätigkeiten, bei denen logisches Denken nichts zu suchen hat; freilich sollte vorher – so ist zu hoffen – die Vernunft gewaltet haben, in Gestalt etwa einer Versicherung gegen Arm- und Beinbrüche, die mit dem Skifahren und mit den Fehlentscheidungen anderer Menschen beim Autofahren so häufig verbunden sind.

Die neuromuskulären Abläufe instinkthafter Handlungen im Sozialverhalten von Insekten und im Paarungsverhalten von Tieren sind ungewöhnlich komplex, und wir haben bis heute keine Ahnung, wie sie programmiert sind. Noch ungewöhnlicher ist die Situation, wenn ein Verhaltensprogramm nur latent vorhanden ist, aber durch einen geeigneten Reiz abgerufen werden kann. Bei Hühnern ist das zum Beispiel der Fall, denn man kann Hähne durch Injektionen weiblicher Sexualhormone dazu bringen, das gesamte Repertoire weiblicher Brutfürsorge zu entfalten. Je länger man über diesen Umstand nachdenkt, desto unerklärlicher scheint er zu werden. Der größte Triumph, den die Biologie erreichen kann, bestünde darin, daß sie das Problem löst, wie ein Programm instinkthaften Verhaltens genetisch gespeichert ist und epigenetisch abgerufen wird.

Wie steht es mit den Pflanzen? Die Aktivität einer Pflanze (etwa die erstaunliche Leistung einer insektenfressenden Pflanze wie der Venusfliegenfalle) als »instinkthaft« zu bezeichnen, widerspricht dem natürlichen Sprachgebrauch, aber wenn Pflanzen Nerven und Muskeln hätten, wäre das Wort sehr wohl angebracht. Obwohl – um mit Teilhard de Chardin zu sprechen – der »Psychismus« einer Pflanze so »diffus« ist, besteht für die Biologen kein Anlaß, den Besitz eines neuromuskulären Systems oder einer Psyche als notwendige Bedingung dafür zu betrachten, daß das Verhalten eines Organismus als instinkthaft bezeichnet werden darf. Es sollte nur festgestellt werden, daß Pflanzen eigene Effektoren haben und sich manchmal in einer Weise verhalten, die als instinkthaft zu bezeichnen durchaus nicht phantastisch ist, sondern im Gegenteil lehrreich und befreiend sein könnte. Das Verhalten von Pflanzen ist ein Gegenstand, der gründlicher untersucht werden muß.

Interferon

Es ist eine bekannte Tatsache, daß die Infektion durch ein Virus eine Zelle relativ widerstandsfähig gegen eine Infektion durch ein zweites Virus macht. Der chemische Wirkstoff, der von Alick Isaacs und Jean Lindenmann 1957 als für dieses Phänomen der Wechselwirkung (Interferenz) zwischen Viren und Zelle verantwortlich nachgewiesen wurde, wird als »Interferon« oder genauer: als »die Interferone« bezeichnet, denn es handelt sich nicht um eine einzige homogene Substanz. Interferone haben eine Vielzahl natürlicher Funktionen und klinischer Verwendungsmöglichkeiten bei örtlichen oder systemischen Virusinfektionen. Aus noch unbekannten Gründen unterstützen sie auch die Behandlung bestimmter Krebsformen, selbst dann, wenn Viren nach bisherigen Erkenntnissen nicht die Ursache des Krebses sind.

Man weiß noch nicht, was die Interferone alles können, denn sie sind artspezifisch und wirken am ehesten bei Mitgliedern jener Spezies, innerhalb derer sie gebildet wurden. Aus diesem Grund besteht ein chronischer Mangel an Interferonen. Erst wenn hinreichende Mengen – in der Größenordnung von einigen Kilogramm – verfügbar werden, wird man alle ihre Möglichkeiten in einem angemessenen Umfang erforschen können.

Von Vorteil ist allerdings, daß Interferone auch ohne Viren erzeugt werden können, zum Beispiel durch sogenannte Interferon-Anreger, darunter einige doppelsträngige synthetische Polynukleotide. Bei der Interferonerzeugung hat man die folgenden Wege eingeschlagen. Beim ersten Verfahren wird ein Konzentrat menschlicher Leukozyten oder kultivierter menschlicher Zellen, gelegentlich auch Krebszellen, mit Viren oder mit Interferon-Anregern behandelt. Der Ertrag reicht jedoch nur für kleinere Laborversuche. Ein zweites Verfahren besteht darin, mit den Mitteln der Biotechnik Interferon-Gene in Mikroorganismen einzubringen und diese dann im großen Maßstab zu züchten. Die dritte Methode, die wie der Heilige Gral vor uns aufleuchtet (und wie der Heilige Gral zurückzuweichen scheint, wenn wir uns ihr nähern), ist die organische Synthese – eine wahrhaft ungeheure Aufgabe, denn wenn die natürlichen Interferon-Moleküle auch Kohlenhydrat-Anhänge aufweisen, so besteht, wie man annimmt, der wirksame Teil des Moleküls doch aus einem Protein, das ein Molekulargewicht von rund 4000 hat.

Aber diese Produktionsprobleme sind lösbar, und man wird sie lösen – das ist eine notwendige Voraussetzung künftiger Fortschritte. Wenn ausreichende Mengen verfügbar sein werden, um Interferon all den Tests zu unterwerfen, die Laborforscher und Kliniker mit ihnen vorhaben, werden wir einige sehr angenehme Überraschungen zu gewärtigen haben. Interferon könnte nach unserer Ansicht wohl einmal zu den wahrhaft beeindruckenden biomedizinischen Entdeckungen des 20. Jahrhunderts gehören.

Irritabilität

Wenn die Unterschiede zwischen lebender und unbelebter Materie aufgezählt werden, taucht mit schöner Regelmäßigkeit der Begriff Irritabilität [Reizbarkeit] auf, der nicht mehr bedeutet, als die Fähigkeit, auf Veränderungen in der Umwelt zu reagieren. Das völlige Fehlen dieses Reaktionsvermögens wird allerdings oft als ein Beweis der Leblosigkeit verstanden.

Irritabilität hat jedoch noch eine speziellere Bedeutung. Der große deutsche Physiologe Johannes Müller (1801–1858) formulierte ein Gesetz der spezifischen Reizbarkeit, manchmal auch als sein Gesetz der spezifischen nervösen Energie bezeichnet, über das wir uns unter dem Stichwort *Sinnesorgane* äußern.

Irrtümer der Natur

Das im folgenden geschilderte Experiment, das, wenn es nach uns ginge, besser nicht gemacht worden wäre, wurde an Ratten durchgeführt, denen man die Nebenniere entfernt hatte.

Die Nebennierenrinde ist lebenswichtig, und wenn sie entfernt oder stillgelegt wird, kommt es zu einem raschen Salzverlust des Körpers, mit tödlichen Folgen, sofern der Verlust nicht durch verstärkte Aufnahme von Salz ausgeglichen wird. Als man Ratten, denen die Nebenniere herausgenommen worden war, zwischen reinem und salzigem Trinkwasser wählen ließ, tranken sie das letztere und überlebten; hatten sie jedoch die Wahl zwischen salzigem und gezuckertem Wasser, dann tranken sie das Zuckerwasser und starben. Die Moral von der Geschichte ist, daß die Natur es nicht immer am besten weiß und daß natürliche Neigungen in die Irre führen können. Die idyllische Vorstellung, daß die Natur es am besten wisse, ist weit verbreitet; sie liegt zum Beispiel dem frommen Glauben des Kräutersammlers zugrunde, die Natur sei dazu bestimmt, für alle naturbedingten Leiden des Menschen aus ihrem reichen

Schatz an Beeren, Kräutern und Wurzeln ein Heilmittel bereitzustellen.

Die Natur darf selbstverständlich nicht für die falschen Vorstellungen verantwortlich gemacht werden, die wir von ihr haben, und ebensowenig kann es ihr angelastet werden, wenn künstliche Verfahren wie eine Bluttransfusion oder eine Gewebetransplantation zwischen genetisch nicht miteinander verwandten Individuen fehlschlagen. Diejenigen, die unbeirrt fortfahren, vom Schöpfungsplan her zu argumentieren, müssen sich gegen eine triftige Anklage wehren; sie müssen eine Anschuldigung widerlegen, die ebenso wohlbegründet ist wie jene, die immer wieder erhoben wird gegen Ärzte, deren Patienten unter den Nebenwirkungen von Medikamenten oder unter einem sonstigen Fehlschlag vermeintlich therapeutischer Verfahren leiden.

Viele natürliche Anpassungen sind infolge von Nebenwirkungen, die die Menschen krank oder krankheitsanfälliger machen, als sie es sonst gewesen wären, in hohem Maße kontra-adaptiv. Man nehme als Beispiel die weit verbreiteten Quellen menschlichen Leids, die Allergien, die in ihren verschiedenen Ausprägungen – als Pollen- oder Nahrungsmittelallergie, Anaphylaxie [Überempfindlichkeit gegen körperfremdes Eiweiß] oder in Gestalt der selbstzerstörerischen Autoimmun-Krankheiten – allesamt indirekt eine Folge davon sind, daß wir ein System der Immunabwehr besitzen, das so überaus empfindlich ist und so vortrefflich imstande, das Eindringen von körperfremden Substanzen in den Körper festzustellen; kein Immunologe würde auch nur eine Sekunde lang die Behauptung anzweifeln, daß ein noch ungeborenes Kaninchen imstande sein wird, einen Antikörper gegen eine noch nicht synthetisierte chemische Verbindung zu bilden. Man kann natürlich mit Recht sagen, der Besitz eines immunologischen Abwehrsystems verleihe uns und Tieren überhaupt einen *Netto*-Vorteil, denn ein solches System ist lebenswichtig. Ein von einem Asthmaanfall niedergeworfener Mensch könnte allerdings auf den Gedanken kommen, daß dieses Leben nicht immer lebenswert sei.

Ein zweites, andersartiges Beispiel für eine auf Fehlanpassung beruhende Nebenwirkung ist diejenige, die mit dem aufrechten Gang des Menschen zusammenhängt, der, wie einmal bemerkt worden ist, eine stete Quelle moralischer Befriedigung sein mag, aber doch ernsthafte mechanische Nachteile mit sich bringt. Bei den meisten Säugetieren ist das Rückgrat ein einfacher Bogen, der sich ohne Einbiegungen vom Kopf zum Schwanz erstreckt – ein Träger, der auf den vier Beinen als Pfeilern ruht; das aufrechte Rückgrat des Menschen weist dagegen an einigen Punkten Krümmungen auf: in der Höhe des Brustkorbs und des Kreuzes ist es ein wenig nach vorn, am Kreuzbein ein wenig nach hinten gebogen. Der aufrechte Gang setzt das Rückgrat neuen, aus der Entwicklungsgeschichte unbekannten Stößen und Belastungen aus, so daß es kein Wunder ist, wenn die Wirbelsäule in dem Ruf steht, das erste Gebilde im Körper zu sein, das Anzeichen des »Alterns« zeigt. Die großen Menschenaffen können zwar auch auf zwei Beinen gehen, vermeiden aber viele der damit verbundenen Nachteile, indem sie zum Gehen ihre Arme und ihre Handgelenke als Vorderfüße benutzen, wobei sie bezeichnenderweise nicht mit der Sohle, sondern mit der Außenkante der Füße auftreten. Die Menschen sind mit ihrem aufrechten Gang und ihren regelrechten Plattfüßen äußerst anfällig für solche Leiden wie den Bandscheibenvorfall und mancherlei Rückenschmerzen unbestimmter Ursache.

Ein Tierarzt hat sich einmal sehr darüber aufgeregt, daß unsere Anfälligkeit für Wirbelsäulenschäden als eine »Unvollkommenheit des Menschen« bezeichnet wurde; er pochte darauf, daß auch Hunde an Bandscheibenverletzungen leiden. Leider begriff er überhaupt nicht, um was es bei dieser Charakterisierung eines Bandscheibenschadens ging (nämlich um die schädliche Nebenwirkung einer Anpassung), und so wies er das Argument in Bausch und Bogen ab und meinte, hier solle wieder einmal das Ansehen der Tierärzte herabgesetzt werden, hier wolle man ihnen ihre Selbstachtung rauben, die aus der Tatsache erwächst, daß ihre Patienten an Gebrechen der gleichen Art und Schwere leiden wie die Menschen. Wahrscheinlich hat es ihn nicht besänftigt, als man ihn aufforderte, einen Unterschied zu machen zwischen den Fehlanpassungen von ansonsten normalen menschlichen Wesen und jenen, unter denen die abscheulichen Mutanten leiden, die einen so großen Anteil der Kleintier-Veterinärpraxis ausmachen.

Ehe wir dieses Thema verlassen, muß betont werden, daß die Vorteile des aufrechten Ganges die genannten Nachteile weit überwiegen, denn der aufrechte Gang befreit die Hände und ermöglicht dadurch die manuelle Geschicklichkeit – ein unschätzbarer Besitz.

Eine fehlgeleitete Immunabwehr liegt dem dritten Beispiel einer Fehlanpassung zugrunde: die beim Menschen auftretende Anfälligkeit für die hämolytische Neugeborenenerkrankung. Ursache dieses Leidens ist eine Schwächung der Plazenta, die dann durchlässig wird für die den Embryo schädigenden Antikörper, welche (siehe unter *Rhesusfaktor*) bisweilen gebildet werden, wenn bei der Geburt rote Blutkörperchen des Fötus in den Kreislauf der Mutter gelangen. Rhesus-Polymorphismus könnte natürlich einen gewissen Vorteil verleihen, der den Verlust durch die Hämolyse-Krankheit mehr als wettmacht. Worin dieser Vorteil bestünde, ist jedoch schwer zu erkennen, weil er weder bei den Menschenaffen noch in allen menschlichen Gemeinschaften auftritt.

Das vierte Beispiel betrifft eine Fehlanpassung ganz anderer Art, einen Sachverhalt, bei dem eine Anpassung, die für eine Mehrheit von Menschen eindeutig vorteilhaft ist, für einige wenige verhängnisvoll nachteilig ist. Unter dem Stichwort *Sichelzellanämie* erklären wir, daß das Sichelzellmerkmal die heterozygote Ausprägung eines Gens *S* ist, welches das normale Hämoglobin A so abwandelt, daß bei Sauerstoffmangel im Blut die roten Blutkörperchen eine Sichelform annehmen. Das Sichelzellenmerkmal ist weit verbreitet in solchen Weltgegenden, wo die Malaria endemisch war oder ist, weil es eine relative Immunität gegen Malaria verleiht. Äußerlich betrachtet, scheint dieser bemerkenswerte Anpassungserfolg ein »Geniestreich« zu sein – ein unvergleichliches Beispiel für die Weisheit der Natur und die Güte ihrer Absichten. Aber leider hat die Sache auch eine Schattenseite von genau jener Art, die der Verfasser eines Bridgewater-Traktats wohlweislich übersehen sollte: Ungefähr ein Viertel der Nachkommen von Eltern, die beide das Sichelzellenmerkmal aufweisen, wird jung sterben, weil dies nach den Mendelschen Gesetzen der Anteil ist, der bezüglich des Gens *S* homozygot sein und an Sichelzellenanämie, einer tödlichen Krankheit, erkranken wird.

Dies alles wurde zur Warnung aufgeführt, damit man sich hüte, der Natur einen Plan zu unterschieben, welcher dazu verlocken könnte, auf die Existenz eines Allwissenden Planers zu schließen, der die nachteiligen Nebenwirkungen Seiner Einrichtungen vorherzusehen vermag.

K

Karotis

Die Karotis ist die große Ader im Hals, die sicherlich gemeint ist, wenn unbeholfene Thriller-Autoren von der »Halsschlagader« sprechen. Die inneren und äußeren Karotiden sind die Hauptblutgefäße, die sauerstoffreiches Blut vom Herzen zum Kopf transportieren. Ein Abklemmen der Karotis führt rasch zu Bewußtlosigkeit, und ein versehentlicher Anstich der Karotis durch einen Chirurgen wird gewiß auf unfreundliche Kritik stoßen.

Wenn es also von Bulldog Drummond, dem von Schuljungen und zurückgebliebenen Erwachsenen so sehr bewunderten Helden populärer Abenteuergeschichten, heißt, er habe die Halsschlagader gepackt und zugedrückt, so wird ein kluges Lektorat sogleich »Karotis-Arterie« dafür einsetzen.

Keimschichtentheorie

Nach der Keimschichtentheorie, die einmal zu den theoretischen Stützpfeilern der klassischen beschreibenden Embryologie gehörte, haben tierische Embryos folgende Grundstruktur: ihre Zellen sind organisiert in epitheliale Platten, Zellschichten, Zellblätter oder -hüllen, deren Schicksal im Hinblick auf das später daraus entstehende erwachsene Tier genau festgelegt ist. Es gibt drei Schichten, und die beiden ersten entstehen wie folgt: Nachdem ein befruchtetes Ei sich in Zellen aufgeteilt hat, entsteht innerhalb des massiven Zellhaufens gewöhnlich eine Höhle, eine mit Flüssigkeit gefüllte Blase, *Blastula* genannt. Anschließend stülpt sich diese Hohlkugel an einem Pol ein, so daß zwei Schichten entstehen, wobei die innere Schicht ein Rohr bildet, den Urdarm, der mit der Umgebung durch eine Öffnung verbunden ist, die später als Anus fortbesteht. Die äußere der beiden Zellschichten ist das *Ektoderm,* aus dem, als der Schnittstelle zwischen Organismus und Umwelt, nicht unerwartet später die Haut, die Sinnesorgane und das gesamte Nervensystem hervorgehen. Aus der inneren Schicht, dem *Entoderm,* entstehen der Darm und alle Organe (darunter die Leber), die ihr Dasein als zelluläre Ausstülpungen des Darms beginnen. Durch Zellverschiebungen innerhalb des Embryos entsteht zwischen diesen beiden ersten Schichten eine dritte, das *Mesoderm,* aus dem sich die segmentalen Muskeln, die Skelettstrukturen des Körpers, die Muskulatur des Darms und der Körperwandung sowie die Bindegewebe bilden. Die Höhlung innerhalb dieser Mittelschicht formt die Hauptleibeshöhle oder das Coelom, aus dem sich die Nieren entwickeln.

Die starke Anziehungskraft der Keimschichtentheorie beruhte auf der Annahme, daß sich in der Bildung der drei Keimschichten während der Entwicklung die allgemeine Stammesgeschichte der Tiere wiederhole; man folgerte daraus, daß die primitivsten vielzelligen Organismen hohle Zellkugeln, ähnlich der *Blastula,* seien, gefolgt von einer zweischichtigen Struktur, wie sie im Grunde die Polypen und Hydrozoen mit ihrem zweischichtigen oder »diploblastischen« Organisationsgrad aufweisen. Wie bei den Embryos trete dann eine mittlere Schicht hinzu und lasse einen »triploblastischen« Organisationsgrad entstehen.

Sehr viel Glauben findet die Keimschichtentheorie heute nicht mehr, und die aus den verschiedenen Schichten hervorgehenden Organe und Gewebe sind auch nicht so konstant, wie man früher angenommen hat, aber das Stück Wahrheit, das in der Theorie steckt, wird heute eindeutig anerkannt. Nachdem Wilhelm Vogt das Verfahren entwickelt hatte, Keimbezirke mit unschädlichen Farbstoffen zu markieren, um verfolgen zu können, wie sie sich im Laufe der Entwicklung bewegen, wurde rasch deutlich, daß die Anfänge der embryonalen Entwicklung weitgehend durch die *Bewegungen* bestimmt sind, welche Zellen und Zellgruppen relativ zueinander ausführen. Solche Bewegungen können nur stattfinden, wenn das Material des Keims in Zellplatten oder -blättchen organisiert ist, die übereinander oder zwischeneinander gleiten oder kriechen können und die durch Ausstülpungen hier und Einstülpungen dort, durch Ausdehnungen und Kontraktionen die Grundstruktur des erwachsenen Organismus festlegen. Oliver Wendell Holmes (1846–1933), Professor der Anatomie und der Physiologie an der Harvard Medical School, verglich den Vorgang mit den Operationen eines Glasbläsers. Letzten Endes ist die Keimschichtentheorie demnach eher eine Theorie der Entwicklungstaktik als der Entwicklungsstrategie.

Kloakentiere

Als primitive Säugetiere, die eine Zwischenform zwischen den Reptilien und den Säugern darstellen, müssen die Kloakentiere eine große Ähnlichkeit mit jenen Tieren haben, die den stammesgeschichtlichen Übergang von säugerähnlichen Reptilien zu echten Säugetieren bildeten.

Die Kloaktentiere weisen teils Reptilien-, teils Säuger-, aber auch ganz eigene Merkmale auf. Das auffälligste Reptilienmerkmal ist das Beibehalten der Gewohnheit, Eier mit fester Schale zu legen; außerdem haben Darm, Harnblase und Genitalien eine gemeinsame Ausmündung, die *Kloake.* Offenkundige Säugermerkmale sind der Besitz von Brustdrüsen, die in ihrem Feinbau denen höherer Säugetiere gleichen, und – drei Merkmale, die zusammenpassen – der Besitz eines Haarkleides, ein Brustkorb und Bauchhöhle trennendes Zwerchfell sowie Warmblütigkeit. (Das Zwerchfell ermöglicht eine im Vergleich zu den Reptilien gesteigerte Atemtätigkeit, die wiederum den mit der Warmblütigkeit verbundenen höheren Stoffwechselumsatz ermöglicht. Die Temperaturregulation ist jedoch noch nicht so effizient wie bei den Säugern.) Ein weiteres Säugermerkmal ist die Reduktion des Unterkiefers auf einen einzigen Knochen, den Dentale, und die Freisetzung anderer für Reptilien typischer Kieferknochen, die die Aufgabe übernehmen, Schwingungen vom Trommelfell zum Innenohr zu übertragen.

Zu den Unterscheidungsmerkmalen der Kloakentiere kann man zählen, daß die erwachsenen Tiere keine Zähne haben und die Männchen eine Giftdrüse aufweisen, die mit einem hohlen Stachel am Fußgelenk in Verbindung steht. Das Gehirn ist im großen und ganzen wie das der Säugetiere aufgebaut, nur fehlt das *corpus callosum,* die Nervenverbindung zwischen den beiden Hirnhemisphären. Man kennt mehrere Spezies von Kloakentieren, die Ameisen fressen, und sie weisen die gleichen Modifikationen auf wie ameisenfressende höhere Säuger.

Es versteht sich von selbst, daß die Eigentümlichkeiten der Kloakentiere völlig unerklärlich wären, wenn man nicht davon ausginge, daß sie eine Evolutionsstufe zwischen den Reptilien und den Säugetieren darstellen. (Siehe die Stichworte *Beweise der Evolution* und *Wiederholung.*) Die bekanntesten Kloakentiere sind das mit einem Entenschnabel versehene Schnabeltier *(Ornithorhynchus)* und der Ameisenigel *(Echidna).*

Klone

Ein Klon von Zellen – als einen solchen betrachtet man heute einen Tumor – besteht aus der Nachkommenschaft, die durch wiederholte und sukzessive mitotische (in genetischer Hinsicht symmetrische) Zellteilungen aus einer Elternzelle hervorgeht. In einem gewissen Sinne ist daher jeder ausgewachsene Organismus ein aus der Zygote abstammender Klon. Als »Klone« kann man auch die Nachkommen von ganzen Organismen bezeichnen, die sich ungeschlechtlich fortpflanzen. Gemeint ist, wenn man von Klonen spricht, die identische Replikation. Eineiige Zwillinge, entstanden aus der Teilung eines befruchteten Eis in zwei gleiche Teile, stellen daher einen Klon ersten Ranges dar. In der Tat sind die Eier von Säugetieren grundsätzlich zur Bildung von Klonen, also zur Erzeugung einer großen, wenn nicht gar unbegrenzten Zahl von Kopien aus einem Prototyp geeignet. Um einen so tollkühnen Plan praktisch zu verwirklichen, müßte ein befruchtetes menschliches Ei unter Gewebekultur-Bedingungen weitergezüchtet werden, und es müßten in ausreichender Menge junge Pflegemütter bereitstehen, die man hormonal auf die Einpflanzung des Eis vorbereiten würde. Besondere technische Schwierigkeiten bereitet das nicht; was an Voraussetzungen zusammenkommen müßte, wäre der Ehrgeiz, die Sache auszuführen, eine genügende Konzentration von Geldmitteln, eine gewisse technische Gewandtheit und – Verrücktheit.

In der Science Fiction und in gewissem Ausmaß auch im allgemeinen Bewußtsein hat das »Cloning«, die Erzeugung von Klonen, noch eine zusätzliche Bedeutung angenommen: die Vervielfältigung eines befruchteten Eis, das dazu gebracht wurde, einen ganz bestimmten Genotyp anzunehmen, indem man anstelle des Kerns der Zygote den Kern einer Körperzelle jenes Menschen – sagen wir: eines verrückten oder eitlen Millionärs – einsetzte, der vervielfältigt werden soll. Über genau dieses Thema hat ein gewissenloser Wissenschaftsjournalist eine angebliche Dokumentation verfaßt, in der er behauptete, es handele sich um eine wahre Begebenheit, aber gleichzeitig erklärte, er sei eidlich zur Geheimhaltung verpflichtet, so daß es nicht möglich war, die Richtigkeit der Geschichte (beziehungsweise die Redlichkeit ihres Verfassers) zu überprüfen. Das Buch war mit einem scheinbar wissenschaftlichen Anhang versehen, der ebenfalls ein geschicktes Manöver darstellte, die Spuren zu verwischen. Die Autoritäten, die der Autor angeblich konsultiert hatte, wurden unter Pseudonym zitiert. Viele haben sich von dieser Lügengeschichte einwickeln lassen, die dem Ruf des Verfassers wie des Verlegers nach unserer Ansicht sehr abträglich ist.

Nach gründlicher Abwägung halten wir es für ausgeschlossen, daß in dieser besonderen Bedeutung einer Wahl des Genotypus Klone von Menschen erzeugt werden können. Zuerst ist bei Pflanzen von Klonen gesprochen worden, in bezug auf die wohlbekannte Vermehrung von Pflanzen durch Ableger, Ausläufer, Knospen und Pfropfung; inzwischen umfaßt der Begriff Cloning auch die Aufzucht ganzer Pflanzen (z. B. ganzer Karottenpflanzen) aus einzelnen Zellen. Dieser Wortgebrauch hat mit den zuvor erwähnten Bedeutungen gemein, daß der eigentliche Wortsinn – die ungeschlechtliche Vermehrung von genetisch identischen Kopien – erhalten bleibt.

Königskrabbe

Es gibt mehr als ein krebsartiges Geschöpf, das als Königskrabbe bezeichnet wird, doch am berühmtesten ist wohl der urtümliche (mindestens zweihundert Millionen Jahre alte) Schwertschwanz, *Limulus*.

Opfer der rätselhaften Neurose, die unter dem Namen *Arachnophobie* bekannt ist, werden die Königskrabbe ganz sicher meiden, wenn sie erfahren, daß diese keineswegs ein regulärer Krebs ist, sondern zur Gruppe der Arachniden gehört, die eng mit den Spinnen verwandt ist. Diese Einstufung wurde der Welt erstmals enthüllt durch jenen Professor der Zoologie am Londoner University College, von dem es heißt, er sei das Vorbild für Sir Arthur Conan Doyles Professor Challenger in *The Lost World* (London 1912) [deutsch: *Die vergessene Welt*. Ges. Werke, 1959 ff.] gewesen.

»Limulus, an Arachnide« lautete der resolute Titel einer berühmten Abhandlung von Sir Edwin Ray Lankester. John Collier hat Lankester gemalt, wie er eine Vorlesung über Limulus hält und ein getrocknetes Exemplar betrachtet, als fürchte er, es könne ihm widersprechen.

Ein anderer Professor der Zoologie, der keiner Schule angehörte, die für gründliche Kenntnisse auf dem Gebiet der Evolution bekannt gewesen wäre, versuchte die *Wirbeltiere* aus Formen abzuleiten, die eng mit den Königskrabben verwandt sind – ein Kunststück, wie es bisweilen ähnlich von Musikwissenschaftlern angewandt wird, wenn sie demonstrieren, daß man ein musikalisches Thema aus einem anderen ableiten kann: Man braucht nur, so erklären sie dann mitunter, die Melodie rückwärts oder verkehrt herum zu spielen und beim Rhythmus vom Walzer zum Fünfvierteltakt zu wechseln, und im Handumdrehen hat man sein Ziel erreicht.

Kontakthemmung

Michael Abercrombie 1912–1979) entdeckte ein einfaches Regelungsphänomen: daß Zellen, die in einer Kultur miteinander in Berührung kommen, sich gegenseitig von amöboiden Wanderbewegungen abhalten. Damit erklärte sich vieles, was bis dahin rätselhaft gewesen war (zum Beispiel die Tatsache, daß die Reparatur einer Gewebekultur, die man künstlich verletzt hatte, gerade nur so weit ging, daß der Schaden wieder behoben war). Besondere Aufmerksamkeit fand natürlich Abercrombies Nachweis, daß die Kontakthemmung bei bösartigen Zellen nicht funktioniert, eine Eigenschaft, die das Wuchern von Tumoren teilweise erklärt. Bei künftigen Forschungen zur Kontakthemmung wird es wohl darum gehen, jene strukturellen Eigenschaften der Zelloberfläche zu klären – wahrscheinlich mit immunologischen Methoden –, die zur Kontakthemmung führen – oder unter pathologischen Bedingungen zu deren Versagen.

Koronararterie

Die Koronararterie ist die große Arterie, die sich um das Herz windet und den Herzmuskel (das Myocard) stetig und reichlich mit arteriellem Blut versorgt. Sie ist in einem gewissen Sinne die wichtigste Arterie im Körper, denn von ihrem richtigen Funktionieren hängt das Funktionieren aller anderen ab. Es liegt vielleicht an dem ständigen Hämmern und Rütteln, dem sie ausgesetzt ist, daß die Koronararterie für die krankhaften Veränderungen, denen die Arterien im allgemeinen unterliegen, besonders anfällig ist. Eine Erkrankung der Koronararterie – oder, wie man auch sagt: der Herzkranzgefäße – geht häufig einer koronaren Herzkrankheit vorauf, die im extremen Fall zu einer völligen Verstopfung der Arterie führen kann, der oft der Herzmuskeltod (Herzinfarkt) folgt.

In den westlichen Industrieländern stehen Erkrankungen des Herzens und seiner Gefäße seit einiger Zeit an der Spitze der Todesursachen.

Krankheit

Jede Kultur hat zweifellos ihre eigene Theorie der Krankheit. In der westlichen Welt – und vielleicht in allen Ländern, in denen eine jüdisch-christliche Ethik vorherrschend ist – hat sich allgemein die Theorie der *Krankheit als Strafe* durchgesetzt: Wir sind krank, weil wir oder auch weil unsere Eltern Unrecht getan haben. Mit der Bestrafungstheorie wird die schlichte Beobachtung, daß Magenschmerzen mit unbesonnenem Essen, ein Kater mit übermäßigem Trinken und die Syphilis mit der Fleischeslust zusammenhängen, im Wege der Extrapolation auf die Krankheit ausgedehnt.

Die Bestrafungstheorie ist grundfalsch, und sie kann manchmal sehr grausam sein. Die Idee, daß der Gebärmuttervorfall eine Folge übermäßigen sexuellen Genusses sei, ist bereits als Beispiel für die Leichtgläubigkeit des Aristoteles und seine Gewohnheit angeführt worden, das, was wahr *ist,* und das, was nach seiner Meinung wahr sein *sollte,* miteinander zu verwechseln. Die Bestrafungstheorie ist ein natürlicher Verbündeter der Ansicht, daß sexuelle Betätigung, da sie angenehm ist, schädlich sein müsse; es ist noch gar nicht lange her, daß man die Idee, Frauen hätten sexuelle Bedürfnisse, deren Befriedigung ihnen Genuß bereite, als eine »niederträchtige Verleumdung« zurückwies, und bis vor kurzem wurden Generationen von Schuljungen feierlich gewarnt, daß sie durch Onanieren blind oder vielleicht sogar wahnsinnig werden könnten.

Die Befreiung der Menschheit von dem finsteren Aberglauben, der in der Bestrafungstheorie der Krankheit steckt, kann als eine der größten Wohltaten der medizinischen Wissenschaft eingeschätzt werden. Menschen werden aus den verschiedensten Gründen krank, von denen keiner als Vergeltung gedeutet werden kann: Ernährungsmängel; Infektionen durch Bakterien, Protozoen und Viren; Funktionsstörungen der innersekretorischen Drüsen, die etwa für den Diabetes verantwortlich sind; die Addisonsche Krankheit und der auf einer chronischen Schilddrüsenunterfunktion beruhende Kretinismus. Wenn die Opfer des zuletzt genannten Leidens als Kretins bezeichnet werden, so kommt darin übrigens eine gewisse Barmherzigkeit zum Ausdruck, denn das französische *crétin* leitet sich von *chrétien* ab, und das bedeutet »Christ«. »Dieses Wort«, so schreibt der Lexikograph C. T. Onions über den Ausdruck *Kretin,* »besagt, daß diese Geschöpfe Menschen sind, wenngleich verkümmert und verkrüppelt.« Von Barmherzigkeit ist allerdings herzlich wenig zu spüren, wenn eine angeborene Mißbildung als Bestrafung der Eltern gedeutet wird. Es ist unerträglich, wenn die Eltern zusätzlich zu dem Schock und dem anhaltenden Elend, ein anomales oder retardiertes Kind zur Welt gebracht zu haben, auch noch genötigt werden sollen, bei sich selbst nach einer Erklärung für das Unglück zu suchen, das wahrscheinlich auf einen Chromosomenschaden, ein unglückliches Zusammentreffen rezessiver Gene oder eine chromosomale Abweichung zurückgeht, die möglicherweise durch ionisierende Strahlung verursacht wurde.

Obwohl die Krankheitstheorie, die uns durch die moderne medizinische Wissenschaft nahegebracht wurde, im großen und ganzen befreiend und wohltuend gewesen ist, muß ihr doch die Tendenz, den Einfluß seelischer Zustände auf den Gesundheitszustand geringzuschätzen oder zu verwischen, als Mangel angerechnet werden. Mehr oder weniger überzeugend ist der Einfluß der Psyche auf den Körper in der Widerstandsfähigkeit gegen gewisse (namentlich tuberkulöse) Infektionen, bei Herzkranzgefäßerkrankungen und sogar beim Krebs erkannt worden. Ein Arzt, der über die Idee einer wechselseitigen Beeinflussung von Leib und Seele die Nase rümpft oder sie gar völlig verwirft, wird, so scheint uns, kein sehr guter Arzt sein.

Krebs

Jener Zweig der Pathologie, der sich mit der Krebsforschung befaßt, ist die *Onkologie* (das Präfix *Onko-* deutet immer auf Krebs hin, so in den Wörtern onkogen oder Onkovirus). Was wir heute über den Krebs wissen, verdanken wir jahrhundertelanger klinischer Beobachtung und rund einem Jahrhundert systematischer Forschung.

Von der ungeheuren Vielfalt der Erscheinungs- und Wachstumsformen sowie der möglichen Ursachen des Krebses bedrückt, bestreiten manche Pathologen, daß es einen einheitlichen Befund namens Krebs gibt; es handele sich, sagen sie, nicht um eine, sondern um viele Krankheiten mit unterschiedlicher Ursache und unterschiedlichem Verhalten, für die man ebenso viele unterschiedliche Therapien entwickeln sollte. Wir wollen dem gar nicht widersprechen, meinen aber, daß wir bis jetzt noch nicht genug wissen, um die einfachere Annahme zurückzuweisen, daß es in der Entstehung aller Tumoren etwas Gemeinsames gibt – und daß es daher eine fundamentale Ähnlichkeit zwischen ihnen allen gibt, obgleich diese bis jetzt noch nicht entdeckt wurde. Das heißt nicht, daß es so etwas wie *die* Krebstherapie geben muß. Sicher weisen einzelne Tumoren ihre besonderen Merkmale auf, wie etwa eine Abhängigkeit von spezifischen Hormonen, was man sich in vielen Fällen klinisch zunutze machen kann.

In der allgemein anerkannten Krebsterminologie bezieht sich die Endsilbe *-om* gewöhnlich auf ein nicht-bösartiges Gewächs oder eine nicht-bösartige Geschwulst: ein Hühnerauge zum Beispiel, das durch zu enge Schuhe auf dem Rücken einer Zehe entsteht, ist ein Epitheliom, und eine gutartige Knochengeschwulst ist ein Osteom. Wenn ein Epithelgewächs bösartig ist, bezeichnet man es als Karzinom; einige Puristen bestehen darauf, das Wort »Krebs« nicht als Gattungsbezeichnung für alle bösartigen Tumoren zu verwenden, sondern allein auf Tumoren epithelialer Herkunft zu beschränken. Der Sprachgebrauch pflegt jedoch über solche semantischen Feinheiten hinwegzugehen. Der Begriff »Sarkom« wird zum Beispiel für ein bösartiges Gewächs sowohl der skelettalen als auch der Binde- und der zirkulatorischen Gewebe verwendet, wie in Osteosarkom, Fibrosarkom und Lymphosarkom.

Rasches Wachstum ist kein allgemeines Merkmal von Tumoren und auch nicht die Eigenschaft, die man am meisten zu fürchten hätte; was die Tumoren gefährlicher und zugleich einer chirurgischen Behandlung weniger leicht zugänglich macht, ist ihre Tendenz, in das befallene Gewebe einzudringen; eine andere schwere Komplikation ist die *Metastase,* die Ausbreitung des Tumors von seinem Entstehungsort aus über den ganzen Körper.

Herz- und Gefäßkrankheiten sind in den westlichen Industrieländern zwar seit langem zur Haupttodesursache von Erwachsenen geworden, doch löst der Krebs immer noch mehr Angst aus als jede andere Krankheit. Lewis Thomas hat auf die Parallele zwischen Krebsangst und der Angst vor der Tuberkulose (»Schwindsucht«) hingewiesen, die um die Jahrhundertwende und noch ein Jahrzehnt später oder länger weit verbreitet war. Auch die Diagnose ›Schwindsucht‹ galt als ein Todesurteil, besonders wenn die Infektion sich im ganzen Körper ausgebreitet hatte.

Diese Einstellung herrscht heute weithin gegenüber dem Krebs: Er ist unheilbar, so denkt man, er schreitet unaufhaltsam voran, führt unausweichlich zum Tode und läßt niemals von selbst nach. Das trifft aber nicht ganz zu: Krebs *kann* in manchen Fällen geheilt werden, obwohl zugegebenermaßen nicht so häufig, wie es in Artikeln gewisser Zeitschriften angedeutet wird, die eine Redaktionspolitik des hartnäckigen Optimismus verfolgen, um Leser und Anzeigenkunden nicht abzuschrecken. Durch eine Kombination chirurgischer und chemotherapeutischer Maßnahmen wird das Wachstum gewisser Krebserkrankungen manchmal zum Stillstand gebracht, was jedoch eine zuversichtliche Erfolgserwartung in allen Fällen keineswegs rechtfertigt.

Im übrigen kommt es auch vor, daß eine Krebserkrankung selbst ohne therapeutischen Eingriff spontan zurückgeht und verschwindet. Dieses Phänomen hat zusammen mit der Ansicht, daß längst nicht alle Tumoren, die sich bilden, auch zu einer klinischen Gefahr werden, zu der verbreiteten Meinung geführt, der Körper besitze eine natürliche Abwehr gegen den Krebs. Viele Biologen glauben das, obwohl es für die Evolution eines solchen Abwehrsystems kaum eine biologische Begründung gibt. Der Krebs ist – im Unterschied zu den Infektionskrankheiten – keine so bedeutende Todesursache gewesen, daß ein starker Selektionsdruck von ihm ausgegangen wäre, denn er betrifft überwiegend Menschen, die das fortpflanzungsfähige Alter schon hinter sich haben, also einen Lebensabschnitt, in dem (wie unter dem Stichwort *Altern* erläutert) die Kraft der natürlichen Auslese stark nachgelassen hat.

Wie könnte ein natürlicher Abwehrmechanismus aussehen? Man ist sich darin einig, daß ein solcher Mechanismus, falls er existierte, in einem allgemeinen Sinne immunologischer Natur sein müßte und davon abhängen würde, daß der Tumor in hinreichendem Maße organismusfremde Eigenschaften besitzt oder annimmt, um als Antigen zu wirken. Tumoren, die bei Versuchstieren durch krebserregende Viren und Chemikalien hervorgerufen wurden, waren fast durchweg antigen und lösten in vielen Fällen eine Immunreaktion aus, die so stark war, daß die Tumoren abgestoßen, d. h. zum Verschwinden gebracht wurden. Es ist nicht so sicher, daß dies auch für die Tumoren gilt, die man, weil ihre Ursache unbekannt ist, als »spontan« bezeichnet.

In der angewandten Krebsforschung geht es überwiegend darum, nach neuen und besseren Medikamenten zu suchen, die das Wachstum von Krebszellen hemmen. Die Schwierigkeit liegt im Grunde darin, daß keines dieser Medikamente krebsspezifisch ist. Sie hemmen zwar das Wachstum wuchernder Zellen, können jedoch ihrerseits krebserregend sein, wie es bei Röntgen- und Gammastrahlen bekanntlich der Fall ist. Wegen dieser Nachteile ist die Idee der immunologischen Behandlung sehr verlockend, aber ihre Ergebnisse sind bislang eher enttäuschend.

Einer der interessantesten neuen Bereiche der Krebsforschung ist aus der Vorstellung der *Anaplasie* entstanden. Da diese Vorstellung metaphysischen Ursprungs ist, könnte sie einen besonders geeigneten Beleg für die These Karl Poppers abgeben, daß die metaphysische Spekulation durchaus nicht als Unsinn abzulehnen, sondern als Quelle von Ideen in der Wissenschaft vollkommen zulässig ist, vorausgesetzt, diese Ideen werden der strengen kritischen Prüfung unterzogen, der alle wissenschaftlichen Konzeptionen unterzogen werden sollten.

Im 19. Jahrhundert bewegte die naturphilosophische Spekulation in Deutschland die klinischen Pathologen ebenso wie die Vertreter der herkömmlichen Biologie. Einige Pathologen waren der Ansicht, daß zwischen Krebszellen und Embryozellen ein innerer Zusammenhang bestehe. Die Fähigkeit einer Zelle, sich zu vermehren, so argumentierten sie und dachten dabei an das Neuron, stehe im umgekehrten Verhältnis zu ihrem Differenzierungsgrad: je höher die Zelle differenziert sei, desto geringer sei ihre Teilungsfähigkeit (die ersten Zellen eines Embryos können sich offensichtlich teilen, hochdifferenzierte Zellen wie die Neuronen können es offensichtlich nicht). Da Krebszellen sich ohne weiteres teilen können, müssen sie, so argumentierte man, eine Entdifferenzierung erfahren haben und in einen embryonalen Zustand zurückgekehrt sein. Julius Cohnheim meinte, Krebs entwickele sich aus embryonalen »Resten« oder Überbleibseln von Embryozellen, die sich durch irgendein Mißgeschick nicht differenziert und bis ins Erwachsenenalter des Organismus erhalten haben. Diese Hypothese ist seit langem experimentell widerlegt, aber man kann verstehen, daß sie bei Naturphilosophen Anklang fand. Eine Entdifferenzierung findet im übrigen nicht statt: die meisten Krebszellen behalten ihre differenzierten Merkmale bei und produzieren weiterhin ihre kennzeichnenden Sekrete. In einem leicht abgewandelten Sinne kommt es dennoch zur Anaplasie: Krebszellen können von neuem Substanzen bilden, die von ihren fernen zellulären Vorfahren in der embryonalen oder fötalen Phase produziert wurden. Auf dieses unerwartete Wiedererwachen und diese Reaktivierung von Genen, die zuvor in der embryonalen Phase eine Funktion hatten, wird der Ausdruck »Anaplasie« heute angewandt.

Krebsforschung beruht im Grunde auf dem Versuch, einen klinisch verwertbaren Unterschied zwischen einer bösartigen Zelle und ihrem normalen Gegenstück zu finden. Die Anaplasie ist nicht die endgültige Antwort auf dieses Problem, aber sie kommt einer definitiven Lösung bisher am nächsten. Das Phänomen ist *tatsächlich* auf besonderes Interesse gestoßen, und an einer Konferenz über fötale Antigene bei Krebs, die vor einiger Zeit von einer wohltätigen Stiftung in London veranstaltet wurde, nahmen Krebsforscher aus neun Ländern teil. Es fehlt der Krebsforschung durchaus nicht an Ideen, wie einige suggerieren wollen, wenn sie nach Vorwänden suchen, um die stattlichen Summen, die man für sie bereitstellt, zu reduzieren oder ihr wissenschaftliches Ansehen zu mindern. Wir glauben, daß der Krebs schließlich unter Kontrolle gebracht wird, und zwar durch die Weiterentwicklung und die medizinische Anwendung von Ideen, die heute schon bekannt sind.

Niemand wird der Binsenwahrheit widersprechen, daß die beste Methode, mit dem Krebsproblem fertigzuwerden, darin besteht, keinen Krebs zu bekommen. Es müßte folglich ein Anlaß zur Freude sein, wenn Fachleute den Anteil der Krebsformen, die aus exogenen und daher im Prinzip vermeidbaren Ursachen entstehen, heute mit 80 Prozent angeben. Wir denken dabei an Krebsviren, Industriechemikalien, ionisierende Strahlung, Asbestfasern und viele Lebensmittelzusätze. (Konservierungsmittel, »Verbesserer«, Farb- und Geschmacksstoffe). Obwohl es nicht immer möglich ist, die Unverletzlichkeit des menschlichen Lebens mit der Unantastbarkeit des wirtschaftlichen Profits zu vereinbaren, werden sowohl in den Vereinigten Staaten als auch in Großbritannien energische Gesetze erlassen, die den Schutz gegenüber der wirtschaftlichen Nutzung potentiell krebserregender Chemikalien verstärken sollen.

Die brauchbarsten Erkenntnisse über Krebsursachen und Krebsverhütung sind während des letzten Vierteljahrhunderts nicht aus Kliniken und Laboratorien gekommen, sondern von den Epidemiologen in Verbindung mit den Demographen, den Registratoren von Geburten und Sterbefällen. Held der Krebsepidemiologie ist jener Percival Pott, der als erster den Zusammenhang zwischen Hodenkrebs und dem Beruf des Schornsteinfegers nachwies. Im Grundsatz ähnliche Überlegungen stellten anschließend einen Zusammenhang her zwischen Krebsentstehung und Radioaktivität, zwischen Hautkrebs und Kohlenteer sowie dessen Derivaten, zwischen Rauchen und Lungenkrebs und in jüngerer Zeit zwischen Krebs und einem Mangel an Vitamin A und seinen Abkömmlingen.

Die Größenordnung der Summen, die für die Krebsforschung aufgewendet werden, beträgt Hunderte Millionen Dollars, doch darf der Wert dieser Forschung nicht allein an ihren Auswirkungen auf die Krebsbehandlung gemessen werden, da es einen beträchtlichen »Fallout« gibt. So wurde etwa die Transplantation von Geweben und Organen durch den besonnenen Einsatz von Immunpressoren möglich, Medikamenten, die man sich aus dem Vorrat an chemotherapeutischen Substanzen beschaffte, welche für die Krebsbehandlung entwickelt worden waren (darunter Azathioprin, Imuran und Methotrexat).

Auch zur Erhellung des Zusammenhangs zwischen Geschlecht, Reproduktionsverhalten und Krebs hat die Epidemiologie erheblich beigetragen. Verheiratete Frauen sind von fast allen Krebsarten weniger bedroht als ledige Frauen, und Frauen insgesamt weisen eine geringere Krebshäufigkeit auf als Männer. Bei Frauen gibt es außerdem eindeutige Korrelationen zwischen Krebsrisiko und Reproduktionsverhalten. Bei kinderlosen Frauen ist ein Krebs der Fortpflanzungsorgane häufiger als bei Frauen, die Kinder geboren haben, und die Häufigkeit nimmt mit der Zahl der geborenen Kinder ab. Sowohl in Nordamerika als auch in den Ländern des nördlichen Europa erreichte der Eierstockkrebs einen Höhepunkt in der Generation der Frauen, die in den fünf Jahren von 1885 bis 1900 geboren worden waren; in dieser Generation war die Fruchtbarkeit so gering, daß die Demographen der dreißiger Jahre sich fragten, ob die abendländischen Völker möglicherweise aussterben könnten. Auch besteht eine höchst interessante Korrelation zwischen dem Alter der Frau bei der Geburt ihres ersten Kindes und dem Risiko, Brustkrebs zu bekommen: Mütter im Teenager-Alter sind weniger gefährdet als Frauen, die bei der Geburt ihres ersten Kindes fünfundzwanzig Jahre oder älter sind; und Frauen, die mit dreißig oder später ihr erstes Kind bekommen, tragen ein entschieden höheres Brustkrebs-Risiko als kinderlose Frauen.

Kybernetik

Dieser überaus gelungene Neologismus, den Norbert Wiener (*Cybernetics,* New York 1948) aus dem griechischen Wort *kybernetes* (»Steuermann«) prägte, sollte nach Wiener »den gesamten Bereich der Theorie der Regelung und der Informationsübertragung in der Maschine wie beim Tier« bezeichnen. Bei der Einführung dieses Begriffes weist Wiener ausdrücklich auf eine Abhandlung von James Clerk Maxwell hin, die 1868 in den *Proceedings of the Royal Society of London* erschienen war. Maxwell, der dort über Regler schrieb, lieferte eine elementare mathematische Darstellung der positiven und negativen Rückkoppelung und machte auf die inhärente Instabilität der ersteren aufmerksam.

In der Regeltechnik spielt der Kunstgriff der Rückkoppelung (*feedback*) eine besonders wichtige Rolle, denn er regelt einen Vorgang durch dessen Folgen. In der Biologie universell verbreitet, wird die Rückkoppelung als negativ bezeichnet, wenn die Rückwirkung des Ergebnisses auf den Vorgang diesen vermindert. Ein einschlägiges Beispiel liefert die Senkung der Körpertemperatur durch das Schwitzen, das auf eine Erhöhung der

Körpertemperatur folgt. Eine positive Rückkoppelung liegt dagegen bei bestimmten »autoimmunen« oder immunologisch selbstzerstörerischen Krankheiten vor, zu deren ersten Auswirkungen es gehört, aufs neue gerade die Bedingungen zu erzeugen und damit zu verstärken, die zu der Krankheit geführt haben. Eine Verletzung der Schilddrüse, die eine Autoimmun-Thyroiditis (genauer: Antikörper, die gegen die Schilddrüse wirksam werden) entstehen läßt, führt zur Bildung von Antikörpern, die der Schilddrüse weiteren Schaden zufügen und dadurch die Krankheit verschlimmern.

Um das Prinzip der positiven Rückkoppelung zu erläutern, haben wir früher auf ein vertrautes Beispiel aus dem Alltag zurückgegriffen: Auf einer lärmenden Party müssen die Leute immer lauter reden, wenn sie verstanden werden wollen. Das erhöht die bestehende Lautstärke und macht ein Verstehen noch schwieriger, so daß alle noch lauter reden. Positive Rückkoppelung schafft eine wesentlich instabile Situation und führt in extremen Fällen zu heftigen Schwankungen oder sogar zum Zusammenbruch des Systems.

Es ist unmöglich, alle Situationen anzuführen, in denen die Rückkoppelung zur Regelung der Körperaktivität benutzt wird – die Rückkoppelung ist nämlich allgegenwärtig. Um nur ein Beispiel zu nennen: Im endokrinen System stimulieren die sogenannten glandotropen Hormone, die von der Hypophyse erzeugt werden, die Ausschüttung der Hormone, die von der Schilddrüse, der Nebennierenrinde und den Fortpflanzungsorganen produziert werden. Die Bildung dieser glandotropen Hormone wird durch jene Hormone, deren Ausschüttung sie stimulieren, unterbrochen, so daß der Output eines Hormons durch das Hormon selbst innerhalb physiologischer Grenzwerte gehalten wird.

Wie in der Informationstheorie wurden die Terminologie und Begriffe der Kybernetik rasch von den Biologen aufgegriffen und sind sozusagen in ihre Sprache eingegangen, ein sicheres Anzeichen dafür, daß sie benötigt wurden.

L

Lamarckismus

»Lamarckismus« war ebensowenig ein Begriff Lamarcks, wie »Darwinismus« (von Alfred Russel Wallace geprägt) ein Begriff Darwins war. Obwohl sich heute nicht viele die Mühe machen, die evolutionstheoretischen Ansichten von Jean Baptiste Pierre Antoine de Monet, le Chevalier de Lamarck (1744–1829), näher kennenzulernen, glaubt jeder zu wissen, was Lamarckismus bedeutet. Dieser Begriff faßt bündig die Ansicht zusammen, daß Veränderungen, die ein Organismus durch aktive, quasi zielgerichtete, funktionale Anpassungen im Laufe seines Lebens erwirbt, auf irgendeine Weise dem Genom eingeprägt werden können und dadurch zu einem Bestandteil des Erbguts nachfolgender Generationen werden. Kaum ein Fachbiologe glaubt, daß etwas derartiges geschieht – oder geschehen kann –, aber dennoch behauptet sich diese Vorstellung aus einer Reihe von außerwissenschaftlichen Gründen.

1. Sie ist von einigen literarischen Schriftstellern nachdrücklich propagiert worden, angefangen bei Samuel Butler über George Bernard Shaw bis hin zu Arthur Koestler. Butler glaubte, Instinkte seien genetisch verankerte Gewohnheiten. Shaw machte über das Thema einige seiner typisch ärgerlichen Bemerkungen, wobei ihn zweifellos der Gedanke inspirierte, daß er sich mit dem »Establishment« anlegen würde. Koestler war kein Lamarckist, aber er schuf in seinem berühmten Buch über den wissenschaftlichen Betrugsfall Kammerer *(The Midwife Toad)* ein für die Anerkennung des Lamarckismus günstiges Klima, indem er einen der Hauptverfechter dieser Theorie als ein Opfer der Orthodoxie des Establishment hinstellte und darüber hinaus am Neodarwinismus (von dem er keine sonderlich sachkundige oder gerechte Darstellung gab) Kritik übte.

2. Marxisten weisen die Darwinsche Vorstellung, es gebe angeborene Begabungsunterschiede zwischen den Menschen,

verächtlich ab; sie glauben vielmehr, daß die Menschen gleich geboren sind und zu dem werden, was Erziehung und Umwelt aus ihnen machen – eine Vorstellung, die Napoleon Bonaparte verabscheute. Es ist nicht verwunderlich, daß die Lamarcksche Idee revolutionäre Denker Frankreichs beeinflußt hat und offizielle Doktrin in Rußland war, als dort (ungefähr von 1937 bis 1964) in der Agrarwissenschaft die Ansichten von Trofim Denissowitsch Lyssenko herrschten und die Vertreter der Mendelschen Vererbungslehre in Ungnade waren, weil sie an die genetische Ungleichheit der Menschen glaubten.

3. Es scheint nicht mehr als gerecht zu sein, daß die Bestrebungen eines Tieres und das Ergebnis seiner Anstrengungen zu einem Bestandteil seines Erbgutes werden.

4. Viele Naturforscher haben den Glauben an die – wie es bisweilen schien – allumfassende Erklärungskraft des Neodarwinismus verloren.

5. Die durch die Kultur vermittelte Form der sozialen Evolution oder Vererbung (die unter dem Stichwort *Exogenetische Vererbung* diskutiert wird) ist offensichtlich lamarckistischer Art.

6. Bis vor wenigen Jahren war man weithin der Ansicht, daß evolutionäre Veränderungen bei Bakterien und anderen Mikroorganismen, wie sie verbunden sind mit dem, was man bezeichnenderweise als »Dressur« der Mikroorganismen zur Nutzung neuer Nahrungsquellen und zur Resistenz gegen neue Antibiotika umschreibt, lamarckistischer Art sind. Dieses Mißverständnis – denn als solches stellte es sich heraus – war für die Lamarckisten ein besonderer Ansporn, auch bei höheren Organismen nach einem ähnlichen Vorgang zu forschen.

Aus all diesen Gründen tauchen Behauptungen, daß eine Lamarcksche Vererbung nachgewiesen worden sei, immer wieder auf, sorgen zunächst für eine gewisse Aufregung und geraten dann in Vergessenheit. Wir werden einige Beispiele anführen, bitten aber den Leser, bei ihrer Beurteilung zu bedenken, daß eine lamarckistische Interpretation nicht als stichhaltig anerkannt werden kann, wenn sie nicht ausdrücklich die Möglichkeit der natürlichen Auslese ausschließt.

Industrie-Melanismus bei Schmetterlingen. »Daß sich in

Industriegebieten Melano-Formen (d.h. schwarze oder schwärzliche Varianten) von Schmetterlingen ausbreiten, ... ist eine der bedeutendsten evolutionären Veränderungen, die man je beobachtet hat.« Nach Heslop Harrison ist der Melanismus eine induzierte und erbliche adaptive Veränderung, die darauf zurückzuführen ist, daß Nahrungspflanzen in Industriegebieten von Metalldämpfen verunreinigt werden, die angeblich die Bildung von Melano-Mutanten herbeiführen können. Es bestehen jedoch gewisse Zweifel daran, daß Mangan- oder Bleisalze tatsächlich die besagte Mutantenbildung induzieren können. Da es nicht den geringsten Zweifel daran gibt, daß in vielen Schmetterlingsarten Melano-Mutanten auch in nichtindustrialisierten Gebieten regelmäßig vorkommen, hält man heute eine Erklärung im Sinne der natürlichen Auslese für weitaus wahrscheinlicher: Melano-Mutanten genießen inmitten des verfärbten Laubwerks einer Industrielandschaft einen eindeutigen Selektionsvorteil.

Vererbung erlernter Verhaltensmuster bei Ratten. Lernen kann als eine zweckmäßige Anpassungsreaktion aufgefaßt werden und damit als eine Anpassung gelten, die für eine Lamarcksche Vererbung, sofern es diese gibt, in Frage kommt. William McDougall hat im *British Journal of Psychology* über Jahre hinweg von Experimenten mit Ratten berichtet; es ging dabei um die Vererbung der Fähigkeit, zu lernen, einen von zwei alternativen Auswegen aus einer Wasserfalle zu benutzen; wählte eine Ratte den hell beleuchteten Ausweg, so erhielt sie einen starken Stromstoß, während der schwach beleuchtete Ausweg nicht unter Strom stand. Der Lernerfolg wurde an der Zahl der Versuche gemessen, die eine Ratte zu absolvieren hatte, ehe sie zwölfmal hintereinander den richtigen Ausweg wählte. Die Ratten züchtete man, nach Möglichkeit jede Selektion vermeidend, aus der Population, die in der Versuchsanordnung trainiert worden war. Ihre Leistungen verbesserten sich von anfangs 120 Punkten auf nur 36 Punkte in der vierunddreißigsten Generation. Auf den ersten Blick schien damit eine Lamarcksche Vererbung bewiesen zu sein. Ganz so einfach war es jedoch nicht: Ratten aus zwei verschiedenen Kontrollgruppen verbesserten ihre Leistung ebenfalls, wobei es sich einmal um untrainierte Ratten handelte, zum anderen um »negativ selektierte« Ratten, die aus den »Dummköpfen« jeder Generation gezüchtet wurden. Tatsächlich verbesserten sich die Dummköpfe auffälliger als die trainierten Ratten.

Für Experimentalpsychologen wären die Fehler, die bei solchen Experimenten begangen werden können, gar nicht leicht zu erkennen gewesen. Wistar-Ratten sind, auch wenn sie einander äußerlich gleichen (siehe *Albinismus*), überaus heterogen, also genetisch nicht gleich.

Intelligenzunterschiede, die man in Labyrinthversuchen mit Ratten festgestellt hat, unterliegen in hohem Maße der Auslese, und es ist durchaus möglich, daß man unbemerkt eine Auslese übertrieben hat (und sei es auch nur durch die harmlos erscheinende Methode, die Eltern für die nächste Rattengeneration aus den größten, am gesündesten wirkenden oder aktivsten Würfen zu nehmen – oder auch aus den Würfen, die als erste geschlechtsreif wurden). Die Leistungssteigerung der negativ selektierten Gruppe von Ratten läßt vermuten, daß eine unbemerkte Auslese im Gange war, vielleicht im Sinne der Mischerbigkeit und damit der Vitalität von Hybriden innerhalb einer teilweise reinerbigen Population.

Wie dem auch sei – sorgfältige und umfangreiche Wiederholungen der McDougallschen Untersuchung konnten sie alle nicht bestätigen. Seine Arbeit wird dadurch zu einem Exponat in dem geräumigen und schlecht beleuchteten Museum der nicht reproduzierbaren Phänomene.

Vererbung von Augenfehlern, die durch Antilinsen-Antiserum herbeigeführt wurden. Zwischen 1918 und 1934 schilderten M. F. Guyer und F. A. Smith Experimente, in denen sie zu zeigen vorgaben, daß ein Antiserum, das durch Injektion von Kaninchen-Linsen in Enten gewonnen wurde, bei Injektion in trächtige Kaninchen Defekte in der Entwicklung des Auges hervorrief, die in der männlichen wie in der weiblichen Linie nach Art eines rezessiv mendelnden Gens weitergegeben wurden. In mancher Hinsicht sind diese Experimente plausibel, in anderer äußerst unplausibel. Es war richtig, die Linse als embryonale Zielscheibe zu wählen, denn Antikörper, die sich gegen irgendein anderes Organ gerichtet hätten, wären durch die Gewebe der trächtigen Mutter nahezu sicher aus dem Kreislauf entfernt worden, Antilinsen-Antikörper dagegen nicht. (Die Linse des ausgewachsenen Tieres ist ein Gebilde ohne Blutgefäße, so daß Antikörper nicht zu ihr gelangen.) Andererseits ist es nicht sehr wahrscheinlich, daß ein passiv übertragener Antikörper, der in einer anderen Spezies (nämlich Enten) gebildet wurde, imstande gewesen sein soll, den Dottersack des Fötus zu durchdringen, die Hauptroute, auf der Antikörper in den Embryo des Kaninchens gelangen; außerdem sind angeborene Augenfehler bei Haustieren nichts Ungewöhnliches, und wenn durch Zufall einer bei einem Kaninchen auftrat, das Injektionen von Antiserum erhalten hatte, so wird er sehr wahrscheinlich, den Mendelschen Gesetzen entsprechend, geerbt worden sein.

Aus all diesen Gründen ist es nicht verwunderlich, daß unabhängige Wiederholungen der Experimente von Guyer und Smith diese nicht bestätigten.

Gegen den Lamarckismus wird häufig eingewandt, es lasse sich keine Methode vorstellen, durch die eine individuell erworbene Anpassung dem Genom eingeprägt werden könnte. Inzwischen weiß man zwar, daß RNA unter bestimmten Umständen (durch Enzyme, die als reverse Transkriptasen bekannt sind) in DNA übersetzt werden kann, doch gibt es nicht die Spur eines Beweises dafür, daß die Übersetzung der RNA in Proteine sich umkehren läßt. Es ist natürlich vollkommen irrelevant, daß durch äußere Einwirkung – namentlich durch ionisierende Strahlen, z. B. durch Röntgenstrahlen – eine Mutation ausgelöst werden kann, und zwar deshalb irrelevant, weil es zwischen dem Charakter einer Mutante und der Natur des Mutagens, das sie hervorrief, keinen funktionalen oder adaptiven Zusammenhang gibt: Mutationen entstehen nicht in Reaktion auf die Bedürfnisse eines Organismus, und sie befriedigen diese auch nicht, es sei denn zufällig.

Wir können gegenwärtig nur zu dem einen Schluß gelangen, daß der Lamarckismus eine theoretisch unhaltbare Lehre ist und daß wir mit dem Darwinismus, ungeachtet all seiner Mängel, noch viele Jahre werden leben müssen.

Für diejenigen, die an eine Lamarcksche Vererbung glauben,

scheint diese eine so offenkundige, so notwendige und so selbstevidente Wahrheit zu sein, daß sie einen starken Groll gegen die Natur entwickeln können, wenn diese mit dem Experimentator, der die Vererbung eines erworbenen Merkmals beweisen möchte, nicht kooperiert. Dieser Groll hat sich in mindestens einem Fall darin geäußert, daß man der Natur nachhalf, die richtigen Resultate zu erbringen, und recht häufig fand er Ausdruck in scharfen persönlichen Angriffen gegen Biologen, die die Lamarcksche Theorie nicht anerkennen mögen, solange nicht befriedigende Beweise vorliegen (»befriedigende Beweise« sind solche, die nicht auf alternative und/oder orthodoxe Weise interpretiert werden können). Wer Beweise für die tragischen Konsequenzen des Fanatismus sucht, der so oft mit lamarckistischen Überzeugungen verbunden ist, schlage unter *Lyssenkoismus* nach.

Lanzettfischchen

Dieses in der Zoologie berühmte Tier, dessen offizieller Gattungsname jetzt *Branchiostoma* lautet, verdankt seine Bedeutung der Tatsache, daß es der moderne Vertreter des Unterstammes *Cephalochordata* ist, auf den die Wirbeltiere unzweifelhaft zurückgehen. Das Lanzettfischchen, das fast wie in einem Schaubild die Bestimmungsmerkmale des Stammes der Chordatiere in sich vereinigt, ist drei bis fünf Zentimeter lang und wie ein modernes Auto an beiden Enden zugespitzt (daher sein früherer Name *Amphioxus,* in dem die Silbe *oxy* die Bedeutung von Schärfe oder Säuerlichkeit hat).

Das Lanzettfischchen kann zwar schwimmen, hält sich aber normalerweise im flachen Meerwasser über einem sandigen oder kiesigen Untergrund auf. Es ernährt sich wie sein Vorfahr, die Seescheide, mit Hilfe eines Filterapparats von kleinen Schwebeteilchen, die mit dem Wasserstrom durch den Mund in einen geräumigen Vorraum des Darms gelangen, den Kiemendarm. Während das Meerwasser durch die zahlreichen Spalten des Kiemendarms entweicht, werden Feststoffe von den Wänden des Kiemendarms festgehalten, die ihre Klebrigkeit einem schleimigen Sekret der medianen Ventralrinne verdanken, des

Endostyls, das der Vorläufer der Schilddrüse der Wirbeltiere ist. Der weiträumige perforierte Kiemendarm ist zusammen mit der Nahrungsfilterung kennzeichnend für die Chordatiere.

Ein anderes Chordatenmerkmal ist das elastische Stützorgan, die *Rückensaite,* die sich von einem Körperende zum anderen erstreckt. Die Muskulatur besteht aus segmentförmig angeordneten Muskelblöcken, die sich ebenfalls über die gesamte Körperlänge erstrecken. Gliedmaßen sind nicht vorhanden. Das Zentralnervensystem entspricht dem üblichen Chordatenbauplan; ein median und dorsal gelegenes Rohr sendet motorische Nervenfasern zu den segmentalen Muskelblöcken aus, während die zwischen den Muskelblöcken verlaufenden sensiblen Fasern dorsal in das Rohr münden. Das gleichermaßen typische Blutgefäßsystem besteht aus einem median und ventral gelegenen kontraktilen Gefäß, das das Blut nach vorn und an den Seiten des Kiemendarms in die Kiemenbögen hinaufdrückt, die zwischen den Kiemenspalten verlaufen. Ein kleines »branchiales« Zusatzherz am unteren Ende jedes einzelnen Bogens unterstützt die Zirkulation durch die Kiemenbögen.

Ein System ist jedoch ganz und gar untypisch für Chordatiere. Zu ihrer großen Überraschung stellten die Anatomen fest, daß das Ausscheidungssystem aus kleinen Bündeln von Exkretionszellen besteht, die mit ihren Wimperflammen an die entsprechenden Organe einiger wirbelloser Tiere erinnern. Abgesehen von dieser unnötigen Abweichung vom generellen Chordatenbauplan, entspricht das Lanzettfischchen so sehr den Erwartungen, die man an einen Vorläufer-Organismus der Wirbeltiere stellen würde, daß man selbst dann, wenn es nicht entdeckt und identifiziert worden wäre, gesagt hätte, daß es existiert (oder existiert hat).

Soviel zu den reichen Verwandten des Lanzettfischchens. Seine armen Verwandten erkennt man daran, daß es einen Kiemendarm besitzt und sich mit Hilfe eines Filterapparats ernährt, noch deutlicher jedoch an seiner Entwicklung, die in ihren frühesten Stadien mit der der Seescheide nahezu identisch ist. Es gibt noch eine weitere Affinität: die Larve des Lanzettfischchens ist merkwürdig asymmetrisch, denn der Mund liegt anfangs oben an einer Seite vom Vorderende des

Körpers und gewinnt seine endgültige Lage erst durch eine komplizierte Drehbewegung des gesamten Branchialraums in bezug auf die Rückensaite und die Muskelsegmente. Man hat diese Drehbewegung als eine Homologie zu der Rotation des Kiemendarms bei der larvalen Seescheide gedeutet, einer sonderbaren Metamorphose, die der Anheftung der Seescheide an das Substrat vorausgeht und Mund sowie Ausscheidungsöffnung in die endgültige Lage bringt, die sie beim erwachsenen Tier einnehmen.

Lemminge

Die Lemminge, Nager der Arktis und der nördlichen gemäßigten Zonen, haben ungefähr die Größe von Ratten und einen Stummelschwanz. Beachtung verdienen sie wegen der bemerkenswerten Schwankungen ihrer Populationsgröße und wegen des Mythos, der um sie entstanden ist und entfernt etwas mit dem Mythos der Säue von Gerges zu tun hat; er besagt, daß Lemminge zur Verringerung ihrer Kopfzahl, aus Sorge um das Gemeinwohl, Selbstmord begehen, indem sie sich über die Klippen ins Meer stürzen. Man müßte wohl auf die Erzählungen von Reisenden aus dem 17. Jahrhundert oder gar auf Aristoteles zurückgreifen, um auf ein ähnlich komisches Mißverständnis zu stoßen. Unter dem Stichwort *Altruismus* wird erläutert, warum ein genetisch programmierter Selbstmord unmöglich ist.

Lungenfisch

Lungenfische sind in Flüssen und Seen lebende Fische, die, wie ihr zoologischer Name *Dipnoi* besagt, über zwei Atmungssysteme verfügen. Sie »atmen« nicht nur wie andere Fische mit Hilfe von Kiemen gelösten Sauerstoff ein, sondern können außerdem Luftsauerstoff aufnehmen, mit Hilfe von Lungen, die als Abwandlungen ihrer Schwimmblasen entstehen; diese nehmen eine Lungenbläschenstruktur an, welche mit der von Lungen im wesentlichen übereinstimmt. Mit dieser ungewöhnlichen Gepflogenheit hängen einige interessante Modifikationen des

Blutgefäßsystems zusammen: es besteht eine funktionale Trennung zwischen Lungen- und Körperkreislauf, und es gibt außerdem einen Kreislauf der Koronararterien. Wenn in den Sommermonaten die Flußbetten und Seen austrocknen, gerät der Lungenfisch in eine Art Sommerschlaf oder Übersommerung, und in dieser Zeit wird die Kiemenatmung durch die Lungenatmung abgelöst.

Die Vorfahren der als Zwischenglied zwischen den Fischen und den Amphibien stehenden Tiere müssen in vieler Hinsicht wie die heutigen Lungenfische gewesen sein und somit das Bindeglied zwischen wasser- und landlebenden Tieren dargestellt haben.

Die geographische Verteilung der heutigen Lungenfische (*Lepidosiren*-Spezies in Südamerika, *Protopterus* -Spezies in Afrika und *Neoceradotus* in Australien) deckt sich ganz und gar mit der Vorstellung, daß die heutigen Kontinente aus einer ursprünglich geschlossenen Landmasse – Gondwanaland – durch Spaltung und anschließende Kontinentalverschiebung hervorgegangen sind.

Lymphgefäße und Lymphknoten

Das in der Physiologie recht frei verwendete Wort »Lymphe« hat eine fachspezifische Bedeutung, an der man festhalten sollte. Es bezeichnet den flüssigen Inhalt der *Lymphgefäße,* die in den Körpergeweben eine Drainagefunktion erfüllen. Die Lymphe entsteht als ein Filtrat des Blutes und wird über die Lymphgefäße wieder dem venösen System zugeleitet. Lymphplasma ist ganz ähnlich zusammengesetzt wie Blutplasma und kann wie dieses Klumpen bilden. Rote Blutkörperchen kommen normalerweise nicht in der Lymphe vor; die Lymphzellen bestehen aus verschiedenen Arten von Lymphozyten (oder aus Zellen, in denen diese gebildet werden, wie etwa Lymphoblasten).

Das lymphatische System beginnt mit den Kapillaren, die den größten Teil der Gewebe – allerdings nicht das Gehirn – durchziehen und sich zu Lymphgefäßen vereinigen; diese dünnwandigen, leicht platzenden Gefäße unterscheiden sich (abgesehen vom Inhalt) von anderen Gefäßen durch eine bemerkenswert große Zahl von Ventilen. Die Ventile sorgen dafür, daß die Lymphe nur in der Richtung von den Geweben fort in Lymphgefäßen von wachsendem Durchmesser fließt, die schließlich in das venöse System münden.

Der hydrostatische Druck des Blutes reicht bei weitem nicht aus, um den Fluß der Lymphe anzutreiben; ihre Einbahn-Zirkulation wird dadurch bewirkt, daß Muskelkontraktionen oder Körperbewegungen überhaupt die Lymphgefäße zusammendrücken. Durch Massage kann die Lymphe sehr wirksam in Bewegung gesetzt werden, und erfahrene Masseure arbeiten so, als würden sie instinktiv den Verlauf der Lymphgefäße und die beste Art kennen, die Flüssigkeit in ihnen voranzutreiben. Einige Säugetiere – darunter die Frösche – besitzen an verschiedenen Stellen des Lymphkreislaufs kontraktile Gefäße (»Lymphherzen«), doch im allgemeinen erfolgt der Transport der Lymphe passiv, als ein Nebenprodukt von Körperbewegungen.

Gewöhnlich liegen in der Bahn der Lymphgefäße ein oder mehrere Lymphknoten, in denen die Lymphe auf dem Wege zum venösen System gefiltert wird. Sehr häufig ist ein Lymphknoten der erste Begegnungsort zwischen einem Antigen und den Zellen, die die immunologische Reaktion auf sein Auftreten darstellen. Wenn die antigene Materie aus Bakterien besteht, kommt es in vielen Fällen zu einer deutlichen Entzündung der Knoten (die von Laien zumeist als Lymphdrüsen bezeichnet werden): diese sind das, was der Arzt bei der Untersuchung eines fiebernden Patienten abtastet.

Die Lymphgefäße spielen zwar eine wichtige Rolle beim Aufbau der Immunabwehr, doch erfüllen sie nicht durchweg eine positive Funktion, denn sehr oft werden Tumorzellen durch die Lymphgefäße im ganzen Körper verbreitet. (Auch in diesem Fall können Lymph»drüsen« anschwellen, weil Tumorzellen in ihnen wuchern.)

Lymphozyten

Lymphozyten stellen, wie unter *Blut und Blutkreislauf* vermerkt, eine Gattung von weißen Blutkörperchen dar, und zwar diejenigen, die bei Immunreaktionen die wichtigste Aufgabe erfüllen. Als mikroskopische Objekte kennt man sie schon seit über einem Jahrhundert, doch ihr Verhalten und ihre Eigenschaften versteht man erst seit relativ kurzer Zeit.

Die Verfasser dieses Buches führten die Forschungsarbeiten für ihre Promotion an der School of Pathology der Universität Oxford durch, als dieses Institut unter der Leitung von H. W. Florey stand, dessen Hauptwerk in jenen Tagen vor dem Erscheinen des Penicillins darin bestand, die Lebensgeschichte und die Funktionen der Lymphozyten zu entdecken. Wir wurden aufgefordert, uns über die Aussage von Arnold Rich Gedanken zu machen, der als einer der bedeutendsten Pathologen Amerikas erklärt hatte: »Es gehört zu den demütigendsten und schändlichsten Lücken in der gesamten medizinischen Erkenntnis, daß wir über die Funktion der Lymphozyten überhaupt nichts wissen.« Man machte uns auch mit dem bekannt, was »das große Lymphozytengeheimnis« genannt wurde. Man wußte seit langem, daß die Hauptlymphgefäße sich zu Gefäßen von wachsendem Durchmesser vereinigen und diese ihren Inhalt schließlich durch einen rechten und einen linken Brustgang in die großen Halsvenen ausschütten. Auf diese Weise gelangten täglich rund 10^9 Lymphozyten in den Blutstrom. Das große Lymphozytengeheimnis hieß: Was taten sie, und was geschah mit ihnen? Durch Experimente mit Hilfe von radioaktiver Markierung und durch Untersuchungen über die Lebensdauer von Lymphozyten mit Chromosomenabweichungen bei Patienten, die hohen Dosen von Röntgenstrahlung ausgesetzt gewesen waren, ist inzwischen geklärt, daß Lymphozyten keineswegs, wie angenommen, kurzlebige Zellen sind, die aus dem Blutstrom verschwinden, indem sie einfach absterben, sondern daß sie eine Lebensdauer von Monaten oder gar Jahren haben. Das machte das Geheimnis nur noch unergründlicher.

Die Lösung wurde, wie es nur angemessen war, von einem begabten Experimentator aus Floreys Labor vorgetragen; sie bestand darin, daß die im Blut vorhandenen Lymphozyten das

Blut ständig über die Lymphknoten verließen, wieder in die Lymphgefäße einwanderten und nach gewisser Zeit in das Blut zurückbefördert wurden. Kurz, Lymphozyten *zirkulieren* und ähneln in dieser Hinsicht den Mitgliedern des Chores in einer Provinzaufführung der Oper *Aida,* die ebenfalls wiederauftauchen, nachdem sie zeitweilig von der Bühne verschwunden waren. Der experimentelle Pathologe, der dieses entscheidend wichtige Phänomen entdeckte und beschrieb – Sir James Gowan, derzeit Vorsitzender des Medical Research Council von Großbritannien und Nordirland –, ist derselbe, der mit dem geheimen Einverständnis vieler anderer entdeckte, daß die Funktion der Lymphozyten eine immunologische ist.

Von den Lymphozyten hieß es oben, sie stellten eine Gattung von Zellen dar, aus dem sehr guten Grund, daß es viele verschiedene Arten von ihnen gibt. Einige wirken als Antigen-Sensoren und sind speziell an die Aufgabe angepaßt, körperfremde Substanzen, die parenteral in den Körper gelangen, zu erkennen. Andere wirken als Effektorzellen von unterschiedlichem Typ, sei es, daß sie Antikörper bilden, sei es, daß sie die Träger jener Art von Abwehr sind, die als zellulär eingeordnet wurde; die letzteren können mit Zielzellen in Kontakt treten und diese zerstören. Wieder andere wirken als Helfer, indem sie den Abwehrzellen das Antigen vorführen oder indem sie die Zellteilung, die durch eine solche Begegnung normalerweise ausgelöst wird, fördern. Sehr wichtig ist, daß kein nennenswerter Anteil der Lymphozyten aus bloßen Zuschauern besteht, wie die Menge, die an einem Unfallort zusammenströmt. Die Anwesenheit von Lymphozyten bei der Abstoßung von Transplantaten, in Tumoren oder bei Autoimmunkrankheiten wie der rheumatischen Arthritis ist stets ein Anzeichen für Vorgänge, die mit der Immunreaktion zu tun haben.

Lyssenkoismus

Das System von Anschauungen, das als Lyssenkoismus bekannt ist, hat seinen Namen von Trofim Denissowitsch Lyssenko (1898–1976), dem bösen Geist der russischen Genetik und Agrarbiologie, der aus eigenem Antrieb Lehre und

Anwendung der »mendelistisch-morganistischen Genetik« (also der Genetik schlechthin) in Rußland unterband und ihren wichtigsten Vertretern Schmähliches antat.*

Es waren vermutlich zwei Motive, die Lyssenko und seinen Kollegen, den Juristen I. I. Present, dazu brachten, den Mendelismus und Morganismus als metaphysisch, idealistisch, reaktionär und als Agentur des Klassenfeindes zu denunzieren: politische Berechnung und neidvoller Haß gegen den führenden Genetiker und Agrobiologen Rußlands, Nikolai Iwanowitsch Wawilow (1887–1943). Politische Berechnung kam dadurch ins Spiel, daß die genetische Ungleichheit der Menschen und die auf den angeborenen Unterschieden beruhende Idee der Auslese der offiziellen marxistischen Theorie zutiefst widersprach – ein Irrtum, für den man Marx selbst nicht verantwortlich machen kann. Und bei Leuten vom Schlage Lyssenkos genügte der Neid auf das Ansehen und die Achtung, die Wawilow in der ganzen Welt genoß, um persönliche Feindseligkeit zu wecken. Im übrigen war es Nikolas Maximow, ein Mitarbeiter an Wawilows Institut für Pflanzenzucht, der das Phänomen der Vernalisation entdeckte und als erster beschrieb (eine Entdekkung, die Lyssenko für sich in Anspruch nahm). Bei diesem Verfahren geht es darum, Samen für kurze Zeit der Kälte auszusetzen, wodurch es möglich wird, gewisse Sorten von Winterweizen im Frühjahr auszusäen und im Sommer zu ernten. Lyssenko führte die Vernalisation als einen positiven Beweis dafür an, daß Umwelteinflüsse bestimmte gerichtete Veränderungen in der genetischen Ausstattung von Organismen hervorrufen können – eine naive und wirklich falsche Ansicht, die für den Lamarckismus bezeichnend ist.

Was es praktisch unmöglich machte, die theoretischen Ansichten Lyssenkos und Prezents zu kritisieren oder gar zu widerlegen, war neben dem Umstand, daß sie mit politischen Bekundungen und persönlichen Angriffen vermengt wurden, ihr grundlegender Mangel an Klarheit. Ihr Ausgangspunkt war indessen, daß sie schlicht leugneten, daß Gene und Chromoso-

* Das Standardwerk ist Shores A. Medvedev, *Der Fall Lyssenko. Eine Wissenschaft kapituliert,* Hamburg 1971.

men Träger der Vererbung sind, ja, daß die Vererbung überhaupt durch spezifische, vom Gesamtorganismus so eindeutig verschiedene physische Instrumente vermittelt ist; einige deutsche Naturphilosophen hatten bereits angedeutet, daß die Vererbung als eine Eigenschaft jedes einzelnen Elements des Organismus aufzufassen sei, als »eine allgemeine, der lebenden Materie innewohnende Eigenschaft«.

Die Genetik ist kein einfaches Gebiet, und es könnte sein, daß der Lyssenkoismus seine Entstehung zu einem großen Teil dem Umstand verdankt, daß Lyssenko tiefen Groll darüber empfand, mit einem Gebiet konfrontiert zu sein, das für sein Fassungsvermögen zu schwierig war. Er zeigte wiederholt, daß es ihm grundsätzlich an Verständnis für die Genetik mangelte. Daß er ihre Methodologie nicht zu begreifen vermochte, verrät seine höhnische Bemerkung: »Unter dem Mikroskop sind keine Gene zu sehen.« (Der Glaube des Genetikers an die Realität von Genen und Chromosomen hängt natürlich in keiner Weise davon ab, ob er sie *sehen* kann – auch wenn Mikroskope nie erfunden worden wären, sähe die Genetik heute nicht viel anders aus.) Von ähnlicher Naivität ist die Ansicht, mutierte Gene könnten unmöglich das Rohmaterial evolutionärer Veränderungen sein, weil Mutationen allzu oft schädliche Wirkungen haben. Wegen der mystischen Bedeutung, die er der Hybridisierung beimaß, leugnete Lyssenko die Möglichkeit, daß die Vitalität von Hybriden ein Ergebnis der Kreuzung zwischen zwei sich selbst befruchtenden Linien von Pflanzen verschiedener Varietät sein könnte, und schlug den geradezu komischen Unsinn vor, daß diese Vitalität auf einer Kreuzung innerhalb der Varietät (zwischen Mitgliedern der gleichen reinen Linie) beruhen könnte.

Der Lyssenkoismus war offenkundig unvereinbar mit der traditionellen Genetik eines Mendel, Weismann, Bateson und Johannsen sowie mit der Morgan-Schule; auf dem internationalen Genetik-Kongreß, der im August 1937 in Moskau stattfinden sollte, werde es, so glaubte man, zu einer Entscheidung kommen. Die Lage in Rußland hatte sich jedoch so deutlich verschlechtert, daß der Kongreß zweimal verschoben wurde (bis er 1939 in Edinburgh stattfand). Im Frühjahr 1937 forderte Generalsekretär Joseph Stalin öffentlich verstärkte Anstrengungen zur Liquidierung der »Trotzkisten und sonstigen Betrüger«. Dies war für die Zeitschrift *Unter dem Banner des Marxismus* das Stichwort, um eine Diskussion zu veranstalten, in der der »Philosoph« M. B. Mitin gegen Wawilow den Vorwurf des »menschewisierenden Idealismus« erhob und ihn mit der Trotzki-Bucharin-Paschukanis-Bande sowie mit Feinden des Volkes schlechthin in Verbindung brachte. Gleichzeitig wurden einzelne andere Wissenschaftler der Verleumdung preisgegeben, und das Institut für Pflanzenzucht wurde als eine Brutstätte der Reaktion denunziert.

Es ist unter diesen Umständen nicht erstaunlich, daß der Vorsitzende des ständigen Ausschusses der Internationalen Genetik-Kongresse, Otto Mohr aus Oslo, ein offizielles Schreiben erhielt, in dem der Kongreß vom August 1937 auf den August 1938 verschoben und Gerüchte, daß Wawilow und weitere prominente russische Genetiker verhaftet worden seien, als Lügen hingestellt wurden. (»Glaube nie an ein Gerücht, ehe es offiziell dementiert wurde«, sagt ein altes Journalisten-Sprichwort.) Gegen Wawilow erhob sich eine Partei innerhalb seines eigenen Instituts, angeführt von dem Leiter der subtropischen Abteilung, G. N. Shlykow. Gegen ihre pöbelhaften Attacken verteidigte er sich mit wissenschaftlichen Argumenten, und einmal rief er seinem ihn beleidigenden Auditorium in Erinnerung, daß Friedrich Engels sich in seiner *Dialektik der Natur* unterstanden hatte, Isaac Newton gar als einen »induktiven Esel« zu bezeichnen.

Die Angriffe gegen Wawilow wurden – wie schon erwähnt – verschärft durch das überaus hohe Ansehen, das er im Ausland genoß. Er war nämlich zum Präsidenten des Internationalen Genetik-Kongresses gewählt worden, der 1939 in Edinburgh stattfand; er selbst durfte an dieser Tagung nicht teilnehmen. Im August 1940 wurde er vom NKWD verhaftet. Nach seinem immer wieder hinausgeschobenenen Prozeß, dessen Ergebnis von vornherein feststand, wurde Wawilow in eine fensterlose unterirdische Zelle des Gefängnisses von Saratow gesperrt, wo er – mindestens zum Teil an Unterernährung – nach wenigen Monaten starb.

Im Februar 1965 fiel auch Lyssenko in Ungnade. Nach einer Anklage, die bewußt zurückhaltender war als jene, die er selbst so oft erhoben hatte, wurde er seines Postens als Direktor des Instituts für Genetik enthoben.

Es ist keine Frage, ob der Lyssenkoismus recht oder unrecht hat: er hat unrecht. Lyssenko tritt als die bedeutendste Erscheinung in der sowjetischen Wissenschaft des 20. Jahrhunderts hervor. Er hat einen bösartigen Einfluß ausgeübt, und seine spektakulärste Leistung bestand darin, daß er die Genetik in Rußland zum Stillstand brachte. Dadurch enthielt er der Welt den eindrucksvollen Beitrag vor, den Rußlands führende Biologen hätten erbringen können, ja, schon zu erbringen sich angeschickt hatten.

M

Malaria

Die Malaria, ein Wechselfieber, das durch ein parasitisches Sporentierchen der Gattung *Plasmodium* hervorgerufen wird, ist die schlimmste Infektionskrankheit, von der die Menschheit betroffen ist. Ganz sicher ist sie die Krankheit, die die meisten Todesopfer in der Welt fordert – »Welt« im ökologischen Sinne verstanden, also nicht bloß als Ausdruck für London und sein Hinterland sowie die Ostküste der Vereinigten Staaten. Liebhaber der Etymologie werden erfreut zur Kenntnis nehmen, daß »Malaria« durch Elision aus *mala aria* entstanden ist, was schlechte Luft bedeutet; dem liegt die weitverbreitete Ansicht zugrunde, die Krankheit werde durch giftige Dünste hervorgerufen, die aus morastigem oder sumpfigem Gelände aufsteigen.

Die Malaria ist oder war endemisch in Westafrika, im Mittelmeerbecken und in den Südstaaten der USA (wahrscheinlich als postkolumbianischer Import). Obwohl die Malaria alle Merkmale einer un-englischen Krankheit besitzt, ist es nur gut hundert Jahre her, daß Malariafälle ins St. Thomas Hospital aufgenommen wurden.

Die Länge des Fieberzyklus – drei Tage bei Tertiana, vier Tage bei Quartana – hängt mit der Länge des Vermehrungszyklus des Parasiten im menschlichen Körper zusammen. Das Gen *S*, das normales Hämoglobin *A* in die Hämoglobin-Variante *S* umwandelt, ist ein verläßlicher ökologischer Anzeiger von Orten, an denen die Malaria endemisch ist oder war. Wie unter anderen Stichworten *(Polymorphismus, Sichelzellenanämie)* erläutert, verleiht *S* in der heterozygoten Form einen gewissen Schutz vor bösartiger Malaria.

Zu denen, die als Malaria-Forscher höchste Anerkennung genießen, gehören Alphonse Laveran (1845–1922), der das Protozoon entdeckte, das die Malaria verursacht, sowie Battista und Bastianelli, die den Beweis führten, daß die Anopheles-

Mücke der Hauptüberträger der Malaria ist; eine Bestätigung dafür lieferte Ronald Ross, der die Parasiten im Darm der Mücke entdeckte.

Seit 1700 weiß man, daß Chinin, ein Alkaloidextrakt aus der Rinde des Chinarindenbaums, ein Mittel gegen Malaria ist; es wird heute in Gestalt des synthetischen Medikaments Paludrin weithin als ein vorbeugendes Mittel eingesetzt. Die Weltgesundheitsorganisation vertritt die Ansicht, langfristig müsse der Überträger, die Anopheles-Mücke, ausgerottet werden, und zwar durch Insektizide und durch einen Angriff während jener Phase ihres Lebenszyklus, in der sie am verwundbarsten ist (wenn die Mückenlarve vom Oberflächenfilm eines stehenden Gewässers herabhängt). Stark oberflächenaktive Detergentien können die Larven zum Versinken bringen, und ein Paraffinfilm kann die Atmung der Larven unterbinden. Diese Maßnahmen sind aus mancherlei Gründen noch nicht so erfolgreich gewesen, wie man es sich erhoffte: Die Mücken entwickeln rasch eine Resistenz gegen Insektizide, so daß die Behandlung stehender Gewässer nur von vorübergehender Wirkung ist, abgesehen davon, daß sie kostspielig ist und auf administrative Schwierigkeiten stößt.

Trotz gegenwärtiger Schwierigkeiten wird man die Malaria ausrotten. Das wird für die Bevölkerungsentwicklung sehr folgenreich sein. Weil so viele alarmierende Vorausschätzungen sich auf das Jahr 2000 beziehen, neigen manche zu der Ansicht, man brauche sich jetzt noch keine Sorgen wegen der Überbevölkerung zu machen. Das ist falsch; es ist mit Recht gesagt worden, die Anfangsakte des Dies irae erklängen schon jetzt.

Maultiere

Pferde und Esel werden zwar verschiedenen Arten zugerechnet (*Equus caballus* beziehungsweise *Equus asinus*), sind aber interfertil, also miteinander kreuzbar. Die Kreuzung eines Eselhengstes mit einer Pferdestute ergibt ein Maultier, die eines Pferdehengstes mit einer Eselstute einen Maulesel. Den Maultieren wie den Mauleseln kann man bescheinigen, daß sie der Menschheit seit mehreren Jahrtausenden gedient haben;

die Mechanisierung der Landwirtschaft hat ihre Nützlichkeit freilich gemindert. Für die sprichwörtliche Störrigkeit von Eseln, Mauleseln und Maultieren braucht man nach keiner tieferen Ursache zu suchen; sie läßt sich damit erklären, daß diese Tiere von Völkern benutzt wurden, die traditionell gefühllos gegen Tiere und gleichgültig gegen ihr Wohlergehen waren.

Meiose

Die Meiose ist eine Form der Zellteilung, die für die Gametenbildung bei Organismen mit sexueller Fortpflanzung charakteristisch ist; sie besteht im Prinzip aus zwei aufeinanderfolgenden mitotischen Teilungen, während der Kern sich nur einmal teilt. Eine Gametenmutterzelle enthält ebenso wie die normale Somazelle des Körpers einen doppelten (diploiden) Chromosomensatz; von den paarigen Chromosomen stammt jeweils eines von einem der beiden Elternteile. Die Meiose bewirkt, daß die aus ihr entstehenden Gameten nicht die diploide Chromosomenanzahl enthalten, sondern nur die halbe Anzahl, wobei jedes Chromosom nur einem der paarigen Chromosomen der Gametenmutterzelle entspricht: es entsteht ein haploider Satz. Die Trennung der zwei Chromosomen bei der Meiose erfolgt ebenso zufällig wie ihre Verschmelzung bei der Befruchtung; diese beiden Zufallsereignisse – Trennung und Neukombination – sorgen dafür, daß die Mendelsche Vererbung probabilistischer Natur ist.

Meme

Mit diesem Ausdruck bezeichnet Richard Dawkins das, was bei der nichtgenetischen Vererbung weitergegeben wird, also die kulturelle Einheit, die von Generation zu Generation vermittelt wird. Aus Gründen der Priorität und der Etymologie hätte es eigentlich Mneme heißen müssen. Die Priorität gehört Ewald Hering, und die Wurzel des Wortes ist das griechische *mnemos,* das Gedächtnis oder Erinnerung bedeutet. Sollten das Wort und die Vorstellung, für die es steht, sich als brauchbar erweisen, so werden sie haften bleiben – anderenfalls nicht.

Des Menschen Stellung in der Natur

Diese von Thomas Henry Huxley stammende Wendung kann Verschiedenes bedeuten. Sie kann sich auf die Stellung beziehen, die der Mensch, biologisch gesehen, in der Natur *tatsächlich* einnimmt – diese die von Huxley gemeinte Bedeutung –, aber auch auf die Stellung, die er einnehmen *sollte*. Beide Bedeutungen verdienen einige Überlegung.

Aristoteles, der vom Berberaffen (einem Makaken aus Gibraltar oder Marokko) gewiß Kenntnis hatte, erkannte die anatomische Ähnlichkeit gewisser Tiere mit Menschen; die Unterschiede zwischen Affen und Menschen waren jedoch so beträchtlich, daß man von dieser Idee lieber Abstand nahm. Der wohl tiefste Kulturschock, den Menschen bis zum Auftreten Darwins erlebten, verband sich mit der Entdeckung menschenähnlicher Affen in Afrika und Südostasien im Zuge der großen Entdeckungsreisen im 15. und 16. Jahrhundert, durch die Europa von der übrigen Welt erfuhr. »Orang-Utan« war das malaiische Wort für »Waldmensch«, und der große Systematiker Carl von Linné (1707–1778) erteilte diesem Geschöpf dann den Namen *Homo silvestris orangoutang*. Nach übereinstimmenden Meinungen nahm Julien Offroy de la Mettrie (1709–1751) in *L'homme Machine* (Leiden 1748) schließlich die grobe Klassifikation des Menschen als Tier vor. Linné faßte den Menschen mit den menschenähnlichen Affen zu den *Anthropomorpha* zusammen. Nikolas Tulp (1593–1674), der Anatom aus Rembrandts berühmtem Gemälde, hat als erster einen Schimpansen seziert und beschrieben; der erste – und von Huxley sehr gelobte – anatomische Vergleich zwischen einem Affen (einem jungen Schimpansen, den man als »Pygmäen« bezeichnete) und dem Menschen wurde aber bekanntlich 1699 von dem Londoner Arzt Edward Tyson durchgeführt.

Weil Menschen jeder Art miteinander fortpflanzungsfähig sind, nahmen der Philosoph Immanuel Kant (1724–1804) und der Naturforscher Georges Louis Leclerc, Comte de Buffon (1707–1788), an, daß die Menschen eine einzige Spezies bilden. Dieser Ansicht waren auch Darwin und Huxley, während Ernst Haeckel (1834–1919) und St. Vincent die Vorstellung hegten, es könne mehrere menschliche Spezies geben.

Die für Thomas Henry Huxley überzeugendsten Anhaltspunkte im Hinblick auf die Stellung des Menschen in der Welt ergaben sich aus der Anwendung des von Baerschen Gesetzes. »Erst in ziemlich späten Entwicklungsstadien weist der Mensch deutliche Unterschiede zum jungen Menschenaffen auf«, bemerkte Huxley, »ein Umstand, der mir an sich hinreichend erscheint, um die strukturelle Einheit des Menschen mit . . . den Menschenaffen über jeden Zweifel zu erheben.« Heute besteht über die allgemeine Einstufung des Menschen kein Dissens; die Menschen sind Wirbeltiere, die – mit absteigendem Allgemeinheitsgrad – der Ordnung der Primaten, der Unterordnung der Simiiden oder Anthropoiden, der Familie der Hominiden und der Gattung *Homo* angehören. Über die vernünftigste Bezeichnung für die Spezies Mensch ist das letzte Wort allerdings noch nicht gesprochen. *Homo sapiens,* der gebräuchlichste Ausdruck, war angesichts der logischen Fähigkeiten des Menschen eine gute Wahl, deren wesentlicher – eher literarischer als taxonomischer – Nachteil jedoch darin besteht, daß Zyniker daran allzu leicht mit ihren langweiligen Bemerkungen über den Gegensatz zwischen der nominellen Weisheit des Menschen und seinem praktischen Mangel an Weisheit anknüpfen können. Andere Benennungen waren *Homo faber,* womit besonders auf die Befähigung des Menschen zur Werkzeugherstellung hingewiesen wird, und *Homo docens,* worin sich die Ansicht niederschlägt, daß es das herausragende Merkmal des Menschen sei, alles das, was zum kulturellen Erbe der Menschheit gehört, Generation für Generation zu lehren und zu lernen.

Soviel zu der ersten der beiden Bedeutungen, die wir in die Wendung »Des Menschen Stellung in der Natur« hineinlesen. Nun kann man nach der Stellung fragen, die der Mensch mit Rücksicht auf seinen Rang einnehmen *sollte* – den Rang des höchsten Produktes der Evolution, den zu leugnen uns zwecklos erscheint. Hier geht es, wie das Wort »sollte« verdeutlicht, um moralische Dinge, die jenseits der Wissenschaft im engeren Sinne liegen. Die Beziehung, die der Mensch zur übrigen Schöpfung haben sollte, läßt sich in einem Wort zusammenfassen, und dieses Wort lautet nicht Herrscher, sondern Lehnsherr, ja nicht einmal Meister, sondern – *Treuhänder.* Schon in der Grundschule sollten die Kinder lernen, daß die Menschen gegenüber der Nachwelt die Pflicht haben, das System der Natur intakt zu erhalten, daß sie ihr Erbe in einem Zustand weitergeben sollten, der nicht schlechter ist als der, in dem sie es empfangen haben, sondern eher besser. Jede Generation sollte vor dem Gedanken erschrecken, daß spätere Generationen sie als Vandalen verurteilen werden, schuldig der mutwilligen Zerstörung, des Genozids und anderer Handlungen vom moralischen Kaliber der Piraterei.

Es ist die Philosophie des wirtschaftlichen Vorteils, es ist vor allem die Neigung, all jene, die ihr nicht huldigen, als ahnungslose und gefühlsduselige Weltverbesserer abzutun, wodurch das Unheil angerichtet und der Mord an Elefanten und Walen gutgeheißen wird. Dieses schändliche Kapitel wird unter dem Stichwort *Tiere und Menschlichkeit* näher beleuchtet.

Es gibt eine Reihe von strukturellen und verhaltensmäßigen Differenzen zwischen den Menschen und den Menschenaffen, die von Huxley mit Recht als unerheblich übergangen wurden – die Tatsache etwa, daß die menschliche Hand, die nicht mehr zur Fortbewegung benutzt wird, eine reine Greifhand ist und daß der Mensch mit der gesamten Fußsohle auftritt, während Schimpansen und Gorillas auf der Außenkante der Füße gehen und bei der Fortbewegung mehr die Knöchel ihrer Hände als die Handfläche benutzen.

Das Verhalten des Menschen ist allgemein weniger instinkthaft – weniger genetisch gesteuert – als das von niederen Tieren, und das ist der Sinn von Maurice Merleau-Pontys Aphorismus, daß es die Natur des Menschen sei, keine Natur zu haben. Mehr über diese Dinge ist unter dem Stichwort *Exogenetische Vererbung* gesagt.

Daß Menschen und Menschenaffen Vettern seien, war eine notwendige Lehre, doch nun ist es an der Zeit, daran zu erinnern, daß die Unterschiede zwischen Menschenaffen und Menschen weit bedeutsamer sind als ihre gemeinsamen Merkmale. Huxley sieht – und das ist eigenartig, weil Darwin es nicht tat – von den höheren Eigenschaften des Menschen wie Mitleid, Liebe und Zärtlichkeit ausdrücklich ab, weil sie für seine Argumentation unerheblich seien; doch die bei weitem wichtigste der den Menschen vom Tier unterscheidenden Eigenschaften ist seine moralische Urteilsfähigkeit. Huxley argumentiert anders, und sein Argument hat bis heute nichts von seiner Gültigkeit verloren; es heißt bei ihm: »Wenn es gelingt, einen physikalischen Ursachenzusammenhang zu entdecken, der die Gattungen und Familien der gewöhnlichen Tiere hervorgebracht hat, so reicht dieser Ursachenzusammenhang vollkommen aus, um den Ursprung des Menschen zu erklären.«

Wahrscheinlich werden viele Biologen der Ansicht sein, daß Charles Darwin das letzte Wort haben sollte. Im letzten Absatz der *Abstammung des Menschen* schrieb er: »Wir müssen indessen anerkennen, wie mir scheint, daß der Mensch mit allen seinen edlen Eigenschaften, mit der Sympathie, welche er für die Niedrigsten empfindet, mit dem Wohlwollen, welches er nicht bloß auf andere Menschen, sondern auch auf die niedrigsten lebenden Wesen ausdehnt, mit seinem gottähnlichen Intellekt, welcher in die Bewegungen und die Konstitution des Sonnensystems eingedrungen ist, mit allen diesen hohen Kräften doch noch in seinem Körper den unauslöschlichen Stempel eines niederen Ursprungs trägt.«

Menschenaffen

Linné, der erste große Systematiker der Biologie, faßte Affen, Menschenaffen und Anthropomorphen (den Menschen eingeschlossen) zur ersten Gruppe unter den Säugetieren zusammen und nannte sie entsprechend »Primaten«. So wie die Primaten die ersten unter den Säugern, sind die Menschenaffen die ersten unter den Primaten. Zu ihnen zählen der Orang-Utan (der einmal denselben Gattungsnamen *Homo* trug wie der Mensch), der Gibbon, der Gorilla und der Schimpanse; die beiden letztgenannten sind einander in taxonomisch verwertbaren Merkmalen so ähnlich, daß manche es für unangebracht halten, sie verschiedenen Gattungen zuzuordnen.

Aus unserer verständlichen menschlichen Neigung, die tierische Evolution als eine beeindruckende Erfolgsstory zu betrachten, deren Höhepunkt der Mensch ist, hat sich wie von selbst ergeben, daß jene Eigenschaften der Menschenaffen, die auf spätere menschliche Charakteristika hindeuten, ein besonderes Gewicht beigemessen wird; dazu gehören natürlich das relativ große Gehirnvolumen, das vollentwickelte Raumsehen, die Ansätze zu manueller Geschicklichkeit, der Besitz von Nägeln anstelle von Krallen, die Ersetzung eines östralen Zyklus durch einen mit periodischer Ovulation verbundenen Menstruationszyklus und natürlich das Fehlen eines Schwanzes. Auch in der sozialen Organisation der Menschenaffen finden wir deutliche Vorzeichen, die auf menschliche Verhältnisse hindeuten, zum Beispiel die Monogamie bei den Gibbons und die bei vielen Arten beobachtete Zusammenfassung von Individuen zu einer Horde oder Bande, die oft von einem älteren Männchen dominiert wird. Man kann nicht sagen, daß die Erforschung der Soziologie der Menschenaffen auf die sozialen Strukturen der Menschen sehr viel Licht geworfen habe; eher ist es umgekehrt: den Sozialbeziehungen der Menschen kann man wertvolle Hinweise entnehmen, worauf bei den Menschenaffen zu achten ist.

Der Kulturschock, den die Entdeckung von Menschenaffen im 15. und 16. Jahrhundert hervorgerufen hat, mag nicht ganz so dramatisch gewesen sein, wie wir es in unserem Beitrag über *Des Menschen Stellung in der Natur* dargestellt haben, weil die Vorstellung einer großen Kette des Lebendigen, die tief im abendländischen Denken verwurzelt war, bei nachdenklicheren Menschen die Erwartung geweckt hatte, man werde ein Bindeglied (natürlich nicht ein stammesgeschichtliches Bindeglied) zwischen Tier und Mensch finden, so wie man glaubte, in den sogenannten Zoophyten ein Bindeglied zwischen Pflanzen und Tieren entdeckt zu haben. Es ist selbstverständlich ganz unbiologisch gedacht, die Menschenaffen zu studieren, als wären sie Prototypen oder Modelle des Menschen. Sie verdienen, um ihrer selbst willen intensiv erforscht zu werden, und allmählich beginnt man auch damit.

Im biologischen Sinne sind die Menschenaffen keine überaus erfolgreichen Tiere gewesen; der riesige Erfolg des Menschen, den zu leugnen abwegig wäre, ist vor allem das Werk der nichtgenetischen Evolution, jener charakteristisch menschlichen

Form sozialer Vererbung, die nicht durch genetische, sondern durch kulturelle Mechanismen vermittelt wird.

Mikrozephalie/Anenzephalie

Ein stark verminderter Umfang der Hirnhemisphären [die Mikrozephalie/Anenzephalie] geht so oft mit Spina bifida einher, daß beides häufig zusammen als ein einziges Syndrom eingestuft wird: ASB, abgekürzt für »Anenzephalie/Spina bifida«. Das ist eine Fehlentwicklung, für welche die Strukturen der Keimachse besonders anfällig sind. ASB ist kein erbliches Leiden im üblichen Sinne, kommt aber aus unbekannten, möglicherweise immunologischen Gründen häufiger bei Frauen vor, die schon mehrere spontane Fehlgeburten hinter sich haben. Ein Embryologe hat die Ansicht vertreten, das häufigere Vorkommen dieses Leidens unter Katholiken könne damit zusammenhängen, daß diese zur Empfängnisverhütung die Methode der periodischen Enthaltsamkeit anwenden, mit der tendenziellen Folge einer späten Befruchtung und damit einer ungewöhnlich lang verzögerten Aktivierung einer Eizelle durch den gewöhnlichen Befruchtungsvorgang. Die Abweichungen von Ort zu Ort und von einer Bevölkerung zur anderen sind deutlich; bemerkenswert groß ist die Häufigkeit in Nordirland, ziemlich gering dagegen in Afrika südlich der Sahara. Die Epidemiologen hüten sich allerdings vor solchen Vergleichen, weil die Zuverlässigkeit der Erhebungen von Land zu Land schwankt. Angeborene Mißbildungen bieten für Rassisten allgemein keinen Trost, da einige bei schwarzen Völkern häufiger, andere dagegen weniger häufig vorkommen als bei vergleichbaren weißen Völkern.

Obwohl die normale Überlegung einem sagt, daß die Mikrozephalie mit einer erschreckenden Minderung der geistigen Fähigkeiten verbunden sein müsse, gibt es immer mehr Beweise dafür, daß Mikrozephaliker über viele intellektuelle Fähigkeiten verfügen, die man den Hirnhemisphären vorbehalten glaubte. Die Fähigkeiten des Mittelhirns dürfen ebensowenig unterschätzt werden wie die funktionale Plastizität des Gehirns.

Mimikry

Als Mimikry kann allgemein jede Anpassung in Struktur, Verhalten, Gestalt oder Färbung bezeichnet werden, die bewirkt, daß ein Organismus einem anderen Organismus oder seiner eigenen Umgebung ähnlich wird. In der Regel versteht man darunter jedoch adaptive Ähnlichkeiten zwischen zwei oder mehr Organismen, die für einen oder beide von Vorteil sind.

Bei der Bates'schen Mimikry gleicht sich der nachahmende Organismus einer ungenießbaren, wehrhaften oder »ekelhaften« Spezies an. Es ist daher nicht überraschend, wenn Bienen, Wespen und Hornissen für viele andere Ordnungen von Insekten Objekt der Mimikry sind; dabei kann der Anfang einer solchen Mimikry auch etwas so wenig Radikales sein wie die Nachahmung der auffälligen aposematischen (warnenden) Färbung mancher wehrhafter oder ekelhafter Organismen, die ihrerseits eine Anpassung ist, von der man sagen könnte, sie sei ein biologisch wirtschaftliches Mittel zur Abschreckung von Freßfeinden. Bei der Müllerschen Mimikry gleichen sich mehrere widerwärtige Arten einander an, zum gemeinsamen Vorteil aller Mitglieder des Mimikry-Ringes. Mimikry kann durch ein Verhalten wie auch strukturell erreicht werden; die Larven mancher Saugwürmer bewegen sich zum Beispiel manchmal so, daß sie der natürlichen Beute jener Vögel ähneln, die ihre Zwischenwirte sind. Einige Schistomosen schützen sich gegen die Immunabwehr ihrer Wirte, indem sie die Wirte antigenisch imitieren, so daß sie nicht als »nichtselbst« erkannt werden.

Vielfach imitiert ein Organismus einen anderen oder seine eigene Umgebung mit einer solchen Exaktheit, daß Nichtbiologen nicht glauben mögen, die natürliche Auslese könne dafür verantwortlich sein. Zur Verteidigung der orthodoxen Theorie muß jedoch darauf hingewiesen werden, daß wir es bei der Mimikry normalerweise mit Situationen zu tun haben, in denen ein starker Selektionsdruck wirksam ist, so daß selbst winzigste, für uns nicht wahrnehmbare Veränderungen in Richtung der Angleichung an das Vorbild rasch in das Genom übernommen werden können.

Missing links

Wenn sich aus den Reptilien einerseits Vögel und andererseits Säugetiere entwickelt haben, dann müßte es Tiere geben (oder gegeben haben), die zwischen den beiden stehen und ein Bindeglied (oder öfter noch rezente Vertreter eines solchen) darstellen. In der bildhaften Sprache der Laien werden solche Tiere als *»missing links«* [fehlende Glieder] bezeichnet, selbst noch nach ihrer Entdeckung. Ein Beispiel ist der Urvogel Archaeopteryx, weitere Beispiele sind die Kloakentiere (Monotremen), zu denen die Schnabeltiere mit ihrem entenähnlichen Schnabel und die Ameisenigel des australischen und südpazifischen Raums gehören. Für diejenigen, die an die platonische Vorstellung einer großen Kette des Seienden glauben, sind *missing links* immer etwas Selbstverständliches gewesen.

Mitochondrien

Die Mitochondrien, stab- oder kugelförmige Organellen, die man in den Zellen eukaryontischer Tiere und Pflanzen findet, kommen auch in Eizellen und Spermatozoen vor. Sie werden auf diesem Wege von einer Generation zur nächsten weitergegeben, denn sie sind biogenetische, sich selbst reproduzierende Gebilde, die nicht in jedem Organismus aufs neue synthetisiert werden. Der größte Teil der DNA befindet sich zwar im Zellkern, das Ungewöhnliche an den Mitochondrien ist aber, daß sie ihre eigene DNA besitzen. Ihre physiologische Bedeutung liegt darin, daß vor allem in ihnen die Zellatmung stattfindet, doch was sie für philosophisch orientierte Biologen so ungemein interessant macht, ist die sehr große Wahrscheinlichkeit, daß die Mitochondrien stammesgeschichtlich auf bakterielle Symbionten höherer Organismen zurückgehen – eine Hypothese, die sich mit ihrem Erscheinungsbild, ihrer Mobilität, ihrer biogenetischen Entstehung, ihrem DNA-Gehalt und ihrer Reaktion auf verschiedene Inhibitoren der Protein-Synthese vereinbaren läßt.

Mitose

Bei der Zellteilung teilt sich der Zellkern in zwei genetisch identische Tochterkerne auf, nachdem die Chromosomen der Mutterzelle sich zuvor in jeweils zwei Chromosomen aufgespalten haben, die sich dann auf die Tochterzellen verteilen; diesen Vorgang bezeichnet man als Mitose. Der Klon von Zellen, aus dem der erwachsene Organismus entsteht, geht durch Mitose aus dem befruchteten Ei hervor, so daß jede Zelle des Körpers den gleichen Bestand an Genen enthält – obwohl sich natürlich verschiedene Gene in verschiedenen Zellen ausdrücken können. Die Biologen sind sich sicher, daß bei den Zellteilungen im Embryo die genetische Identität erhalten bleibt, weil aus den beiden Tochterzellen, in welche die Zygote sich aufteilt – oder nach der ersten Teilung aufteilen kann –, jeweils ein ganzer Organismus entstehen kann (bei einigen Organismen freilich nur ein halber Organismus). Unter dem Stichwort *Klone* weisen wir ferner darauf hin, daß aus der Kultur einer einzelnen Zelle vegetativ eine ganze Pflanze herangezogen werden kann. Schließlich kann man experimentell einen normalen somatischen Kern aus embryonalem Gewebe – zum Beispiel den Kern einer embryonalen Leberzelle – in eine Zygote einsetzen, deren eigener Kern zuvor entfernt wurde; wenn das Experiment technisch gelungen ist, wird anschließend eine normale Entwicklung beginnen. Man vergleiche hiermit die in einem gesonderten Artikel behandelte *Meiose.*

Molekularbiologie

Die Molekularbiologie ist für die moderne Biologie in gleicher Weise ein Triumph, wie es die vergleichende Anatomie und die vergleichende Zoologie allgemein in dem Vierteljahrhundert nach der Veröffentlichung von Darwins *Origin of Species* [deutsch: *Entstehung der Arten*] gewesen sind. Das Ziel der Molekularbiologie ist, biologische Strukturen und Funktionen durch das molekulare Geschehen zu erklären.

Ein kluger und kenntnisreicher Historiker der modernen Biologie hat darauf hingewiesen, daß die Molekularbiologie zwei große Denkströmungen umfaßt; der einen geht es um die

Struktur, der anderen um die genetische Information. Man kann sagen, daß die strukturelle Strömung mit den bahnbrechenden Bemühungen W. T. Astburys begann, die hauptsächlich kristalline Ordnung solcher Eiweißstrukturen wie Blutpfropf-Fasern, Seide und Keratin zu enthüllen (Keratin ist das Strukturprotein in Haaren, in der Außenschicht der Haut, in Nägeln, Krallen und Hörnern). Zu den größten Triumphen der strukturellen Molekularbiologie gehört die Aufklärung der dreidimensionalen Struktur des Muskelproteins Myoglobin und des Adenovirus-12.

Den informationalen Zweig der Molekularbiologie konstituiert die *Molekulargenetik,* die eine nahezu ununterbrochene Denktradition bildet, die sich bis zu einem Artikel zurückverfolgen läßt, den ein Medizinalbeamter des britischen Gesundheitsministeriums 1928 veröffentlichte. Fred Griffith, der sich für das eigenartige Auf und Ab in der Virulenz von Bakterien interessierte, gab seiner Arbeit den Titel »The Significance of Pneumococcal Types« [Die Bedeutung der Pneumokokken-Typen]. Jenen Teil der Arbeit, der etwas mit der späteren Entwicklung der Molekulargenetik zu tun hat, fassen wir im folgenden zusammen.

Auf Kulturplättchen gezüchtete Pneumokokken bilden Kolonien mit glattem (S) oder »rauhem« (R) Rand, je nachdem, ob sie von einer Polysaccharid-Kapsel umhüllt sind oder nicht. Die verschiedenen chemischen Typen dieser Kapseln erkennt man mit Hilfe immunologischer Methoden. Wie Griffith herausfand, ließen sich lebende R-Zellen eines bestimmten Pneumokokken-Typs in S-Varianten eines *anderen* Typs transformieren, wenn man Mäusen lebende R-Zellen zusammen mit relativ hohen Dosen hitzegetöteter S-Zellen jenes Typs injizierte, in den die R-Zellen transformiert werden sollten.

Ein derartiges Phänomen mußte die Phantasie der Biologen erregen. Die Erforschung dieses Sachverhalts wurde energisch vorangetrieben, insbesondere an der Columbia University und am Rockefeller Institute for Medical Research, wo man bald herausfand, daß der Faktor, der R- in S-Zellen transformiert, sich als ein zellfreies Extrakt darstellen ließ, dessen Wirkprinzip einen Filter, der Bakterien zurückhielt, passierte. Extrakte, die man von Proteinen und Polysacchariden befreit hatte, waren immer noch wirksam.

Es war ein denkwürdiger Augenblick in der Geschichte der Biologie, als Oswald Avery und seine Kollegen vom Rockefeller Institute mitteilten, der transformierende Faktor sei aller Wahrscheinlichkeit nach eine »hochpolymere visköse Form von Desoxyribonukleat«, also eine undenaturierte DNA. In der erregten Diskussion, die sich an diese bemerkenswerte Entdekkung anschloß, erkannte man bald, daß der transformierende Faktor in Wirklichkeit ein löslich gemachtes Gen war und daß daher aller Wahrscheinlichkeit nach Nukleinsäuren die Träger der genetischen Information sind. An dieser Deutung nahmen viele Biologen Anstoß, waren sie doch mit der für sie zur Selbstverständlichkeit gewordenen Vorstellung aufgewachsen, daß nur Protein eine so bedeutende molekulare Funktion erfüllen könne. Die Avery-Hypothese widerstand indessen allen Versuchen, sie umzustoßen – Versuchen, die so gründlich und energisch waren, wie es eine so bedeutsame Entdeckung verdiente. Die Hypothese ging daraus unversehrt hervor und brauchte nicht wesentlich modifiziert zu werden.

Indirekte Beweise, die von vielen verschiedenen Seiten kamen, bestätigten die Auffassung, daß Nukleinsäuren die Träger der genetischen Information sind. Man entdeckte, daß Nukleinsäure ein integraler Bestandteil von Viren ist, und wenn Bakterien von Bakteriophagen (Viren, die auf Bakterien schmarotzen) befallen wurden, war es der Nukleinsäure enthaltende Teil des Virus, der in die Bakterienzelle eindrang. Was die Ribonukleinsäure (RNA) betrifft, so hatten Histochemiker wie Torbjörn Caspersson und Jean Brachet durch ihre Forschungen deutlich gemacht, daß die Proteinsynthese mit der Anwesenheit von RNA zusammenhängt.

Den größten Erkenntnisfortschritt in der Geschichte der Molekulargenetik brachte jene Entdeckung, durch die die beiden ursprünglich getrennten Strömungen der Molekularbiologie – die strukturelle und die informationelle – zu einem Strom zusammengefaßt wurden. Zu dieser Vereinigung kam es 1953, als Francis Crick und James Watson die kristalline Struktur der DNA aufklärten; sie zeigten, daß diese Struktur nicht bloß den ursprünglichen Akt der Replikation vollziehen konnte, bei dem aus einem DNA-Molekül zwei gebildet werden, sondern auch die Weitergabe der genetischen Information (siehe die Definition des *genetischen Codes*). Bald vereinigte sich der Hauptstrom der Molekulargenetik mit der Biochemie, als in einer Reihe von Experimenten gezeigt wurde, daß die in der DNA enthaltene Information auf eine »messenger«-RNA kopiert und dann durch Vermittlung einer »transfer«-RNA in die Aminosäuresequenz eines Proteins umgesetzt wird. Viele einzelne Forschergruppen, die mit unterschiedlichen Versuchsanordnungen arbeiteten, haben unser gegenwärtiges Verständnis dieses Prozesses ermöglicht; und wenn auch eine vollständige Aufzählung ohne detaillierte historische und bibliographische Forschung nicht möglich ist, so seien – außer den bereits erwähnten – doch die Namen derer genannt, mit denen der Biologe von heute fast ständig zu tun hat: Sidney Brenner, Matthew Meselson, Marshall Nirenberg, George Matthaei, Jacques Monod, François Jacob, Severo Ochoa und Paul Zamecnic.

Es könnte nur an einem bemerkenswert geringen Urteilsvermögen oder an neidvollen Ressentiments liegen, wollte man bestreiten, daß die genialsten Entdeckungen, die seit Darwin und der auf ihn folgenden bedeutenden Generation der vergleichenden Anatomen in der Biologie gemacht wurden, der Molekularbiologie zuzuschreiben sind. Eine der vielen Lehren, die man aus der Entwicklung der Molekularbiologie ziehen kann, besteht in der Tatsache, daß Physiker und Chemiker erheblich zu ihr beigetragen haben – einer Tatsache, die der abgedroschenen Klage, die Wissenschaftler von heute seien so spezialisiert, daß sie sich nicht einmal mehr mit ihren Kollegen aus anderen Fachgebieten, geschweige denn mit dem allgemeinen Publikum zu verständigen vermöchten, jegliche Grundlage entzieht. Wie läßt sich diese Ansicht aufrechterhalten, wenn die gewaltigen Beiträge, die von Physikern zur allgemeinen Biologie beigesteuert wurden, so eindeutig auf der Hand liegen?

Durch die Vereinigung der beiden Hauptströmungen der Molekularbiologie und die Verschmelzung beider mit der Biochemie vollzog sich die »molekulare Revolution« in der Biologie. Die Molekularbiologen waren bei der Erfüllung ihrer Aufgabe so erfolgreich, daß es inzwischen fraglich geworden ist, ob es – außer vielleicht für pädagogische Zwecke – einer eigenen Disziplin Molekularbiologie bedarf. Sie ist kein zartes Pflänzchen mehr, das eines besonderen Bodens und ängstlicher Aufmerksamkeit bedürfte – sie ist jetzt das Glanzstück des Gartens.

Auch auf die Gefahr hin, in das, was sonst wie ein Loblied klang, einen herben Ton zu bringen, ist es nur angemessen, hier ein warnendes Wort anzufügen. Bei Revolutionen dieser Größenordnung besteht immer eine gewisse Gefahr, und so könnte es geschehen, daß die Molekularbiologie in ihrer Bedeutung überschätzt wird und daß sie die Aufmerksamkeit der Studenten und Forscher allzusehr auf Kosten anderer, ebenfalls hochbedeutsamer Untersuchungen an sich bindet. Es besteht in der Tat eine gewisse Gefahr, daß man die Sequenzanalyse eines Proteins – je ausgefallener es ist, um so besser – an sich schon als eine Großtat betrachtet, durch die man sich rascheste Beförderung und höchste akademische Ehren verdient.

Myasthenia gravis

Myasthenia gravis, eine chronische und fortschreitende Paralyse der willkürlichen Muskulatur, geht mit einer entzündlichen Zerstörung der Thymusdrüse einher und endet schließlich mit völliger Bewegungsunfähigkeit des Betroffenen. Ihr Verlauf ist, wie der vieler anderer Autoimmunkrankheiten, durch einen Wechsel von Phasen der Verschlimmerung und solchen des Abklingens gekennzeichnet.

Die erstmals von Dennis Denny-Brown bemerkte Ähnlichkeit zwischen den Symptomen dieser Krankheit und den Symptomen einer Curare-Vergiftung führte dazu, daß man zur symptomatischen Linderung Cholinesterase-Hemmer verabreichte. Die klinische Behandlung beruht heute auf der Erkenntnis, daß die Myasthenie ein Autoimmunvorgang ist. Die Immunreaktion richtet sich gegen das spezifische Protein des Acetylcholin-Rezeptors an der Kontaktstelle zwischen einer motorischen Nervenfaser und dem von ihr innervierten Skelettmuskel. Neben Medikamenten zur Immunsuppression setzt man vielfach die Plasmapherese ein: Dem Patienten wird Blut entnommen, die Blutkörperchen werden gewaschen und in einem milden Plasmaersatz, der die Antikörper, die das Unheil anrichten, nicht mehr enthält, dem Patienten wieder injiziert.

Warum der Thymus betroffen ist, den man in manchen Fällen entfernt, wird deutlich, wenn man von Thymusgewebe eine Kultur anlegt; in ihr findet man embryonale Vorläufer von Muskelzellen, die sich zu kontraktilen Zellen differenzieren können, welche jene Acetylcholin-Rezeptoren enthalten, die bei Myasthenie Zielscheibe des Autoimmunangriffs sind.

N

Natur und Erziehung/Umwelt

»nature and nurture«

Es war vermutlich Sir Francis Galton, der in seinem Buch *English Men of Science: Their Nature and Nurture* (London 1874) als erster die Begriffe *»nature«* [= Natur] und *»nurture«* [= Erziehung] zu einer Antithese verknüpfte. Allerdings läßt schon Shakespeare im *Sturm* (4. Akt, 1. Szene) Prospero über Caliban sagen [in der Übersetzung Schlegel-Tieck]: »Ein Teufel, ein geborner Teufel ist's, an dessen Art Erziehung nimmer haftet.« Robert Nisbet meint in seinem Essay über »Anomie« (in *Prejudices: A Philosophical Dictionary,* Cambridge, Massachusetts, 1982), die Antithese deute sich bereits an in einem Antagonismus zwischen *physis* (was weitgehend dasselbe bedeute wie »Natur«) und *nomos* (mit der Bedeutung »Viehweide«), der bis ins fünfte Jahrhundert v. Chr. zurückreicht. Auf jeden Fall handelt es sich um einen seit langem bestehenden Sprachgebrauch, der allgemein verstanden wird.

In der modernen Verwendung dieser Begriffe bedeutet die Natur *[nature]* eines Organismus das, was er aufgrund seiner genetischen Veranlagung ist, während *nurture* all jene Faktoren umfaßt, die ein Bestandteil seiner Umwelt und seiner Aufzucht/Erziehung waren. Laien neigen dazu, die Unterscheidung als ein Konkurrenzverhältnis aufzufassen, und fragen sich gern, welchen Anteil Natur und Erziehung an einem bestimmten Merkmalsunterschied – etwa an einem Intelligenzunterschied – haben. Wir können, was Bemühungen angeht, dem jeweiligen Anteil eine exakte Prozentzahl zuzuordnen, nur eine allgemeine Regel anbieten: Je selbstsicherer und dogmatischer man dabei vorgeht, desto wahrscheinlicher handelt es sich um einen Irrtum beziehungsweise – und das ist der häufigere Fall – um Verbohrtheit. Der geschätzte Anteil der Natur kann nämlich je nach der Umwelt, das heißt, je nach dem Anteil der Erziehung, zwischen 0 und 100 Prozent variieren – und umgekehrt. Darauf weisen wir hin in unserem Artikel über die *Phenylketonurie*, jenen angeborenen Stoffwechselfehler, der für rund ein Prozent aller Fälle von Schwachsinn verantwortlich ist.

Die in einer normalen Umwelt auftretende Phenylketonurie wird durch ein von beiden Eltern ererbtes rezessives Gen verursacht; das Individuum, bei dem beide Gene zusammentreffen, kann die Aminosäure Phenylalanin, einen regulären Bestandteil der Nahrung, nicht verarbeiten. Verabreicht man ihm eine Kost, deren Phenylalanin-Gehalt stark reduziert wurde, verliert die Unfähigkeit, Phenylalanin zu verarbeiten, ihre sonstige Bedrohlichkeit. Betrachten wir nun zwei Grenzsituationen: In der realen Welt, in der Phenylalanin reichlich vorkommt, kann man mit Recht sagen, die Krankheit sei genetischen Ursprungs; in einem gedachten Mikrokosmos, in dem alle Individuen homozygot Rezessive wären, würde man dagegen überzeugt sein, die Phenylketonurie sei auf die Umwelt, das heißt, die Aufzucht zurückzuführen; man würde sagen, daß eine der Aminosäuren, die bei der Verdauung der meisten Proteine freigesetzt wird, nämlich *Phenylalanin,* eine äußerst giftige Substanz sei und daß der Kontakt mit ihr auf ein Minimum reduziert werden müsse.

Wir können diese beiden Fälle als die Grenzfälle betrachten, die ein Theorem von allgemeiner Geltung illustrieren, demzufolge der Anteil der Natur an einer Merkmalsausprägung eine Funktion der Umwelt und der Anteil der Umwelt eine Funktion der Natur ist – ein Theorem, für das es unendlich viele Belege gibt. Zum Beispiel hängt bei vielen Krebsen (Crustaceen) der Grad der Pigmentierung des Auges sowohl von der genetischen Veranlagung als auch von der Temperatur ab, bei der die Entwicklung sich vollzieht. Wenn wir eine bestimmte Temperatur wählen, wird die unterschiedliche Augenfarbe (weiß, schwarz, rot oder schwärzlich) ausschließlich genetisch bedingt sein, wenn wir aber bestimmte Genotypen wählen, wird die Augenfarbe fast gänzlich von Umwelteinflüssen bestimmt sein. Für die Anzahl der Facetten im Netzauge von Insekten gilt grundsätzlich das gleiche: sie ist ebenfalls genetisch gesteuert, wird aber zugleich von der Temperatur beeinflußt.

Wenn es schon in diesen einfachen Beispielen unmöglich ist, den jeweiligen Anteil von Natur und Umwelt an Merkmalsausprägungen exakt zu beziffern, stellt sich die Frage: Muß dies nicht um so mehr gelten, wenn IQ-Psychologen bis zum Überdruß zu beweisen versuchen, daß die Intelligenz zu 75 bis 80 Prozent genetisch bedingt und nur zu 20 bis 25 Prozent durch Erziehung und Umwelt beeinflußt sei? Äußerungen in diesem Sinne haben einen tiefgreifenden Einfluß auf Politiker und über sie auf die Gesetzgebung ausgeübt, mit der Folge, daß – namentlich in Kalifornien – harte, törichte und wirkungslose Gesetze erlassen wurden, um Gefahren entgegenzutreten, die ebenso illusorisch waren wie die vorgeschlagenen Mittel zur Abhilfe. Wir denken hier speziell an die »Gefahr«, daß die angeblich zügellose Fruchtbarkeit von Schwachsinnigen die Welt in Kürze mit Idioten bevölkern werde, die letzten Endes die geistig Gesunden verdrängen würden.

Das oben skizzierte Argument, der Anteil der Natur sei eine Funktion der Umwelt und der Anteil der Umwelt eine Funktion der Natur, ist eigentlich nicht sehr schwer zu verstehen, zumal wenn man sich an den zur Illustration angeführten Grenzfällen orientiert. Um es zu verstehen, bedarf es gleichwohl einer gewissen Verstandeskraft, die – so scheint es – die Fähigkeiten vieler Psychologen, ungeachtet ihrer hohen IQ-Werte, bislang überstiegen hat.

Die Neigung, intellektuelle Leistungsunterschiede eher der Natur als der Umwelt zuzuschreiben, hat einen deutlich politischen Anstrich. Wenn nämlich die Armen und Bedürftigen durch ihre Gene zu dem geworden sind, was sie sind, können wir daran nicht viel ändern; wir sind an ihrer Armut und Not nicht schuld, und wir sind nicht moralisch dazu verpflichtet, soziale Maßnahmen zur Besserung ihrer Lage zu ergreifen. Leugnen wir dagegen kategorisch – wie es entschiedene Marxisten von heute tun –, daß es bei den menschlichen Begabungen angeborene Unterschiede gibt, so daß aus dem Menschen nur das wird, was Erziehung und Umwelt aus ihm machen können, dann ist es in einer gerechten Gesellschaft eine Pflicht des Staates, für die Erziehung und Bildung seiner Bürger zu sorgen.

Man mag das zwar für rührend naiv halten, aber Wissenschaftler glauben, daß es nur einen Weg gibt, um diesen Ungewißheiten und der von ihnen herrührenden Ungerechtigkeit und Mißwirtschaft abzuhelfen: die Entdeckung und Verbreitung der Wahrheit. Naiv vielleicht deshalb, weil die Anhänger einer Partei gewöhnlich taub werden gegenüber Argumenten, die ihren eingefleischten Überzeugungen zuwiderlaufen. Wissenschaftler müssen sich dennoch bemühen, die Wahrheit zu entdecken und zu verbreiten, und sie müssen daran, ungeachtet aller Zurückweisungen, festhalten, denn wozu wären sie sonst Wissenschaftler? Anderenfalls müßten sie sich damit begnügen, lediglich Handlanger und Mechaniker einer komplexen Maschinenzivilisation zu sein.

Natürliche Auslese

Die Haupttriebfeder der Evolution ist die natürliche Auslese (Selektion) – das behaupten sowohl der klassische Darwinismus als auch die gegenwärtig herrschende Orthodoxie, der Neodarwinismus. Wie wir aus seinem Briefwechsel mit Asa Gray wissen, war Darwin sich durchaus dessen bewußt, daß der Ausdruck »natürliche Auslese« einen animistischen Beigeschmack hat, denn die Natur liest und wählt ja nicht aus. Darwin entschuldigte sich damit, daß der Begriff sich nur durch weitschweifige und langweilige Umschreibungen vermeiden lasse.

Jede Population, deren Mitglieder (a) sich selbst fortpflanzen und (b) sterblich sind, bestehe sie nun aus individuellen Tieren oder aus Genen, kann der natürlichen Auslese unterliegen. Dieses oder jenes Mitglied kann, anders gesagt, gegenüber dem Rest einen Nettoreproduktionsvorteil genießen. Dies bedeutet wiederum nur: ihre Reproduktionsrate und ihre Sterblichkeit sind so geartet, daß der Anteil der »begünstigten« Mitglieder an der Population mit der Zeit wächst, beziehungsweise – was damit gleichbedeutend ist – daß die von der natürlichen Auslese begünstigten Mitglieder eine größere Darwinsche Fitness oder Tauglichkeit besitzen als die anderen.

Daß die natürliche Auslese durch unterschiedliche Fruchtbarkeit oder Sterblichkeit die Merkmale einer Population zu verändern vermag, ist nicht bloß ein aus Prinzipien abgeleitetes Theorem. Es läßt sich zeigen und ist gezeigt worden, daß sie in der Natur wirksam ist. Man erkennt es zum Beispiel daran, daß der Anteil von Individuen, die im Sinne der Mimikry besser angepaßt sind, oder allgemein der Anteil von Organismen, die mit der feindseligen physischen Umwelt besser fertigzuwerden vermögen, in allen Populationen wächst.

Gegenstand der natürlichen Auslese (das, was selektiert oder nicht selektiert wird) kann ein individueller Organismus, ein Gen oder sogar eine Gemeinschaft von Organismen sein. Einschlägige Informationen findet man sowohl unter *Gruppenauslese* und *Neodarwinismus* wie in der Definition der *Populationsgenetik*.

Nebenniere

Die Nebenniere ist eine endokrine Drüse, eine Drüse also, die ihr sekretorisches Produkt direkt ins Blut oder in die Lymphe ausschüttet, anstatt in einen Gang, der es an einen anderen Ort befördert. Sie ist in mancherlei Hinsicht eine exemplarische Drüse, weil eine Reihe von funktionalen, stammesgeschichtlichen und Entwicklungsmerkmalen, die man bei endokrinen Drüsen allgemein findet, an ihr besonders deutlich werden.

Bei niederen Wirbeltieren ist die Nebenniere ein etwas diffus und unansehnlich wirkendes paariges Organ, bei Säugetieren dagegen ein kompaktes paariges Organ, das den vorderen Enden der beiden Nieren aufliegt.

Wie viele andere endokrine Drüsen ist die Nebenniere nicht einheitlicher Herkunft. Bei Säugetieren sind die beiden Komponenten der Nebenniere nach Entstehung und Funktion völlig verschieden. Der innere Kern oder das *Mark* ist im Grunde ein modifiziertes Ganglion des sympathischen Nervensystems. Das Nebennierenmark bildet die Hormone Adrenalin und Noradrenalin, deren Wirkungen verständlicherweise denen gleichen, die bei einer allgemeinen Reizung des Sympathicus hervorgerufen werden: die Herzschlagfrequenz wird gesteigert, die Blutgefäße des Gehirns, der Netzhaut und der Niere ziehen sich zusammen, während die Gefäße der Skelettmuskeln sich erweitern. Die psychologischen Wirkungen wird derjenige kennen, der wegen einer Zahnbehandlung schon einmal ein Mittel zur örtlichen Betäubung injiziert bekam. Das Mittel enthält, um eine örtliche Blutung zu unterbinden, Adrenalin in einer Dosis, die ausreicht, um dem Patienten Gefühle der Angst, Unruhe und des Unbehagens zu vermitteln, Gefühle, die noch zusätzlich zu jenen auftreten, die durch eine Zahnbehandlung oder die Aussicht auf eine solche leicht ausgelöst werden.

Die äußere Schale der Nebenniere, die Nebennieren*rinde*, bildet sich möglicherweise im Rahmen der embryonalen Entwicklung aus den zuerst entstandenen Nierenkanälchen, dem sogenannten Pronephros. Die Rinde, im Unterschied zum Mark von lebenswichtiger Bedeutung, reguliert den Mineralgehalt des Körpers, insbesondere die Natriumsalze. Wird die Nebennierenrinde entfernt oder durch Entzündung beziehungsweise Verletzung zerstört, so tritt ein rascher Salzverlust ein. Die Folgen können tödlich sein, wenn das Opfer nicht Injektionen mit den natürlichen Sekreten der Drüse (darunter Aldosteron, Corticosteron, Hydrocortison – auch Cortisol genannt – und andere verwandte Substanzen) oder entsprechend wirkenden Substanzen erhält. Da man eine allgemeine Schwächung und eine verminderte Widerstandsfähigkeit gegen Streß beobachtet, wenn die Sekrete der Nebennierenrinde ausfallen, nimmt man allgemein an, daß die cortison-artigen Sekrete der Nebennierenrinde für das normale Funktionieren des Körpers wesentlich sind, besonders für die Erhaltung der Skelett- und Stützgewebe sowie für die Widerstandsfähigkeit gegen Streß.

Jener Teil der Rinde, der für die Bildung von cortison-artigen Substanzen verantwortlich ist, steht unter der Kontrolle eines Sekrets der Hypophyse, das der Konvention gemäß Corticotropin (oder Adrenocorticotropes Hormon, kurz ACTH) genannt wird. Bei funktionstüchtiger Nebennierenrinde gibt man anstelle von Rinderhormonen vorzugsweise ACTH, um die Hormonbildung zu steigern. Die cortison-artigen Steroide werden manchmal als »Anabolika« bezeichnet, weil sie den Aufbaustoffwechsel (Anabolie) fördern und in hohen Dosen das Muskelvolumen beträchtlich steigern können, eine Eigenschaft, die Athleten – zum Beispiel Gewichtheber – sich zunutze machen, speziell in solchen Ländern, die den Sieg bei sportlichen Wettkämpfen als einen Beweis der Überlegenheit ihres politischen Systems ansehen.

Neodarwinismus

Als Charles Darwin jene Theorie formulierte, der Alfred Russel Wallace großzügig den Namen »Darwinismus« verlieh, hatten beide keine richtige Vorstellung von der Natur der Vererbung, wenngleich ihnen klar war, daß die natürliche Auslese in der Evolution nur dann eine Rolle spielen konnte, wenn die Varianten, an denen sie erklärtermaßen ansetzte, die Ergebnisse von *erblichen* Variationen waren.

Die Vertreter der neuen Genetik – Thomas Hunt Morgan, William Bateson und R. C. Punnett – waren sich der Unzulänglichkeiten der Evolutionstheorie, die als ein Theorem im Bereich der Naturgeschichte galt, sehr wohl bewußt. Das Bewußtsein dieser Unvollkommenheit veranlaßte Bateson in seinem großartigen Buch *Mendel's Principles of Heredity* (Cambridge 1909) zu der Bemerkung, man sei so sehr überzeugt gewesen, Darwin habe schon alles gesagt, daß in den Jahren nach Darwins Veröffentlichungen alle Forschungen, die irgendwie das Problem der Arten betrafen, »von jener Apathie gekennzeichnet waren, die für ein Zeitalter des Glaubens charakteristisch ist«.

Trotz dieser offensichtlichen Unzufriedenheit kam es erst in den zwanziger und dreißiger Jahren dieses Jahrhunderts dazu, daß Sewall Wright, J. B. S. Haldane und R. A. Fisher die Methoden und Haupttheoreme eines Darwinismus formulierten, der auf der Basis der Mendelschen Vererbungslehre neu begründet wurde – kurz gesagt: einen Neodarwinismus.

Gegenstand der Auslese – das, was selektiert wird – ist in diesem neuen Darwinismus das Gen, und von besonderer Wichtigkeit ist der Begriff der Genfrequenz. Der gegen die Genfrequenz so oft vorgebrachte Einwand der Irrealität ist durch das Hardy-Weinberg-Gesetz zerstreut worden, mit dessen Hilfe es möglich ist, Aussagen über Genfrequenzen in Aussagen über die Häufigkeiten von Genotypen innerhalb der Population zu übersetzen.

Das Grundprinzip der neodarwinistischen Theorie, von dem all unsere Überlegungen ausgehen sollten, ist die Erhaltung der genetischen Varianz. In einer panmiktischen Population bleibt die Genfrequenz von Generation zu Generation konstant, es sei denn, eine »Kraft« wirkt auf die Population ein. Eine regelrechte Kraft weist eine Größe und eine Richtung auf; die Größe einer auf die Genfrequenz einwirkenden Kraft wird durch die Rate der Veränderung der Genfrequenz gemessen, während die Richtung gegeben ist durch die Richtung der stattfindenden Gensubstitutionen (ob etwa ein Allel A gegen ein Allel A' ausgetauscht wird oder umgekehrt).

Mehrere Faktoren können eine Änderung der Genfrequenz verursachen und somit Evolutionsfaktoren sein. Der erste ist die Drift, die sich durch Abweichungen von einer statistisch zufälligen Paarung in der Elterngeneration ergibt und in der nächsten Generation zu einer Schwankung der Genfrequenz führt, so daß die Anteile der Genotypen von den theoretischen Werten abweichen. Wenn die Abweichung von der Zufallsverteilung durch Zufall über mehrere Generationen hinweg in die gleiche Richtung geht, ergibt sich eine systematische Änderung der Genfrequenz, die man als Drift bezeichnet (siehe die Definition der *Genetischen Drift*). Daß eine Drift stattfindet, ist nicht zu leugnen, doch ist immer noch umstritten, wie stark sie zur evolutionären Änderung beiträgt. Besondere Bedeutung messen Verfechter dieses Konzepts der Drift in kleinen Populationen bei.

Der zweite Faktor, der Genfrequenzen systematisch verändern kann, ist ein Mutationsdruck, der beispielsweise vorliegt, wenn ein Gen *A* wiederholt durch ein mutiertes Allel *A'* substituiert wird. Mutationen kommen jedoch so selten vor, daß der Mutationsdruck für Darwinisten kein gewichtiger Evolutionsfaktor ist.

Der bei weitem bedeutendste Faktor ist die natürliche Auslese, Darwins bleibender Beitrag zur Biologie, dessen Ansehen unter Fachleuten nicht darunter gelitten hat, daß Laien und Amateure sich oft mißfällig über diesen Begriff äußern.

Der Neodarwinismus ist manchen Mißdeutungen ausgesetzt; am verbreitetsten ist die, er behaupte, es seien Mutationen – oder genauer: mutierte Gene oder mutierte Organismen, an denen die Natur ihre Auslese betreibe. Dies ist eine Karikatur des Neodarwinismus, und wir nutzen die Gelegenheit, um unsere Auffassung zu bekräftigen, daß Mutationen *nicht* in Reaktion auf die Bedürfnisse eines Organismus entstehen und diese auch nicht befriedigen, es sei denn zufällig. Was der Evolution ihre Kandidaten verschafft, ist die praktisch unbegrenzte Vielfalt der Varianten, für die die Rekombination des Erbguts sorgt, die bei sexueller Fortpflanzung durch Trennung der Chromosomen und zufällige Verschmelzung der Gameten sowie durch Koppelungsbruch *(Crossing over)* zustande kommt. In dieser ungeheuren kombinatorischen Vielfalt, die von Zeit zu Zeit noch durch Mutationen bereichert wird, findet die natürliche Auslese ein Repertoire von Trillionen von Kandidaten, das heißt, von möglichen Organismen, unter denen irgendeiner in herausragender Weise zu einer Lösung des Problems beitragen könnte, in einer überwiegend feindseligen Umwelt am Leben zu bleiben.

Dies ist die neodarwinistische Theorie der Evolution durch natürliche Auslese. Selbstverständlich hat der Darwinismus als solcher Mängel. Man kann ihn nicht ganz von dem Vorwurf freisprechen, seine Erklärungen seien allzu glatt, und er gebe auch keine besonders überzeugende Erklärung für den evolutionären Fortschritt – dafür also, daß Lösungen verwirklicht werden, die komplizierter sind, als es für das bloße Überleben und die Fortpflanzungsfähigkeit nötig ist. Der Einwand, der am häufigsten erhoben wird, läßt sich jedoch nicht aufrechterhalten: daß es *unvorstellbar* sei, daß evolutionäre Anpassungen mit all ihrer Raffinesse und Spitzfindigkeit im Detail durch einen solchen Mechanismus entstanden sein könnten. Der Vorwurf der »Unvorstellbarkeit« ist eher eine Kritik an uns selbst als am Neodarwinismus. In diesem Zusammenhang müssen wir an den hervorragenden englischen Atmungsphysiologen John Scott Haldane denken, der es »unvorstellbar« nannte, daß es eine chemische Verbindung geben sollte, die genau die Eigenschaften besitzt, welche – wie wir heute wissen – die Desoxyribonukleinsäure auszeichnen, nämlich ein Engramm der Vererbung zu sein, ein System von Anweisungen für den Ablauf der Entwicklung.

Selbstverständlich hat auch der Neodarwinismus seine Mängel, eine gewisse Glätte hat er mit dem Darwinismus gemein. Außerdem läßt sich schwerlich ein Experiment oder eine Beobachtungsreihe denken, durch die er widerlegt werden könnte; ein entsprechender Test wäre, durch künstliche Auslese in einer Population von hochgradig ingezüchteten, wirklich reinerbigen Mäusen einen erblichen Merkmalsunterschied zu schaffen. Wenn also Samuel Butler und William McDougall mit ihren Vermutungen bezüglich der Erblichkeit von Verhalten recht gehabt hätten und in einem Versuch gezeigt werden könnte, daß die Lernfähigkeit durch eine über viele Generationen hinweg bei gleichbleibender Ernährung betriebene Selektion von ingezüchteten Mäusen verbessert wird, wäre der Neodarwinismus vollkommen vernichtet. Aber selbst wenn sich ein Biologe bereit fände, einen solchen Versuch zu unternehmen, so wäre doch keine der geldgebenden Institutionen, die der Wissenschaft bekannt sind, bereit, diesen Versuch zu finanzieren.

Neotenie

Die verschiedenen Körperteile einschließlich der Keimdrüsen entwickeln sich nicht im gleichen Tempo. Eine der interessantesten (und – aus der Sicht der Evolution – bedeutendsten) Abweichungen von einem starren Tempo und einer festen Differenzierungsfolge liegt dort vor, wo ein Organismus in einem jugendlichen Stadium geschlechtsreif wird. Das in Wirklichkeit erwachsene Tier nimmt dadurch jugendliche, ja sogar larvale Merkmale ins Erwachsenendasein mit. Gavin de Beer hat für dieses Phänomen die allgemeine Bezeichnung »Pädomorphose« geprägt.

Das beste Beispiel für die Erscheinung der Neotenie, deren Existenz nicht bestritten werden kann, liefert der mexikanische *Axolotl;* er ist die Larve eines amerikanischen Lurchs der Gattung *Ambystoma,* und man kann ihn dazu bringen, sich durch Metamorphose in das erwachsene Tier zu verwandeln. Walter

Garstang hat als einer der ersten die höheren Chordaten durch Neotenie aus den »Kaulquappen«-Larven der Seescheiden hergeleitet. Einen Beleg für die Plausibilität dieser Theorie liefert die Tatsache, daß eine ganze Klasse innerhalb des Stammes der Seescheiden, die *Larvacea,* aus eindeutig neotenen Seescheiden-Larven besteht.

Von einigen menschlichen Merkmalen nimmt man an, daß sie uns durch Neotenie mit den großen Menschenaffen verbinden. Ludwig Bolk führte 1926 den Begriff *Fetalisierung* ein und beschrieb damit jene Veränderungen, in deren Folge der Mensch gewisse Merkmale fetaler Menschenaffen beibehält: das relativ große Gehirn, die Lage des Foramen magnum und die Stellung des Schädels im rechten Winkel zur Wirbelsäule, den unbehaarten Körper, die helle Hautfarbe und einige weitere Merkmale. Aldous Huxley hat mit der Erfindungsgabe, die wir von ihm gewohnt sind, in der Erzählung *After Many a Summer* einen Zustand erdacht, in dem ein Mensch sich infolge einer extremen Verlängerung des Lebens in einen erwachsenen Menschenaffen verwandeln kann.

Als eine entwicklungsgeschichtliche Strategie betrachtet, bietet die Neotenie die Möglichkeit eines relativ raschen und radikalen evolutionären Wandels und damit, wie A. C. Hardy es genannt hat, »einen Ausweg aus der Spezialisierung«.

Nervengase

Ein Nervengas ist eine flüchtige Flüssigkeit, oft eine phosphororganische Verbindung, und der von ihr ausgehende Dampf paralysiert die Opfer buchstäblich, da er wie ein Cholinesterase-Hemmer wirkt. Diejenigen, die geneigt sind, Nervengase einzusetzen, schätzen besonders solche, die farblos und nicht reizend und daher in ihrer Wirkung überaus heimtückisch sind. In einem gewissen Umfang werden Nervengase als Pestizide genutzt.

Nervenimpulse

Ein Nerv ist im wesentlichen ein Bündel von Nervenfasern, die in der gleichen Richtung verlaufen. Er verknüpft in der Regel das Zentralnervensystem, das Gehirn, die Wirbelsäule usw., mit motorischen Endorganen und, umgekehrt, Sinnesorgane mit dem Zentralnervensystem. Solche Faserbündel zeigen einen zarten bindegewebigen Aufbau und werden von Blut-, nicht aber von Lymphgefäßen versorgt. Ein Nerv, der *innerhalb* des Zentralnervensystems einen Teil desselben mit einem anderen verbindet, wird als Bahn bezeichnet; die »Pyramidenbahn« leitet zum Beispiel Nervenimpulse von der Großhirnrinde zum Rückenmark.

Periphere Nerven können motorisch oder sensorisch oder beides sein. Aus der Art, wie das Auge sich im Zuge der Entwicklung bildet, wird deutlich, daß der sogenannte Sehnerv eigentlich kein Nerv in dem Sinne ist, in dem man den Ischiasnerv als einen solchen bezeichnen darf: er ist eine sensorische Bahn im Gehirn. Die Zellkörper der in dieser Bahn verlaufenden sensorischen Neuronen liegen in der Netzhaut selbst.

Die nervöse Informationsübertragung erfolgt durch Nervenimpuls. Ein Nervenimpuls ist eine sich fortpflanzende Zustandsänderung in der Membran der Nervenfaser; es ist nichts Stoffliches, was an der Faser entlangwandert, ebensowenig wie an einer Reihe von Dominosteinen, die so aufgestellt sind, daß, wenn man einen umstößt, dessen Nachbar umgestoßen wird usw. Auch hier haben wir eine sich fortpflanzende Zustandsänderung, aber was dabei wandert, ist nicht eine materielle Substanz, sondern ein *Signal.* Eine Nervenfaser kann Impulse in beiden Richtungen weiterleiten. Die Kontaktstelle zwischen zwei Neuronen, die *Synapse,* polarisiert den Impuls, der die Synapse nur in einer Richtung durchlaufen kann. Die Signale im Nervensystem funktionieren nach dem Prinzip der Frequenzmodulation und nicht nach dem der Amplitudenmodulation, weil Folgen von Nervenimpulsen sich nur in ihrer Frequenz voneinander unterscheiden; die Amplitude ist festgelegt und nimmt auch mit wachsender Entfernung vom Punkt der Reizung nicht ab. Wird die Amplitude jedoch durch Narkose oder ähnliches über eine gewisse Länge des Nervs verringert, so nimmt sie, wenn das Signal die betroffene Strecke durchlaufen hat, wieder ihren ursprünglichen Wert an. Dies beweist, daß die Energie des Nervenimpulses von dem Nerv selbst stammt.

Einer der wichtigsten Forscher auf diesem Gebiet hat den Nervenimpuls als »die universale Währung des Nervensystems« bezeichnet. Daß die Aktivität des Nervensystems einschließlich des Gehirns zum überwiegenden Teil durch elektrische Signale abgewickelt wird, ist in der Tat einer der Aspekte, unter denen Gehirn und Nervensystem einem Computer gleichen.

Nukleinsäuren

Proteine, Kohlenhydrate und Fette haben eine Vielzahl von strukturellen und Stoffwechselfunktionen im Körper zu erfüllen; dagegen sind die Aufgaben der Nukleinsäuren verhältnismäßig einfach: sie sind die Träger der Information für die Entwicklung und die Vererbung. Der Nukleinsäure-Anteil ist demnach jener Teil der Chromosomen, in dem die Botschaft der Vererbung steckt, während eine weitere Nukleinsäure diese Botschaft an den Syntheseapparat der Zelle übermittelt und bewirkt, daß auf eine ganz bestimmte Weise ein Protein aufgebaut wird, wobei die Aminosäuren, aus denen es sich zusammensetzt, in einer spezifischen Anordnung aneinandergereiht werden.

Eine Nukleinsäure ist ein riesiges, gestrecktes Molekül mit einer repetitiven (polymeren) chemischen Struktur, deren Rückgrat aus Verbindungen zwischen Phosphorsäureresten und C5-Zuckermolekülen gebildet wird. Die Art des Zuckers gibt den Hauptkategorien der Nukleinsäure ihren Namen: *Ribose* kommt in der Ribonukleinsäure (RNA), *Desoxyribose* in der Desoxyribonukleinsäure (DNA) vor. Die Nukleinsäure der Chromosomen ist die DNA, die aber auch außerhalb des Zellkerns zu finden ist, zum Beispiel in den Mitochondrien. An dem Phosphat-Rückgrat sind stickstoffhaltige organische Basen befestigt, entweder Purine oder Pyrimidine. Den Grundbaustein einer Nukleinsäure – das Monomer, aus dem das Polymer zusammengesetzt ist – bildet das *Nukleotid,* bestehend aus dem Phosphorsäurerest, dem Zuckermolekül und einer organischen

Base; die genetische, von einer Generation zur anderen weitergegebene Botschaft ist in der Anordnung der organischen Basen auf dem Molekül verschlüsselt. Bei der Synthcse eines Proteins müssen die Aminosäuren, aus denen es sich zusammensetzt, in einer spezifischen Reihenfolge aneinandergereiht werden; dabei dienen die Ribonukleinsäuren (von denen es funktional verschiedene Arten gibt) als Zwischenträger. Zunächst wird die spezifische Reihenfolge der Nukleotide im DNA-Molekül in einen Strang messenger-RNA umgesetzt. Angeleitet von dieser messenger-RNA wird an den Ribosomen, winzigen Teilchen im Zytoplasma, eine weitere (lösliche) Art von RNA gebildet, die transfer-RNA, deren Moleküle sich jeweils an ein spezifisches Aminosäure-Molekül binden. Auf diese Weise wird die in dem ursprünglichen DNA-Molekül enthaltene Information in die Struktur eines Proteins umgesetzt. Den Zusammenhang zwischen DNA und RNA bezeichnet man als Transkription, die Übersetzung der RNA in die Struktur des Proteins als Translation.

Man ist weithin der Ansicht, daß die Forschungen, welche die Struktur der Nukleinsäuren aufdeckten, ihre genetische Funktion enthüllten und die Umsetzung ihrer Informationen in den Zellstoffwechsel nachwiesen, zu den brillantesten und erhellendsten wissenschaftlichen Fortschritten des 20. Jahrhunderts zählen. Dieser Auffassung stimmen wir zu. Allerdings war es eine langwierige Angelegenheit, denn zu der Zeit, als man die Nukleinsäuren als chemische Einheiten erkannte, benutzte man zur Gewinnung sehr grobe Verfahren – vielfach die Erhitzung in einem Alkali oder dergleichen –, durch welche die kristalline Struktur der Nukleinsäure völlig zerstört wurde. Die Forschungen, durch die schließlich geklärt wurde, daß Nukleinsäuren an der Übermittlung der genetischen Information beteiligt sind, werden in unserem Beitrag zur *Molekularbiologie* zusammenfassend beschrieben. Der Anstoß ging gewissermaßen von einer begrifflichen Neuerung aus, denn erst als man das Gen als eine *Nachricht* auffaßte, entstand ein besonderer Ansporn, diese Gen-Nachrichten mit der spezifischen kristallinen Struktur eines Makromoleküls wie der Nukleinsäure in Zusammenhang zu bringen. Während die Informationsübertragung auf der linearen Differenzierung des Moleküls beruht, wird die Replikation durch den Umstand ermöglicht, daß das helikale Molekül aus zwei Strängen besteht, die einander in der Weise komplementär sind, daß jeder Strang als Ausgangsbasis für die Synthese einer komplementären Hälfte dienen kann.

O

Ökologie

Die Begriffe »Ökologie«, »Ökonomie« und »Ökumene« haben eine gemeinsame Wurzel in dem griechischen Wort *oikos,* das Haus oder Haushalt bedeutet. Die Ökologie, die in der Hierarchie der Wissenschaften vom Leben an der Spitze steht, hat in der Tat mit der Ökonomie des großen Haushalts der Natur zu tun: Sie will seine Struktur in Raum und Zeit und besonders die Interaktionen bei Tieren und Pflanzen sowie zwischen ihnen aufdecken. Das Sachgebiet der Ökologie ist ungeheuer groß, da sie den empirischen Gehalt aller in der Hierarchie unter ihr stehenden Wissenschaften umfaßt und dazu natürlich noch die in ihren eigenen Zusammenhang gehörenden Konzepte.

Die hierarchische Ordnung der Biosphäre wird unter den Stichworten *Hierarchie* und *Reduktionismus* erörtert.Charakteristisch ist auch die zyklische Ordnung der Biosphäre; die gesamte belebte Natur ist von Kreisläufen bestimmt. Dabei denkt man natürlich zunächst an den langsamen Pulsschlag der Jahreszeiten, den die kürzeren Zyklen der Monate, der Meeresgezeiten und des Tag-und-Nacht-Rhythmus überlagern. Das gesamte Geschehen ist dadurch gekennzeichnet, daß Zyklen innerhalb von Zyklen ablaufen, die wiederum in andere Zyklen eingebettet sind; die kürzesten Zyklen – die mit der kürzesten Schwingungsperiode – sind dabei der Zyklus der Zellteilung während des Wachstums, im stetigen Prozeß der Ersetzung von Zellen und bei der Reparatur von Geweben sowie gewisse physiologische Vorgänge wie etwa die Bildung von Antikörpern. Die Wanderungen der Elementarbausteine der Biosphäre aus der Umwelt in den Organismus und zurück sowie zwischen den Organismen beschreiben ebenfalls einen Kreislauf. Kohlenstoff, Sauerstoff und Stickstoff stehen niemals still, sondern kreisen ständig innerhalb der Biosphäre.

Innerhalb der Nahrungskette wandern zum Beispiel Stickstoffverbindungen von einem Organismus zum anderen, bis der Stickstoff schließlich wieder in den Boden oder in die Atmosphäre zurückkehrt, weil die Lebewesen und ihre Exkremente von jenen Bakterien zersetzt werden, die Stickstoffverbindungen denitrifizieren und den molekularen Stickstoff wieder an die Atmosphäre abgeben. Dieser Stickstoff wird wieder eingefangen durch Mikroorganismen, die, an den Wurzeln von Leguminosen sitzend, Luftstickstoff binden können, und außerdem durch industrielle Prozesse, die den atmosphärischen Stickstoff in riesigem Umfang in Ammoniak und Nitrate umwandeln, die, als Düngemittel eingesetzt, wieder in die lebenden Organismen gelangen. Diese Vorgänge machen zusammen den »Stickstoffkreislauf« aus, der von immenser Bedeutung ist, da die zyklische Wanderung des Stickstoffs der begrenzende Faktor des – wie man sagen könnte – »Stoffwechsels« der Biosphäre ist (Stoffwechsel hier nicht sehr viel anders verstanden als bei individuellen Organismen). Die Kreisläufe von Sauerstoff und Kohlenstoff hängen eng miteinander zusammen und treffen sich im Vorgang der Photosynthese, bei dem die Energie des Sonnenlichts Wasser und atmosphärisches Kohlendioxid in Kohlenhydrate verwandelt, unter Freisetzung von molekularem Sauerstoff, den Pflanzen und Tiere zur Atmung benutzen.

Die Untersuchung der Kreisläufe der Elemente und die Aufstellung entsprechender Bilanzen ist eine der Hauptaufgaben der Ökologie. Ihr Rat ist selbstverständlich gefragt, wenn es um solche weltweiten Probleme geht wie den Schutz des Wassers oder die Gefahren, die mit dem wachsenden Kohlendioxidgehalt der Atmosphäre verbunden sind, der seinerseits auf die gewaltige Ausdehnung von industriellen Prozessen zurückgeht, bei denen Verbrennung und damit Verbrauch von Sauerstoff stattfindet. In der Kohle und in anderen fossilen Brennstoffen ist mehr Kohlenstoff enthalten als in den lebenden Organismen der Biosphäre. Natürlich wird atmosphärisches Kohlendioxid von den Pflanzen verbraucht, und daher wenden wir uns erneut an die Ökologie, wenn es gilt, die Folgen der Zerstörung von Waldgebieten abzuschätzen und ihnen entgegenzuwirken. Für den Stoffwechsel der Biosphäre ist der Anteil des Meeres und besonders der winzigen Meerespflanzen der oberen Wasserschichten (des Phytoplanktons) quantitativ von größter Bedeutung.

Die Ökologie, die Meteorologie und die Geophysik haben manche gemeinsamen Interessen. Die moderne Ökologie hat einen weiten Weg zurückgelegt seit jenen Zeiten, als ein Biologe sich schon für einen Ökologen hielt, wenn er, ausgestattet mit Botanisiertrommel, Linse, Schmetterlingsnetz und einem Vorrat an Butterbroten, die Spielarten und Mengen von Lebewesen in einem Tümpel, einem steinigen Hang, einem Unterholz oder einer Ackerfläche feststellte. Heute ist alles sehr viel komplizierter geworden und auf die Anwendung von Techniken angewiesen, die dem Amateur nicht mehr zugänglich sind. Wandernde Tiere kann man veranlassen, ihre Anwesenheit kundzutun, indem man ihnen kleine Radiosender einpflanzt, die ihren jeweiligen Standort verraten; weltweite Abmachungen über das Markieren und Wiedereinfangen von Tieren helfen, größere Wanderbewegungen festzustellen, und sind von unschätzbarem Wert bei der überaus schwierigen Aufgabe, Sterbetafeln für lebende Organismen in einer natürlichen Umwelt zusammenzustellen. Entscheidend ist der Begriff »natürlich«, denn die Ökologie hat es wie die Ethologie erklärtermaßen vor allem mit der natürlichen Welt zu tun, mit der Welt, wie sie ist, und nicht mit experimentellen Simulationen. Man kann zwar Katastrophen und gewaltige Verschiebungen von Land- und Wassermassen als »natürliche Experimente« ansehen, doch ist die Ökologie keine experimentelle Wissenschaft im Sinne Bacons: Man braucht nicht Situationen zu erfinden, die in der Natur nicht vorkommen, so wie der Chemiker genötigt ist, Verbindungen von Stoffen oder Vorgängen zu ersinnen, die unter natürlichen Bedingungen nicht zustande kämen. Sehr befriedigend ist der Umstand, daß die Ökologie inzwischen ein solches Maß an politischem Interesse gefunden hat, daß ihr keine Vernachlässigung mehr droht – wie es ja vielen Unternehmungen ergeht, die nach Ansicht von Politikern nichts dazu beitragen, sie oder die von ihnen vertretene Partei zu fördern.

Ordnung in der Biologie

Würde man uns mit einem unbekannten Objekt konfrontieren – sei es mikroskopisch klein oder groß genug, um es erkennen zu können – und dann fragen, ob es sich um einen lebenden Organismus oder die Überreste eines solchen handelt, so würden wir unsere Antwort mit ziemlicher Sicherheit von dem Grad und der Art der Ordnung des fraglichen Objekts abhängig machen. Denn Ordnung ist es, was uns überall entgegentritt: in der bestimmten Gestalt und den deutlichen Symmetrien eines Organismus; in der kristallinen Geordnetheit von Chromosomen, Viren und vielen der Zellbestandteile; in den polymeren Riesenmolekülen, die in lebenden Organismen so überreichlich vorkommen, und in den Produkten, hervorgegangen aus der Aktivität von Organismen, wie etwa Honigwaben, Spinngeweben und den vielerlei »Häusern« oder Nestern, welche die Organismen sich herrichten. Ordnung durchdringt die gesamte Biologie.

Ordnung weist ein System dann auf, wenn seine Bestandteile nicht zufällig zusammengewürfelt sind, sondern nur eine oder einige der möglichen Konfigurationen ihrer Elemente in Raum und Zeit erkennen lassen. So gesehen, kann eine gegebene Konfiguration als unwahrscheinlich aufgefaßt werden, wobei der Grad der Unwahrscheinlichkeit eindeutig von der Anzahl der möglichen Konfigurationen abhängt. Diese Überlegung vermittelt einen intuitiven Eindruck von dem Zusammenhang zwischen Ordnung, Unordnung und Wahrscheinlichkeit. Keine Verallgemeinerung der Naturwissenschaft ist so solide begründet wie die, derzufolge Ereignisse im Universum immer in der Richtung vom weniger Wahrscheinlichen zum Wahrscheinlicheren verlaufen, also immer in Richtung Zufälligkeit und »Vermischtheit«, in der Richtung, daß das, was anfangs getrennt und ungleich verteilt war, sich gleichmäßig im Universum verteilt.

Damit ist, wie Lord Kelvin als erster erkannte, ein fortschreitender Verlust der Fähigkeit verbunden, die Wärme im Universum für die Erzeugung von mechanischer Arbeit zu nutzen. Obwohl der Gesamtbetrag der Wärmeenergie im Universum konstant bleibt, geht sie in thermodynamischen Abläufen »für den Menschen unwiderruflich verloren« und ist damit »verbraucht«, wenn auch nicht *»vernichtet«,* weil Wärme nur so lange mechanische Arbeit leisten kann, wie in dem System Unterschiede existieren, die in einem allgemeinen Nivellierungsprozeß fortschreitend abgebaut werden.

In der Formulierung Ludwig Boltzmanns ist die Beziehung zwischen der Entropie S und der Ordnung durch den Ausdruck $S = k \log W$ gegeben, wobei k die Boltzmannsche Universalkonstante und W die Wahrscheinlichkeit der bestehenden Konfiguration des Systems ist. Ist die Wahrscheinlichkeit einer gegebenen Konfiguration gleich eins, so besteht keine Möglichkeit anderer Konfigurationen. Unter diesen Umständen ist die Entropie des Systems natürlich gleich null (da $\log 1 = 0$). Das ist der Fall bei einem vollkommen reinen Kristall bei 0° K (absoluter Nullpunkt), wo die Wärmebewegung aufhört.

Die Beziehung zwischen Information und Ordnung wird einem intuitiv klar durch die Beobachtung, daß Information Ordnung verkörpert, ausdrückt und in vielen Fällen spezifiziert. Information wird ja fast immer in Gestalt einer linearen Konfiguration von Symbolen vermittelt, deren Spezifität davon abhängt, wie diese Symbole angeordnet sind. Man nehme zum Beispiel die Anagramme *time, item, mite* und *emit* – vier verschiedene Wörter, die sich durch die Anordnung der alphabetischen Symbole unterscheiden, aus denen sie zusammengesetzt sind. Eine gewöhnliche Botschaft, wie sie zum Beispiel in einem Telegramm enthalten ist, würde keine Information mehr vermitteln, wenn ihre Elemente zufällig gemischt wären – wie es in Telegrammen bisweilen vorkommt. Information und Unordnung sind eindeutig Gegensätze, und dementsprechend kann Information als negative Entropie definiert und quantitativ erfaßt werden. Man sagt, ein Chromosom oder eine Architekturzeichnung enthalte Information, denn beide kann man auffassen als ein System von Instruktionen zur Durchsetzung oder zur Erzeugung von Ordnung. Erwin Schrödinger (1887–1961) gehört zu den ersten Physikern, die Bemerkenswertes zur Biologie beigetragen haben. Er hat in seinem erhellenden kleinen Essay *Was ist Leben?* [englisch: Cambridge 1944; deutsch: München 1951] als erster vorgeschlagen, daß das Phänomen der Vererbung auf einer verschlüsselten *Botschaft* beruht, die von einer Generation an die nächste weitergegeben wird und in einem Chromosom verkörpert wird, das als ein aperiodischer Kristall aufzufassen ist, dessen Struktur vor den Unordnung erzeugenden Wirkungen der Wärmebewegung relativ geschützt ist. Siehe unter dem Stichwort *Nukleinsäuren*.

Überlisten oder verhöhnen lebende Organismen den Zweiten Hauptsatz der Thermodynamik? Der berühmte Ausspruch von Rudolf Clausius, daß die Entropie eines abgeschlossenen Systems stets einem Maximum zustrebe, gilt für Lebewesen genauso wie für die physikalische Welt. Es ist dennoch sehr verständlich, wenn aufgrund der Allgegenwärtigkeit von Ordnung in biologischen Systemen der Eindruck entstand, als wäre die Umgehung des Zweiten Hauptsatzes ein kennzeichnendes und entscheidend wichtiges Merkmal der Lebewesen. Diese Ansicht ist jedoch falsch; sie entstand dadurch, daß man sich nicht klarmachte, daß der Zweite Hauptsatz nur für *abgeschlossene* Systeme gilt, Systeme, die mit der Außenwelt keinen Stoff- oder Energieaustausch haben. In einem abgeschlossenen System wird die Zunahme der Ordnung an einer Stelle ausgeglichen durch die Zunahme der Unordnung an einer anderen – so verhält es sich beispielsweise bei einem Kühlschrank, dessen Kühlung bezahlt werden muß mit der Wärme, die in den Pumpen erzeugt wird, welche das gasförmige Kältemittel verdichten und umwälzen, damit es den Wärmeüberschuß in die Umgebung »ausscheiden« kann. Ein lebender Organismus »trinkt Ordnung aus der Umwelt«, wie Schrödinger gesagt hat; damit war der ständige Abbau kleiner Moleküle im Zuge des Stoffwechsels gemeint, der die thermodynamische Rechnung für die Erzeugung einer Komplexität bezahlt, die normalerweise von höherer Ordnung ist. Man darf dennoch sagen, was Aharon Katchalsky mehr als einmal festgestellt hat: »Leben ist ein ständiger Kampf gegen die Tendenz zur Erzeugung von Entropie. Da es vor dem Schicksal der Entropie, das der Zweite Hauptsatz der Thermodynamik über uns verhängt, kein Entrinnen gibt, haben die lebenden Organismen das kleinere Übel gewählt: sie erzeugen Entropie in einem minimalen Umfang, indem sie einen gleichmäßigen Zustand aufrechterhalten.«

Bei der Erzeugung eines symmetrischen Moleküls oder eines Gebildes mit symmetrischen Merkmalen, wie es ein Spinnennetz darstellt, wird die Entropie stärker verringert als bei der Erzeugung eines asymmetrischen Gebildes. Dabei sind die thermodynamischen Kosten der Symmetrie verschwindend gering. Die Entropieverminderung, die mit dem Spinnen eines Spinnennetzes einhergeht, ist wegen der Symmetrie nicht nennenswert größer als jene Verminderung, die bereits dadurch eintritt, daß die physische Anstrengung des Spinnens durch das Verbrennen von Zuckermolekülen ausgeglichen wird (es sei denn, die Spinne müßte, um ein symmetrisches Netz zu weben, mehr Arbeit leisten als bei einem unordentlichen oder zufälligen Netz).

Robin Valentine hat einmal an einem eindrucksvollen Beispiel gezeigt, wie unscheinbar Veränderungen der Ordnung sein können. Er führte die Bildung des Tabakmosaikvirus (TMV) aus seinen Untereinheiten an. TMV ist ein hochgradig geordneter Kristall; mit seiner Bildung muß eine Verminderung der Entropie einhergehen, und folglich muß sich die Entropie anderswo erhöhen. Man sollte daher erwarten, daß die Temperatur des Lösungsmittels steigt – in Wirklichkeit sinkt sie jedoch. Als Ursache wurde angegeben, die Oberflächen der Virus-Untereinheiten seien hydrophob und würden daher im umgebenden Wasser Ordnung herbeiführen. Wenn die Untereinheiten zusammentreten, geraten die hydrophoben Oberflächen nach innen, und dadurch wächst die Unordnung im Lösungsmittel; dies kompensiert die im Virus selbst entstandene Ordnung. In diesem Fall begünstigt der Zweite Hauptsatz also tatsächlich die Entstehung eines wohlgeordneten Virus.

James Clerk Maxwell (1839–1871) stellte sich eine Situation vor, in der ein Wesen, das mit Intelligenz und einem sehr ausgeprägten Wahrnehmungsvermögen begabt ist, den Zweiten Hauptsatz der Thermodynamik überlistet. Stellen wir uns vor, sagte Maxwell, ein Gefäß wäre durch eine Trennwand, in der sich ein kleines Loch befindet, in zwei Abteilungen A und B aufgeteilt. Ein Beobachter, der die einzelnen Moleküle verfolgen kann, öffnet und schließt dieses Loch in der Weise, daß die schnelleren Moleküle von A nach B und die langsameren von B nach A gelangen können. Er wird dadurch, ohne Arbeit zu leisten, die Temperatur von B erhöhen und die von A senken, im Widerspruch zum Zweiten Hauptsatz der Thermodynamik. Maxwells »Dämon« (so nannte man ihn schließlich) unterstreicht die Vorstellung, daß Information negative Entropie ist.

Ornithologie

Die Ornithologie, teils Wissenschaft und teils Naturkunde, verdankt ihre ungeheure Beliebtheit als Wissenschaft und wissenschaftliche Freizeitbeschäftigung einem schlichten Umstand, der bisweilen vergessen wird, wenn es um die Frage geht, welche Tierarten für eine zwanglose Beobachtung in Frage kommen: Vögel sind Tagtiere, während andere, auf ihre Art nicht minder einnehmende Tiere – Mäuse zum Beispiel – Geschöpfe der Nacht sind. Abgesehen davon, daß sie gut erkennbar sind (ein Umstand, der sehr für sie spricht), haben die Vögel durch ihre Schönheit und ihre mannigfachen ansprechenden Verhaltensweisen eine riesige Schar begeisterter Liebhaber gewonnen, was ungeduldige und schlecht informierte Labor-Biologen mehr als einmal dazu verführt hat, die ganze Ornithologie als bloße Vogelguckerei abzutun – ein äußerst ungerechtes Urteil, das an der Tatsache vorbeigeht, daß die Ornithologie eine Reihe von immens wichtigen Beiträgen zur allgemeinen Biologie geleistet hat.

Fachbiologen wird es nicht schwerfallen, eine ganze Liste von herausragenden Leistungen aufzuzählen, durch welche die Ornithologie zum allgemeinen biologischen Wissen beigetragen hat. Sie werden zum Beispiel die Untersuchungen Ernst Mayrs zur Evolution und zu den Mechanismen der Artenbildung zitieren oder M. R. Irwins Arbeiten über die immunologischen Leistungen von Arten aus der Familie *Columbidae* (Tauben) und von Kreuzungen zwischen ihnen. Ferner hat David Lack mit seinen Untersuchungen zur Mortalität in wild lebenden Vogel-Populationen die aufschlußreichsten Sterbetafeln von wild lebenden Tieren, ja der Demökologie überhaupt geliefert. Am wichtigsten ist aber vielleicht der Beitrag, den die Ornithologie zur Erforschung des tierischen Verhaltens geleistet hat, ange -

fangen bei Julian Huxleys klassicher Studie über das Balzverhalten des Haubentauchers und gefolgt von Niko Tinbergens Untersuchungen zum Verhalten von Silbermöven. In einer Liste der ornithologischen Verdienste sollte auch Folgendes nicht vergessen werden: Da Vögel sehr viele Eier legen, die sich leicht ausbrüten lassen, hat ihre Erforschung unser Wissen über Entwicklungsprozesse und über die Brutfürsorge enorm erweitert.

P

Parthenogenese

Parthenogenese [Jungfernzeugung], eine Variante der geschlechtlichen Fortpflanzung, ist die Entwicklung eines unbefruchteten Eis. Die Nachkommen können bisweilen haploid sein, haben aber normalerweise die diploide Chromosomenzahl. Bei manchen Tierarten, wie den Rädertierchen und den Blattläusen (Aphidia), ist Parthenogenese die Regel.

Soweit bekannt ist, kommt das Phänomen beim Menschen nicht vor, und junge Damen sollten gewarnt sein, daß die Behauptung, ein Kind sei von jungfräulicher Geburt, sich nachprüfen läßt: Wenn man ein Stück Haut von dem Kind auf die Mutter verpflanzt, wird es wie alle Fremdtransplantate normalerweise abgestoßen; wäre das Kind aber durch Parthenogenese entstanden, so würde die Haut nicht abgestoßen, da sie kein Gen und somit auch kein Antigen enthalten kann, das nicht auch bei der Mutter vorhanden wäre. Als man diesen Test bei einer Frau machte, deren Behauptung, eine jungfräuliche Mutter zu sein, von einem Boulevardblatt unterstützt wurde, kam es ordnungsgemäß zur Abstoßung des Transplantats – was das Blatt zu der Schlußfolgerung veranlaßte, der Test müsse unzuverlässig sein.

»Künstliche Parthenogenese« liegt vor, wenn durch einen künstlichen Reiz, etwa durch Anstechen oder durch osmotischen Schock, ein unbefruchtetes Ei, sagen wir: eines Wassermolchs oder eines Seeigels, zur Zellteilung angeregt wird.

Phenylketonurie

Phenylketonurie (abgekürzt PKU) ist eine seltene, aber äußerst schwere angeborene Stoffwechselstörung und zugleich ein unkompliziertes Beispiel für den rezessiven Erbgang, denn sie ist der biochemische Ausdruck eines Gens, das nur dann eine äußerlich erkennbare Wirkung ausübt, wenn es von *beiden* Eltern ererbt wurde. Die Phenylketonurie ist ein sehr klarer Beleg für die vielfältigen körperlichen Auswirkungen einzelner Genabweichungen. Die primäre biochemische Schädigung besteht im Ausfall eines Enzyms in der Leber, das normalerweise für den Abbau der Aminosäure *Phenylalanin* sorgt, die in der gewöhnlichen menschlichen Kost allgegenwärtig ist. Die unmittelbaren Folgen dieses Enzymausfalls sind eine Anhäufung von Phenylalanin im Körper und die Ausscheidung von Phenylpyruvat im Harn. Die schwerwiegendste Konsequenz dieses Phenylalanin-Staus ist eine unvollständige Entwicklung des Gehirns, die zu Schwachsinn führt; es gibt Schätzungen, nach denen ein Prozent der geistig Behinderten unerkannte Opfer der Phenylketonurie sind. Zu den sonstigen Anomalien, die aus dieser primären biochemischen Schädigung resultieren, zählt die gestörte Bildung des Farbstoffs Melanin, mit der Folge, daß die Opfer ohne Behandlung eine typisch fahle Haut sowie entsprechend farblose Haare und Augen haben. Weitere sekundäre Folgen einer unbehandelten Phenylketonurie sind psychische Störungen wie Überaktivität, Schlaflosigkeit, Ängstlichkeit und in manchen Fällen epilepsie-ähnliche Anfälle. Wenn sich eine Reihe von scheinbar unzusammenhängenden Symptomen ursächlich auf die Substitution eines einzigen Gens zurückführen läßt, spricht man von *Pleiotropie* der Genwirkung; sie ist eher die Regel als die Ausnahme.

Durch biochemische Tests, die in den Ländern des nördlichen Europa und in Nordamerika heute routinemäßig durchgeführt werden, kann die Phenylketonurie sehr frühzeitig erkannt werden. Die Behandlung besteht darin, den Anteil des Phenylalanins in der Nahrung so lange zu reduzieren, bis die anatomische Differenzierung des Gehirns abgeschlossen ist. Dies ist eine Verfahrensweise, die Joshua Lederberg als »euphänisch« einstuft – das ist eine Verbesserung der Umwelt, die ausreicht, um die Wirkung eines schädlichen Gens zu mindern.

Für eine *eugenische* Behandlung der Phenylketonurie gibt es zwei Möglichkeiten. Man könnte das schädliche rezessive Gen durch ein normales Gen ersetzen; obwohl entsprechende Eingriffe an Mikroorganismen vorgenommen werden können, weiß man noch nicht, ob dieses Verfahren beim Menschen realisierbar ist. Die zweite Möglichkeit bestünde darin, das Zusammentreffen der beiden rezessiven Gene zu verhindern, die, wenn sie zusammenkommen, die biochemische Schädigung hervorrufen. Dieses Verfahren ist durchaus realisierbar, wenn die (heterozygoten) Träger des schädlichen rezessiven Gens identifiziert werden können. Normalerweise sind die Träger nicht ernsthaft betroffen oder auch nur erkennbar benachteiligt, weil die negativen Auswirkungen des rezessiven Gens durch die Wirkung seines normalen, dominanten Partners verdeckt werden.

Von fast allen Opfern der Phenylketonurie sind beide Eltern Träger des schädlichen Gens, denn bei dem hier vorliegenden Erbgang werden die Kinder von zwei Trägern zu einem Viertel normal sein, zu einem Viertel erkranken und zur Hälfte wie ihre Eltern Träger sein. Die Häufigkeit der Phenylketonurie würde innerhalb einer Generation erheblich sinken, wenn es gelänge, ihre Träger davon abzuhalten, einander zu heiraten, und ihnen die herzliche Empfehlung nahezubringen, statt dessen jemand anderen zu heiraten, jemand anderen, der gewiß Träger eines schädlichen rezessiven Gens sein dürfte, aber nicht – soweit es nach menschlichen Kräften vermeidbar ist – *desselben* rezessiven Gens.

Viele, viele Menschen – besonders diejenigen, die sich selbst zu Hütern der bürgerlichen Freiheit und zu unser aller Gewissen ernannt haben – werden in der Idee, daß ein Mensch nicht den oder die heiraten sollte, den oder die sie beziehungsweise er heiraten möchte, einen ungeheuerlichen Eingriff in die persönliche Freiheit, eine mutwillige Aufhebung natürlicher Rechte erblicken. Dies ist ein höchst zweifelhaftes Argument, denn wer hat den Menschen das Recht verliehen, erbkranke Kinder in die Welt zu setzen, und wie viele würden auf ihrem Recht beharren und so weit gehen, daß sie es wissentlich täten? Auch wenn es das Grundsätzliche dieses Sachverhalts nicht berührt, so ist es doch für die praktische Anwendung einer vorbeugenden Eugenik sehr bedeutsam, daß die Gefahr, die der menschlichen Freiheit von dieser eugenischen Maßnahme droht, quantitativ überaus gering ist. Eine rezessive Krankheit, die bei – sagen wir einmal – einer von zehntausend Geburten auftritt, ist die Folge eines schädlichen rezessiven Gens, das in der Bevölkerung mit einer Häufigkeit (*p*) von rund $1/100$ vorkommt. Wenn die Genhäufigkeit 1 : 100 ist, dann ist nach dem Hardy-Weinberg-Gesetz die Häufigkeit der erkrankten Homozygoten, p^2, 1 : 10 000, und die Häufigkeit der von uns erwähnten Träger, der Heterozygoten, wird $2p = 1:50$ betragen. Demzufolge wird die Häufigkeit von Ehen zwischen Trägern 1 : 2500 ($1/50 \times 1/50$) sein. Nur eine von 2500 Ehen wäre also im Durchschnitt wegen der Trägerschaft dieses speziellen Gens kontraindiziert, und jeder enttäuschte Partner hätte theoretisch die Wahl unter neunundvierzig anderen Partnern.

Natürlich malen diese Zahlen ein allzu freundliches Bild, denn wir könnten genötigt sein, uns nicht nur mit einer, sondern mit mehreren rezessiven Erbkrankheiten herumzuschlagen, und Partner, die bezüglich einer rezessiven Krankheit heiratsfähig wären, könnten durchfallen, wenn weitere Gene berücksichtigt würden. Außerdem wird das Zitieren von Häufigkeiten, die sich auf die Bevölkerung insgesamt beziehen, kein sonderlicher Trost für diejenigen sein, die unter dem Unglück leiden, daß ihnen von einer Ehe abgeraten wurde, die in sonstiger Hinsicht als passend erachtet wurde – es sei denn, die Partner könnten, mit beinahe übermenschlichem Gleichmut, eine entsprechende Befriedigung daraus schöpfen, daß sie das Risiko vermieden haben, ein biochemisch verkrüppeltes Kind in die Welt zu setzen.

Hier muß eine Warnung ausgesprochen werden. Bemühungen, die Opfer der Phenylketonurie durch eine Diät, die arm an Phenylalanin ist, zu einem annähernd normalen Leben zu befähigen und von Eheschließungen zwischen Trägern des schädlichen Gens abzuraten, sind Maßnahmen, die sich auf das Erbmaterial tendenziell sehr abträglich auswirken und das PKU-Problem in späteren Generationen verschlimmern. Es macht die Arbeit der natürlichen Auslese, die PKU-Gene aus der Bevölkerung zu eliminieren, praktisch zunichte. Der ständigen, durch Mutation bedingten Wiedereinführung des schädlichen Gens in die Bevölkerung wirkt jetzt nichts mehr entgegen, denn die Häufigkeit eines Gens kann nur durch den Tod derer, die es besitzen, reduziert werden. Unter keiner der empfohlenen Strategien zur Eindämmung des Schadens wird das schlechte Gen aus der Bevölkerung entfernt, und nichts kann verhindern, daß seine Häufigkeit durch immer wieder vorkommende Mutationen allmählich zunimmt.

Piltdown-Schädel

Zwischen 1908 und 1912 entdeckten Charles Dawson und mehrere Kollegen in einer Kiesgrube bei Piltdown (Sussex) in England eine Reihe von angeblich menschlichen Fossilien. Daneben fand man eine Reihe von Artefakten – behauene Werkzeuge aus Feuerstein und Knochen – und weitere fossile Reste, die den Fund als aus dem frühen Paleozän stammend auswiesen.

Diese Reste erhielten die hochtrabende Artbezeichnung *Eoantropus dawsoni* (»Mensch der Morgenröte«, für Sir Arthur Smith Woodward der »erste Engländer«). Die Funde wiesen eine unverständliche Anomalie auf: die Hirnschale war gewölbt und unverkennbar menschlich, während der Unterkiefer der eines Menschenaffen war. Aufgelöst wurde diese Anomalie erst durch zwei britische Anthropologen, die, moralisch unterstützt von einem berühmten Anatomen, den Schädel als eine Fälschung erklärten. Um ein hohes Alter vorzutäuschen, waren die Knochen in Chromsalzlösung getaucht worden, und um die Abnutzung vorzutäuschen, hatte man die Zähne abgefeilt. Die neben dem Schädel gefundenen Fossilien hatte man, wie sich später herausstellte, extra dorthin gebracht, um dem Fund einen Anschein von Alter zu geben.

Schlüssige Beweise, die eine bestimmte Person belasten würden, liegen nicht vor, aber ein Verdacht lastet auf allen Hauptbeteiligten an der Entdeckung, Pierre Teilhard de Chardin, einen von Dawsons Assistenten, nicht ausgenommen. Teilhard hat später ein Werk verfaßt – *Der Mensch im Kosmos* –, das Wissenschaftler des 17. Jahrhunderts geringschätzig in die Kategorie eines »philosophischen Romans« verwiesen hätten. Wenn nicht ein Geständnis des eigentlichen Übeltäters ans Licht kommt, werden wir die Wahrheit vermutlich nie erfahren.

Gleichwohl ist der Ausdruck »Schabernack«, als den diese Geschichtc vielfach bezeichnet wird, eine unangemessene Schönfärberei. Es handelt sich um ein sorgfältig ausgeführtes Verbrechen, begangen in betrügerischer Absicht.

Poiesis

Das in der Biologie gebräuchliche Suffix *-poiesis* (oder *-poese*) geht auf das griechische Wort *poiesis* zurück und steht für »Bildung« oder »Erschaffung« (auf dieselbe Wurzel gehen die englischen Wörter »poesy« [Poesie] und »poetry« [Dichtung] zurück). Mit den Vorgängen, die als Erythropoese, Lymphopoese usw. bezeichnet werden, ist die Bildung von roten Blutkörperchen, Lymphozyten usw. gemeint. Was die Dichtkunst angeht, so hat Percy Bysshe Shelley, der in seiner *Defence of Poetry* davon spricht, daß »die Dichtung jegliche Wissenschaft einschließt«, damit offensichtlich sagen wollen, daß der mit dem Verfassen eines Gedichts verbundene Schöpfungsakt der kreativen Leistung, die der kreativen Leistung, die allen wissenschaftlichen Ideen zugrunde liegt, wesensverwandt sei.

Primaten

Dieser Begriff wurde von Linné eingeführt als Bezeichnung für Affen, Halbaffen, Menschenaffen und Menschen. Fachzoologen benutzen das [englische] Wort *primates* oft in der dreisilbigen lateinischen Aussprache [im Unterschied zu der umgangssprachlichen zweisilbigen], obwohl es nicht sehr wahrscheinlich ist, daß der Linnésche Terminus mit dem gleichlautenden Ausdruck verwechselt wird, der eine Synode der höchsten Würdenträger der Anglikanischen und der Episkopalkirche bezeichnet [der Plural von *Primas* heißt auch im Deutschen *Primaten*]. Linné erteilte den Primaten den ersten Rang unter den Tieren; an die zweite Stelle verwies er alle Säugetiere mit Ausnahme der Primaten, und er bezeichnete sie recht passend als *secundates*. Alle übrigen Tiere waren für ihn von drittem Rang, *tertiates*. (Von Linnés Unterscheidung zwischen Primaten, Sekundaten und Tertiaten erfuhren wir durch J. Z. Young, *Life of Vertebrates,* Oxford ^{2}1962).

Die Primaten [im Deutschen auch Herrentiere genannt] bilden eine systematische Ordnung innerhalb der Klasse der Mammalia [Säugetiere]. Es sind vom Typ her baumbewohnende Tiere, die lange Gließmaßen und viele Anpassungen aufweisen, welche mit dem Leben auf den Bäumen und der brachiatorischen – hangelnden oder schwing-kletternden – Fortbewegung zusammenhängen. Dazu gehören die opponierbaren Großzehen mit daumenähnlichen Funktionen, die überragende Rolle des Sehvermögens und das beidäugige Sehen mit nach vorn gerichteten Augen – ein Merkmal, durch das Tiere zum erstenmal mit etwas ausgestattet werden, das erkennbar ein Gesicht ist.

Die Primaten stammen von Insektenfressern ab, wahrscheinlich von Tieren, die sehr den Spitzhörnchen ähneln. Merkwürdig ist allerdings, daß die Gesichter der Primaten Grundlage einer taxonomischen Unterscheidung sind: Primaten mit einer schmalen Nasenscheidewand heißen Cattarrhina und umfassen die altweltlichen Affen, die Menschenaffen und den Menschen, solche mit einer breiten Nasenscheidewand und einem etwas flachen Gesicht heißen Platyrhina und umfassen die neuweltlichen Affen.

Gewiß war es ihre Ähnlichkeit mit dem Menschen und den ihm nächststehenden Tieren (den Anthropomorphen), die Linné veranlaßte, die Primaten als die ersten unter den Tieren zu bezeichnen. Das wiederum muß uns Anlaß sein, die Menschen als die ersten unter den Primaten zu bezeichnen; nur Böswilligkeit oder pubertärer Zynismus wird ihnen diesen Rang streitig machen.

Eines der menschenähnlichsten Merkmale der großen Menschenaffen (besonders der Schimpansen) ist, wie Jane Goodall beobachtet hat, ein Ansatz von exogenetischer Vererbung: die Weitergabe von Informationen von einer Generation zur anderen durch nicht-genetische Kanäle. Genau dies ist das Merkmal, dem die Menschen ihre Stellung als erste unter den Primaten verdanken.

Proteine

In dem Artikel, der sich speziell mit *Nukleinsäuren* befaßt, hieß es, ihre wesentliche Aufgabe sei es, in dem Vermittlungsprozeß zwischen den Generationen sowie zwischen Zellkern und Zytoplasma als Träger der genetischen Information zu fungieren.

Im Falle der Proteine verbietet uns der barocke Reichtum an Arten und die Mannigfaltigkeit ihrer Funktionen eine derart bündige Mitteilung. Muskelfaser-Proteine sind mit ihrem kontraktilen Element für jegliche Muskelbewegung verantwortlich, sei es bei der Fortbewegung, sei es bei der Tätigkeit des Herzens oder der Därme. Als Enzyme sind die Proteine an praktisch allen Stoffwechselvorgängen des Körpers beteiligt. Zugleich bilden sie das wichtigste Strukturelement der Zellen, und sie sind für die Gerinnung des Blutes und der Lymphe verantwortlich. Schließlich verhindern sie als Bindegewebsfasern (Kollagen, Elastin), daß der Organismus als Ganzes auseinanderfällt.

Die Proteine sind polymere Riesenmoleküle, »polymer« deshalb, weil sie auf der Wiederholung von Grundbausteinen, den »Monomeren«, aufbauen. Das sind die Aminosäuren, von denen es zwanzig verschiedene Arten gibt, die jeweils verschlüsselt sind in einem Triplett von *Nukleotiden* innerhalb des Nukleinsäure-Moleküls, das ihre Zusammenstellung in einer bestimmten Reihenfolge eindeutig festlegt. Die Primärstruktur der Proteine besteht in der linearen Reihenfolge der Aminosäuren auf der Kohlenstoffkette, in die ein Proteinmolekül theoretisch aufgelöst werden könnte, die Sekundärstruktur legt die Verzweigungen eines Proteins und die Tertiärstruktur die Faltung zu einem dreidimensionalen Gebilde fest. Die vollständige dreidimensionale Struktur des Myoglobins und der Proteinkapsel des Adenovirus-12 ist mittlerweile bekannt – beides Glanzleistungen der Analyse.

Die Größenunterschiede zwischen ihnen erlauben es, Proteine in Lösung durch Zentrifugieren voneinander zu trennen. Weil Proteine eine positive oder negative Gesamtladung besitzen, bewegen sie sich langsam in einem elektrischen Feld, so daß man sie auch durch Elektrophorese voneinander trennen kann.

In der Regel sind Proteine wasserlöslich; das gilt jedoch nicht für das Protein Keratin, dem Hauptbestandteil von Haaren,

Nägeln, Krallen und der äußersten Schicht der Haut. Wasserlösliche Proteine verlieren diese Eigenschaft, wenn sie durch Wärme oder Schwermetallsalze denaturiert werden. Vertraute Beispiele für denaturierte Proteine sind das Eiweiß eines hartgekochten Eis und die Haut, die sich bildet, wenn man erhitzte Milch stehenläßt. Ein der Denaturierung ähnlicher Vorgang vollzieht sich, wenn das wasserlösliche Protein *Fibrinogen* durch Enzyme in die unlösliche Faser *Fibrin* verwandelt wird, welche die Strukturgrundlage eines Blut- oder Lymph-Pfropfens bildet.

Proteine sind im übrigen charakteristische Antigene. Ihre immunologischen Eigenschaften erlauben eine sehr viel feinere Unterscheidung zwischen ihnen als jenes ausschließlich physikochemische Verfahren.

Proteine sind nahrhaft und im Skelettmuskel – jener Form, in der sie als Nahrung am meisten geschätzt werden – normalerweise mit einer bestimmten Menge Fett verbunden, welches rasch die Illusion zerstreut, daß Fleisch nicht etwa dick, sondern in Wirklichkeit schlank macht.

Protoplasma

Joseph Woodger, Biologe und Vertreter der mathematischen Logik, schrieb vor über fünfzig Jahren: »Die Biologen reden tatsächlich so, als gäbe es in der Natur einen Stoff, dem der Name ›Protoplasma‹ zugeschrieben wird. Bei näherem Zusehen scheint es für diese Ansicht keine Rechtfertigung zu geben« (*Biological Principles,* London 1929, S. 293). Der Vitalist Hans Driesch hatte unerwartet den modernen praktischen Sprachgebrauch vorweggenommen: »Protoplasma ist bloß ein Name für das, was nicht der Zellkern ist.«

Wir haben an anderer Stelle darauf hingewiesen, daß der Terminus heute praktisch nur noch als allgemeine Bezeichnung für den Zellsaft verwendet wird. Aber in den alten Zeiten, als man glaubte, es gebe eine Substanz, auf die man zu Recht den Ausdruck »Protoplasma« anwenden könne, wurde viel über seine Feinstruktur debattiert. Es gab eine Granular-Theorie, es gab eine Reticular-Theorie, ja, es gab eigentlich ebenso viele

Theorien, wie es Fixiermittel gab, um Gewebe für die Anfertigung von mikroskopischen Präparaten zu verfestigen. Solche Fixiermittel enthalten nämlich fast immer Stoffe, die Protein gerinnen lassen, und es war das unterschiedliche Ausfällungsverhalten der Proteine, was die verschiedenen Theorien der Protoplasma-Struktur entstehen ließ. Thomas Henry Huxley zweifelte nicht an der physikalischen Realität des Protoplasmas: »Ich habe den Ausdruck Protoplasma, welches der wissenschaftliche Name für die Substanz ist, ... übersetzt mit ›physikalische Grundlage des Lebens‹« (*Fortnightly Review,* 1. Februar 1869). Das Protoplasma war so etwas wie ein naturphilosophischer Äther. So wie man glaubte, der Äther durchdringe alle materiellen Gebilde der Welt und fungiere als Medium der Ausbreitung elektromagnetischer Wellen, dachte man, die lebende Substanz Protoplasma durchdringe ansonsten unbelebte Gebilde und verleihe ihnen Leben.

Die Idee des Protoplasmas, noch verstärkt durch die Vorstellung einer großen Kette des Seienden, ließ Ernst Haeckel vermuten, es gebe sehr niedrige Organismen, die nur aus »nacktem Protoplasma«, aus *Urschleim,* bestünden. Er versicherte, er habe solche Organismen entdeckt, und nannte sie *Monera.* Huxley wollte sich in der damals von starkem Konkurrenzdenken bestimmten wissenschaftlichen Entwicklung nicht ausstechen lassen und beschrieb im *Quarterly Journal of Microscopical Science* ein aus den Tiefen des Nordatlantik gefischtes Exemplar von Monera, das er aus Hochachtung vor dem gelehrten Zoologen aus Jena *Bathybius haeckeli* taufte. Inzwischen ist das Wort »Protoplasma« ungebräuchlich geworden – ein Schicksal, das ihm gewiß erspart geblieben wäre, wenn es irgendeinen nützlichen Zweck erfüllt hätte, und sei es auch nur als eine erste Annäherung an die Realität.

Die Protoplasma-Vorstellung wurde aufgegeben, weil man allmählich erkannte, daß die Grundlage der Lebensvorgänge nicht kolloidaler, sondern *struktureller* Natur ist. Sogar der berühmte Ausspruch von Frederick Gowland Hopkins, das Leben sei die Manifestation eines verwickelten dynamischen Gleichgewichts in einem mehrphasigen System, hat an Bedeutung verloren. Die ersten Versuche einer Röntgen-Kristallographie von Körperbestandteilen machten – zusammen mit den elektronenmikroskopischen Befunden – bald deutlich, daß die Ordnung, die man an lebenden Zellen und ihren Produkten beobachtete, im wesentlichen eine Ordnung von Festkörpern oder Kristallen war und daß die kleinen Organellen in der Zelle winzige »Festkörper« waren, die den Eindruck vermittelten, als hindere uns nur ihre Winzigkeit daran, sie herauszunehmen und mit ihnen zu hantieren. Die zeitlichen und räumlichen Eigentümlichkeiten des Stoffwechsels – warum Stoffwechselvorgänge sich hier und nicht dort, jetzt und nicht später abspielen – besitzen also eine strukturelle Grundlage, und die hat mit dem Urschleim sehr wenig zu tun.

Protozoen

Wer als Laie weiß, daß die Formel H_2O ein Wassermolekül bezeichnet, der weiß in der Regel auch, daß »die Amöbe« ein sehr einfacher, niederer Organismus ist – »nur ein Tüpfelchen Protoplasma«, wie das verbreitete Klischee lautet. Die Amöbe ist tatsächlich ein Protozoon – ein Urtierchen –, und sie ist wirklich sehr klein. Schüler sollten sich, wenn sie bei Lehrern oder Prüfern einen guten Eindruck machen wollen, vor Äußerungen wie der folgenden hüten: »Wenn man eine Amöbe mit einer Stecknadel sticht . . .«. Sie würden damit sofort verraten, daß sie überhaupt nicht begriffen haben, wie klein Amöben und wie groß im Verhältnis dazu Stecknadeln sind.

Die Protozoen insgesamt werden in der Systematik als ein Stamm betrachtet [hiervon abweichend, auch als ein Unterreich], und obwohl die ganze Stufenleiter der systematischen Einteilung, die für die vielzelligen Tiere gilt, auf sie nicht anwendbar ist, so besteht doch eine sinnvolle Möglichkeit der natürlichen Unterteilung in verschiedene Klassen, die sich hauptsächlich durch die Art der Fortbewegung unterscheiden.

An anderer Stelle haben wir das ins Philosophische gehende Scheinproblem erwähnt, ob individuelle Protozoen als nichtzellulär oder als Einzeller zu betrachten sind. Die Frage kann offen bleiben, denn es geht hier nur um eine Bedeutungsnuance: Wer Zellen als mechanische oder administrative Unterteilungen eines Organismus auffaßt, wird Protozoen eher als nichtzellulär ansehen, weil sie nicht in dieser Weise unterteilt sind; wer die Zelle dagegen als tektonische Einheit und das vielzellige Tier als eine Kolonie von Zellen mit einer hochgradigen Integration und Arbeitsteilung auffaßt, wird Protozoen eher als Einzeller betrachten. Über eines sind sich jedoch alle Zoologen einig: Protozoen sind *Organismen,* mit allem, was das für die Ganzheit und den Grad der Integration der Teile – und auch für die Fortpflanzung – bedeutet.

Eine der Klassen, in welche die Protozoen gewöhnlich unterteilt werden, die Sporentierchen, ist so etwas wie ein Sammeletikett für überwiegend parasitäre Formen, die in anderen Klassen nicht leicht unterzubringen sind.

Viele Protozoen sind Parasiten, und vor allem als Krankheitserreger erzwingen sie die Aufmerksamkeit der Menschen. Die das Rind befallenden Trypanosomen *Trypanosoma brucei* und *T. congolense* wirken nicht ausschließlich schädlich, denn in einem gewissen Sinne schützen sie die gegen diesen Bewohner immun gewordene Rinderpopulation vor Konkurrenz durch Einwanderer oder anderweitige Importe.

Trypanosomen sind für zwei sehr schwere, den Menschen befallende Krankheiten verantwortlich; am bekanntesten davon ist die Schlafkrankheit, das Werk von *T. gambiense* oder *T. rhodiense.* Bekanntlich sind Tsetsefliegen die Überträger der Trypanosomen, die in Gehirn und Zentralnervensystem eindringen und äußerste Lethargie und Schläfrigkeit hervorrufen können (deshalb die Krankheitsbezeichnung *Encephalitis lethargica*). In Südamerika ruft *T. cruzi* eine mit vielfältigen Symptomen verbundene Krankheit hervor, die Chagas-Krankheit, von der die Herzmuskulatur und die viszeralen Ganglien befallen werden. Es ist fast sicher, daß Charles Darwin ein Opfer der Chagas-Krankheit war – eine Hypothese, die von manchen Ärzten empört zurückgewiesen wird, mit verschiedenen vorgeschobenen Begründungen, die das nach unserer Ansicht ausschlaggebende Motiv verbergen sollen: sie sind erbittert darüber, daß Wissenschaftler ohne ärztliche Qualifikation sich so weit vergessen und eine ärztliche Diagnose gewagt haben. Hinzukommen mag das ungute und wohlbegründete

Gefühl, daß die Behandlung, die Darwin durch seine eigenen Ärzte erfuhr (mit dem theoretisch unbegründeten Einsatz von Arsen- und Quecksilberverbindungen, ganz zu schweigen von solchen Methoden wie »Dr. Gullys Wasserkur«) den ärztlichen Stand in einem nicht gerade günstigen Licht erscheinen läßt. Belustigt nehmen wir zur Kenntnis, daß die Hypothese, Darwin sei ein Opfer der südamerikanischen Trypanosomiase geworden, von medizinischen Kreisen in Brasilien eifrig aufgegriffen wurde – so als wäre das Leiden an einer Krankheit, die so eng mit den Namen zweier berühmter brasilianischer Mediziner verknüpft ist (Carlos Chagas und Osvaldo Cruz), ein Anlaß zu nationalem Stolz.

Trypanosomeninfektionen sprechen manchmal auf eine Behandlung mit organischen Arsenverbindungen an, doch können diese sehr unangenehme Nebenwirkungen haben. Protozoische Parasiten sind auch für dic Malaria verantwortlich, nicht aber für die Syphilis, da Spirochäten seit einiger Zeit zu den Bakterien gerechnet werden.

Pterodactylus

Reptilien haben sich zweimal aufs Fliegen verlegt. Die eine Abstammungslinie, die zu den Vögeln führt, wird repräsentiert durch eine Zwischenform wie den Archaeopteryx; die andere wird repräsentiert durch den *Pterodactylus* [als Vertreter der Flugsaurier]. Wenngleich *Pteranodon* eine Flügelspannweite von über sechs Metern hatte, waren die Flugsaurier im allgemeinen recht klein. Mit ihrer Muskulatur, deren Grundzüge aus dem Skelettaufbau erschlossen werden können, konnten sie sich bestimmt nicht durch Flügelschlagen in der Luft halten. Wahrscheinlich waren sie Gleit- und Segelflieger, ausgestattet mit einer Flughaut, die vorn an einem extrem langen vierten Finger der Hand befestigt war. Die aerodynamischen Probleme, die sich für Start und Landung der Flugsaurier ergeben, sind noch nicht völlig gelöst.

R

Rankenfüßer

Rankenfüßer sind allgegenwärtige, im Meer lebende Tiere, die jeder kennt, der einmal an der See gewesen ist oder den Rumpf eines Hochseeschiffes inspiziert hat; sie bilden eine Unterklasse der Crustaceen und sind daher mit Krabben, Hummern, Garnelen und dergleichen verwandt. Anatomisch betrachtet, ist es das Kopfende, womit sie sich [z. B. am Schiffsrumpf] anheften, und die Schale – ein Rückenschild – ist so stark, daß der Rankenfüßer praktisch unbezwinglich ist. Die Atmung und die Nahrungsaufnahme erfolgen durch kontinuierliche Greifbewegungen der federartigen, gegliederten Beine, von denen die Gruppe ihren zoologischen Namen hat: Cirripedia [Federbeine; deutsche Bezeichnung: Rankenfüßer].

Rankenfüßer findet man nicht nur auf Felsen und Treibholz, sondern auch auf den Schalen von Weichtieren und auf größeren Crustaceen; sie können sich bei Zahnwalen an die Zähne und bei Bartenwalen an die Barten (Fischbein) heften. Aristoteles verstand die besonderen Fortpflanzungsprobleme von Geschöpfen, die sich nicht fortbewegen, und entwickelte – was durchaus zu verstehen ist – die Ansicht, daß Rankenfüßer »ebensowenig wie Pflanzen ein Geschlecht haben und daß dieses Wort nur aufgrund einer Ähnlichkeit oder Analogie auf sie angewandt wird«. Die meisten Rankenfüßer sind zwittrig, obwohl gegenseitige Befruchtung die Regel ist; bei einigen Rankenfüßern ist das Männchen zu einem bloßen Fortpflanzungsorgan geschrumpft, das auf dem Weibchen parasitiert.

Äußerlich unterscheiden sich die Rankenfüßer so stark von den Krebsen und deren Verwandten, daß man sich möglicherweise über die vollkommene Gewißheit wundert, mit der sie seit vielen Jahren als Crustaceen eingestuft werden. Der entscheidende Anhaltspunkt ist, daß sie eine Larve haben, wie sie für Crustaceen typisch ist – die Naupliuslarve, die die Aufgabe der Verbreitung erfüllt (ein weiteres verständliches Problem sessiler Tiere).

Nicht alle Rankenfüßer sind jedoch sessil, und von einem besonders anmutigen Exemplar, der »Entenmuschel«, die mit ihrer weißen Schale von der Größe einer kleinen Muschel auf einem gebogenen Stiel sitzt, glaubte man im Mittelalter, daß sie Enten hervorbringe. Es ist zwar höchst unwahrscheinlich, daß Linné das auch glaubte, doch leistete er dieser Idee Vorschub, indem er zwei Arten mit lateinischen Namen versah, in denen diese Vorstellung sich niedergeschlagen hat: *Lepas anatifer* oder *L. anserifera,* gänse- beziehungsweise entengebärend. Charles Darwin schrieb zwischen 1851 und 1854 eine umfangreiche Abhandlung über Rankenfüßer, bekam aber später Zweifel (die wir teilen), ob es klug war, daß er sich auf ein so langweiliges und an Erkenntnissen armes Unternehmen eingelassen hatte.

Einige Rankenfüßer sind Parasiten und haben im Laufe ihrer Entwicklung dermaßen radikale Veränderungen durchgemacht, daß sie kaum als Rankenfüßer, geschweige denn als Crustaceen zu erkennen sind; auch sie verraten sich durch ihre Larven, die für Crustaceen charakteristisch sind.

Weil sie sich auf Seeschiffen und auf fast allem, was längere Zeit vom Meerwasser überflutet ist, so zahlreich niederlassen, sind die Rankenfüßer eine relativ starke wirtschaftliche Belastung, und dementsprechend geht man mit Ultraschall und verschiedenen Giften gegen sie vor; Umweltschützer brauchen sich jedoch keine Sorgen zu machen: die Rankenfüßer werden sicher gewinnen.

Reduktionismus

Die anlaytische Reduktion ist die erfolgreichste Forschungsstrategie, die je ersonnen wurde. Ihr verdanken wir Wissenschaft und Technik. Reduktionismus bedeutet die Überzeugung, daß ein Ganzes sich (im mathematischen Sinne) als eine Funktion seiner Teile darstellen läßt, wobei die Funktionen etwas über die räumliche und zeitliche Anordnung der Teile und über die Art ihrer Wechselwirkung aussagen.

Dies ist himmelweit entfernt von der üblichen Karikatur, die gewisse Naturphilosophen beinahe zwanghaft vom Reduktionismus zeichnen, aber nicht nur sie, sondern auch wirkliche Philosophen, denen aus unklaren psychologischen Gründen die Idee der Analyse schlechthin unsympatisch ist. Es gibt sogar einige, die es überhaupt ablehnen, eine Erscheinung oder einen Sachverhalt dem Dahindämmern in einem als vertraut und unbedrohlich empfundenen Dunkel des Unbegriffenseins zu entreißen und aufzuklären. Ihre karikaturhafte Verzeichnung des Reduktionismus steckt zugespitzt in der Äußerung, Reduktionisten, Mechanisten und sonstige philosophische Übeltäter betrachteten das Ganze als »eine *bloße* Summe seiner Teile«. Natürlich ist die Summation eine vollkommen seriöse funktionale Beziehung, die zwischen Teilen durchaus bestehen kann und in einigen Fällen eine vollständige Beschreibung ergibt: Die *Masse* eines Ganzen ist zum Beispiel die Summe der Massen seiner Bestandteile, und der osmotische Druck eines gelösten Stoffes ist eine Funktion der Anzahl der Ionen und Moleküle in der Lösung. Nicht einmal ein Holist würde behaupten, ein zusammengesetzter Körper habe im Unterschied zu seiner »bloßen« Masse eine »wahre« Masse, die mehr sei als die Summe der Massen seiner Teile. Doch mit etwas ähnlich Absurdem glaubte man einmal die empirische Tatsache erklären zu können, daß die Verbrennung eines Metalls wie Magnesium zu einer Gewichtszunahme führt. Dieses Phänomen war im Sinne der Phlogistontheorie schwer zu erklären, derzufolge Phlogiston (das Wesensprinzip des Feuers, entspricht innerhalb der anorganischen Chemie ungefähr dem, was Hans Drieschs Entelechie für die Biologie bedeutete) hätte entweichen müssen. Man behauptete, Phlogiston wiege weniger als nichts; da war es kein Wunder, wenn der Verlust an Phlogiston bei der Verbrennung eines Metalls zu einer Gewichtszunahme führte.

In der Biologie lassen sich nur sehr wenige Eigenschaften zusammengesetzter Systeme als bloß additive Funktionen der Eigenschaften von Teilen darstellen, und diejenigen, die sich so darstellen lassen, sind nicht sonderlich interessant. Die zwischen den Teilen bestehenden funktionalen Beziehungen, die zum Zwecke einer vollständigen Beschreibung ermittelt werden müssen, sind außerordentlich komplex, und entsprechend mühsam ist es, sie zu klären. Das ganze Unternehmen ist in der Tat so mühselig und langwierig, daß es bisweilen als ein allzu ehrgeiziges Vorhaben erscheint. John Stuart Mill schrieb in der zehnten Auflage seines *System of Logic* (London 1843) [deutsch: *System der Logik,* Leipzig 1884] über die Soziologie: »Die Gesetze der gesellschaftlichen Phänomene sind und können nichts anderes sein als die Gesetze des Tuns und Leidens menschlicher Wesen, die durch den gesellschaftlichen Zustand miteinander verbunden sind. ... Menschliche Wesen in der Gesellschaft besitzen keine anderen Eigenschaften als jene, die von den Gesetzen der Natur des individuellen Menschen herstammen und sich in diese auflösen lassen.«

Durch eine schlichte Paraphrase bringt man diese Äußerung in jene Form, die früher bei »organismischen« Biologen unnötigerweise soviel Bestürzung und Widerwillen auslöste: »Die Gesetze der Eigenschaften und Leistungen lebender Organismen sind und können nichts anderes sein als die Gesetze der Leistungen lebender Zellen, die zu dem für lebende Organismen charakteristischen Zustand zusammengefaßt sind. Lebende Organismen besitzen keine anderen Eigenschaften als jene, die von den Eigenschaften individueller Zellen herstammen und sich in diese auflösen lassen.«

Das Prinzip der Reduzierbarkeit ließe sich selbstverständlich auch eine oder zwei Stufen tiefer in der Hierarchie anwenden, denn Zellen lassen sich in Moleküle auflösen, und was über Organismen im Verhältnis zu Zellen gesagt wurde, könnte *mutatis mutandis* auch über Zellen gesagt werden; schließlich könnten auch Moleküle in die Atome aufgelöst werden, aus denen sie bestehen, und diese wiederum ohne Zweifel in Elementarteilchen.

Außerdem darf nicht übersehen werden, daß die Beziehung »reduzierbar auf« von jener Art ist, welche Logiker als transitiv bezeichnen: Wenn A sich analytisch auf B und B auf C reduzieren läßt, dann läßt A sich auf C reduzieren. Daraus folgt, daß ein Begriff, der zum sozialen, politischen oder ökologischen Bereich gehört, im Sinne der Atome und Moleküle, aus denen die stoffliche Welt sich zusammensetzt, interpretiert werden kann. Konkret müßte ein Begriff der höheren Ebene – wie etwa »Außcnhandelsdefizit« – im Sinne der Eigenschaften und Wechselwirkungen von Atomen und Molekülen erklärbar sein – und ebenso das System der Verhältniswahl; aber seltsamerweise werden diese Dinge in keinem Lehrbuch der Wirtschaftswissenschaft, der Physik oder der politischen Wissenschaften erwähnt.

Selbstverständlich hat die Reduzierbarkeit ihre Grenzen. Daß die reduzierende Analyse in der Biologie so erfolgreich war, liegt vor allem daran, daß die uns am meisten interessierenden Eigenschaften der Organismen in der Tat einer reduzierenden Behandlung zugänglich sind, etwa das Übertragungssystem bei der Weitergabe der genetischen Information oder die physischen Voraussetzungen, die die nervöse Koordination der Körperteile ermöglichen.

Die Darstellung eines zusammengesetzten Ganzen als Funktion seiner Teile bringt es beinahe automatisch mit sich, daß wir uns einen Bereich möglicher Ganzheiten vorstellen können, die nicht mehr mit dem ursprünglichen Gegenstand der Analyse identisch sind. Vielleicht läßt sich der Reduktionismus sogar am einfachsten dahin zusammenfassen, daß man sich vorstellt, ein bestimmter Frosch sei nur eine Realisierung innerhalb der Welt möglicher Frösche, von denen jeder *hätte* real werden können, wenngleich es nur einer tatsächlich wurde; ebenso wird die gesamte Welt vom Reduktionismus her als nur eine aus einem ganzen Bereich möglicher Welten angesehen – nicht unbedingt als die beste. Wenn man die reduzierende Analyse betrachtet, wird klar, daß sie unter allen denkbaren Verfahren, die Welt zu begreifen, dasjenige ist, mit dessen Hilfe sich am ehesten erkennen läßt, wie die Welt nötigenfalls verändert werden könnte.

Die Eigenart einer Struktur, eines Phänomens oder einer Leistung wird natürlich durch die Eigenart der Wechselwirkung zwischen den beteiligten Komponenten festgelegt; so ist es eine nur sehr begrenzte Teilmenge aus der Menge aller möglichen Wechselwirkungen zwischen Zellen, welche die Integration von Zellen zu einem lebenden Organismus erlaubt – und ebenso ist nur eine Minderheit der möglichen Interaktionen zwischen Personen dazu angetan, eine organisierte Gesellschaft oder eine ökologische Gemeinschaft entstehen zu lassen.

Bevor wir *neuentstehende* Eigenschaften diskutieren, müssen wir eine wichtige Feststellung treffen, was den empirischen Gehalt der verschiedenen Ebenen der Hierarchie betrifft, in die das System der belebten Natur zerfällt. Wir können die Hierarchie im Sinne wachsender Vereinzelung folgendermaßen ordnen:

Gesellschaft/Gemeinschaft
Organismen
Organe
Zellen
Zellorganellen
Makromoleküle
Moleküle
Atome
Subtomare Teilchen

Eine bedeutsame Eigenschaft dieser Anordnung liegt darin, daß die höheren Ebenen die tieferen einschließen: Gesellschaften bestehen aus Organismen, Organismen aus Organen, Organe aus Zellen usw. Die Wissenschaften, die sich speziell mit der jeweiligen Ebene befassen – unten angefangen mit der Teilchenphysik und endend mit der Soziologie oder der Ökologie –, nehmen, je weiter wir in der Hierarchie hinaufsteigen, an empirischem Gehalt zu. Von jeder kann gesagt werden, daß sie die Begriffe und Fakten ihres eigenen Gebietes und dazu die Begriffe und Fakten aller Disziplinen der unteren Ebenen umfaßt, wobei die Soziologie/Ökologie notwendig die reichhaltigste ist, da alles, was für die organismische Biologie zutrifft, auch für die Soziologie zutrifft. Es ist eine soziologische und nicht nur eine physiologische Wahrheit, daß lebende Organismen, die Nahrung benötigen, sich bemühen, sie zu erlangen, und es ist ebenfalls eine Wahrheit der Soziologie, daß die Leber durch Äthylalkohol und eine ganze Reihe weiterer organischer Lösungsmittel rasch Schaden nimmt. Es ist ebenso eine Wahrheit der organismischen Biologie wie der Chemie, daß bei der

Wechselwirkung zwischen einer Säure und einer Lauge Salz und Wasser entstehen:

$$NaOH + HCl = NaCl + H_2O.$$

Dies ist zugleich eine Wahrheit der Politik; es ist allerdings nicht zu erwarten, daß sie die Wähler beeinflussen wird.

Mit dem zunehmenden empirischen Gehalt (dem Bestand an tatsächlichen oder möglichen Objekten der Beobachtung) nimmt auch – in einer nicht unbedingt vorhersehbaren Weise – der begriffliche Gehalt zu. Jede Ebene der Hierarchie hat nämlich ihre jeweils eigenen Begriffe, die nicht durch die tieferen Ebenen erklärbar sind; der Begriff »Außenhandelsdefizit« etwa gehört zur politischen Ebene, und auf ihn bezogene Behauptungen machen auf einer tieferen Ebene keinen Sinn. Auf der Ebene der Atomphysik und der Chemie ist es möglich zu verstehen, wie ein Kohlenstoffatom sich mit zwei Schwefelatomen verbinden kann, um Schwefelkohlenstoff (CS_2) zu bilden; der üble Geruch, für den CS_2 bekannt ist, kann dagegen auf keiner physikochemischen Ebene erklärt werden, und der Begriff des Geruchs hat dort auch nichts zu suchen, denn er gehört – ebenso wie Sexualität, Gedächtnis und Furcht – in einen Zusammenhang, der für die Ebene der organismischen Biologie spezifisch ist.

Eigenschaften oder Phänomene, die auf höheren Ebenen der Integration auftauchen und auf den tieferen Stufen nicht vorhersagbar oder erklärbar sind, kann man als *neuentstehend (emergent)* bezeichnen. C. Lloyd Morgan, ein Verfechter dieser Idee, hat eine sinnvolle Unterscheidung zwischen resultierenden und emergenten Eigenschaften getroffen. Die ersteren sind von tieferen analytischen Ebenen her verständlich und sogar vorhersagbar (Eigenschaften wie Masse, osmotischer Druck und Brennbarkeit), während emergente Eigenschaften durch eine reduzierende Analyse nicht vorhergesagt oder erklärt werden können.

Die Idee der Emergenz [des Entstehens neuer Eigenschaften auf höheren Ebenen] hat nichts Anstößiges. Sie ist nur deshalb unbeliebt, weil diejenigen, die sich mit Erfolg der Strategie der reduzierenden Analyse bedient haben, zu der – vollkommen ungerechtfertigten – Ansicht neigen, die Benutzung des Begriffs käme einem Gesichtsverlust gleich. Der einzige wirkliche Einwand gegen den Begriff der Emergenz ist, daß er keinen Erklärungswert besitzt: er markiert das Ende eines Gedankengangs, nicht den Anfang eines neuen. Wir erwerben kein tieferes Verständnis und werden nicht klüger dadurch, daß wir beschließen, der Besitz von Geist und Seele sei eine emergente Eigenschaft, obwohl er das eindeutig ist; in einem Kristall oder einem Molekül gibt es schließlich keine Psyche oder auch nur die Spur einer solchen. Ebensowenig gibt es dort eine Spur von Liebe, auch wenn Pierre Teilhard de Chardin behauptet hat, die Liebe hätte auf der durch die Menschheit repräsentierten Evolutionsstufe nicht auftauchen können, wenn sie nicht schon in einer urtümlichen Form in Atomen und Molekülen vorhanden gewesen wäre. Die Vereinigung eines Natrium-Ions mit dem Chlor-Ion wäre demnach zu verstehen als eine Vorankündigung jener Vereinigung zwischen höheren Organismen, die aus der Liebe resultiert – ein Argument, das von einem englischen Bewunderer Teilhards mit dem (von uns nicht bestrittenen) Hinweis verteidigt wurde, daß die Liebe in einem späteren Evolutionsstadium kaum hätte auftauchen können, wenn Natrium- und Chlor-Ionen nicht eine Tendenz gehabt hätten, sich zu vereinigen. Leider enthält diese Verteidigung einen schwerwiegenden Denkfehler: Es ist ein ungeheurer logischer Irrtum, nicht zwischen notwendigen und hinreichenden Bedingungen eines Phänomens, Vorgangs oder Sachverhalts zu unterscheiden.

Die Idee der Emergenz erfüllt in den biologischen Wissenschaften eine nützliche Aufgabe, und sei es auch nur, daß sie dem, was sich der reduzierenden Analyse entzieht, einen Namen gibt; es muß freilich hinzugefügt werden, daß alle Arten biologischer Forschung in dem Maße aufblühen, wie ihr Stoff sich der Reduktion erschließt.

Reflex

Die von B. F. Skinner vorgeschlagene Definition eines Reflexes läßt sich so formulieren: Wenn bei einem Verhalten *S* für einen Reiz und *R* für eine Reaktion steht, können wir von einer Reflexhandlung dann sprechen, wenn $R = f(S)$, das heißt, wenn die Reaktion eine spezifische Funktion des Reizes ist. Der Reflexbegriff wird nicht nur in der Neurophysiologie benutzt; Immunologen haben in bezug auf die spezifische Beziehung zwischen dem antigenen Reiz und der durch ihn ausgelösten Immunreaktion gelegentlich von einem »immunologischen Reflex« gesprochen. Dabei erwies es sich als nützlich, zwischen einem afferenten und einem efferenten Zweig der Immunreaktion zu unterscheiden; der erstere bezieht sich auf Vorgänge, die mit der Darbietung des Antigens am Reaktionszentrum zu tun haben, der letztere auf Vorgänge, die mit der Art der Realisierung der Immunreaktion zu tun haben.

Um den Reflexbegriff sind einige abgeleitete Begriffe entstanden; mit dem »Reflexbogen« wird zum Beispiel der vermutlich einspurige Weg bezeichnet, auf dem ein Reiz nacheinander ein Sinnesorgan, einen afferenten Nerv und – nach synaptischer Verbindung innerhalb des Zentralnervensystems – einen efferenten Nerv und ein motorisches Endorgan erregt.

Auf die scharfe Zurückweisung des Holismus und der Naturphilosophie stößt eine Ansicht, die Charles Sherington und seiner Schule zugeschrieben, aber von ihnen nicht vertreten wird (und auch sonst von niemanden außer den Naturphilosophen, die sich imaginäre Gegner erfinden, um sie dann angreifen zu können). Es geht um die Ansicht, jegliches Reflexverhalten lasse sich auflösen in eine Summe einzelner Reflexbögen, was natürlich weit von der Wahrheit entfernt ist. In Wirklichkeit ist die »Reflexbogen«-Terminologie gerade deshalb ungebräuchlich geworden, weil Sherington und seine Schule ganz klar gezeigt haben, daß Wechselwirkungen innerhalb des Zentralnervensystems und das Zusammenlaufen verschiedener afferenter Bahnen bei einer einzigen efferenten Bahn den Reflexbogen zu einem hoffnungslos unrealistischen Konzept werden ließen.

Von einem »bedingten Reflex« spricht man dann, wenn eine

Reflexreaktion nicht allein durch den Reiz ausgelöst wird, der sie ursprünglich entstehen ließ, sondern durch einen konditionierten Reiz, den man dem ursprünglichen Reiz wiederholt vorausgeschickt hat. Durch die Konditionierung entsteht das neurologische Äquivalent einer Erwartung, und außerdem ermöglicht sie eine rudimentäre Form von afferentem Lernen, das heißt, es wird gelernt, das Repertoire an Reizen zu erweitern, auf die eine bestimmte motorische Reaktion erfolgen kann.

Rhesusfaktor

Wird Blut von Rhesusaffen Kaninchen injiziert, so bildet sich ein Antikörper, der auf die roten Blutkörperchen von rund 85 Prozent der Menschen reagiert. Diese sind Rhesus-positiv, die übrigen 15 Prozent Rhesus-negativ. In Übereinstimmung mit der Benennung anderer Blut-Antigene werden einige Faktoren, aus denen sich das Rhesus-Antigen zusammensetzt, mit C, D und E bezeichnet; der klinisch bedeutendste darunter ist D. Während Antikörper gegen die Blut-Antigene A und B bei manchen Menschen natürlicherweise vorkommen, werden Rhesus-Antikörper nur infolge aktiver Immunisierung gebildet (zum Beispiel dann, wenn ein Rhesus-negatives Individuum eine Bluttransfusion erhält, die zwar bezüglich anderer wichtiger Antigene verträglich ist, aber das Rhesus-Antigen enthält). Rhesus-Antikörper können auch dann entstehen, wenn eine Rhesus-negative Mutter mehrere Kinder gebiert, die das Rhesus-Antigen von ihrem Vater geerbt haben. Die Immunisierung der Mutter kann dadurch eintreten, daß fötale Blutzellen während des Geburtsvorgangs in den mütterlichen Kreislauf gelangen. Bei der nächsten Schwangerschaft können die mütterlichen Antikörper über die Plazenta in den Rhesus-positiven Fötus eindringen und dessen rote Blutkörperchen weitgehend zerstören, woraufhin die Vermehrungsaktivität der blutbildenden Zellen sich explosionsartig steigert *(Erythroblastosis fetalis)*.

In den Fällen, wo zwischen Mutter und Kind eine Unverträglichkeit bezüglich der Blut-Antigene des A-B-0-Systems besteht, kommt es sehr viel seltener zu einer Sensibilisierung. Der Grund ist folgender: Hat das Kind die Blutgruppe A und die Mutter Blutgruppe B oder 0, so sind bei ihr die Antikörper gegen Zellen der Blutgruppe A bereits vorhanden und werden diese, falls sie in den mütterlichen Kreislauf geraten, zerstören, ehe sie die Rhesus-Immunität anregen können. Man nimmt an, daß dieser Schutzeffekt den Selektionsdruck darstellen könnte, der dem A-B-0-Polymorphismus aufrechterhält. Der den Rhesus-Polymorphismus erhaltende Selektionsvorteil ist unbekannt; es könnte sich um einen zeitweiligen Polymorphismus handeln, der schließlich aussterben wird.

S

Schöpfungslehre

Wissenschaftler, die mit der Biologie nichts zu tun haben, haben erstaunt, vielleicht auch verstimmt die gelassene Selbstsicherheit zur Kenntnis genommen, mit der Biologen das gesamte Bedeutungsspektrum des Begriffs »Schöpfungslehre« (oder »Kreationismus«) mit Beschlag belegt haben. Die Haltung der Biologen ist nicht überraschend, denn gerade in bezug auf den biologischen Aspekt der Schöpfung steht das wissenschaftliche Beweismaterial im entschiedensten Widerspruch zur biblischen Schilderung – und er ist auch der einzige Aspekt, um den es ein Gerichtsverfahren gegeben hat: den berüchtigten Prozeß gegen den Lehrer John T. Scopes, dem man vorwarf, gegen das Gesetz des Staates Tennessee verstoßen zu haben, weil er im Unterricht die Evolutionstheorie behandelt hatte. Die Verfasser des vorliegenden Buches können sich noch an den Prozeß selbst erinnern; die meisten werden ihn aber wohl in Gestalt einer spannenden forensischen Auseinandersetzung zwischen den Filmschauspielern Spencer Tracy und Fredric March in Erinnerung haben.

Biologen verstehen unter »Kreationismus« die Lehre, der Herrgott habe jede einzelne Tier- und Pflanzenart, die in der Welt von heute vorkommt, erschaffen. Nach offizieller biologischer Lehre sind dagegen die heute existierenden Arten im Laufe von Hunderten von Jahrmillionen durch Differenzierung und Aufspaltung mehrerer biogenetischer Stammlinien entstanden – und mit dieser Hypothese decken sich sämtliche empirischen Befunde. Die spezielle Erschaffung von lebenden Organismen ist natürlich ein Teil dieser Geschichte, aber nicht die ganze; da gibt es schließlich noch die ersten Verse der Genesis, die auf die Frage »Wie fing alles an?« antworten. Die Schöpfungslehre weiß wohl auch darauf die Antwort. Gleiches gilt für die Entstehung des Lebens – eine Frage, über die zu spekulieren nach Ansicht Darwins sinnlos ist.

Erstaunlich finden wir die Sturheit, mit der die Anhänger der Schöpfungslehre an einer wortwörtlichen Auslegung kleben. Dabei geht ihnen nicht auf, daß die Evolutionslehre eine weit großartigere, größere Ehrfurcht gebietende Konzeption ist – im Sinne der rationalen Frömmigkeit, von der C. S. Lewis gesprochen hat, eine Konzeption, die bei vielen Menschen Ehrfurcht geweckt hat. Leider wirkt immer noch der düstere Einfluß von Bischof Samuel Wilberforce (»Sam der Salbungsvolle«) fort, der eigenmächtig erklärte, zwischen biologischer Wissenschaft und Religion bestehe eine grundlegende Spannung.

Eine andere Überlegung ist die, daß die Schöpfungslehre im biologischen Sinne empirisch als ein Mythos widerlegt werden kann; das gilt speziell für solche Erläuterungen dieser Lehre wie die Berechnung von Erzbischof Ussher (1581–1656), nach der die Schöpfung im Jahre 4004 v. Chr. stattgefunden hat. Nach der nordischen Mythologie hetzen zum Beispiel zwei gierige Wölfe, Sköll und Hati, die Sonne über den Himmel, und wenn sie ein Stück von ihr abbeißen oder sie ganz verschlingen, entsteht eine partielle oder totale Sonnenfinsternis. Die ersten Verse der Genesis sind empirisch nicht widerlegbar und sollten vielleicht weniger als Mythos denn als imaginative Literatur eingestuft werden. Für sie sind rein wissenschaftliche Beweise nicht ausschlaggebend. Wir können nicht an eine Grenze denken, ohne gleich an das zu denken, was auf der einen und was auf der anderen Seite von ihr liegt. Wie ließe sich also wissenschaftlich die Grenze zwischen Sein und Nichts denken, wenn das Nichts keinen sinnlich faßbaren Inhalt haben und folglich auch nicht Gegenstand empirisch begründeter Urteile sein kann? Dies sind Glaubensfragen, die außerhalb der Wissenschaft liegen, und die verbreitete Ansicht, daß die biblische Schilderung der ursprünglichen Schöpfung durch wissenschaftliche Beweise widerlegt sei, ist philosophisch nicht haltbar.

Schöpfungsplan

Das Argument des Schöpfungsplans erscheint in zweierlei Form. Die bekanntere ließe sich bezeichnen als der aus einem Schöpfungsplan hergeleitete Beweis für die *Existenz* Gottes.

Das Argument lautet, in der Natur zeige sich überall eine Funktionstüchtigkeit und Funktionsfähigkeit, die ein ebenso klarer Beweis für einen Plan seien, wie man ihn an einer Uhr, einer Maschine oder einem anderen derartigen Artefakt beobachten könne. Ein Plan setzt aber, wie William Paley (1743–1805) argumentierte, seinen Planer voraus, und war das folglich nicht das höchste Wesen, Gott? (»Warum nur einer?« hatte Hume in seinen skeptischen Überlegungen zum Argument des Plans gefragt.)

In der anderen Form gibt das Argument des Schöpfungsplans vor, nicht nur die Existenz, sondern auch die *Güte* Gottes zu beweisen. Man braucht kein eingefleischter Monadologe wie Leibniz (1646–1716) zu sein, um auf den Gedanken zu kommen, daß die Welt auch anders beschaffen sein könnte, als wir sie vorfinden, es aber geradezu frevelhaft wäre, sich vorzustellen, daß Gott, falls Er die Welt erschaffen hat, etwas anderes geschaffen hätte als die beste mögliche Welt. Wie man weiß, war Voltaires *Candide* entschieden anderer Meinung. Das Buch ist zwar über weite Strecken langweilig und ermüdend, aber es ist – wie so viele Satiren – bekannter als die Idee, die es verspottet: daß dies die beste aller möglichen Welten sei.

Diese letztere Form des Arguments ist ehrgeiziger, gibt sie doch vor, aus der Erkennbarkeit eines Plans nicht nur die Existenz Gottes, sondern außerdem einige Seiner Charaktereigenschaften zu erschließen, namentlich Seine Güte. Diese zu beweisen, war der Ehrgeiz von Exzellenz und Ehrwürden Francis Henry Egerton, Earl of Bridgewater, der 1829 starb und in seinem Testament bestimmte, daß der (zu jener Zeit) großzügige Betrag von 8000 Pfund Sterling in mündelsicheren Wertpapieren anzulegen sei; deren Dividenden sollten die Finanzierung sichern für die Publikation von tausend Exemplaren mit je acht Abhandlungen »über die Macht, Weisheit und Güte Gottes, die sich in der Schöpfung offenbart; dieses Werk soll anschaulich gemacht werden durch jegliches vernünftige Argument, wie zum Beispiel die Vielfalt und den Aufbau der Geschöpfe Gottes im Tier-, Pflanzen- und Mineralienreich, durch die Wirkung der Verdauung und damit der Umwandlung, den Bau der menschlichen Hand sowie eine unendliche Vielfalt anderer Argumente und ferner durch alte und neue Entdekkungen in den Künsten, den Wissenschaften und dem gesamten Bereich der Literatur«.

Mit der von dem Leiter eines College in Oxford oder Cambridge erwarteten – ja sogar gesetzlich vorgeschriebenen – Frömmigkeit stellte sich William Whewell in seiner Bridgewater-Abhandlung die Frage, ob »die ganze Masse der Erde von Pol zu Pol und vom äußeren Rand bis zum Mittelpunkt« nicht vielleicht dazu »dient, ein Schneeglöckchen in jener Lage zu halten, die seinem pflanzlichen Gedeihen am förderlichsten ist«. In diesem Zitat, das wir aus Jonathan Howards bewundernswertem Buch über *Darwin* (Oxford 1982) entnommen haben, erkennen wir zugespitzt den Geist der gesamten Bridgewater-Abhandlungen: es sind Schriften, mit denen ein moderner Hume nicht viel Federlesens machen würde. Ein ähnliches Glanzstück wie das Whewellsche förderte Sir George Porter (siehe sein »Sir Humphrey Davy – Poet«, *Interdisciplinary Science Reviews 3* [1978]:262) aus Davys Notizbüchern in der Royal Institution zutage:

The eternal laws
Preserve one glorious wise design;
Order amidst confusion flows,
And all the system is divine.

In Wirklichkeit kann man aus dem Zeugnis der Natur über die Güte Gottes nicht mehr erfahren, als man über die Zahlungsfähigkeit einer Firma erfahren könnte, die ihren Aktionären eine Bilanz vorlegen würde, in der nur die Aktiva enthalten sind. Und das ist der philosophische Trick bei den Bridgewater-Abhandlungen: Man verbreitet sich wieder und wieder über die Erfolgsstories der Natur, aber die Irrtümer der Natur, ihre zahlreichen Fehlanpassungen und die Kosten der Überlebenstauglichkeit an Blut, Schmerz und Sterblichkeit werden nicht veranschlagt. Kein Wunder, daß Gott in den Bridgewater-Abhandlungen eine so gute Figur macht.

Schwitzen

Schweiß ist eine schwach salzige Flüssigkeit, die Harnstoff und andere Ausscheidungen enthält. Erzeugt wird er in langen, geknäuelten Schläuchen, die während der Entwicklung in der äußersten Schicht der Haut, der Epidermis, gebildet werden. Er wird über die gesamte Körperoberfläche, aber auch über exponierte Flächen, wie zum Beispiel das Gesicht, verteilt. Der Schweiß enthält zwar Harnstoff, doch ist seine exkretorische Funktion nicht das Wesentliche; wichtig ist er als wärmeregulierender Mechanismus. Daß die Verdunstung von Wasser kühlend wirkt, ist eine allgemein vertraute Beobachtung, und alle Organismen außer denen, die nur wenige Schweißdrüsen besitzen (wie Hunde und Kaninchen), benutzen das Schwitzen – genauer die latente Verdunstungswärme – als Methode der Temperatursenkung. Man beachte, daß der Schweiß nicht einfach aus den Mündungen der Schweißdrüsen tröpfelt; er wird vielmehr durch Muskelzellen, die ebenfalls aus der Epidermis gebildet werden, aktiv ausgetrieben.

Von einem gewissen psychologischen Interesse ist, daß Dermatologen zwischen zwei Arten des Schwitzens unterscheiden: dem thermischen Schwitzen, das durch ein Ansteigen der Körpertemperatur angeregt wird und dazu dient, diese zu senken, und dem »emotionalen« Schwitzen, das durch Angst, Furcht und Verlegenheit entsteht. Während das thermische Schwitzen von gewöhnlichen sekretorischen Zellen in der einfachen sogenannten exokrinen Drüse ausgeht, ist das auf seelische oder emotionale Ursachen zurückgeführte Schwitzen das Werk von Drüsen, die ganz anders geartet und verteilt sind; bei diesen apokrinen Drüsen wird mit der Sekretion ein Teil der Substanz der Zelle abgestoßen. Apokrine Schweißdrüsen werden weit über die Teile des Körpers hinaus gebildet, in denen sie bestehen bleiben (das sind im wesentlichen die Achselhöhlen, der Schamberg, der After und die Gebiete der Brustdrüsen). Der apokrine Schweiß ist, da er Zellgranula und Fettsäuren enthält, für den charakteristischen Körpergeruch verantwortlich. Aus Büchern für Jungen kennt man das Theorem, daß Hunde Angst riechen können, und es ist eine allgemeine Erfahrungstatsache, daß Menschen Verlegenheit bei anderen riechen können – ein verräterisches Signal, das durch die Benutzung von schweißhemmenden Mitteln heute vielfach unterdrückt wird.

Seßhafte Tiere

Man braucht kein professioneller Zoologe zu sein, um sich ohne Schwierigkeit eine Reihe von Tieren ins Gedächnis zu rufen, die seßhaft sind, weil sie permanent an dem Substrat haften, auf dem sie leben. Dazu gehören Seeanemonen, Hydrozoa und Polypen allgemein, Entenmuscheln, Seescheiden, Seelilien (Crinoidea) und Napfschnecken. Seßhafte Tiere weisen eine Reihe von gemeinsamen strukturellen und physiologischen Anpassungen auf; sie neigen zu radialer Symmetrie und entwickeln entweder ein hartes Außenskelett oder ein dickes, zähes, praktisch ungenießbares hautartiges Gewebe oder Futteral. Die Regenerationsfähigkeit und die damit so oft einhergehende ungeschlechtliche Vermehrung sind hoch entwickelt. Hermaphroditismus ist beinahe die Regel, verbunden mit verschiedenen Vorkehrungen gegen eine Selbstbefruchtung; die befruchteten Eier entwickeln sich gewöhnlich zu freibeweglichen Larven, die vor dem Festmachen an der Unterlage eine radikale Metamorphose durchmachen.

Sexualität

Die Zweckbestimmung der Sexualität ist unstreitig. Sie sorgt für eine Neukombination des Erbguts und, indem sie die Zahl der Kandidaten für die natürliche Auslese enorm erweitert, für evolutionäre Wandelbarkeit. Verglichen mit den konkurrierenden Attraktionen der Parthenogenese und der ungeschlechtlichen Fortpflanzung ist die Sexualität eindeutig eine gute Sache – aber das ist natürlich keine hinreichende Erklärung dafür, daß sie sich entwickelt hat.

Die Neukombination des Erbguts ist ein uralter biologischer Kunstgriff, den es lange vor der Evolution der Sexualität gegeben haben muß. Bakterien besitzen Sexualität, aber einige besitzen außerdem die – unzweifelhaft mit der Existenz eines DNA-Reparaturmechanismus zusammenhängende – Fähigkeit, sich gegenseitig mit ihrer eigenen DNA zu »infizieren«, wie die an anderer Stelle geschilderten Entdeckungen von Griffith und Avery gezeigt haben. Der Sexualdimorphismus wird, wenn er erst einmal in einer Population besteht, durch den chromosomalen Mechanismus aufrechterhalten, der in der Definition der *Geschlechtsbestimmung* beschrieben wird.

Die Beibehaltung der Sexualität gegen die Konkurrenz offenkundig einfacherer Fortpflanzungsmechanismen ist schwerlich durch einen anderen evolutionären Prozeß als den der Gruppenauslese zu erklären. Dennoch gilt, was John Maynard Smith in *The Evolution of Sex* (Cambridge 1978) sagt: »Auch wenn wir anerkennen, daß die Gruppenauslese für die Beibehaltung der sexuellen Fortpflanzung eine bedeutende Rolle gespielt hat, so kann sie doch nicht erheblich zur Entstehung der Sexualität beigetragen haben, und auch für die Bestimmung der Häufigkeit eines Koppelungsbruchs (Crossover) und der Rekombinationsraten kann sie nicht bedeutsam sein.«

Sexualzyklen

Man kann annehmen, daß die Sexualzyklen – der Östrus ebenso wie der Menstruationszyklus – sich in Reaktion auf Selektionsdrücke entwickelten, die aus der Notwendigkeit erwuchsen, die begrenzte Anzahl von Eiern, mit denen das Weibchen ausgestattet ist, zu bewahren und ihre Befruchtung zu erleichtern. Männliche Säugetiere produzieren ihr Leben lang Sperma, so daß es keinen zwingenden Grund gibt, es zu bewahren. Es ist daher nicht erstaunlich, daß Männchen in ihrer Fähigkeit beziehungsweise in ihrer erkennbaren Neigung, Weibchen zu begatten, keinem Zyklus unterworfen sind; Weibchen sind dagegen nur in zyklischen Intervallen empfänglich, während der Brunst, auch Östrus genannt, nach dem griechischen Wort *oistros* für die Viehbremse, die die Kühe beißt und sie zur Raserei treibt, wie sie nach Ansicht der Antike dem Drang sexueller Begierde entspricht.

Die Ovulation, bei der ein Ei den Eierstock verläßt, erfolgt unmittelbar vor dem Einsetzen der Brunst. Spuren dieser zyklischen Empfänglichkeit sind bei Neuwelt-Affen noch erhalten, während für Menschen, Menschenaffen und Altwelt-Affen ein etwas anders gearteter Menstruationszyklus kennzeichnend ist. Das Wort »Menstruation« bezieht sich auf die Abstoßung des *Endometriums,* der sehr gefäßreichen Gebärmutterschleimhaut, in die das befruchtete Ei eingepflanzt wird. Durch verschiedene Anpassungen der Blutgefäße wird der Blutverlust auf ein Minimum reduziert. Die Ovulation, die in der Mitte des Menstruationszyklus erfolgt, ist bisweilen von einem Mittelschmerz begleittet.

Wegen des Auftretens einer Vaginalblutung auf dem Höhepunkt des Östrus hat man lange nicht zwischen Östrus und Menstruationszyklus unterscheiden können. Es gibt jedoch einen klaren Unterschied: Das Weibchen beziehungsweise die Frau ist während des gesamten Menstruationszyklus empfänglich (dies hat, wie Sir Gavin de Beer meint, in der sozialen Evolution der Paarbildung zwischen Mann und Frau, der Monogamie, eine wichtige Rolle gespielt).

Sichelzellenanämie

Hämoglobin S ist eine abnorme Variante von Hämoglobin A; Personen, die bezüglich Hämoglobin S heterozygot sind und die Konstitution AS aufweisen, leiden unter einer schwach schädigenden Spielart der Anämie, dem Sichelzellenmerkmal; dabei nehmen die roten Blutzellen, wenn Sauerstoffmangel eintritt, die Form einer Mondsichel oder eine sonstige abnorme Gestalt an. Die Kinder von Eltern, die beide am Sichelzellenmerkmal leiden, werden zu rund einem Viertel homozygot sein und die Konstitution SS besitzen; sie sind Opfer der Sichelzellenanämie, einer Krankheit, die mit schweren Beeinträchtigungen und abnormen Veränderungen an Leber und Nieren einhergeht.

Die Frage ist durchaus berechtigt, warum das Gen, das für die Umwandlung von Hämoglobin A in Hämoglobin S kodiert, nicht durch die natürliche Auslese ausgeschaltet wurde. Die Antwort ist äußerst interessant. Das Gen ist in jenen Teilen der Welt verbreitet, in denen die Malaria endemisch ist oder war –

besonders in Westafrika und im Mittelmeerbecken. Es behauptet sich deshalb, weil heterozygote Träger des Sichelzellenmerkmals in gewissem Maße gegen die schwerste Form der Malaria, die durch *Plasmodium falciparum* hervorgerufen wird, resistent sind. Dieser Selektionsvorteil reicht aus, um den Rückgang des Gens, der durch den Tod der homozygoten Opfer der Sichelzellenanämie eintritt, auszugleichen.

Dies ist ein klassisches Beispiel für einen Polymorphismus, der durch den Selektionsvorteil des Heterozygoten aufrechterhalten wird. Es ist zugleich ein großartiges Beispiel für die Wirksamkeit der Euphänik, denn wenn durch eine Verbesserung der Umwelt die Malariagefahr beseitigt wird, büßt das Gen, das für Hämoglobin S kodiert, seinen Selektionsvorteil ein und wird im Laufe vieler Generationen allmählich verschwinden. Dies scheint in den amerikanischen Südstaaten der Fall zu sein. Man erkennt an diesem Beispiel, daß es Unsinn ist zu glauben, eine Umweltverbesserung würde zwangsläufig zu einer Erbgutverschlechterung führen.

Sinnesorgane

Ein Sensor gehört zu jener Art von Instrumenten, die von den Technikern als Umsetzer bezeichnet werden: er übersetzt eine Energie- oder Wellenform in eine andere. Beispiele sind der Tonabnehmer des Plattenspielers und das Mikrofon, die mechanische beziehungsweise atmosphärische Druckschwankungen in elektrische Stromimpulse übersetzen. Analog arbeiten die biologischen Sinnesorgane, mit dem Unterschied, daß diese Zustandsänderungen der Umwelt in Nervenimpulse übersetzen. Ein Sinnesorgan ist speziell darauf eingerichtet, auf eine bestimmte Art von Zustandsänderung in der Umwelt eher zu reagieren als auf eine andere: beispielsweise auf Temperatur, Licht, Schmerz, Schall, Körperhaltung (durch mit den Muskeln verbundene Sensoren), Orientierung im Raum und Winkelbeschleunigung (beides eine Funktion des Ohres, das sowohl ein akustisches als auch ein Gleichgewichtsorgan ist). Außerdem sinkt bei einem Sinnesorgan die Schwelle der Reizstärke, die erforderlich ist, um einen Nervenimpuls auszulösen: die sensorische Anpassung (durch die ein Sinnesorgan aufhört, auf einen Reiz von gleichbleibender Intensität zu reagieren) wird unter dem Stichwort *Anpassung* beschrieben. Dieses Phänomen erinnert uns daran, daß Sinnesorgane nur auf eine Zustands*änderung* reagieren können.

Zu den bedeutendsten Verallgemeinerungen, auf die man bezüglich der Physiologie der Sinnesorgane treffen kann, gehört Johannes Müllers Gesetz der spezifischen Reizbarkeit, auch als Gesetz der spezifischen nervösen Energie bezeichnet. Dieses Gesetz besagt nämlich, daß die Modalität der Empfindung – sei es Licht, Schall, Schmerz oder Körperhaltung – nicht von den Sinnesorganen bestimmt wird, die ja schließlich nur Nervenimpulse erzeugen können, sondern von dem Nerv selbst oder vielmehr von dessen zentralen Verknüpfungen. Eine Reizung des Hörnervs erzeugt Schall-, eine solche des Sehnervs Lichtempfindungen, gleichgültig, durch was die Nerven gereizt wurden. Im übrigen ist ein Großteil der Empfindungen zentral gesteuert; für die Wahrnehmung einer waagerechten Linie ist ein anderer kortikaler Rezeptor zuständig als für die Wahrnehmung einer geneigten Linie.

Aus all diesen Tatsachen ersieht man, daß die Sinneswahrnehmung einem Kantschen Muster gehorcht. In der *Kritik der reinen Vernunft* behauptete Kant, daß alles, was wir wahrnehmen, oder alles, wovon wir empirisch Kenntnis erhalten, durch die Beschaffenheit unseres Anschauungs- oder Wahrnehmungsvermögens bestimmt sei. Kant wäre entzückt gewesen, hätte er gewußt, in welchem Maße seine Einsicht durch die moderne Sinnesphysiologie bestätigt worden ist. Er erklärte darüber hinaus – wir müssen nicht so weit gehen –, daß eine gewisse Erkenntnis a priori, unabhängig von aller Erfahrung, möglich sei. Lancelot Hogben hat behauptet, diese Ansicht sei erschüttert durch die Existenz eines Sinnes, von dem Kant nichts gewußt habe, nämlich der Propriozeption, des in Gelenken und Muskeln sitzenden Sinnes, der die Wahrnehmung der eigenen Körperhaltung ermöglicht; wir finden dieses Argument jedoch nicht überzeugend.

Die zentrale Tradition der britischen (im Gegensatz zur kontinentaleuropäischen) Philosophie, wie sie sich insbesondere mit dem Namen von John Locke (1632–1704) verbindet, ist der Empirismus, der in dem Grundsatz zum Ausdruck kommt: *Nihil in intellectu quod non prius in sensu* – Der Geist enthält nichts, was nicht durch die Sinne zu ihm gelangte. Die Biologie kann diese Ansicht nicht aufrechterhalten. Während wir nicht mit Kant darin übereinstimmen, daß es eine Erkenntnis unabhängig von aller Erfahrung geben könne, sehen wir den Fehler des empiristischen Axioms darin, daß es die Existenz von Verhaltensprogrammen, die eine Art von »angeborenem Wissen« darstellen, außer acht läßt. Beispiele sind das Wissen, das eine Maus vom Nestbau und ein Vogel von seinem artspezifischen Gesang besitzen. Gleichgültig, welche Rolle die Aufzucht und die sinnliche Erfahrung spielen mögen, das Spezifische – die Eigentümlichkeit, daß der Vogel *diese* und nicht eine andere Melodie singt – steckt überwiegend in der chromosomalen Aufzeichnung (fast könnte man sagen: Tonbandaufzeichnung), die zum Erbe des Organismus gehört. Ebensowenig enthält die Biologie irgend etwas, das dem cartesianischen Rationalismus wissenschaftliche Autorität verleihen könnte; ihm gilt als wahr, was auf einer starken inneren Überzeugung von der selbstevidenten Wahrheit bestimmter Aussagen beruht, wenn das Subjekt gleichzeitig außerstande ist, ein skeptisches Argument, das diese Aussagen erschüttern könnte, auch nur zu denken. Eine solche Aussage und eingestandenermaßen die Grundlage der Descarteschen Philosophie war der Satz *Cogito, ergo sum* – Ich denke, also bin ich.

Da alles, was wir über die Funktionsweise der Sinne wissen, auf Sinnestatsachen beruht, ist es zwecklos, wollten wir uns auf die Physiologie berufen, um dem Berkeleyschen Idealismus zu entgehen, dem zufolge die Außenwelt nur in Gestalt der Vorstellungen existiert, die wir uns im Geiste von ihr machen. Auch hier können wir Samuel Johnson nicht übertreffen. »Ich widerlege ihn *so,*« sagte Johnson und stieß so kräftig gegen einen großen Stein, daß sein Fuß von dem Stein zurückprallte – »so« gleichzeitig George Berkeley widerlegend und Sir Isaac Newtons drittes Axiom der Bewegung (»Jeder Wirkung entspricht eine gleich große, entgegengesetzt wirkende Gegenwirkung«) bestätigend, wie einmal jemand bemerkt hat.

Soma

Das Wort »Soma« als Bezeichnung für den Körper im allgemeinen und ganzheitlichen Sinne schließt zumeist eine ausdrückliche oder auch stillschweigende Unterscheidung mit ein – einerseits zwischen Körper und Fortpflanzungszellen, dem Keimplasma, andererseits zwischen Körper und Geist/Seele, der Psyche. In der gebildeten Konversation pflegt man das Wort im Sinne der einen oder anderen dieser Antithesen zu verwenden, und häufig geht es dabei um die Art und den Umfang der Wechselwirkung zwischen beiden Gliedern.

Betrachten wir zunächst Soma und Keimplasma. August Weismann ist vor allem dadurch in Erinnerung geblieben, daß er unnachgiebig auf der Getrenntheit von Soma und Keimplasma beharrte, daß er behauptete, es könne keine Wechselwirkung geben, die es ermöglichen würde, daß dem Keimplasma Veränderungen des Somas aufgeprägt werden; erworbene Merkmale, ob nun passiv oder adaptiv entstanden, könnten nicht im Genom verschlüsselt werden. Dieses Argument wird heute von fast allen Fachbiologen so bereitwillig anerkannt, daß es um den Charakter der Wechselwirkung zwischen Keimplasma und Soma keine lebhaften Auseinandersetzungen mehr gibt.

Eine etwas anders geartete, vorwiegend linguistische Debatte ist in den letzten zwanzig Jahren um die Wechselwirkung von Soma und Psyche entstanden. Ursprünglich ging es bei dieser Kontroverse um die behavioristische Behauptung, in unserem Inneren gebe es nichts – oder gebe es nicht notwendigerweise etwas –, auf das sich das Wort »Psyche« sinnvoll anwenden lasse. Innere Zustände seien nur an ihren verhaltensmäßigen Äußerungen zu erkennen, und auf diese solle man seine Aufmerksamkeit beschränken; von psychischen Zuständen oder Akten zu sprechen, sei fast immer überflüssig. Dies ist nicht gerade eine Ansicht, die allgemeine Zustimmung gefunden hat; vielmehr haben die meisten Denker sie mit einem unterschiedlichen Maß von Entrüstung oder Geringschätzung zurückgewiesen. Die moderne Sprachphilosophie ist ein philologischer Behaviorismus: Wörter sind nichts anderes als ihre Verwendungsweise, in dieser liegt der Schlüssel zu Sinn und Bedeutung.

Die ständig wiederkehrenden Fragen zum Thema Soma und

Psyche lauten: Welcher Art ist die Beziehung zwischen mentalen Zuständen, Gedanken und anderen geistigen Akten einerseits und dem Gehirn andererseits, betrachtet als ein physikalisches Objekt mit seinen nervösen Verknüpfungen und seinem emsigen Hin und Her von Impulsen? Ist ein Gedanke eine Sekretion des Gehirns (wie es Darwin einmal für möglich hielt), oder sind das Denken und die physischen Aktivitäten des Gehirns so gänzlich verschiedener Natur, daß von einer Wechselwirkung zwischen beiden keine Rede sein kann? Gilbert Ryle hat mit seinem Werk *The Concept of Mind* (London 1948) [deutsch: *Der Begriff des Geistes,* Stuttgart 1969] eine ungeheure Wirkung erzielt, so daß man heute weithin seine Ansicht teilt, daß Sätze, die psychische Akte und Zustände beschreiben, einer anderen semantischen Kategorie angehören als solche, die die physikalischen Aktivitäten des Gehirns beschreiben; es hatte daher praktisch keinen Sinn, von einer physikalischen Grundlage psychischer Akte oder von psychischen Akten zu sprechen, welche das physikalische Verhalten beeinflussen.

Wir meinen, daß diese Auffassung mindestens teilweise von dem Wunsch inspiriert war, die Naturwissenschaftler einzuschüchtern und jegliche Bestrebungen bei ihnen zu ersticken, die darauf zielten, den Geist durch die Materie zu erklären und damit einen Teil des traditionell von den »Philosophen des Geistes« okkupierten Terrains einzunehmen. Wie dem auch sein mag – Ryles Argument ist nicht sonderlich überzeugend. Ryle spricht von einer Kategorienverwechslung, wenn man annimmt, ein Verhalten könne der Ausdruck eines psychischen Akts, zum Beispiel des Willens oder der Intention, sein. Er verwendet Edmund Husserls Begriff der »semantischen Kategorienverwechslung« in einer von der ursprünglichen abweichenden Bedeutung, denn Ryles Kategorienverwechslungen sind schlichte Verwechslungen und nicht semantische Kategorienverwechslungen (siehe P. B. Medawar, *Pluto's Republic,* Oxford 1982, S. 9f.).

Während die Idee einer Psychosomatischen Medizin früher bei altmodischen Medizinern ein Stirnrunzeln hervorrief, gilt es heute als eine Binsenwahrheit, daß seelische Zustände den Gesundheitszustand beeinflussen können und umgekehrt. Man spricht heutzutage sogar von einem psychosomatischen Anteil an der Krebsanfälligkeit, den man früher schon bei der Anfälligkeit für Tuberkulose freimütig anerkannte.

Was die Wechselwirkung von Geist und Materie betrifft, so betrachte man ein Phänomen wie das *Erröten*. Kein Vorgang kann mit mehr Recht als »mental« eingestuft werden als die Erinnerung an eine zurückliegende mißliche Situation, und ebenso kann kein Vorgang mit mehr Recht als physikalisch oder physiologisch eingestuft werden als die reflexartige Verschließung der arteriovenösen Anastomosen, welche das Blut in die Hautkapillaren schießen läßt und so das Erröten verursacht. Dennoch ist es eine auf Selbstbeobachtung beruhende Wahrheit, daß ein zartfühlender Mensch bei der Erinnerung an eine frühere Verlegenheit errötet, handele es sich nun um einen Verstoß gegen gesellschaftliche Regeln oder die unbekümmerte falsche Aussprache eines Wortes, das er zu kennen glaubte. Dies ist sicherlich ein Beispiel für die Wirkung von etwas rein Geistigem auf eine rein physikalische Aktivität des Körpers.

Kein *ernsthaftes* Problem ist aus der Neigung des Alltagsverstandes erwachsen, psychische Akte wie das Wollen und das Begehren als Wirkkräfte aufzufassen, die eine Reihe von Verhaltensäußerungen nach sich ziehen. Medizinforscher benutzen das Wort »iatrogen«, um Schäden zu bezeichnen, die eine Folge ärztlicher Behandlung sind. Wir meinen, daß man ein ähnliches Wort prägen könnte, um philosophische Schwierigkeiten zu bezeichnen, für welche die Philosophen selbst verantwortlich sind. Zu dieser Kategorie – wie immer man sie benennen mag – gehören die meisten der Probleme, die mit der Wechselwirkung von Psyche und Soma zu tun haben.

Soziobiologie

Die Soziobiologie ist eine angehende Wissenschaft, als deren Grundlegung die bekannte Schrift *Sociobiology: The New Synthesis* (Cambridge, Massachusetts, 1975) von Edward O. Wilson gelten kann. Wenn man sie ganz hoch veranschlagt, könnte man in der Soziobiologie eine Verwirklichung von John Stuart Mills ehrgeizigem Bestreben sehen (jenes Bestrebens, das ihn wohl am stärksten dazu bewegt hat, ein System der Logik zu schaffen), die Fundamente einer Wissenschaft von der Gesellschaft zu legen. Denn die Soziobiologie ist in der Tat eine kompromißlos deterministische Erklärung des Sozialverhaltens.

Wilsons *Sociobiology* ist in einem Maße reduktionistisch, daß Mill seine Freude daran gehabt hätte; in seinem *System der Logik* schrieb er: »Die Gesetze der gesellschaftlichen Phänomene sind und können nichts anderes sein als die Gesetze des Tuns und Leidens menschlicher Wesen, die durch den gesellschaftlichen Zustand miteinander verbunden sind . . . Menschliche Wesen in der Gesellschaft besitzen keine anderen Eigenschaften als jene, die von den Gesetzen der Natur des individuellen Menschen herstammen und sich in diese auflösen lassen.«

Die Soziobiologie enthält den Anspruch – auf jeden Fall ist das ihr wichtigstes langfristiges Ziel –, zeigen zu können, daß menschliches Sozialverhalten und gesellschaftliche Gebräuche (womöglich unter Einschluß von Spitzfindigkeiten des Gesellschaftsvertrages) sich notwendig durch natürliche Auslese entwickelt haben. Wilson schreibt: »Die alles beherrschende Rolle der natürlichen Auslese in der Gestaltung aller Klassen von Merkmalen bei Organismen kann wirklich als das zentrale Dogma der evolutionstheoretischen Biologie bezeichnet werden.« Das »zentrale theoretische Problem der Soziobiologie« sieht er im Altruismus, aus dem sehr guten Grunde, daß der äußerste Altuismus die verwirrende Frage aufwirft, wie es möglich ist, daß Gene beziehungsweise Organismen einen Nettoreproduktionsvorteil sichern können durch ein Verhalten, das – gleichgültig, welche Vorteile es anderen bringen mag – sich selbst benachteiligt. Bei manchen Arten altruistischen Verhaltens – der elterlichen Fürsorge zum Beispiel – bietet die Verwandtschaftsauslese ohne Zweifel eine mögliche Lösung.

Es ist das Los von Pionieren – und E. O. Wilson ist hiervon nicht ausgenommen –, daß ihnen, ungeachtet der Verdienste, die man ihnen wegen ihrer theoretischen Neuerungen zuerkennt, die von ihren Nachfolgern begangenen Fehlgriffe und falschen Anwendungen angelastet werden. Begeisterte Amateur-Soziobiologen, denen es am richtigen Verständnis der genetischen Theorie der Evolution durch Auslese mangelt, haben eine ganze Fülle von Ideen – darunter die Gruppenauslese – vorgetragen, welche einer kritischen Prüfung nicht standhalten. Ihr Angelpunkt ist die wunscherfüllende Illusion, Gene würden dann in einer Population fixiert, wenn dies »zum Wohle der Spezies« oder der Gruppe wünschenswert wäre (siehe Richard Dawkins, *The Selfish Gene,* Oxford 1976 [deutsch: *Das egoistische Gen,* Berlin, Heidelberg 1978]). Das Problem bei den Büchern, die solche Ansichten verbreiten, ist nach Meinung eines ihrer strengsten Kritiker, daß »ihre Autoren die Sache vollkommen mißverstanden haben«.

Nicht nur auf diese Weise machen sich die allzusehr vereinfachten Vorstellungen des Genitizismus in der Soziobiologie bemerkbar; sie äußern sich auch in der gewohnheitsmäßigen Neigung, die Bedeutung der exogenetischen Evolution zu unterschätzen und die Bestimmung von Merkmalsunterschieden, die gewöhnlich – und wohl mit größerem Recht – dem Einfluß der kulturellen Vererbung (nämlich dem Lehren und Lernen) zugeschrieben werden, auf die Wirkung der Gene zurückzuführen. Sie äußern sich weiter – und zwar auch im Bereich der Soziolinguistik – in der Ansicht, eine Merkmalsausprägung, die allen Mitgliedern einer panmiktischen Gemeinschaft – zum Beispiel allen Menschen – gemeinsam ist, müsse genetisch programmiert sein.

Unter dem Aspekt der Ideengeschichte gehört die Soziobiologie zu einer Denkrichtung, die mit Herbert Spencers grandiosem *System of Philosophy,* insbesondere den *Principles of Sociology,* begann, über die Benjamin Kidd (*Social Evolution,* New York 1894, S. 2) schrieb: »Offenbar ist es dem Verfasser so wenig gelungen, die Natur der sozialen Probleme unserer Zeit praktisch zu erhellen, daß die Ansicht vertreten wird, seine Schlußfolgerungen stützen zwei diametral entgegengesetzte Konzeptionen der gesellschaftlichen Organisation – die individualistische und die kollektivistische.« Kidd glaubte nicht, daß es eine »Wissenschaft von der menschlichen Gesellschaft« gebe, »die diesen Namen verdient« (S. 1), und auch Leslie Stephen glaubte es nicht (S. 5 Anm.).

Es mag sein, daß die Soziobiologie sich in der Erklärung des Sozialverhaltens niederer Tiere bewähren wird und daß sie eines Tages als ein Wendepunkt in der Geschichte der Gesellschaftstheorie erscheinen wird. Allerdings hat sie diese Anerkennung noch nicht gefunden, und es kann auch noch nicht von ihr gesagt werden, wie Wilson behauptet, sie sei ein »Zweig der Biologie, . . . den man als gleichrangig neben der Molekularbiologie und der Entwicklungsbiologie einstufen muß«.

Spezifizität

Bei einer Auszählung der von den Biologen in Fachliteratur und Fachgesprächen am häufigsten verwendeten termini technici läge »Spezifizität« ohne Zweifel weit vorn. Gemeint ist damit die Komplementarität, das Zueinanderpassen, das man in Reaktionen zwischen Antigen und Antikörper, zwischen Enzym und Substrat und zwischen Reiz und Reaktion bei Reflexhandlungen beobachtet.

Spina bifida

Spina bifida ist eine abnorme Entwicklung der embryonalen Achse, bei der die Neuralfalten sich nicht über die dorsale Mittellinie hinweg zum Neuralrohr schließen. Das hat zur Folge, daß die Verbindung zwischen der Höhle des Neuralrohrs und dem embryonalen Urdarm offen bleibt; eine weitere Folge ist, daß die Wirbelsäulenansätze in diesem Bereich nicht auf der Mittellinie zusammenwachsen, so daß die Wirbelsäule gespalten (bifid) ist.

Die oft zusammen mit Spina bifida auftretende Mikrozephalie ist eine so schwere geistige Behinderung, daß viele Ärzte bezweifeln, ob es weise ist, wenn man äußerste – und in manchen Ländern äußerst kostspielige – Maßnahmen ergreift, um das Leben eines davon betroffenen Neugeborenen zu erhalten. Spina bifida stellt somit eine besondere Zuspitzung der überaus schwierigen Probleme dar, die durch die bedingungslose Erhaltung des Lebens bei der Geburt aufgeworfen werden. Weil diese Probleme sich im jeweiligen Zusammenhang sehr unterschiedlich äußern, ist es sehr fraglich, ob eine einzige Erklärung oder eine einzige gesetzliche Regelung ihnen allen gerecht zu werden vermag.

Sporen

Eine Spore ist eine Fortpflanzungszelle, die eigentlich ein Gamet der ungeschlechtlichen Fortpflanzung ist; von einem gewöhnlichen Gameten unterscheidet sie sich dadurch, daß sie die normale, diploide Chromosomenzahl aufweist. Daher kann aus einer Spore durch eine Folge von gewöhnlichen Zellteilungen ein erwachsener Organismus hervorgehen. Als »Spore« bezeichnet man bisweilen eine ungeschlechtliche Fortpflanzungszelle mit sehr niedrigem Wassergehalt, die äußerst widerstandsfähig gegen Umweltbedingungen ist, die für die meisten lebenden Organismen und mit Sicherheit für gewöhnliche Gameten tödlich wären (diese können, da sie für Sperma durchlässig sein müssen, nicht die äußerst widerstandsfähige, zähe Hülle der Sporen haben). Besonders Bakteriensporen können so widerstandsfähig sein, daß sie praktisch unzerstörbar sind, es sei denn, man setzt sie über längere Zeit überhitztem Dampf aus (der, unter einem stärkeren als dem atmosphärischen Druck stehend, heißer als 100 °C sein kann).

Sprachbilder

[Der Übersetzer hält es für ungerechtfertigt, die angeführten englischen Redensarten durch deutsche »Entsprechungen« zu ersetzen.]

Diejenigen, die mit dem Naturgeschehen vertraut sind, haben die Alltagssprache in hohem Maße durch Metaphern und Gleichnisse bereichert, die den Organismen, durch die sie angeregt wurden, nicht in jedem Falle Gerechtigkeit widerfahren lassen. Der Vergleich »Er trinkt wie ein Fisch« beruht auf einem offensichtlichen Mißverständnis: Was beim Fisch wie Trinken aussieht, ist eine Schluckbewegung, durch die er einen Atemstrom in Gang hält, welcher sauerstoffhaltiges Wasser an die Kiemen heranführt.

Nicht so klar ist, warum den Molchen nachgesagt wird, sie stünden unter Alkoholeinfluß, denn solches wird in dem bekannten englischen Euphemismus unterstellt, der da lautet: »übermüdet wie ein Molch«. Vielleicht läßt sich das zurückführen auf das ein wenig beschwipst wirkende Hin- und Herschwenken des relativ großen Molchkopfes, das mit den sigmoidalen Schwimmbewegungen des Molches zusammenhängt.

»Ähnlich wie zwei Erbsen« ist ein Sprachbild, das sicher den nötigen Respekt vermissen läßt, der dem Andenken des Priors Gregor Mendel gebührt, dessen Platz auf den Höhen des Parnaß durch die *Un*ähnlichkeit von Erbsensamen und Erbsenpflanzen ermöglicht wurde.

Die Wendung »tot wie Hammelfleisch« lenkt die Gedanken unweigerlich auf den Umstand, daß Cambridge (England), bekannt als ein Ort der Gelehrsamkeit, seine Berühmtheit kaum weniger den dort hergestellten Würsten verdankt und daß eine der letzten irdischen Handlungen von Thomas Strangeways, dem Namenspatron des berühmten, am Rande von Cambridge gelegenen Laboratoriums für Gewebekultur, darin bestand, überlebende Fibroblasten-Zellen, die aus dem Inneren oder dem *Endosark* einer Wurst gerettet wurden, weiterzuzüchten, womit er bewies, daß einzelne Zellen den Organismus, zu dem sie einmal gehörten, überleben können.

Die Formel »verrückt wie ein Hutmacher« entstammt eher einer soziologischen als einer biologischen Beobachtung und beruht auf der Tatsache, daß die Hutmacher früher durch die Benutzung giftiger Chemikalien bei der Zurichtung von Pelzen geistige Schäden davontrugen. »Verrückt wie ein Märzhase« bezeichnet die Besessenheit, mit welcher der Hase sich bei der Paarung verhält, wohl zu Recht als verrückt.

Die Aufnahme neuer Sprachbilder und Vergleiche in die englische Sprache ist ein ständiger, bis heute unvermindert anhaltender Prozeß. Wenn Biologen hören, daß jemandes Tischmanieren kritisch mit denen eines Piranha verglichen werden, dann können sie gleichzeitig den kurzen Klang vernehmen, der anzeigt, daß die Biologie ein weiteres Juwel in die Schatztruhe der englischen Sprache eingebracht hat.

Sprache

Nur Menschen verständigen sich durch eine »echte« Sprache – durch Vokalisationen, die eine abstrakte Bedeutung haben können und der Deklination/Konjugation sowie der syntaktischen Variation unterliegen, mittels derer zwischen Tempi (Vergangenheit, Gegenwart und Zukunft) und Modi (Indikativ oder Konjunktiv) unterschieden werden kann.

Es gibt kein Tier, das mit dem Menschen um den Titel konkurriert, ein »Sprachtier« zu sein, gleichzeitig aber nur sehr wenige Tiere, die völlig außerstande sind, mit Artgenossen zu kommunizieren – sei es durch grobe Vokalisationen, Gesten und Grimassen, Tänze oder sonstige Körperbewegungen.

Sammelbienen teilen ihren Artgenossen angeblich Richtung und Entfernung einer Nahrungsquelle durch stilisierte Flugfiguren und Tänze mit. Die Genauigkeit der auf diese Weise übermittelten Information ist zwar angezweifelt worden, doch kritische Experimente erbrachten eine beruhigende Bestätigung. Wenn man andeutet, diese elementaren Mitteilungen könnten zumindest einen ganz primitiven Ansatz von Sprache darstellen, reagieren Philologen mit unangebrachter Schroffheit; wir meinen, daß sie ein wenig zu streng in ihrem Urteil seien, denn sie tun so, als sei eine kindliche Äußerung wie »Hansi tata gehn« allzuweit von wirklicher Sprache entfernt, um auch nur als sprachliche Äußerung zu gelten.

Aus der Evolutionstheorie ergibt sich, daß selbst die komplizierteste Verhaltensweise irgendeinen Anfang gehabt haben muß, und es wäre nicht überraschend, wenn die Sprache bei niederen Anthropoiden in Form von Grunzlauten und Grimassen begonnen hätte, wobei letztere durch den Umstand ermöglicht werden, daß höhere Primaten ein Gesicht haben – ein Merkmal von beinahe taxonomischem Gewicht. Sprache kann nicht in der Form begonnen haben, die sie angeblich in der ersten bekundeten Äußerung von Thomas Babington Macaulay (dem jungen Lord Macaulay) angenommen hat: Als er einmal zu einem Besuch mitgenommen wurde, schüttete seine Gastgeberin versehentlich heißen Tee über ihn. Anfangs brüllte der kleine Kerl aus Leibeskräften, aber als er sich dann beruhigt hatte, äußerte er auf die Besorgnis seiner Gastgeberin hin: »Vielen Dank, gnädige Frau, der Schmerz hat spürbar nachgelassen«. Es ist nicht anzunehmen, daß diese Schilderung im wörtlichen Sinne wahr ist; ebensowenig darf man annehmen, daß unsere menschliche Sprache in einer Form ins Dasein getreten ist, die ein Philologe als wirkliche Sprache anerkennen würde.

Sterbetafel

Stellen wir uns vor, daß eine große Kohorte von beispielsweise 100 000 Menschen bei der Geburt mit einem Kennzeichen versehen oder sonstwie identifiziert wird. Stellen wir uns weiter vor, daß über das Alter, in dem die einzelnen Mitglieder der Kohorte sterben, Buch geführt wird, bis mit dem Tod des letzten das Verzeichnis vollständig ist. Ein solches Verzeichnis bezeichnet man als Sterbetafel; sie ist das wichtigste Hilfsmittel des Versicherungsmathematikers.

Die Größe der Kohorte, mit der die Sterbetafel beginnt, wird nach Übereinkunft mit L_0 bezeichnet, die Anzahl derer, die ein Alter von x Jahren erreichen, mit L_x; mit steigendem x nimmt L_x natürlich ab. Verschiedene demographische Besonderheiten einer Bevölkerung können direkt aus der Sterbetafel abgelesen werden; so ist die Wahrscheinlichkeit bei der Geburt, x Jahre alt zu werden, L_x/L_0, und die Wahrscheinlichkeit im Alter a, ein höheres Alter b zu erreichen, ist allgemein durch L_b/L_a gegeben. Die Sterbeziffer gibt außerdem den Rückgang der Anzahl der Überlebenden wieder, das heißt $- dL_x/d_x$, wobei die sich ergebende Zahl durch das Minuszeichen einen positiven Wert annimmt. Aufschlußreicher als die Sterbeziffer ist jedoch die altersspezifische Sterbeziffer, in der, auf das jeweilige Lebensalter bezogen, die Sterblichkeit als eine Funktion der Anzahl derjenigen ausgedrückt wird, die dieses Alter erreicht haben. Sie wird manchmal mit μ_x bezeichnet und ist gegeben durch den Ausdruck

$$- \mu_x = \frac{1}{L_x} \frac{dL_x}{dx} \text{ oder gleichbedeutend } d \frac{\log_e L_x}{dx}.$$

Sterbetafeln können nicht nur für lebende Organismen aufgestellt werden, sondern für jedes materielle Objekt, das einem ähnlichen Schicksal wie der Sterblichkeit unterliegt, zum Beispiel für Kraftfahrzeuge, Restaurantgeschirr und dergleichen mehr. Den statistischen Auffälligkeiten einer solchen Sterbetafel kann man viele Informationen über Ursachen der Abnutzung und den wünschenswerten Zeitpunkt der Ersetzung von Verlusten entnehmen; eine demographische Statistik über Kraftfahrzeuge würde außerdem zeigen, ob es in jedem Fall klug ist, ein neues Auto zu kaufen, oder ob es unter bestimmten Voraussetzungen nicht besser ist, ein Auto zu kaufen, das bereits ein oder zwei Jahre alt ist.

Sterblichkeitsintensität

Die Sterblichkeitsintensität drückt sich aus in der altersspezifischen Sterbeziffer. In einer Bevölkerung, die nicht dem Altern (dem mit steigendem Alter einhergehenden Abbau) unterläge, wäre die Sterblichkeitsintensität konstant. In der Realität zeigt sie jedoch einen charakteristischen Verlauf: Wegen der besonderen Gefahren, die mit der Geburt und der frühesten Kindheit verbunden sind, ist die Sterblichkeitsintensität in den beiden ersten Lebensjahren zunächst hoch, um dann im Alter von 14 oder 15 Jahren auf ein Minimum zu sinken. In dieser statistischen Blütezeit des Lebens ist die Wahrscheinlichkeit, daß ein Mensch ein weiteres Jahr, einen weiteren Monat, einen weiteren Tag oder eine weitere Minute erleben wird, größer als in jedem anderen Alter. Dies ist zugleich der Abschnitt, in dem der Reproduktionswert eines Menschen am höchsten ist. Nach dieser Blütezeit nimmt die Sterblichkeitsintensität bis ins höchste Alter unerbittlich zu, denn wir werden ja tatsächlich mit wachsender Lebensdauer immer anfälliger.

Stoffwechsel

Die molekularen Umwandlungen und Wechselwirkungen, denen ein Organismus Wachstum und Bestand verdankt, bilden seinen Stoffwechsel. Jenen Teil des Stoffwechsels, bei dem aus kleineren Molekülen größere aufgebaut werden, nennt man gewöhnlich Anabolie, im Unterschied zu dem Abbau größerer

Moleküle zu kleineren, der in der Verdauung und in Energie freisetzenden Prozessen stattfindet und als Katabolie bezeichnet wird.

Symbiose

Ein Zusammenleben zweier artverschiedener Organismen zu beiderseitigem Vorteil bezeichnet man als Symbiose. Das bekannteste Beispiel ist die Symbiose zwischen Pilzen und Grünalgen, die zusammen eine Flechte bilden; der zusammengesetzte Organismus kann überall dort leben, wo ein Pilz leben kann, ja er ist noch weit anpassungsfähiger, da er wie eine Pflanze das atmosphärische Kohlendioxid nutzen kann, so daß Flechten selbst auf trockenen Felswänden gedeihen. Ein anderes Beispiel der Symbiose ist die Beziehung zwischen wiederkäuenden Tieren und den ungeheuren Mengen von Mikroorganismen, die in ihrem Pansen und von dessen Inhalt leben; sie helfen, die sonst unverdauliche Nahrung ihrer Wirte (Heu und ähnliche Delikatessen) zu verdauen, indem sie die Zellulose in kleinere, assimilierbare Bruchstücke zerlegen.

Die Partner einer symbiotischen Beziehung nennt man Symbionten. Symbionten brauchen nicht unbedingt zu verschiedenen Klassen von Organismen zu gehören, aber in den spektakulärsten Fällen von Symbiose trifft das zu, denn nur wenn sie sehr unterschiedliche natürliche Fähigkeiten besitzen, erkennt man, daß die symbiotische Beziehung von besonderem Vorteil ist.

Man kann sich gut vorstellen, daß die Symbiose sich aus bloßem Kommensalismus entwickelt haben könnte und sich leicht zum Parasitismus entwickeln könnte. Kommensalismus (wörtlich: Tischgenossenschaft) dient nicht unbedingt dem beiderseitigen Vorteil. Des öfteren stellt er eine opportunistische Verbindung dar, bei der die Nahrungsgewohnheiten und Tischmanieren des einen Tieres eine geeignete Umwelt für das andere bieten. Mitglieder der Familie der Barsche saugen sich zum Beispiel an Haien oder Schwertfischen fest und leben von den Brocken, die von des reichen Fisches Tische fallen, wovon der unfreiwillige Gastgeber keinen Nutzen hat; er kommt sogar um das Vergnügen, das ein reicher Mann aus dem kriecherischen Verhalten des Empfängers seiner Almosen beziehen mag.

Besonders hoch entwickelt ist der Kommensalismus bei manchen Arten von Anneliden (echten Würmern), die sich mit Hilfe einiger Tricks in den Röhren oder sonstigen Behausungen artverschiedener Organismen einnisten.

Der Parasitismus könnte auch als eine Weiterentwicklung der Symbiose verstanden werden, bei welcher der Vorteil nicht mehr beiderseitig ist. Den ganzen Vorteil hat der Parasit, der Wirt dagegen keinen. Da es aber offensichtlich nicht im Interesse des Parasiten ist, den Wirt zu töten, führt die Beziehung selbstverständlich nicht zu dessen Tod.

Syphilis

Die Lustseuche, eine äußerst ansteckende Krankheit, die durch ein Bakterium aus der Gruppe der *Spirochäten* verursacht wird, ist für den zur Philosophie neigenden Biologen von großem Interesse. Man nimmt weithin an, daß die Matrosen, die an Columbus' großer Fahrt nach Westindien teilnahmen, die Syphilis in die Alte Welt eingeschleppt haben, obwohl natürlich nicht feststeht, daß die Krankheit vorher nie in Europa aufgetreten ist. Es handelt sich ja nur um eine ausschlagartige, mit Pusteln und Bläschen einhergehende Krankheit; und sollte ein Fall von Syphilis vorgekommen sein, so konnte man ihn ohne weiteres als eine der bekannteren, von Ausschlag begleiteten Krankheiten abtun. Schließlich erkannte man, daß Syphilis angeboren sein kann, denn sie kann auf das ungeborene Kind im Mutterleib übertragen werden (zweifellos einer der Faktoren, die zur Theorie von der Krankheit als Strafe beigetragen haben).

Die Syphilis zeigt einen bewegten klinischen Verlauf und kann über recht lange Zeit verborgen bleiben. Es ist wie bei allen Krankheiten dieser Art äußerst schwierig, die Wirksamkeit verschiedener Behandlungsformen zu beurteilen. Paul Ehrlich (1854–1915), der geniale Begründer der Chemotherapie, führte die Verbindung Arsenphenamin unter der Handelsbezeichnung Salvarsan ein, das er später noch verbesserte. Trotz Angriffen von Skeptikern, die darauf hinwiesen, daß Arsenverbindungen äußerst giftig sind, fand das Neosalvarsan schließlich Anerkennung als Medikament. Natürlich wurde es nie den intensiven, kontrollierten klinischen Erprobungen unterzogen, denen therapeutische Neuerungen heute unterworfen werden. Der die Syphilis verursachende Organismus ist gegen verschiedene Antibiotika – darunter auch Penicillin – empfindlich, die inzwischen denn auch die Arsenverbindungen aus der Therapie verdrängt haben.

Der Name der Spirochäten rührt daher, daß ihre bakterielle Zellsubstanz schraubenartig um den zentralen Kern, das Filament, gewunden ist; ihre Fortbewegung ist eine Mischung aus einem Sichkrümmen und korkenzieherartigen Bewegungen. Im Unterschied zu den meisten Bakterien wurden sie früher als Protozoen eingestuft. Tatsächlich enthalten sie aber eine Reihe von spezifisch bakteriellen Bestandteilen, darunter Murein.

Der Organismus, der die Syphilis beim Menschen hervorruft, ist die Spirochäte *Treponema pallidum.* Er breitet sich, wenn die Treponematose nicht behandelt wird, im ganzen Körper aus und greift auch auf das Nervensystem über; dadurch entstehen verschiedene Störungen der Sinneswahrnehmung (Beethovens Taubheit beruhte angeblich auf Syphilis) und Symptome, die an gewisse neurologische Krankheiten erinnern. Schließlich kommt es zu einer allgemeinen Paralyse und Schwachsinn; die fortschreitende Verblödung ist manchmal begleitet von Zukkungen, progressiver spastischer Lähmung der Gließmaßen und psychischen Störungen wie Größenwahn. Diese schrecklichen Symptome haben, zumal wenn sie als Bestrafung gedeutet wurden, bei Schriftstellern des 19. Jahrhunderts und des *fin de siècle* tiefe Eindrücke hinterlassen, ja Schocks ausgelöst.

T

Taxon

»Taxon« ist eine allgemeine Bezeichnung für eine klassifikatorische Gruppe oder taxonomische Kategorie, ungeachtet ihrer Rangstufe, obwohl mit der zusätzlichen Bedeutung der Gültigkeit im unten definierten Sinne. Ein Beispiel für eine klassifikatorische Bezeichnung, die kein Taxon ist, ist »Invertebrata«, die Wirbellosen; dieser Begriff muß als Beschreibung, Kommentar und nicht als Taxon aufgefaßt werden. Ein weiteres Beispiel ist der längst überholte aristotelische Begriff »Sanguinea« für jenes Sammelsurium von Tieren, die nur durch den Besitz von rotem Blut miteinander verwandt sind.

Das biologische Klassifikationssystem bildet eine Hierarchie, und die Tatsache, daß es das tut, spricht nachdrücklich für die Evolutionstheorie. Das umfassendste echte Taxon in dieser Hierarchie ist Linnés »Reich« *(regnum),* wie es in ›Tierreich‹ oder ›Pflanzenreich‹ erscheint; weniger umfassende Taxa werden im folgenden beschrieben und kommentiert.

Ein *Stamm* umfaßt Organismen, die eine gemeinsame Urform und den gleichen morphologischen Grundaufbau haben, wie etwa Chordaten und Gliederfüßer (Insekten, Krebse, Tausendfüßer, Hundertfüßer, Skorpione, Spinnen und Königskrabben).

Darauf folgt in der Hierarchie das Taxon *Klasse.* Klassen bilden die größeren Äste des großen Baumes, den ein Stamm darstellt. Die Vertebrata (ein Unterstamm) setzen sich zum Beispiel aus folgenden Klassen zusammen: Fische (Pisces), Amphibien, Reptilien, Vögel und Säuger. Die einzelnen Klassen von Tieren weisen, was Anzahl und Mannigfaltigkeit der in ihnen zusammengefaßten Arten betrifft, große Unterschiede auf, wohingegen die *Ordnung,* die das nächste Taxon darstellt, innerhalb des gesamten Tierreichs einen möglichst einheitlichen Umfang zeigt. Welches Maß an Ähnlichkeit es rechtfertigt, Tiere zu einer Ordnung zusammenzufassen, läßt sich nicht genau definieren, aber es ist natürlich größer als zwischen den Mitgliedern einer Klasse. Hier kommt es wirklich auf das »Gefühl« an, und die folgenden Beispiele zeigen, auf welchen Grad der Ähnlichkeit man abzielt: Wale und Delphine bilden eine Ordnung Cetacea; Robben, Seelöwen und Walrosse eine Ordnung Pinnipedia. Diese sind natürlich alle Säuger, aber das Prinzip läßt sich auch bei den Vögeln aufzeigen, wenngleich es keinen streng objektiven Beweis dafür gibt, daß Reiher und Störche (Ordnung Ciconiiformes) untereinander den gleichen Ähnlichkeitsgrad besitzen wie auf der anderen Seite Walrosse und Robben. Allerdings ist es selbst für Laien einsichtig, daß man Enten, Gänse und Schwäne zu einer Ordnung – den Anseriformes – und Geier, Habichte, Falken und Fischadler zu einer anderen – den Falconiformes – zusammenfaßt.

Die drei folgenden hierarchischen Stufen bilden Gattung [Genus], Art]Spezies] und Einzelorganismus. Zur *Gattung* gehören Tiere, die »von einer Sorte« sind in dem Sinne, wie etwa Löwe, Tiger, Panther, Leopard und Jaguar von einer Sorte sind; einzeln betrachtet, werden sie verschiedenen Arten zugerechnet, das heißt, sie werden als Tiere von jeweils anderer spezifischer Art angesehen. So werden die soeben erwähnten Großkatzen, Mitglieder der Gattung *Panthera,* in der binären Nomenklatur von Linné und in der Terminologie der Zoologischen Vereinigung von London den entsprechenden Arten *Panthera leo, Panthera tigris, Panthera panthera* und *Panthera jaguaris* zugeordnet.

Jeder, der sich Biologe nennt, ist irgendwann in seinem Leben aufgefordert worden, sich über »das Artenproblem« Gedanken zu machen, das heißt über das Problem, das Taxon in einer auf alle Arten anwendbaren Weise zu definieren. Dieses Problem ist zumindest teilweise logisch-philosopischer Natur, und es erwächst aus dem Bedürfnis, die Vorstellung von der Zugehörigkeit eines Individuums zu einer Art mit der Tendenz der Genetiker in Einklang zu bringen, eine Art im Sinne einer charakteristischen Konfiguration von Genen zu definieren. Es ist ein echtes Problem: ein Taxonom möchte von einem Organismus sagen können, er gehöre der und der Art an, doch wird ihm dieses Urteil nicht so ohne weiteres über die Lippen kommen, wenn Versicherungen, daß eine Art im wesentlichen eine Schar von Punkten im *n*-dimensionalen Merkmalsraum sei, ihn schon beinahe um den Verstand gebracht haben.

Das Dilemma läßt sich verdeutlichen am Beispiel eines Süßwarenhändlers aus Pennsylvania, der Pralinen in mehreren deutlich gekennzeichneten Packungen anbietet. Die Philadelphia-Packung enthält die folgenden Geschmacksrichtungen mit den genannten Anteilen: Pfefferminz (50 Prozent), Kaffee (20 Prozent), Orange (20 Prozent) und Birne (= Amylacetat, 10 Prozent); in der Pittsburgh-Packung sind die gleichen Geschmacksallele mit Anteilen von 40, 30, 20 und 10 Prozent enthalten. Angesichts dieser statistischen Geschmacks-Häufigkeitsdefinition der einzelnen Süßwaren-Packungen könnten wir von einer bestimmten einzelnen Süßigkeit nicht mit Sicherheit sagen, sie stamme eindeutig aus der einen oder anderen Pakkung, doch genau dies verlangt man von dem Museums-Taxonomen, wenn er über eine Artzugehörigkeit urteilen soll.

Folgt man den Vorstellungen einiger Populationsgenetiker und definiert man Arten im Sinne von Genhäufigkeiten, dann ist die Zuordnung zu einer Art nur für *Populationen* von Tieren möglich. Die populationsgenetische Definition einer Art ist von der Definition, die der gesunde Menschenverstand geben würde, tatsächlich nicht sehr weit entfernt. Ein charakteristisches Muster von Genhäufigkeiten setzt voraus, daß die Art auf irgendeine Weise – sei es genetisch, geographisch oder verhaltensmäßig – einer gewissen Fortpflanzungsisolation unterliegt, denn sonst würde die Eigenart des Genpools der Art bald untergehen.

Der Zweck einer Klassifikation ist es, eine Nomenklatur zu schaffen und Ordnung herzustellen. Natürlich beruhen alle Klassifikationen auf der Einschätzung von Ähnlichkeitsgraden; wenn ein vollkommen beliebiges Klassifikationsschema wirklich möglich wäre – wenn beispielsweise ein beliebiges Taxon von »Tieren, die ein Gesicht haben« oder von »Tieren, die fliegen« zu Gruppen von Tieren führen würde, die auch *andere* Merkmale miteinander teilen –, dann hätten wir allen Grund, an der Hypothese der stammesgeschichtlichen Verwandtschaften zu zweifeln. Eine solche, vollkommen beliebige Einstufung ist jedoch nicht möglich; wenn wir Tiere tatsächlich aufgrund ihrer Ähnlichkeit klassifizieren, entsteht ein Schema, das sich mit jener hierarchischen Ordnung deckt, die nur unter der Voraussetzung der Abstammung bei gleichzeitiger Modifikation verständlich ist. Betrachten wir zum Beispiel die Klassifikation eines vertrauten Bewohners der Kinderstube.

Stamm:	Chordata
Unterstamm:	Vertebrata
Klasse:	Aves
Ordnung:	Anseriformes
Gattung:	*Anser*
Art:	*Anser disneyi*
Mitglied:	Donald Duck

Ein Taxon ist nur dann gültig, wenn ein gemeinsamer Vorfahr der Mitglieder des Taxons (oder dessen engster moderner Repräsentant) selbst dem Taxon angehört. Anderenfalls handelt es sich um ein polyphiletisches Taxon (das zwei oder mehr Abstammungslinien umfaßt). Ein einschlägiges Beispiel liefert die Klasse Reptilia: Die lebenden oder ausgestorbenen Tiere, die als Reptilien eingestuft werden, gehören zwei großen Abstammungslinien an, von denen die eine zu den Säugern und die andere zu den Vögeln führt – eine Dichotomie, die schon bei den Amphibien einsetzte.

Es gibt im Prinzip keinen Grund, warum die Hierarchie nicht auch ein Taxon unterhalb der Art enthalten sollte, also eine Population von Tieren mit einer charakteristischen genetischen Zusammensetzung, die eine Unterklasse der gesamten Art bildet und eine gewisse Fortpflanzungsisolation genießt, welche die Rassenmerkmale bewahrt. Wenn es um Populationen geht, die in ihrer Fortpflanzung durch unüberwindliche Barrieren isoliert sind, dürfen wir korrekterweise von »Rassen« sprechen, etwa bei Inselrassen von Mäusen und anderen Kleintieren. Bliebe der Gebrauch des Wortes auf diesen Zusammenhang beschränkt, so würde es keinen Anstoß erregen, doch hat es leider eine unwiderstehliche Anziehung auf illiberale Unheilstifter ausgeübt, die damit einen politischen oder kulturellen Zweck verfolgten, der sich namentlich auf die vermutete beziehungsweise vorausgesetzte natürliche Unterlegenheit oder Überlegenheit einer bestimmten Rasse berief. Ein solcher Gebrauch des Begriffs muß als unzulässig betrachtet werden. Es gibt keine freie menschliche Gemeinschaft, bei der eine charakteristische genetische Zusammensetzung mit einer so weitgehenden Fortpflanzungsisolation zusammentrifft, daß dieser Wortgebrauch gerechtfertigt wäre.

Wenn, um ein Beispiel zu nennen, alle Juden sich bei der Wahl des Ehepartners streng auf die eigene Gruppe beschränken und nie außerhalb ihrer Religionsgemeinschaft heiraten würden, könnte man sagen, daß auf kulturellem Wege eine gewisse Fortpflanzungsisolation erreicht worden sei. Davon kann jedoch überhaupt keine Rede sein, und daher ist die Bezeichnung »Rasse« im Hinblick auf die Juden ebenso unangebracht und unbegründet wie der Ausdruck »die Inselrasse« im Hinblick auf die Briten. Britannien ist nämlich seit der ersten Eroberung durch die Angelsachsen im fünften und sechsten Jahrhundert immer wieder das Ziel von Eroberern und Einwanderern gewesen, und seine Bevölkerung ist, politisch gesprochen, von ebenso gemischter Herkunft wie jede andere. Die Engländer sind nicht reiner als ihre Sprache, die in der Vielfalt und Mannigfaltigkeit ihrer Wurzeln etwas ganz Wunderbares darstellt.

Wir empfehlen daher, auf den Ausdruck »Rasse« allgemein zu verzichten und ihn nur in biologischen Fachtexten zu benutzen, wo seine Berechtigung sofort erkennbar und eine kritische Beurteilung seiner taxonomischen Bedeutung möglich ist.

Teleologie

»Vier Ursachen können alles negieren: zuerst die Endursache, um derentwillen ein Ding existiert.« So schrieb Aristoteles in *De generatione animalium*. Die Teleologie ist die »Wissenschaft« von den Endursachen und befaßt sich mit deren Feststellung und Deutung. Endursachen haben in der Biologie eine besondere Bedeutung, weil die Evolution wegen ihres adaptiven Charakters oft so gewirkt hat, als übe der Endzweck – von dem Aristoteles glaubte, er sei dazu imstande – so etwas wie eine kausale Zugkraft aus.

Wir meinen – mit der wichtigen, unten angeführten Einschränkung –, daß der Begriff der Teleologie an sich nichts Anstößiges enthält. Es wäre Torheit oder Dummheit, wollte man leugnen, daß es der Zweck von Nestern ist, die relativ hilflosen Jungen von Vögeln und Säugetieren zu beschützen, und daß das Amniom den Zweck hat, den Embryos von Landwirbeltieren jene wässrige Umwelt zu verschaffen, die sie für ihre Entwicklung benötigen. Der Zweck der Zähne ist, wie wir nunmehr verraten können, das Kauen, der Zweck der Augen das Sehen und der der Ohren das Hören.

Was ist also an der Teleologie auszusetzen, und warum weisen die Biologen sie mit solchem Widerwillen von sich? An der Teleologie, so wie Aristoteles sie explizit auffaßte, ist auszusetzen, daß Zwecke als kausale Erklärungen für Phänomene verstanden werden, so als ob das Bedürfnis nach einer biologischen Struktur ein hinreichender Grund für ihr Entstehen wäre.

In einem gewissen Umfang hat sich die Teleologie in die Evolutionstheorie eingeschlichen – und in die Soziobiologie in Gestalt jener gedanklichen Verirrung, die John Maynard Smith als Panglossismus bezeichnet. Ein typisches Beispiel wäre die Auffassung, daß evolutionäre Veränderungen »zum Wohle der Art« eintreten könnten und daß dies eine hinreichende Erklärung für ihr Auftreten sei.

Um diese unannehmbaren Nebenbedeutungen zu vermeiden, hat man den vornehmen Ausdruck »Teleonomie« geprägt. Die Teleonomie ist nichts anderes als die Teleologie, nur daß sie von all deren Ansprüchen frei ist, kausale Erklärungen zu bieten, und ausschließlich darauf beschränkt ist, die Zwecke zu dokumentieren, die von biologischen Strukturen und Funktionen tatsächlich erfüllt werden. Das Wort »Teleonomie« hat keinen Anklang gefunden, was vielleicht daran liegt, daß die Korruption der Biologie durch die Teleologie heute keine so ernste oder unmittelbar drohende Gefahr mehr darstellt, wie man einmal befürchtet hat.

Temperaturregulation

Temperaturregulation heißt jener Vorgang, durch den die Körpertemperatur innerhalb funktional angemessener Grenzen gehalten wird. Viele Tiere erreichen das durch ein bestimmtes Verhalten, indem sie Situationen meiden, in denen sie sich zu sehr erhitzen oder abkühlen würden. Bei Tieren mit einem weitläufigen Lebensraum und großer Bewegungsfreiheit ist das natürlich nicht möglich. Bei ihnen – und das gilt speziell für Landwirbeltiere – sind die Probleme je nach Größe und Gestalt von Tier zu Tier verschieden, und sie werden auf sehr unterschiedliche Weise gelöst. Für sehr kleine warmblütige Tiere besteht das Problem in der Bewahrung der Wärme, da die Körperoberfläche im Verhältnis zum Volumen sehr groß ist (bei Zwergmäusen zum Beispiel, die als erwachsene Tiere nur fünf Gramm wiegen, ist die Aufrechterhaltung der Körpertemperatur ein akutes Problem, das sie dadurch lösen, daß sie praktisch ununterbrochen fressen). Ein halbtägiges Fasten kann bei so winzigen Tieren schon den Hungertod bedeuten. Noch stärker gefährdet sind die Jungen, doch wird diese Schwierigkeit grundsätzlich durch das Säugen und durch eine hervorragende Wärmeisolation des Nests überwunden.

Das eigentliche Problem der Temperaturregulation ist im allgemeinen jedoch die Wärmeabfuhr, und das betrifft insbesondere große Säugetiere mit dunkler Haut. Vielfach enthält die Haut solcher Tiere eine dicke Fettschicht, was die Sache noch schwieriger macht. Wegen ihrer dunklen Farbe nehmen sie außerdem die gesamte Infrarotstrahlung der Umgebung auf (daß ein dunkler Wagen sich in der Sonne stärker aufheizt als ein heller, weiß jeder Autofahrer). Zum Teil erreichen solche Tiere eine Temperatursenkung durch bestimmte Verhaltensweisen: Flußpferde leben, wie man weiß, teilweise untergetaucht. Anders würden sie wohl auch kaum überleben können, denn das Flußpferd ist, auch wenn sein Name suggeriert, es sei ein Pferd, in Wirklichkeit ein Flußschwein und wie andere Schweine äußerst fett. Der afrikanische Elefant kann seine Körperoberfläche durch Abspreizen seiner riesigen Ohren um ein Sechstel vergrößern, und es gehört zu den schönsten Beobachtungen, die man an einem heißen Nachmittag im Zoo machen kann, wenn ein Elefant sich genüßlich mit kaltem Wasser abspritzen läßt.

Tiere mit dichtem Fell wie Hunde und Kaninchen, die kaum Schweißdrüsen besitzen, schaffen es trotzdem, sich die kühlende Wirkung der Wasserverdunstung zunutze zu machen. Durch die Lungen tritt ein erheblicher Wärmeverlust ein, den der Hund mit seinem charakteristischen Hecheln durch Verdunstung über die Zunge verstärkt, während bei den Kaninchen die relativ langen und gefäßreichen Ohren zur Temperaturregulation beitragen. Menschen senken ihre Körpertemperatur, indem sie schwitzen, und außerdem können sie durch verschiedene exosomatische Hilfsmittel wie Kleidung und Behausung ihre Temperatur beeinflussen.

Teratologie

Die embryonale Entwicklung ist ein hochkomplizierter Vorgang, und viele seiner einzelnen Abläufe sind extrem anfällig für Störungen, besonders die Bildung der embryonalen Achse. Die Auswirkungen dieser Störungen können durch den Entwicklungsprozeß noch verstärkt werden; wenn sich etwa die Verbindung zwischen Neuralrohr und Urdarm nicht schließt, kann sich ein gespaltenes Rückgrat ergeben, das seinerseits andere schwere Abnormitäten nach sich zieht. Aufgrund solcher Unglücksfälle kann es zur Geburt von körperbehinderten und strukturell mißgebildeten Kindern kommen – von »Mißgeburten«, die weitaus zahlreicher sind, als man gemeinhin annimmt.

Klassifikation und Untersuchung solcher abnormen Embryos und Neugeborener sind Gegenstand der »Teratologie«, die, wie das Wort andeutet, den Anspruch erhebt, eine Wissenschaft zu sein (diese Kennzeichnung verdient sie im Grunde nicht). Die Entwicklung solcher Mißgeburten wie siamesischer Zwillinge ist ein interessantes gemeinsames Forschungsgebiet von Pathologie und Embryologie, doch die Teratologie hat nicht, wie man einmal hoffte, sehr viel Licht auf Entwicklungsprozesse geworfen, und auch zum Verständnis der normalen Entwicklung hat sie nicht sonderlich beigetragen. Die

Teratologie verdankt der Embryologie mehr, als es umgekehrt der Fall ist.

Terminologie

Die Terminologie der Biologie ist zwar teilweise so funktional und nüchtern, wie wir das von einer komplexen, vielseitigen Wissenschaft erwarten; aber allzu viele Ausdrücke stellen ein Gemisch von Aufgeblasenheit und sprachlichen Ärgernissen dar. Beginnen wir mit dem philologischen Gruselkabinett, das sich Immunologie nennt. Das Wort »Antikörper« wird keinen Preis für Gräßlichkeit erzielen; es ist eine Bildung, die in einer lebendigen Sprache durchaus akzeptabel ist. Für »Antigen« spricht dagegen nichts; man weiß, daß Medizinstudenten ein gewisses Unbehagen empfinden, wenn sie es zum ersten Mal hören, und das zeigt, daß sie mehr Feingefühl besitzen, als man ihnen im allgemeinen nachsagt. Wir wollen jedoch keine Terminologie angreifen, die niemand verteidigt. »Toleranz« als Bezeichnung für das Fehlen einer spezifischen Reaktion ist insofern ein schlechtes Wort, als es keine bedeutungstragenden Abwandlungen zuläßt; und die [englischen] Wörter »tolerize« [dem im Deutschen »tolerisieren« entspräche] und »tolerogen« [Entsprechung: »Tolerogen«] haben nur den sentimentalen Reiz, daß sie eine lange Tradition der terminologischen Ungeschicklichkeit in der Immunologie fortsetzen. Dabei könnte man sich durch nicht sehr weitschweifige Umschreibungen seinen Seelenfrieden verschaffen: »tolerant machen« beziehungsweise »Toleranz verleihender Faktor« bieten sich an. Feinheiten wie diese werden jene linken Hitzköpfe, in deren Augen ein solch wählerisches Verhalten dem Wohlergehen der Arbeiterklasse schädlich ist, als bourgeoise Pedanterie abtun.

Daß viele Ausdrücke, die im 19. Jahrhundert von Biologen gebildet wurden, so gespreizt klingen, könnte nach unserer Ansicht die gleiche Ursache haben wie die gewundene, scheinbar wissenschaftliche Redeweise moderner Soziologen: sie sollten vor allem Eindruck machen. Die Biologen waren sich damals ihres Status nicht sehr sicher und dachten wahrscheinlich, die Öffentlichkeit und die Kollegen aus anderen Disziplinen brächten ihnen nicht die gebührende Achtung entgegen. Größte Verehrung genossen im 19. Jahrhundert die Physiker und die hervorragenden Ingenieure, die Tunnel, Brücken, Sturmgeschütze und die ersten Großschiffe bauten; die Biologen wurden dagegen als Wissenschaftler mit einer gewissen Herablassung behandelt, gegen die sie sich zu wehren suchten.

Zwei besondere Prunkstücke seien angeführt: Einfache Geschöpfe wie Amöben kriechen mit Hilfe beweglicher Ausstülpungen des Zellkörpers auf dem Untergrund umher; niemand, der im Vollbesitz seiner geistigen Fähigkeiten ist, käme auf die Idee, diese Ausstülpungen für Füße zu halten, und es war daher kaum nötig, sie als *Pseudopodien* zu bezeichnen (»Scheinfüße«, wie in Lehrbüchern erläutert wird). Eine internationale Kommission wie jene, die über die Nomenklatur der menschlichen Körperteile entschied, könnte jetzt entscheiden, daß diese winzigen Organe hinfort *Podien* heißen sollten. Die gleichen Überlegungen gelten für die Bezeichnung eines Fortpflanzungsteils im Lebenszyklus eines Parasiten der Regenwürmer. Mit jener Freiheit, wie sie dem Altertum zugestanden wird, das in der Anordnung der Sterne die Umrisse von Schwan, Bär, Hund oder Schütze auszumachen glaubte, benannte man diese Fortpflanzungsteile als *Pseudo-navicellae*. Wir können nur hoffen, daß dem Nomenklatur-Wahnsinn, diese winzigen Fortpflanzungsteile als »Schein-Schiffchen« zu bezeichnen, ein ungeheurer Zuwachs an Selbstachtung folgte.

Die Soziologen genießen heute ein ähnliches Ansehen wie die Biologen im 19. Jahrhundert, und vielleicht ist man daher eher bereit, ihre entsetzliche Terminologie zu entschuldigen.

Tiere und Menschlichkeit

In der Bibel regelt Jehova das Verhältnis zwischen Mensch und Tier recht eindeutig. Er schafft Menschen, damit sie »herrschen über die Fische im Meer und über die Vögel unter dem Himmel und über das Vieh und über alles Gewürm, das auf Erden kriecht« (Genesis 1.26). Einige Verse später wird den Menschen noch einmal versichert: »Herrschet über die Fische im Meer und über die Vögel unter dem Himmel und über alles

Getier, das auf Erden kriecht«. Pflanzen nehmen einen niederen Rang in der Hierarchie ein, heißt es doch: »Ich habe gegeben allerlei Kraut«, um nach einer summarischen Aufzählung von »allem Getier« fortzufahren: »daß sie allerlei grünes Kraut essen« (Genesis 1.30).

Die göttliche Großzügigkeit lud nicht gerade dazu ein, Mitleid mit Tieren zu empfinden oder sich auch nur darum zu bemühen, sie als beseelte Geschöpfe zu verstehen. Die vorherrschende Gleichgültigkeit ist insofern begreiflich, als es Bauern, die selber ein sehr schweres Leben hatten, vermutlich nicht in den Sinn gekommen wäre, daß das Vieh sehr viel übler dran sein könnte als sie selbst.

In der veränderten Einstellung zum Tier kann man eine Spätfolge der romantischen Bewegung sehen; sie deutete sich vielleicht darin an, daß 1824 in England ein Verein zur Verhinderung von Grausamkeiten gegen Tiere gegründet wurde, vielleicht auch in der Veröffentlichung einer geschickt formulierten, sehr populär gewordenen »Autobiographie« eines Pferdes, des 1877 erschienenen Buches *Black Beauty* von Anna Sewell. Als dann immer mehr Menschen lesen konnten, entstanden unzählige Kinderbücher, in denen sprechende Hasen, Katzen, Füchse, Löwen, Tiger, Elefanten und Bären auftraten.

Kinder erschien das als etwas völlig Natürliches, und sie verstanden es ohne weiteres. Unsere jüngere Tochter Louise besuchte mit fünf Jahren einen Zoo, wo sie einen Papagei hoch oben in seinem Drahtkäfig erblickte. Gut erzogen, wie sie war, sagte sie höflich »Hallo!« Der Papagei, der ganz oben saß, kletterte langsam, sich mit Schnabel und Krallen anklammernd, in dem Käfig herunter, bis er mit dem Kind auf Augenhöhe war. Dann sagte er, den Kopf nach vorn stoßend, »'allo!«, kletterte langsam wieder hinauf und ließ Louise voller Stolz in dem Bewußtsein zurück, daß sie nun mit einem Papagei gesprochen und Bekanntschaft geschlossen hatte.

Unsere moderne Sorge um das Wohlergehen der Tiere scheint der nach dem Zweiten Weltkrieg allgemein gestiegenen Sensibilität zu entspringen. Vielleicht hat auch die Propaganda- und Gesinnungsliteratur jener Ära dazu beigetragen, die den Menschen zu Bewußtsein brachte, welche Pflichten mit ihrer

Treuhänderrolle gegenüber der belebten Natur verbunden sind. Eines der segensreichen Ergebnisse davon war die Errichtung von Wild- und Naturschutzgebieten.

Mit diesem neuen Bewußtsein ging eine Bewegung einher, die an moralisch zweifelhaften, aber gesellschaftlich akzeptierten Praktiken, durch welche Tiere ungebührlich benachteiligt werden, scharfe Kritik übte.

Zu diesen Praktiken gehören vor allem Tierversuche, deren einzige Rechtfertigung in den Vorteilen besteht, die – wie mit Recht angenommen wird – den Menschen daraus erwachsen. Bei manchen geht die Tierliebe so weit, daß sie gegenüber dem Wohlergehen der Menschen eine Gleichgültigkeit nährt, die an Menschenfeindlichkeit grenzt; konsequent wird eine völlige Einstellung von Tierversuchen gefordert. Diejenigen, die so argumentieren, schaden ihrem eigenen Anliegen und werden öffentlich unglaubwürdig, wenn sie unbekümmert um die Wahrheit behaupten, Tierversuche hätten der Menschheit überhaupt keinen Nutzen gebracht – ein Meisterstück von Zwiedenken, wie es nur möglich ist, wenn man den sehr seltenen Fällen, in denen der Keuchhusten-Impfstoff Enzephalitis hervorruft, mehr Bedeutung beimißt als all den Wohltaten, die wir dem Insulin, dem Penicillin, der Polio-Impfung und der Transplantationschirurgie verdanken. Diese Haltung ist sehr zu bedauern, weil sie die berechtigte Forderung nach einer gesetzlichen Regelung für Tierversuche schwächt und ihr möglicherweise jede Wirkung raubt.

Samuel Johnson würde, wenn er heute lebte, die Benutzung von Tieren für die Sicherheitsprüfung von mutmaßlichen Heilmitteln gutheißen, aber er würde es aufs schärfste kritisieren, daß Schönheits- und Pflegemittel an Tieren getestet werden. Kein Gesicht, würde er argumentieren, ist so hübsch, daß es rechtfertigen würde, einem Tier Schmerzen zuzufügen. Außerdem würde er – wie es britische Gesetze jetzt vorsehen – fordern, daß nur derjenige Tierversuche vornehmen darf, der aufgrund seiner Ausbildung und seiner vor einem Gremium von unparteiischen Sachverständigen offengelegten Absichten seine fachliche Kompetenz unter Beweis gestellt hat. Tierversuche dürfen auf keinen Fall nur der Befriedigung der Wißbegierde oder der Erweiterung der menschlichen Erkenntnis dienen. Alle Versuche müssen einen bestimmten und erklärten medizinischen oder wissenschaftlichen Zweck haben, dergestalt, daß dadurch stets die Erfüllung ärztlicher Aufgaben ermöglicht oder erleichtert wird. Das alles erfordert eine staatliche Zulassung der Experimentatoren und eine kontinuierliche Überprüfung ihrer Aktivitäten, gegebenenfalls ergänzt durch unangemeldete Besuche in den Laboratorien. Und natürlich einen bürokratischen Apparat, der hinreichend groß, handlungsfähig und informiert ist, um Wirkung zu zeigen.

Diese Forderungen werden durch die derzeit in Großbritannien gültigen Bestimmungen erfüllt. In den meisten nordeuropäischen Ländern sind Tierversuche bis zu einem gewissen Grade gesetzlich geregelt (siehe *New Perspectives in Animal Experimentation,* herausgegeben von David Sperlinger, New York 1981). Die Vereinigten Staaten, die für staatliche Eingriffe – insbesondere durch einen restriktiven bürokratischen Apparat – zur Zeit nichts übrig haben, scheinen in diesen Dingen relativ rückständig zu sein, was man eigentlich nicht erwartet hätte bei einem Land, das mit Gesetzen zur Förderung des allgemeinen Wohls schon so oft vorangegangen ist.

Überwachung von Tierversuchen – das klingt so, als würde sich der Staat wieder einmal unnötigerweise in das Leben von ehrbaren Privatpersonen einmischen; dennoch dürfte ein kompetenter und humaner Experimentator keinen Grund haben, sich gegen eine staatliche Zulassung, gegen amtliche Beaufsichtigung oder unangemeldete Inspektionsbesuche zu verwahren. Wenn allerdings gefordert würde, daß jeder einzelne Versuch (zum Beispiel eine Penicillin-Injektion bei einer Maus) ausdrücklich von hohen kirchlichen und staatlichen Würdenträgern zu genehmigen sei, so müßte das die Forschung schwer beeinträchtigen; man weiß ja, daß die Bürokratie selber für ihre Beschäftigung sorgt und sich weit über das Maß hinaus aufbläht, das für die Erledigung ihrer Aufgaben erforderlich ist. Es muß jedoch betont werden, daß von den Beamten der Genehmigungsbehörden (die überwiegend ihre Arbeit gewissenhaft und zügig erledigen) manch nützlicher Rat kommen kann.

Mit der amtlichen Genehmigung in der Tasche können Experimentatoren darangehen, die Forderungen zu erfüllen, die W. M. S. Russell und R. L. Burch in ihrem Buch *The Principles of Humane Experimental Technique* (London 1959) aufgestellt haben. Sie verlangen, die Zahl der benutzten Tiere zu verringern, die Versuchsverfahren zu verfeinern und lebende Systeme durch unbelebte, wie etwa Gewebekulturen, zu ersetzen.

Eine weitere gesellschaftlich akzeptierte Praxis, welche die unter dem Menschen stehenden Tiere benachteiligt, stellen die blutigen Sportarten dar. Tiere zum Vergnügen zu töten, entspricht einer Tradition, die so alt ist und so eng mit dem verknüpft, was man für männliche Tugenden hält, daß man von einem üblen Brauch selbst dann nicht spricht, wenn ein reicher und zweifellos übergewichtiger motorisierter Urlauber seine Zeit damit verbringt, vor der Küste Floridas einen Hai oder ein anderes herrliches Meerestier umzubringen.

Es wäre für die Jäger wie für die Gejagten von Nutzen, wenn die Sportsmänner begriffen, daß die erheblichen Anstrengungen, die sie unternehmen, um ein Tier zum Vergnügen zu töten, sich am Ende in einem groben Erscheinungsbild, grober Redeweise und groben Manieren niederschlagen könnten. Nicht verwunderlich, daß Oscar Wilde in *Eine Frau ohne Bedeutung* über den »englischen Landedelmann, der einen Fuchs jagt«, sagte, da sei »das Unaussprechliche [engl. »unspeakable« – umgangssprachlich im Sinne von »scheußlich«] auf der Jagd nach dem Ungenießbaren«.

Es ist nicht allgemein bekannt, daß die schlimmsten Tierquälereien – jedenfalls an Hunden – ausgerechnet von erklärten Tierliebhabern begangen werden. Gemeint ist der unter dem Druck der Tierärzte zusehends schwindende Brauch, Hunde auf jene hervorstechenden Merkmale hin zu züchten, die bei Zuchtausstellungen hoch bewertet werden. Viele dieser Züchtungsmerkmale sind ausgesprochene Abnormitäten. Man denke etwa an das traurig zerfurchte Gesicht der Bulldogge mit seiner von tiefen Falten und Rissen durchzogenen Haut, die für Dermatitis empfänglich ist. Daß die Bulldogge Schwierigkeiten beim Atmen hat, liegt an der abnormen Schädelbildung, bei der man unwillkürlich an die auf Mutation beruhende Mißbildung denkt, die als *Achondroplasie* bekannt ist; der sehr geschätzte

»lustige« Ringelschwanz verdankt sich einer abnormen Entwicklung der Wirbelsäule. Eine weitere Grausamkeit ist die vielbewunderte Schauhaltung, die ihre Ursache in einer angeborenen Hüftverrenkung hat. Andere Hunde werden auf einen üppigen Haarwust hin gezüchtet, der über die Stirn fällt und eine chronische Reizung der Augäpfel bewirkt. Wieder andere Hunde haben ein so dichtes Fell, daß die Wärmeabgabe bei heißem Wetter stark behindert ist, so daß sie oft unter Überhitzung leiden. Die britische tierärztliche Vereinigung für Kleintiere hält alle derartigen Züchtungen für frevelhaft und sieht einen schweren Fehler darin, daß Züchterverbände und Wettbewerbsrichter die Fortsetzung dieser Praxis stillschweigend dulden. Das Motiv dieser Auswüchse ist Eitelkeit, und Eitelkeit ist auch im Spiel bei der vorsätzlichen Züchtung von Schoßhunden, Winzlingen, die zum Beispiel gerade in eine tiefe Hosentasche oder in eine Handtasche passen. Unter denen, die diese Mißbräuche billigen oder ihnen gar Beifall spenden, stellen sich viele gern als Hundeliebhaber dar und führen das größte Wort, wenn die Verwendung von Tieren in der medizinischen Forschung verurteilt wird.

Laut geäußerte Gewissensbisse ruft mittlerweile ein anderer Mißbrauch von Tieren hervor: daß sie praktisch wie Industrieerzeugnisse behandelt werden oder einfach wie Maschinen zur Umwandlung von Pflanzen in Fleisch. So ergeht es den Batteriehühnern und anderen Tieren, die sich für eine mechanisierte Tierhaltung eignen. Es soll hier nicht unterstellt werden, daß die solchermaßen traktierten Tiere das verfeinerte Empfinden eines Wordsworth oder eines Coleridge besitzen, daß sie nach »Tageslicht und Champagner« schmachten, doch stellt die ganze Verfahrensweise unleugbar eine Beleidigung unseres Gefühls für das Schickliche und eine moralische Erniedrigung des Menschen dar. Es wird wohl der Gesetzgebung bedürfen, um mit dieser Praxis Schluß zu machen, denn die Batteriehaltung ist eine üppig fließende und wirtschaftlich rentable Quelle von relativ billigem Protein erster Qualität. Außerdem hat die Sache in den Augen derer, die sich selbst als Realisten einschätzen, den flitterhaften Glanz angenommen, der allem anhaftet, was wirtschaftlich vorteilhaft ist, gleichgültig, ob der Vorteil auf fragwürdige Weise erzielt wurde.

Das traurige Verzeichnis menschlicher Aggression gegen andere Arten umfaßt die Ausrottung von rund dreihundert Arten im Laufe der letzten dreihundert Jahre, darunter die Wandertauben, die zutrauliche Stellersche Seekuh und der Tasmanische Wolf. Auch die Tasmanier wurden ausgerottet (der letzte Ureinwohner Tasmaniens starb 1876). Jared M. Diamond von der University of California, der darüber erschüttert ist, warnt uns jedoch zugleich, uns nicht allzu leichtgläubig der idyllischen Legende hinzugeben, daß dies vor allem das Werk des technisierten westlichen Menschen sei oder daß der Jäger- und Sammler-Mensch stets ein kluger und umsichtiger Naturschützer gewesen sei, auf den ein moderner Ökologe stolz sein könne.

Daß unsere Vorfahren gesündigt haben, entschuldigt nicht im geringsten die aus wirtschaftlichen Interessen im Großmaßstab betriebene Ausplünderung der Natur in der Gegenwart, die, um ein Beispiel zu nennen, in Kürze zur Ausrottung der Wale führen wird, trotz aller Bemühungen von seiten der Vereinten Nationen. Es ist traurig zu beobachten, wie Politiker tatenlos die Vorstellung dulden, daß der wirtschaftliche Gewinn fast jeden Frevel entschuldigt, und wie diejenigen, die aktiv ihre Sorge um das Wohl der Tiere zum Ausdruck bringen und protestieren, als sentimentale Sonderlinge, Exzentriker oder »Naivlinge« abgetan werden.

Was ist zu tun? Mahnende Worte reichen nicht aus, und es hat sicherlich keinen Zweck, zu fordern, daß die Menschen weltweit mehr Verständnis für Pflanze und Tier aufbringen. Wir müssen dafür werben, »Gutes in kleinsten Schritten zu tun«. Den oben angeführten Mißbräuchen kann auf dem Wege der Gesetzgebung abgeholfen werden. Was wir vom menschlichen Verständnis verlangen, ist lediglich, die Probleme so ernst zu nehmen, daß sie politisches Gewicht bekommen. Nichts hilft Gesetze so rasch zu verwirklichen wie die Überzeugung, daß die Person oder Partei, die sie einbringt, davon politisch profitieren werde. Unglücklicherweise haben Tiere nicht nur keine gesetzlichen Rechte, sondern im allgemeinen auch nicht den geringsten politischen Einfluß.

Toxine

Als »Toxin« wird gewöhnlich eine giftige Substanz biologischen Ursprungs bezeichnet, deren Toxizität in der Regel auf ihrer physiologischen Wirkung beruht. Toxine sind um einige Größenordnungen giftiger als übliche chemische Gifte (die Toxizität wird gemessen an der auf das Körpergewicht bezogenen Dosis, die nötig ist, um die Hälfte – man spricht von der »mittleren letalen Dosis« – aller dem Gift ausgesetzten Organismen zu töten oder zu vergiften). Mirkoorganismen, die Substanzen produzieren, welche für andere Mikroorganismen giftig sind (nämlich Antibiotika), stellen eine gesonderte Klasse dar; Substanzen, die für Tiere und Menschen toxisch sind, werden bekanntlich von Bakterien, Pilzen, Schlangen und bestimmten Fischen gebildet.

Die von Bakterien gebildeten Toxine zerfallen in zwei Gruppen. Die von der Bakterienzelle in die Umgebung ausgeschütteten Exotoxine sind besonders giftig, wenn die sie erzeugenden Bakterien in die Gewebe eindringen. Zu dieser Gruppe gehören die Toxine jener Organismen, die Diphtherie, Ruhr, Gasbrand und Botulismus hervorrufen. Botulismus zieht man sich gewöhnlich durch den Verzehr von Nahrungsmitteln zu, in denen der betreffende Organismus sich entwickelt hat, da der Erreger – *Clostridium botulinum* – sich innerhalb der Gewebe nicht vermehrt. Toxine, die ein integraler Bestandteil der bakteriellen Struktur sind und erst nach dem Zerfall der Zelle freigesetzt werden, bezeichnet man als Endotoxine. Diese aus Protein, Polysaccharid und Fett bestehenden Endotoxine sind wohl die kompliziertesten chemischen Substanzen, die man überhaupt kennt.

Die von Bakterien, Pilzen, Fischen und Schlangen gebildeten Toxine wirken auf sehr unterschiedliche Weise. Viele wirken wie Enzyme, während bei einigen die Wirkung darauf beruht, daß sie die Blutgerinnung fördern beziehungsweise verhindern. Entsprechende Schlangengifte werden klinisch zur Behandlung der Bluterkrankheit eingesetzt. Viele Toxine verursachen starke Bauchschmerzen, begleitet von Übelkeit und Erbrechen. Andere, die wegen dieser Eigenschaft sehr geschätzt sind, rufen Halluzinationen hervor; viele sind generelle Nervengifte. Der

Schierling zum Beispiel verursacht Muskelschwäche, gefolgt von einer Lähmung der Gliedmaßen und schließlich einer zum Tode führenden Atemlähmung. Die Symptome der Strychninvergiftung sind den Lesern von Kriminalromanen vertraut; diese haben zu ihrem Entsetzen erfahren müssen, daß dabei tonische Krämpfe auftreten (Muskelkontraktionen, die im Gegensatz zu »klonischen«, sich regelmäßig wiederholenden Krämpfen lange anhalten), ferner Muskelstarre, Atemnot und eine den Tod herbeiführende Herzlähmung.

Toxine werden von Tieren jeglicher Art gebildet. Das Toxin des japanischen Kugelfisches soll die giftigste Substanz sein, die man kennt; zuvor stand das Toxin von *C. botulinum* in diesem Ruf. Dennoch wird der Fisch, von erfahrenen Köchen zubereitet, in Japan gegessen. Die ersten Symptome, die das Toxin hervorruft, sind ein Prickeln, dann eine Lähmung der Lippen und der Zunge, begleitet von Schluckbeschwerden. Dem Vernehmen nach machen junge Draufgänger in Japan sich einen Spaß daraus, Symptome dieses Ausmaßes zu erleben. Von einem Gegengift ist nichts bekannt, und daher ist es ratsam, von einem weiteren Verzehr abzusehen, wenn man es so weit hat kommen lassen; philosophisch relevante Erkenntnisse werden jedenfalls nicht dadurch gewonnen, daß man zuläßt, daß die Symptome zu allgemeiner Betäubung, Muskellähmung und Tod voranschreiten.

Transformationen

Die Methode der Transformationen erlaubt, wie in dem Artikel über *Form und Mathematik* erklärt wurde, die mathematische Untersuchung von Formveränderungen – im Unterschied zur mathematischen Darstellung der Form überhaupt. In einem zoologischen Zusammenhang wurde die Methode erstmals von Sir D'Arcy Wentworth Thompson (1860–1948) angewendet, dem Naturgeschichtler und klassischen Gelehrten, der den Lehrstuhl für Naturgeschichte an der Universität Dundee und später am St. Andrews College fünfundsechzig Jahre lang innehatte. Sein Bemühen galt dem Vergleich der äußeren Gestalt von Organismen – nicht Stück für Stück oder Merkmal für Merkmal, sondern als *Ganzes*. Die Eigenart der Methode wird unmittelbar klar durch ein einziges Beispiel, das wir unten abbilden; es geht um die Transformation, durch welche die Umrisse der Fische *Diodon* (links) und *Orthagoriscus (Mola)* (rechts) miteinander verglichen werden.

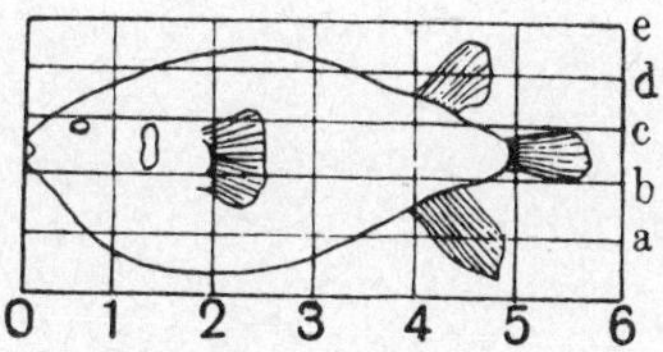

Diodon

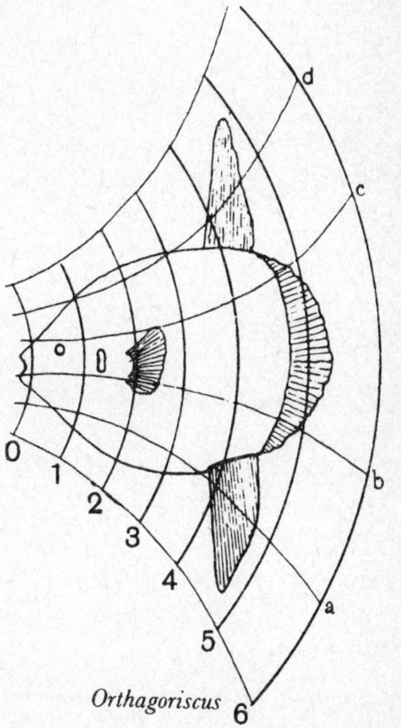

Orthagoriscus

Einige weitere Beispiele findet man in Thompsons berühmtem Essay *On Growth and Form* (Cambridge 1917) [deutsch: *Über Wachstum und Form*, Basel 1973]; zwei davon zeigen wir hier.

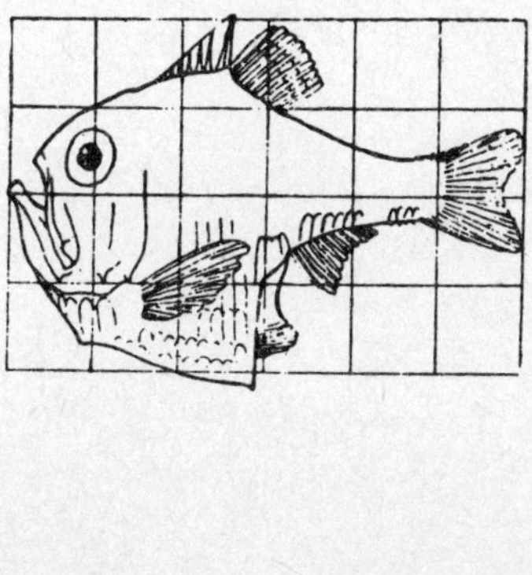

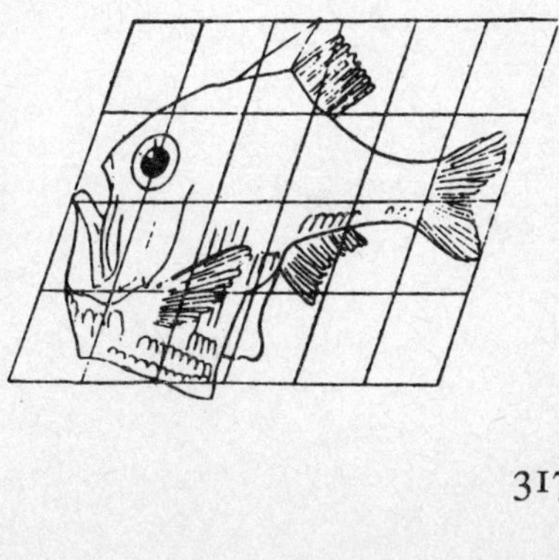

Das kleine morphologische Abenteuer Thompsons weist in mathematischer Hinsicht einige interessante Punkte auf, doch ehe wir diese darstellen, sollten ein paar technische Fragen geklärt werden. Sämtliche Grundsätze der Methode der Transformationen lassen sich anhand einer Ebene, eines zweidimen

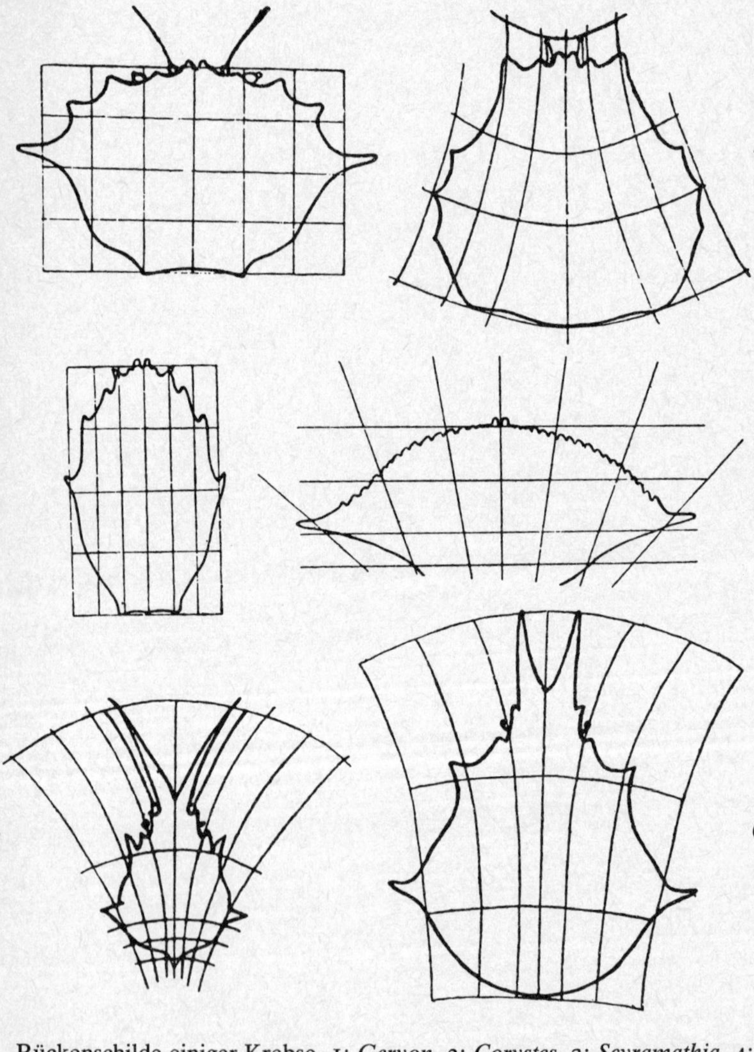

Rückenschilde einiger Krebse. 1: *Geryon,* 2: *Corystes,* 3: *Scyramathia,* 4: *Paralomis,* 5: *Lupa,* 6: *Chorinus.*

sionalen Systems, erläutern, und darauf wollen wir uns beschränken. Jede ebene Figur läßt sich darstellen durch eine Menge von Punkten, wobei jeder Punkt für ein Zahlenpaar steht, das ein Paar entsprechender Werte der zwei Koordinaten x und y darstellt; die Zugehörigkeit zu der Menge ist durch eine algebraische Formel oder Funktion festgelegt, aus der die entsprechenden Werte von x und y entnommen werden können.

Denken wir beispielsweise an eine Funktion

$$y = \text{Kreis}\,(x). \qquad (1)$$

Man kann diesen Ausdruck so verstehen, daß x und y derart zusammenhängen, daß ihre Werte, auf gewöhnlichem Millimeterpapier abgetragen, den Umriß eines Kreises ergeben, wie unten links dargestellt. Angenommen, wir möchten diesen Kreis nun in den rechts gezeigten größeren Kreis transformieren. Das kann auf zweierlei Weise geschehen: durch eine Änderung der Punkte oder durch eine Änderung der Koordinaten (beides läuft praktisch auf dasselbe hinaus).

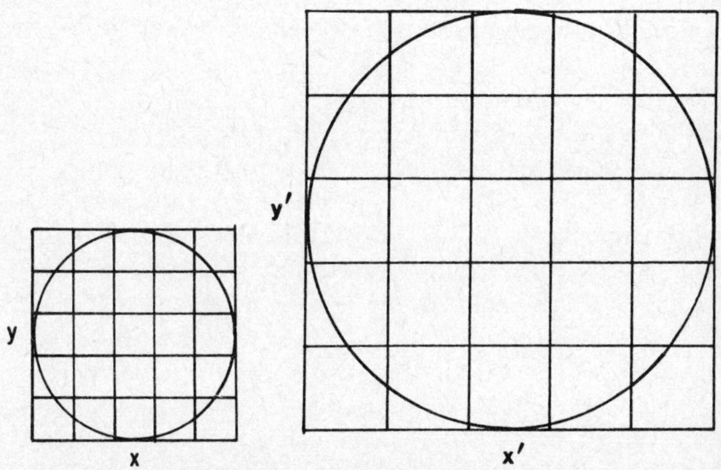

Wenn wir die Transformation als eine Koordinatenänderung – eine Änderung des Raumes und nicht der Punkte – darstellen wollen, müssen wir entsprechend dem Verfahren von D'Arcy

Thompson einen anderen räumlichen Rahmen wählen. Haben die neuen Koordinaten das Zweifache der ursprünglichen Länge, so verhalten sich die beiden räumlichen Rahmen wie im Diagramm dargestellt. Die Beziehungen zwischen den alten Koordinaten (x,y) und den neuen (x',y') sind gegeben durch die Gleichungen

$$x' = 2x, \qquad y' = 2y. \qquad (2)$$

Zeichnen wir jetzt unsere alte Kreisformel (1) in das neue Koordinatennetz ein, so erhalten wir einen Kreis mit der vierfachen Fläche des ursprünglichen. Wir können die Transformation aber auch als eine Änderung der Punkte darstellen; wir behalten dann die alte Funktion (1) sowie das alte Koordinatennetz bei und setzen lediglich die neuen Punkte x' und y' ein, so daß aus Formel (1) nun

$$\frac{y'}{2} = \text{Kreis}\left(\frac{x'}{2}\right). \qquad (3)$$

wird. Wird Gleichung (3) jetzt in das alte Koordinatennetz (links) eingezeichnet, so entsteht dasselbe Ergebnis, wie wenn Gleichung (1) in das transformierte Netz (rechts) eingezeichnet wird.

Die Gleichungen (2), die der Schlüssel zu dieser einfachen Transformation sind und die den alten Kreis in den neuen abbilden, nennt man *Abbildungsfunktionen.*

Selbst in der Beschränkung auf die zweidimensionalen Umrißzeichnungen, auf die D'Arcy Thompson seine Untersuchung notgedrungen begrenzte, ist es möglich, sich eine explizite algebraische Funktion wie (1) auszudenken, welche den Umriß eines Fisches oder eines sonstigen beliebigen Objekts der Transformation definiert; doch *die Anwendung dieser Methode hängt keineswegs von einer solchen Möglichkeit ab.* Wir brauchen nur zu wissen, daß eine algebraische Formulierung im Prinzip möglich ist – daß man sich vorstellen kann, daß es eine Funktion wie $y = \text{Fisch}_1(x)$ oder $y = \text{Fisch}_2(x)$ gibt –, um mit Thompsons Fisch-Transformationen fertigzuwerden – oder mit sonstigen Funktionen wie etwa y = menschliches

Gesicht$_1$(x) oder y = menschliches Gesicht$_2$(x). Gleichgültig, welche Transformation an diesen Funktionen vorgenommen wird – das Entscheidende ist (und das wird in dem Artikel über *Form und Mathematik* besonders betont), daß es normalerweise zwar nicht möglich ist, die Gestalt mit mathematischer Exaktheit zu definieren, daß es aber mit Sicherheit möglich ist, die *Änderung* der Gestalt mathematisch zu definieren.

Gegen D'Arcy Thompsons Methode der Transformationen kann eine Reihe von nicht zu unterschätzenden Einwänden erhoben werden. Zunächst entspricht es nicht gerade biologischem Denken, erwachsene Organismen miteinander zu vergleichen, denn in der Realität wäre eine solche Transformation nicht möglich. Es ist bedauerlich, daß Thompson nicht über Zahlen verfügte, die es ihm erlaubt hätten, eine jugendliche Form mit einer erwachsenen zu vergleichen; hätte er das aber getan, dann wäre vielleicht ein zweiter Mangel der Methode immer deutlicher geworden: die Tatsache, daß seine Methode vollkommen statisch ist. Im Grunde vergleicht D'Arcy Thompson zwei Standfotos aus einem bewegten Film.

Trotz all ihrer Mängel – sie beruhen auf der extremen Schwierigkeit des Projekts – trifft die Methode der Transformationen einen in der Biologie gültigen Sachverhalt: Um Formen in ihren Unterschieden zu erkennen, ist es nicht unbedingt notwendig, sie Punkt für Punkt, Detail für Detail zu vergleichen, auf eine Vergrößerung hier und eine Verminderung dort, eine Verbreiterung an der einen und eine Verengung an einer anderen Stelle achtzugeben. Wir können uns die Transformation vielleicht als Konsequenz eines einzigen umfassenden morphogenetischen Prozesses vorstellen, der möglicherweise auf ein einziges Gen zurückzuführen ist. In diesem bedeutenden und erhellenden Ansatz besteht Thompsons eigentlicher Beitrag zur Morphologie.

Wenn die Methode nicht völlig steril bleiben soll, muß sie in Bewegung gesetzt werden, muß aus einer statischen eine kinetische Methode werden, und vor allem muß sie auf die Entwicklung, zumindest aber auf eine Abfolge von evolutionären Veränderungen angewandt werden. Die Formänderung muß als eine Funktion des Alters oder des säkularen Zeitablaufs dargestellt werden. Die Abbildungsfunktionen sind das Grundlegende; der Kern der Methode besteht nun darin, die Transformationen von Parametern abhängig zu machen, die sich mit dem Zeitablauf – sei es die geologische oder die Entwicklungszeit – verändern. Wenn wir bei dem einfachen Beispiel bleiben, das auf Seite 319 abgebildet ist, müssen wir zunächst die Abbildungsfunktionen (2) in allgemeinerer Form ausdrücken:

$$x' = k_1(x, \qquad y' = k_2(y). \tag{4}$$

Bei diesen Abbildungsfunktionen bestimmen offensichtlich die Werte der beiden Parameter k_1 und k_2 die Art der Transformationen (das heißt das Maß der Vergrößerung oder, falls der Vergrößerungsgrad nicht in beiden Dimensionen der gleiche ist, das Maß der Verzerrung etwa zur Form einer Ellipse).

Der Schlüssel dazu, daß die Transformation in Bewegung kommt und aus den Diapositiven ein Film wird, liegt in den Abbildungsfunktionen (4); es kommt, wie schon gesagt, darauf an, daß die Parameter veränderlich sind und sich in Abhängigkeit vom Zeitverlauf ändern. Wir können daher schreiben:

$$k_1 = f_1(t), \qquad k_2 = f_2(t). \tag{5}$$

Würden diese Funktionen Beziehungen einfacher Proportionalität ausdrücken, so wäre die zeitliche Rate der Vergrößerung oder Verzerrung offenbar konstant, und man könnte hoffen, die Form eines Organismus in unkomplizierten Fällen als eine Funktion seines Alters darstellen zu können. Die wenigen, nur mäßig erfolgreichen Versuche, Formveränderungen als eine solche stetige Parameter-Transformation darzustellen, rechtfertigen die Schlußfolgerungen, daß die Gestaltänderung eine monotone Funktion des Alters ist und daß das Tempo der Gestaltänderung in den frühen Lebensstadien höher ist als in späteren, mit einer wachsenden Tendenz zur Verlangsamung. Hier bietet sich der Forschung ein breites Feld, doch müßte sie sich auf eigene Messungen, Fotos oder Beobachtungen stützen, weil vorgefundene Daten sich nicht ohne weiteres dazu eignen, der stetigen Parameter-Transformation unterworfen zu werden.

Transplantation

Die Transplantation, bei der ein Organ, ein Glied, Gewebeteile oder Zellen von einem Organismus auf einen anderen übertragen werden, wird in der Baumzucht und im Gartenbau mit Erfolg angewandt. Beim Menschen und bei anderen Wirbeltieren wird sie erschwert durch chirurgische und physiologische Komplikationen sowie durch die störende Beteiligung immunologischer Faktoren, bei denen Unverträglichkeit ins Spiel kommt.

An der Transplantation von Haut läßt sich sowohl das Verfahren als auch die entsprechende Terminologie darstellen. Eine oberflächliche Hautverletzung heilt rasch und wirksam von selbst, doch wenn durch Verbrennung oder einen sonstigen Unfall die Haut in voller Dicke beschädigt wurde, hilft kein Regenerationsvorgang mehr. Bei der natürlichen Heilung ziehen sich die Wundränder zusammen, und oft kommt es dadurch zu Entstellungen und zu funktional behindernden Verzerrungen des umgebenden Gewebes. Definitive Abhilfe schafft allein eine Hautverpflanzung, bei der eine dünne Hautschicht, die parallel zur Hautoberfläche abgehoben wird, an einer Stelle des Körpers entfernt und auf die verletzte Stelle verpflanzt wird. Wenn die elementaren Sorgfaltsregeln bei der Operation beachtet werden, heilt ein solches Transplantat fest ein, unterbindet so den ständigen Verlust von Körperflüssigkeiten, die aus der offenen Wunde sickern, und senkt das Infektionsrisiko erheblich. Die Fläche, von der das Hauttransplantat entnommen wurde, heilt ohne Zutun: die äußere Hautschicht wächst aus der Schicht, in der sich die Haarwurzeln befinden, und in gewissem Umfang von den Rändern her nach. Erfahrung, Geschicklichkeit und sicheres Urteil sind zwar für diese Operation erforderlich, doch gilt sie in chirurgischer Hinsicht nicht als schwierig.

Bei dem soeben skizzierten Ablauf ist der Spender des Transplantats zugleich der Empfänger – es handelt sich um ein Eigentransplantat. Ernste Probleme entstehen, wenn die zerstörte Hautfläche so groß ist, daß die gesunde Haut nicht ausreicht, um sie durch Verpflanzung zu bedecken. Die naheliegende Lösung – Haut von jemand anderem, also ein Fremdtransplantat zu verwenden – scheidet deshalb aus, weil körperfremde Gewebe vom Empfänger als solche erkannt und binnen ein bis zwei Wochen immunologisch abgestoßen werden.

Die Fähigkeit zur Immunreaktion entwickelt sich und reift wie jede andere Fähigkeit im Laufe des Lebens. Der Embryo besitzt sie nicht, denn Teile von Embryos können beliebig von einem auf den anderen verpflanzt werden, ja es ist sogar möglich, zwei Embryos zu einem genetisch heterogenen Organismus (einer Chimäre) zu verschmelzen, den man, da er vier Eltern hat, als »tetraparental« bezeichnet – eine unverträgliche Verbindung aus Griechisch und Latein.

Die immunologische Unverträglichkeit wird bei Operationen durch sogenannte *Immunsuppressoren* bekämpft. Diese Medikamente schalten die Immunreaktion, insbesondere die spezifische zelluläre Immunität, so weitgehend und so lange aus, bis das Transplantat akzeptiert wird. Es ist schon bemerkenswert, daß dies überhaupt möglich ist. Nierentransplantationen sind ja inzwischen zur alltäglichen Praxis geworden und gelten nicht mehr als ein Experiment, und mit Herz- und Lebertransplantationen wird es bald ebensoweit sein.

Der Erfolg der klinischen Transplantation ist das Ergebnis einer engen und überaus fruchtbaren Zusammenarbeit zwischen Laboratorium und Klinik, ermöglicht durch die Zuversicht und den Wagemut von Chirurgen, die gewillt sind, sich die immunologische Theorie mit ihrem unmittelbaren Bezug auf ihre Arbeit anzueignen und in vielen Fällen sogar weiterzuentwickeln. Der begrenzende Faktor bei der klinischen Transplantation war nie die ärztliche Kunst, denn die chirurgische Technik war stets auf der Höhe der an sie gestellten Ansprüche. In manchen Fällen sind die physiologischen Hindernisse unüberwindlich, so ist zum Beispiel eine Transplantation des Gehirns nicht realisierbar. Auch in die Verpflanzung von peripheren Nerven sollte man keine großen Hoffnungen setzen – aber das ist, anders als bei Nieren- oder Herztransplantationen, nur selten eine Frage von Leben oder Tod.

Wir sollten uns gleichwohl darüber im klaren sein, daß die Transplantation keineswegs auf Organe oder festes Gewebe beschränkt ist: die Transplantation von Zellpopulationen hat rasch an Bedeutung gewonnen (das erste und bekannteste Beispiel ist die Bluttransfusion). Zu den Segnungen, die wir von der Zellulartechnik erhoffen dürfen, gehört der Ausgleich von Abwehrschwächen und von Defekten der blutbildenden Organe. Vielleicht wird man es mit Hilfe der Zellulartechnik schaffen, hormonausschüttende Substanzen zu übertragen.

Die Transplantation von Organen – besonders des Herzens – ist lange auf die Mißbilligung von Persönlichkeiten gestoßen, die sich anmaßten, das Gewissen der Welt und die Wortführer einer gottesfürchtigen, rechtschaffenen Minderheit zu sein. Die Transplantation war in den Augen dieser Leute würdelos und unmoralisch; sie traten statt dessen für einen natürlichen Tod ein. Die Vorliebe dafür, am Leben zu bleiben, steckt jedoch so tief in den Menschen und ist so alt, daß diese Wortführer sich nicht durchsetzen konnten. Wären sie selbst Opfer einer Krankheit, die nur durch eine Transplantation geheilt werden könnte, sie würden – das wagen wir vorherzusagen – sich zu der Würdelosigkeit bereitfinden, sich behandeln zu lassen.

U

Unfruchtbarkeit und Methoden der Abhilfe

Unfruchtbarkeit in der Ehe ist sehr viel weiter verbreitet, als man gemeinhin glaubt; nach verläßlichen Schätzungen liegt ihre Häufigkeit in Großbritannien heute bei zehn Prozent. Für gewisse Ursachen der Unfruchtbarkeit hat man künstliche Abhilfen geschaffen, darunter die Befruchtung der weiblichen Eizelle *in vitro* (wörtlich »im Glas« – gemeint ist ein geeigneter Behälter außerhalb des Körpers) vor der Einpflanzung in den Uterus der Mutter. Unfruchtbarkeit der Frau liegt in manchen Fällen an einer Verstopfung oder einer sonstigen Abnormität des Eileiters, so daß die Eizelle nicht in den Uterus hinabwandern kann, in dessen Wand sie sich nach der Befruchtung normalerweise einnistet. Dem hilft man seit einiger Zeit dadurch ab, daß man das Ei *in vitro* mit dem Samen des Ehemanns befruchtet. An die Reimplantation des befruchteten Eis in den Uterus kann sich dann eine normale Schwangerschaft anschließen.

Babys, die auf diese Weise gezeugt wurden, hat man »Retortenbabys« genannt – eine sehr unglückliche Fehlbezeichnung, in der sich der Hang zur ausgefallenen Wortprägung gegen die praktische Vernunft durchgesetzt hat. Was hier in den Uterus eingepflanzt wird, sind nicht Babys im üblichen Wortsinn, sondern *Embryos,* die in diesem Stadium weder ein Gehirn noch Augen, Ohren oder ein Nervensystem besitzen. Sie als menschliche Wesen zu bezeichnen, weil sie von Menschen abstammen und zu Menschen werden, ist gleichbedeutend damit, eine Eichel als Eiche zu bezeichnen. Embryos, Babys und Menschen sind tatsächlich etwas Verschiedenes und werden deshalb auch unterschiedlich benannt; es ist ein verbreiteter Unfug, der nur zu Mißverständnissen führt, wenn die in dem einen Fall zutreffende Bezeichnung auf die anderen Gegebenheiten übertragen wird.

Man kann, um die Chancen einer erfolgreichen In-vitro-Befruchtung zu erhöhen, bei der Mutter durch Hormonbehandlung eine sogenannte »Superovulation« auslösen, die mehrere Eizellen auf einmal bereitstellt. Da von ihnen nur eine befruchtet und in den Uterus eingepflanzt wird, benutzt man die übrigen, falls sie nicht fortgeworfen werden, gelegentlich zur Erforschung der menschlichen Entwicklung, indem man beispielsweise ein befruchtetes Ei dazu bringt, einen Klon zu bilden. Gegner des ganzen Verfahrens haben das Fortwerfen ungenutzter Eizellen mit Mord gleichgesetzt, weil das Objekt, an dem man experimentiert, ein lebendes menschliches Wesen sei. Die Öffentlichkeit hat sich dagegen im großen und ganzen einen unerschütterlichen common sense à la Johnson bewahrt und sieht in dem Verfahren eine begrüßenswerte humane Methode der Abhilfe, dank welcher ein Kind entsteht, das einen der größten Vorteile genießt, die ein Neugeborenes überhaupt haben kann: wirklich innig erwünscht zu sein.

Liegt die Unfruchtbarkeit an einem Mangel oder Unvermögen des Mannes, so gibt es verschiedene Auswege, darunter besonders die Anwendung der künstlichen Besamung, die von den Medien nach Kräften so dargestellt wird, als wecke sie sexuelle Gelüste.

Wenn ein Mann imstande ist, offensichtlich normale Spermien zu bilden, sie aber aus psychischen oder physischen Gründen nicht in die Vagina einzuführen vermag, ist es durchaus angebracht, zur künstlichen Besamung mit dem Samen des Ehemannes zu greifen. Wenn alles klappt, ist das auf diese Weise gezeugte Kind in jeder Hinsicht das Kind seiner Eltern. Moralistische Einwände werden gegen dieses Verfahren normalerweise nicht erhoben, was vermutlich daran liegt, daß die ganze Operation allzu klinisch ist, um ein lüsternes Interesse zu wecken.

Starken Widerstand hat hingegen die künstliche Besamung mit dem Samen eines freiwilligen Spenders hervorgerufen. Vor allem wurde dagegen eingewandt, daß unter diesen Unständen keine echte Eltern-Kind-Beziehung entstünde und das Kind lediglich ein Stiefkind sei. Außerdem – so ein weiterer Einwand – würde bei einer Ausbreitung dieser Praxis die Welt mit Halbbrüdern und Halbschwestern bevölkert, mit dem Risiko, daß ungewollt Inzucht betrieben würde und entsprechende genetische Schäden aufträten.

Die Wahrscheinlichkeit eines solchen Mißgeschicks ist vernachlässigbar gering; auch kann uns der Einwand nicht beeindrucken, die natürlichen Fortpflanzungsprozesse und die elterlichen Empfindungen, die bislang ihrer Aufgabe genügten, würden durch künstliche Besamung verdrängt. Was das »Unnatürliche« an der künstlichen Besamung mit dem Samen eines unbekannten Spenders betrifft, so betrachten wir Kinder, die auf diese Weise entstehen, als Adoptivkinder, die gegenüber den üblichen Adoptivkindern einen Vorteil haben: sie haben eine Adoptivmutter, in deren Schoß sie gewachsen sind und von der sie geboren wurden und die wohl dementsprechend ein besonders enges Verhältnis zu ihnen haben wird.

Bei allen oben erörterten Verfahren handelt es sich darum, speziellen Übeln mit speziellen Mitteln abzuhelfen, und für gewöhnliche Leute ist es vielleicht ein beruhigender Gedanke, daß solche Auswege ihnen jetzt offenstehen – falls sie nicht davon abgehalten werden durch religiöses Eiferertum oder durch das starke, aber zumeist verschwommene Ressentiment, das nicht sonderlich aufgeklärte Laien gegen eine vermeintliche Beherrschung und Schmälerung menschlicher Vorrechte durch die moderne Wissenschaft hegen. Wir finden diese Ansicht lächerlich, denn alle von uns beschriebenen Verfahren dienen weniger der Versagung als vielmehr der Wiederherstellung menschlicher Vorrechte.

Ursprung des Lebens

Wissenschaftler, die weder an Wunder noch an die Urzeugung glauben, haben sich natürlich verpflichtet gefühlt, eine Erklärung zu liefern, wie unter den Bedingungen, die auf der Oberfläche einer urzeitlichen Erde herrschten, aus anorganischen Vorläufern, deren Vorhandensein bequemerweise als gegeben angenommen wurde, lebende Systeme entstanden sein könnten. So kam es, daß aus dem Bemühen, den Ursprung des Lebens zu ergründen, ein regelrechter kleiner Forschungszweig geworden ist, den einige, die in ihm tätig sind, ebenso wie manche Zuschauer als bedeutend, erregend und fesselnd empfinden. Gerechterweise muß man jedoch sagen, daß es andere gibt, die das ganze Thema als furchtbar langweilig empfinden. Sie befinden sich in guter Gesellschaft: Charles Darwin war, wie wir einem Brief an Sir Joseph Hooker entnehmen, einer von ihnen, und ein anderer ist, auch wenn er es nicht ausdrücklich sagt, vermutlich Erwin Chargaff.

Die Erforschung der Entstehung des Lebens ist nicht von wesentlicher Bedeutung, jedenfalls nicht in dem Sinne, daß der Fortschritt der Wissenschaft von ihrem erfolgreichen Abschluß abhinge. Aus den bisherigen Experimenten geht hervor, daß, wenn man Kohlendioxid und Wasser aus einem 60-Zoll-Zyklotron mit Helium-Ionen von 40 Millionen Elektronenvolt beschießt, winzige Mengen von Formaldehyd entstehen können, die unter den oxidierenden Bedingungen, die gegenwärtig auf der Erde herrschen, sicherlich sehr rasch verschwinden würden (wenn auch vielleicht nicht so rasch in der reduzierenden Atmosphäre, die Alexandr Oparin für die Urzeit der Erde postuliert hat). In anderen Experimenten, bei denen Harold Urey eine wichtige Rolle gespielt hat, können aus einer Mischung von Wasser, Methan und Ammoniak, die man elektrischen Entladungen, ultravioletter Strahlung und einigen anderen Energiequellen aussetzt, Formaldehyd, Wasserstoffzyanid und sogar – durch sekundäre Reaktionen – Aminosäuren und Purine entstehen, wesentliche Bestandteile von Protein- beziehungsweise Nukleinsäuremolekülen.

Hin und wieder ist behauptet worden, daß Meteorite organische Moleküle wie Kohlenwasserstoffe oder gar Aminosäuren enthalten, doch sind die Möglichkeiten der Kontamination so zahlreich, daß man diesen Behauptungen mit größten Vorbehalten begegnete.

Daß das Problem durch diese Versuchsergebnisse nur zum Teil – und nicht einmal zum wichtigeren Teil – gelöst ist, braucht nicht extra betont zu werden. Eine angemessene Theorie muß nicht bloß die Rohstoffe für biologische Moleküle bereitstellen, sie muß auch Mittel und Wege angeben, durch die diese weitere Moleküle heranziehen und ihre eigene Substanz erweitern können – ein Vorgang, der sicherlich die Bildung einer Membran und eine primitive zellartige Struktur voraussetzt.

Die bisherigen Experimente reichen nicht sehr weit, aber ein Punkt von erheblicher philosophischer Tragweite wird durch sie deutlich: Die Entstehung von Leben aus anorganischen Vorläufersubstanzen mag im höchsten Grade unwahrscheinlich sein, aber *unvorstellbar* ist sie nicht. Eine erste Vorstellung davon, wie Leben entstanden sein könnte, ist, mag sie auch noch so verschwommen sein, eine notwendige Voraussetzung für weiteren Fortschritt; ohne sie kann es keinen Fortschritt geben.

Urzeugung

Die meisten Naturgesetze sind in affirmativer Form ausgedrückt, das heißt, sie *behaupten,* daß bestimmte Naturereignisse oder ein Zusammentreffen von Ereignissen unter bestimmten Bedingungen vorkommen werden. Fast alle diese Gesetze können jedoch so umformuliert werden, daß sie nicht mehr etwas behaupten, sondern das Vorkommen bestimmter Ereignisse oder ein Zusammentreffen von Ereignissen *verbieten.* Das gilt auch für das Gesetz der Biogenese. Es wird zwar gewöhnlich in der Form ausgedrückt, die der bekannte Aphorismus *Omne vivum ex vivo* (Alles, was lebt, stammt von Lebendigem ab) bündig zusammenfaßt, doch kann es auch so gedeutet werden, daß es das Vorkommen der Urzeugung verbietet, die ja eine klare Widerlegung des Gesetzes wäre.

Es besteht inzwischen Konsens darüber, daß Urzeugung nicht vorkommt; diese Ansicht steht dermaßen fest, daß eine Behauptung, sie sei vorgekommen (wie sie in den fünfziger Jahren von einer russischen Biologin erhoben wurde), auf totale Ablehnung stoßen würde.

Diese kategorische Ablehnung ist das Ergebnis einer sehr langwierigen Entwicklung. Als man vom Lehrsatz der genetischen Kontinuität alles Lebendigen noch nichts wußte, war es durchaus keine völlig absurde Idee, daß Maden, Mäuse und Würmer aus unbelebter Materie hervorgegangen sein könnten. Nach und nach ging man stillschweigend von der Behauptung ab, daß relativ große und komplexe Tiere wie Frösche und Mäuse abiogenetisch entstehen könnten, bis schließlich Bakterien, Pilze und Mikroorganismen (inklusive Protozoen) die einzigen Geschöpfe waren, von denen man annahm, sie könnten durch Urzeugung entstehen. Man hat einmal geglaubt, daß organische Verbindungen, in einem weiten Sinne als Verbindungen verstanden, die in lebenden Organismen vorkommen, nur in solchen Organismen gebildet werden könnten. Die natürliche oder auch künstliche Synthese organischer Moleküle aus anorganischen beweist, daß das Gesetz der Biogenese auf der molekularen Ebene keine Geltung hat.

Von der Idee der Urzeugung war nur noch die Möglichkeit geblieben, daß Bakterien *de novo* in Körperflüssigkeiten und Nährlösungen entstehen könnten, als Louis Pasteur (1822–1895) durch seine berühmten Experimente zeigte, daß die scheinbare Urzeugung von Bakterien in vielen Fällen auch anders erklärt werden konnte, nämlich damit, daß die Nährflüssigkeit in den Glaskolben durch in der Luft vorhandene Mikroorganismen verunreinigt worden war. Dies ist wohl die angemessenste Deutung seiner Ergebnisse, denn man kann nicht sagen, daß Pasteur mit seinem Experiment das Konzept der Urzeugung schlechthin widerlegte, da eine *absolute* Widerlegung ebensowenig erbracht werden kann wie ein unwiderleglicher Beweis. Genauso verhält es sich mit dem Lamarckismus: Man glaubt nicht mehr an ihn, weil alle bislang beschriebenen Beispiele für eine scheinbar lamarckistische Vererbung auch auf eine andere, konventionellere Art erklärt werden können.

Eine maßgebende Darstellung der Auseinandersetzung um die Urzeugung findet man bei John Farley, *The Spontaneous Generation Controversy from Descartes to Oparin* (Baltimore 1977).

V

Vegetatives Nervensystem

Wie die alternative Bezeichnung »autonomes Nervensystem« andeutet, ist die »vegetative« Abteilung des Nervensystems jene, die für die automatischen, unwillkürlichen Aktivitäten des Körpers zuständig ist. Bevor die Philosophen uns die Unbefangenheit raubten, pflegte man zu sagen, daß solche Aktivitäten wie das Schlagen des Herzens, das Schwitzen, die peristaltischen Darmbewegungen und alles, was unter den Begriff der vasomotorischen Kontrolle fällt, ohne Beteiligung des Bewußtseins ablaufen. Das autonome Nervensystem innerviert – von seinem »Gehirn«, dem Hypothalamus, gelenkt – das Herz, die glatte Muskulatur der Blutgefäße und Eingeweide sowie die Schweißdrüsen. Die sympathischen und parasympathischen Teile des autonomen Nervensystems wirken antagonistisch aufeinander.

Ein anatomisches Unterscheidungsmerkmal des vegetativen Nervensystems besteht darin, daß seine Neuronen (deren Zellkörper innerhalb des Zentralnervensystems liegen) ihre jeweiligen Erfolgsorgane nicht direkt innervieren, sondern über eine Schaltstelle. Die aus dem Zentralnervensystem austretende Nervenfaser bildet eine Synapse mit einem zweiten Neuron, dessen Zellkörper sich gewöhnlich in einem neben der Wirbelsäule liegenden sympathischen Ganglion befindet, in einigen Fällen aber auch näher am Erfolgsorgan liegen kann. Die erstere Faser nennt man präganglionär, die letztere, die unmittelbar bis zum Erfolgsorgan führt, postganglionär.

Die Synapse ist dafür verantwortlich, daß sich die Ausbreitung eines Nervenimpulses merklich verzögert. Sie ist es, die den Impuls polarisiert, also dafür sorgt, daß das Nervensignal sich nur in einer Richtung fortpflanzt (obwohl es sich von einer Reizungsstelle innerhalb der Nervenfaser in beiden Richtungen fortpflanzt).

Die Entdeckung des zellulären Aufbaus des Nervensystems kann als der größte Triumph der Zelltheorie gelten. Sie war zugleich ein Triumph des theoretischen Denkens, denn der zelluläre Aufbau des Nervensystems ist keineswegs leicht erkennbar. Seine Erkennung war keine blitzartige ideologische Einsicht, sondern das Ergebnis langwieriger, sorgfältiger Forschungen des spanischen Neuroanatomen Santiago Ramon y Cajal (1852–1934) sowie des Physiologen und Histologen Edward Sharpey-Shafer (1850–1935).

Ein Neuron gleicht einer gewöhnlichen Zelle darin, daß es einen Kern besitzt, der von einem mit Zellsaft gefüllten Bereich umgeben ist, es unterscheidet sich von einer gewöhnlichen Zelle jedoch dadurch, daß der Zellkörper sich zu sehr langen Ausläufern streckt, den Nervenfasern (Axone, Dendriten), die bei großen Tieren meterlang sein können. Der Zellkörper, der den Kern umgibt, wird manchmal als Perikaryon, manchmal schlicht als Zellkörper bezeichnet.

Die relativ enorme Länge des Neurons wirft das schwierige biophysikalische Problem auf, wie eine Kontrolle des Zytoplasmas durch den Zellkern möglich ist. Ein gelöster Stoff mit konstanter äußerer Konzentration diffundiert in eine für ihn durchlässige Substanz hinein mit einer Diffusionsrate, bei der die Strecke, welche die Wellenfront des diffundierenden Stoffes zurücklegt, der Quadratwurzel aus der Zeit proportional ist. Die Steuerung der Synthese am äußersten Ende eines Axons kann folglich nicht durch normale Diffusion vom Kern aus vermittelt sein, und daher ist die Idee aufgekommen, daß Zellsubstanz im Axon hinabwandert oder daß das Axon kontinuierlich aus dem Perikaryon herauswächst.

Neuronen sind dermaßen komplex, daß sie zu keinerlei Zellteilung fähig sind; der Verlust eines Neurons ist deshalb irreparabel. Es kann sich jedoch regenerieren; dabei zerfällt, wenn ein Axon durchtrennt wird, in der Regel der periphere (vom Zellkörper weiter entfernte) Teil, und die Regeneration beginnt vom Kern her. Sie geht sehr langsam vonstatten, und zumeist wird nach Durchtrennung eines peripheren Nervs die Funktionsfähigkeit mehr schlecht als recht wiederhergestellt, denn es müssen die richtigen Verbindungen wiederaufgebaut werden, und die mit dem Durchtrennen verbundene Entzündung muß zurückgehen; außerdem muß die nachgewachsene Faser erneut mit einer isolierenden fetthaltigen Scheide aus Myelin umhüllt werden.

Die Funktion der langen Nervenfasern besteht natürlich in der Weiterleitung von Nervenimpulsen. Es besteht eine Tendenz, eine Nervenfaser, die in eine Richtung vom Zellkörper fortführt, als »Axon« und die möglicherweise kürzere und dikkere Faser, die zum Zellkörper hinleitet, dagegen als »Dendron« zu bezeichnen.

Veitstanz (Chorea Huntington)

Eine Chorea ist eine Erkrankung, die mit ruckartigen, unwillkürlichen Zuckungen verbunden ist, von denen hauptsächlich die Gliedmaßen und die Muskeln des Gesichtsausdrucks betroffen sind, manchmal begleitet von emotionaler Labilität und geistiger Zerrüttung. Die Chorea Huntington ist eine seltene erbliche Erkrankung, die mit fortschreitender Abnahme der Intelligenz einhergeht. Ihre genetische Vorgeschichte hat weitreichende Folgen sowohl für die Eugenik als auch für das Altern, denn sie wird von einem dominanten Gen hervorgerufen, dessen Wirkungen sich gewöhnlich erst im mittleren Lebensalter bemerkbar machen. Ein künftiges Opfer kann daher durchaus eine Familie mit durchschnittlicher Kinderzahl gehabt und dadurch das bösartige Gen weitergegeben haben, bevor es von der Krankheit ereilt wird. Ein dominantes und für die Fortpflanzung letales Gen wäre unter normalen Umständen eine leichte Zielscheibe für die natürliche Auslese, aber wegen seiner verzögerten Wirkung ist die Selektionskraft, die sich gegen die Chorea Huntington richtet, stark abgeschwächt. Unter dem Stichwort *Altern* deuten wir an, daß die schädlichen Gene, die am Syndrom Seneszenz beteiligt sind, sich in der Population festsetzen, weil sie eben teilweise von der natürlichen Auslese ausgenommen sind.

Es gibt keinen Grund zu der Annahme, daß das schädliche Gen eine besonders hohe Mutationsrate habe, und es ist daher wahrscheinlich, daß die meisten Opfer der Chorea Huntington einer Ehe zwischen einem dominanten Träger und einem normalen Ehegatten entspringen; etwa die Hälfte ihrer Kinder werden der Krankheit zum Opfer fallen, aber wer die künftigen Opfer sein werden, ist bislang noch nicht feststellbar. Der klügste Rat, den man jemandem geben kann, der aufgrund seiner Familiengeschichte ein Träger sein könnte, lautet, auf Kinder zu verzichten.

George Sumner Huntington (1851–1916), der New Yorker Arzt, nach dem die Krankheit benannt ist, soll beschlossen haben, sie zu erforschen, als er bei seinen Spaziergängen in Long Island einer betroffenen Mutter mit ihrer Tochter begegnete; beide waren dünn wie ein Skelett, krümmten sich und schnitten Grimassen – im Grunde verhielten sie sich in eben der Weise, die die religiösen Menschen, die es in den Oststaaten im Überfluß gab, zu dem Glauben veranlaßten, sie seien vom Teufel besessen. Das war ein noch schlimmeres Elend, das man in früheren Zeiten damit bekämpft hatte, daß man die Opfer auf dem Scheiterhaufen verbrannte.

Vergleichende Anatomie

In der großen Zeit nach Darwin, als sich in der Biologie alles darum drehte, einen immer zwingenderen, immer genaueren Beweis der evolutionären Abstammung zu erbringen, war die vergleichende Anatomie die zentrale Disziplin der Biologie. Die vergleichende Anatomie ist, wenn man sie ernsthaft betreibt, eine exakte, sehr anspruchsvolle Beschäftigung, die einen scharfen Verstand und einen gewissen Spürsinn erfordert. In pädagogischer Hinsicht besitzt die vergleichende Anatomie viele der Vorzüge, wie sie traditionell der klassischen Bildung zugeschrieben werden, die von den Geisteswissenschaften gefordert wird; es ist verständlich, daß sie an vielen hervorragenden Lehrstätten der Biologie noch immer das Kernstück des Lehrplans bildet. Eine der berühmtesten dieser Lehrstätten ist das Department für Zoologie und Vergleichende Anatomie der Universität Oxford. Zu ihren Absolventen zählen neben einem der führenden Genetiker der Welt ein Direktor der London School of Economics und ein ehemaliger Generaldirektor der

UNESCO – also führt das Studium der vergleichenden Anatomie augenscheinlich nicht zu einer übermäßigen geistigen Verengung. Die Verfasser dieses Buches erwähnen das mit einem gewissen Stolz, der bei Ehemaligen verzeihlich ist.

Zu den Triumphen der vergleichenden Anatomie gehört ein überzeugender Beleg für den Begriff der Homologie. Vergleichende Anatomen wiesen als erste nach, daß die verschiedenartigen Tiere, die man früher als »Ungulaten« [Huftiere] zusammenfaßte, auf ihren Zehenspitzen gehen – daher die Bezeichnung. Das Knie des Pferdes entspricht anatomisch dem Hand- oder Fußgelenk; das Pferd geht auf dem einen Finger (bzw. der Zehe), der unserem Mittelfinger (bzw. der mittleren Zehe) entspricht, während die Finger 2 und 4 zu »Wadenbeinen« verkümmert sind. Die sogenannten Paarzeher unter den Huftieren, wie die Schafe und die Kühe, gehen auf den Fingern 3 und 4, während 1 und 5 rudimentär sind und manchmal ganz verschwinden.

Die vergleichende Anatomie machte außerdem die interessante und unerwartete Entdeckung, daß die Knöchelchen im Ohr, die die Schwingungen vom Trommelfell zum Hörorgan übertragen, aus jenen Knochen des Kiefers gebildet wurden, die bei der Rückbildung des Unterkiefers der Säugetiere zu einem einzigen Knochen, dem Dentale, frei wurden. Ferner stammen die Muskeln, die den Augapfel bewegen, stammesgeschichtlich und in der individuellen Entwicklung von den drei vordersten jener Muskelblöcke ab, die sich einst über den gesamten Wirbeltierkörper hinzogen. In diesem Sinne hat die vergleichende Anatomie die mannigfachen Strukturen, die man bei Wirbeltieren findet, entwicklungsgeschichtlich verständlich gemacht.

Viren

Masern, Poliomyelitis, Röteln, Hepatitis und manche Formen von Krebs bei Versuchstieren haben miteinander gemein, daß sie von Viren hervorgerufen werden. Viren verhalten sich so, als wären sie winzige lebende Organismen, als wären sie Bakterien, denen alles genommen wurde bis auf einen schieren

Kern von Nukleinsäure in einer Proteinhülle oder -kapsel. Vermutlich sind die größten Viren, zum Beispiel diejenigen, die Ornithose (Psittakose = Papageienkrankheit) hervorrufen, sogar kleine Bakterien.

Es ist in mancher Hinsicht unklug, Viren als lebende Organismen zu bezeichnen; es handelt sich vielmehr um Infektionsträger, die ihre Wirtstiere in der Weise zu täuschen vermögen, daß Kopien von ihnen gebildet werden. Sie sind selber nicht imstande, sich durch Teilung zu vermehren, und außerhalb der Umgebung einer lebenden Zelle können sie auch nicht leben. Zur Zeit ist kein Antibiotikum bekannt, das spezifisch auf ein Virus wirkt; die Bekämpfung von Virusinfektionen erfolgt im wesentlichen auf dem Wege der Vorbeugung durch Immunisierung mit lebenden, abgeschwächten Viren, die dem Virus, vor dem man sich schützen will, als Antigene ähnlich sind, beziehungsweise mit virulenten Viren, die durch Behandlung mit Formaldehyd getötet wurden.

Weil man Viren nur dadurch erkennt, daß sie Krankheiten oder andere pathologische Veränderungen hervorrufen, bleibt die Existenz von gutartigen Viren, die keine schlimmen Auswirkungen haben, eine bloße Vermutung. Es ist kein Virus *bekannt,* das Gutes bewirkt; jemand hat einmal treffend bemerkt, ein Virus sei »eine in Protein verpackte schlechte Nachricht«.

Vitalismus

Der Vitalismus ist eine Lehre, die in verschiedenen Formen auftritt, deren gemeinsamer Nenner die entschiedene Ablehnung der Idee ist, daß Form und Zusammensetzung eines lebenden Organismus – das, woraus er besteht, und die physikalischen und chemischen Wechselwirkungen dieser Bestandteile – ausreichen, um seine Lebenskraft*, die Tatsache also, daß er am Leben ist, befriedigend zu erklären. Ein immaterielles Lebensprinzip muß noch hinzukommen. Für Hans Driesch war das die Entelechie, für Henri Bergson (und George Bernard Shaw) der *élan vital.*

* Eine aussagekräftige Bezeichnung des 17. Jahrhunderts für das, was heute das blasse Wort »Vitalität« ausdrückt.

Die eindeutige aristotelische Haltung nimmt dabei Driesch ein. Der Gedankengang, aus dem er sie ableitet, läßt sich aus den Experimenten erschließen, die Driesch in seinen berühmten Gifford Lectures von 1907 (veröffentlicht unter dem Titel *The Science and Philosophy of the Organism,* London 1908) beschreibt. Die relevanten embryologischen Experimente sind folgende: Wenn sich ein befruchtetes Ei teilt, entsteht aus dem Klon oder den Nachkommen jeder der beiden Tochterzellen normalerweise ein halber Körper. Es war daher keine sonderliche Überraschung, als der Pionier der experimentellen Embryologie, Wilhelm Roux (1850–1924), eine der beiden Tochterzellen, die aus der ersten Teilung eines befruchteten Seeigel-Eis hervorgegangen waren, tötete und herausfand, daß ein halbes Ei zu einem halben Embryo führte. Grundsätzlich gleichartige Ergebnisse erhielt man bei Versuchen mit dem Ei eines Frosches, eines Weichtieres und eines quallenartigen Meeresorganismus aus dem Stamm *Ctenophora.* Dies entsprach genau dem, was zu erwarten war. Driesch führte das gleiche Experiment jedoch auf eine andere Weise an einem anderen Seeigel aus und kam zu ganz anderen Resultaten: Aus jeder der ersten beiden Tochterzellen, in die das befruchtete Ei sich aufteilte, entstand ein kleiner, aber ein *ganzer* Embryo – und das gleiche geschah mit den vier Tochterzellen, die aus der zweiten Teilung des befruchteten Eis hervorgingen. Sogar die Zweiteilung eines recht fortgeschrittenen Embryos führte zur Bildung zweier ganzer Organismen.

Aus diesen Experimenten folgerte Driesch (und alle späteren Experimente haben ihn bestätigt), daß die während der Entwicklung stattfindende Differenzierung nicht auf einer Folge von ungleichen Kernteilungen beruhen könne, das heißt, nicht auf einer ungleichmäßigen Aufteilung der Zellsubstanz im Zuge der aufeinanderfolgenden Teilungen des befruchteten Eis. Außerdem ließen die Versuche Driesch zu der Überzeugung gelangen, daß der Organismus nicht als eine, wie auch immer subtil funktionierende Maschine verstanden werden könne. Im Prozeß der »Regulation«, durch den das Potentielle Wirklichkeit wurde, sah Driesch eindeutig die Verkörperung (falls ein solches Wort auf eine Kraft oder einen Geist angewandt werden kann) der aristotelischen *entelecheia*. Um seine Bewunderung für das Genie des Aristoteles zum Ausdruck zu bringen, bezeichnete Driesch seinen vitalistischen oder autonomen Faktor, der die Morphogenese lenkte, als Entelechie.

Wo steht der Vitalismus heute? Praktisch läßt sich keine Beobachtung, kein Experiment denken – außer vielleicht die totale Synthese eines lebenden Organismus –, durch das die vitalistische Konzeption oder eine aus ihr abgeleitete Schlußfolgerung widerlegt werden könnte. Bis das geleistet ist – und irgendwann kann das durchaus einmal der Fall sein –, muß der Begriff einer Lebenskraft oder eines *élan vital* als wissenschaftsfremd angesehen werden. Allerdings macht sich heute niemand mehr für diese Konzeption stark: Der Vitalismus gehört heute zum alten Gerümpel. Die modernen Biologen halten es nicht für nötig, sich auf ein immaterielles Lebensprinzip, wie Driesch es sich vorstellte, zu berufen. Das Lebendigsein läßt sich unseres Erachtens am ehesten als eine emergente Eigenschaft in dem Sinne verstehen, wie er unter dem Stichwort *Reduktionismus* beschrieben wurde. Die Lektüre der Vorlesungen Drieschs erinnert uns jedoch daran, wieviel noch einer Erklärung bedarf und wie weit wir noch von einem vollständigen theoretischen Verständnis der Individualentwicklung entfernt sind.

Vitamine

Ein Vitamin zeichnet sich durch keinerlei besondere Eigenschaft aus; jeder Stoff, der für das Wachstum und die Gesunderhaltung eines Organismus wesentlich ist und nicht vom Körper aufgebaut wird, sondern mit der Nahrung aufgenommen werden muß, ist ein Vitamin. Was für das eine Tier ein Vitamin ist, muß für ein anderes nicht unbedingt eines sein: Ascorbinsäure ist ein Vitamin für uns, nicht aber für Mäuse. Substanzen, die für höhere Tiere Vitamine darstellen, müssen überall und in ausreichendem Maße vorkommen, denn sonst würden die Tiere, von denen wir wissen, daß sie sie benötigen, nicht leben und von diesem Bedarf Zeugnis ablegen. So kommen Vitamin C und die Vitamine des B-Komplexes in den Futterstoffen jener Tiere, welche sie benötigen, in breiter Streuung vor.

Die Vorstellung, Vitamine dienten dem Zweck, eine Reihe von Stoffwechselerkrankungen zu verhindern, hat zu einem großen Mißverständnis geführt; es entstand der Eindruck, man brauche Vitamine nur in einer solchen Menge aufzunehmen, die ausreicht, um jene Krankheit zu verhindern, die durch den entsprechenden Mangel ausgelöst würde. Inzwischen ist man anderer Ansicht, und es gibt immer mehr Anzeichen dafür, daß die Menschen mehr Vitamin C benötigen als die relativ geringe Menge, die notwendig und ausreichend ist, um Skorbut zu verhindern. Gleiches könnte *mutatis mutandis* auch für Vitamin A gelten, das, wie epidemiologische Untersuchungen gezeigt haben, bei der Krebsabwehr eine wichtige Rolle spielt. Einige Vitamine (die fettlöslichen) sind im Übermaß schädlich, und der begeisterte Verzehr von Vitamintabletten als eine Art von Allheilmittel gegen die Mehrzahl der menschlichen Gebrechen kann nicht uneingeschränkt empfohlen werden.

W

Wachstum (biologisches) und seine Gesetze

Hier sollen zwei Gesetze formuliert werden. Das erste lautet, daß biologisches Wachstum grundsätzlich multiplikativer Art ist, denn das, was aus biologischem Wachstum resultiert, ist in der Regel selbst fähig, zu wachsen. Diese Eigenschaft ist wichtig für die Bestimmung der geeignetsten Form, in der die Größe als eine Funktion des Alters darzustellen ist.

Wenn *W* die Größe (das Gewicht, die Anzahl oder ein lineares Maß, je nach Situation) und *t* das Alter eines Organismus bezeichnet, dann können wir die Größe als eine Funktion des Alters auf eine der Arten darstellen, wie sie die beiden Spalten der nachstehenden Abbildung zeigen. Wir können zum einen die Summe aller Größenzuwächse, die während der Lebenszeit zusammenkommen, gegen das Alter abtragen und auf diese Weise eine einfache Wachstumskurve erzeugen, bei der die gegen das Alter abgetragene arithmetische Größe $\int dW$ oder, einfacher gesagt, *W* ist, wie in (*a*) gezeigt. Diese Wachstumskurve hat stets einen Wendepunkt, an dem die Wachstumsrate nicht mehr zunimmt und zu sinken beginnt. An der Kurve der Wachstumsrate (*b*) wird der Wendepunkt daher als ein Maximum sichtbar und an der Beschleunigungskurve (*c*) als ihr Schnittpunkt mit der Zeitachse (Beschleunigung = O).

Obwohl die Wachstumskurve und ihre Ableitungen durch ihre Einfachheit bestechen, finden die meisten Wachstumsforscher die Kurve des *spezifischen Wachstums* aussagekräftiger. Hier wird nicht der einfache arithemtische Wert *W* aufgetragen, sondern die akkumulierten Größenzuwächse, die als Anteile der jeweils erreichten Größe verstanden werden. Wir tragen praktisch die Integralgröße $\int dW/W$ auf, gebräuchlicher als $\log_e W$. Die drei Kurven – spezifisches Wachstum (*d*), spezifische Wachstumsrate (*e*) und die spezifische Beschleunigung (*f*) – sind in der rechten Spalte der Abbildung dargestellt. Die

Kurven wurden nach einer Gleichung für die Gompertz-Funktion (siehe letzte Zeile der beigefügten Tabelle) gezeichnet; dabei wurde nur der Maßstab der Ordinaten so verändert, daß alle Kurvenbilder die gleiche Höhe erhielten. Die Tabelle zeigt die analytischen Eigenschaften der drei Funktionen, die für die Darstellung des Wachstumsverlaufs einzelner Organismen oder ganzer Populationen am häufigsten und mit dem größten Erfolg benutzt werden. Die letzte Spalte verdeutlicht das zweite der beiden Gesetze, in denen die allgemeinsten Aussagen enthalten sind, die wir über biologisches Wachstum machen können.

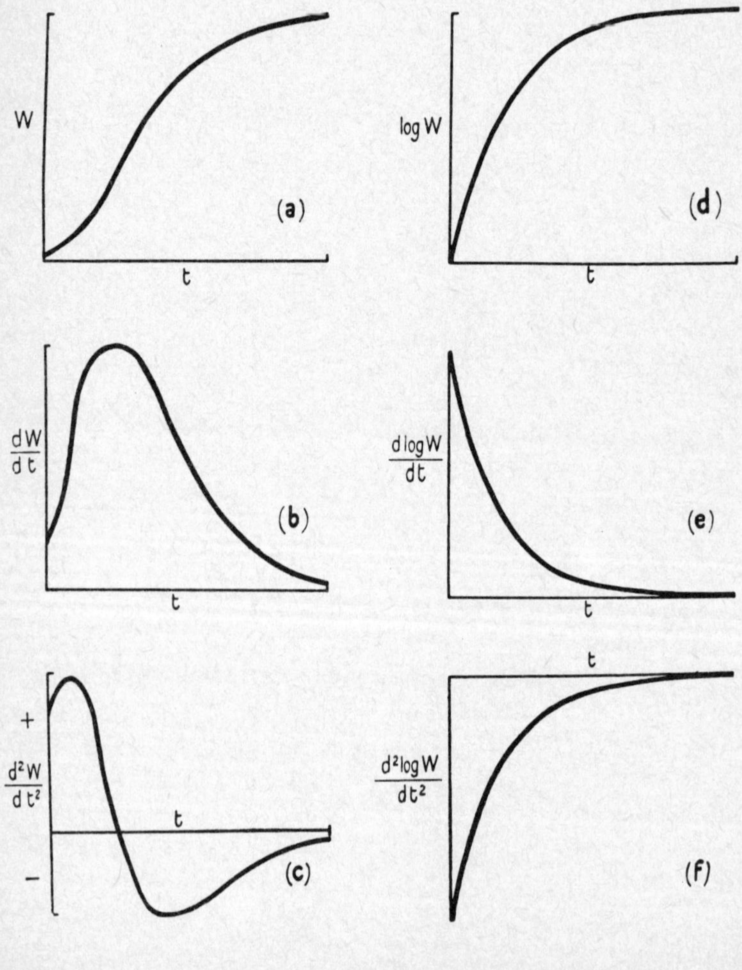

Funktion	Gleichung	Lineare Form	W $(t = 0)$	W $(t \to \infty)$	Wendepunkt (W, t)	Spezifische Wachstumsrate	Spezifische Beschleunigung
„Monomolekular“	$W = a(1 - be^{-kt})$	$\log \frac{a-W}{a} = \log b - kt$	$a(1-b)$	a	–	$\frac{kbe^{-kt}}{1-be^{-kt}}$	$-\frac{k^2 be^{-kt}}{(1-be^{-kt})^2}$
Logistisch	$W = \frac{a}{1+be^{-kt}}$	$\log \frac{a-W}{W} = \log b - kt$	$\frac{a}{1+b}$	a	$\frac{a}{2}, \frac{\log b}{k}$	$\frac{kbe^{-kt}}{1+be^{-kt}}$	$-\frac{k^2 be^{-kt}}{(1+be^{-kt})^2}$
Gompertz	$W = ae^{-be^{-kt}}$	$\log\log \frac{a}{W} = \log b - kt$	ae^{-b}	a	$\frac{a}{e}, \frac{\log b}{k}$	kbe^{-kt}	$-k^2 be^{-kt}$

Anmerkung: In dieser Tabelle mit drei gebräuchlichen Wachstumsfunktionen und ihren wichtigsten analytischen Eigenschaften kann das Symbol W, das normalerweise für Gewicht steht, als Ausdruck der „Größe“ verstanden werden. Logarithmen zur natürlichen Basis e. Oft lassen sich die analytischen Eigenschaften einfacher als Funktion von W (statt als Funktion des Alters t) ausdrücken; hier wurde aber die Zeit als unabhängige Variable gewählt (abgewandelt aus: W. E. Le Gros Clark und P. B. Medawar, eds., *Essays on Growth and From Presented to D'Arcy Wentworth Thompson* [Oxford 1945], S. 160).

Dieses zweite Gesetz besagt, daß die spezifische Beschleunigung des Wachstums immer negativ ist. Wir wollen es das Minotsche Gesetz nennen, aus den unter dem Stichwort *Altern* genannten Gründen. Beide Gesetze zu einer Aussage zusammenfassend, können wir sagen, daß biologisches Wachstum zwar grundsätzlich von der multiplikativen Art ist, daß lebende Systeme jedoch fortschreitend die Fähigkeit einbüßen, sich mit der Geschwindigkeit zu multiplizieren, mit der sie gebildet wurden.

Warum die logarithmische Darstellung (*d*) der einfachen arithmetischen Darstellung (*a*) vorzuziehen ist, wird besonders deutlich, wenn man sich überlegt, daß gleiche Skalenabschnitte bei arithmetischem Maßstab gleiche Größenzuwächse bedeuten, bei logarithmischem Maßstab dagegen gleiche *Vielfache* einer Größe.

Oberflächlich betrachtet, verkörpert die Wachstumskurve (*a*) ein einfaches und gänzlich unkompliziertes Konzept, doch je gründlicher man es prüft, desto komplizierter wird es. Welche Größen sind beispielsweise in die »Größe« *W* einzubeziehen? Sicherlich müssen wir Endprodukte, die unter dem Gesichtspunkt weiteren Wachstums inaktiv sind, wie Haare, Hörner und Nägel, berücksichtigen; wenn das so ist, sollte dann nicht jede Integralkurve des Wachstums sämtliche Haare, Hörner und Nägel einschließen, die sich im Laufe eines Lebens gebildet haben und abgeworfen oder abgewetzt oder sonstwie verloren wurden? Einige Wachstumsforscher haben, um solchen unbequemen Fragen auszuweichen, zwischen einem »echten Wachstum« und dem, was sie vermutlich für »bloßes Wachstum« halten, zu unterscheiden versucht; danach ist die Vermehrung von Zellen oder von Nukleinsäuremolekülen echt, die Aufnahme von Wasser und das Ansetzen von lebloser Materie dagegen »bloß«. Ein solcher Sprachgebrauch läßt sich nicht aufrechterhalten; er ist ein Überbleibsel jener Mystik des Protoplasmas, die zwischen dem Protoplasma, das wirklich lebendig ist, und dem ganzen Rest eines Lebewesens, das angeblich tot ist, einen Unterschied macht, so daß man unter echtem Wachstum schließlich eine »Zunahme des Protoplasmas« versteht.

Eine andere Komplikation taucht auf, wenn wir uns fragen, was genau wir messen, wenn wir die Größe *W* gegen das Alter *t* abtragen. Die Kurven (*a*) bis (*f*) sollen den typischen Wachstumsverlauf *eines* Organismus darstellen; unter normalen Umständen kann eine solche Kurve jedoch schwerlich von allgemeinem Interesse sein, ja sie ist womöglich völlig uninteressant – es sei denn, diese Kurve wäre von einer vernarrten Mutter vom Wachstum ihres Kindes gezeichnet worden. In der Praxis messen wir deshalb nicht einen einzelnen Organismus, sondern meistens eine Kohorte oder Gruppe von Organismen. Gewöhnlich werden hundert oder mehr Organismen bei ihrer Geburt und dann in regelmäßigen Abständen durch ihre gesamte Lebenszeit gewogen, und ihr *durchschnittliches* Gewicht wird gegen ihr Alter abgetragen. So einfach es klingt, steckt ein solches Verfahren doch voller Gefahren, darunter besonders die, daß vermeintliche Wachstumskurven in Wirklichkeit Verteilungskurven sind, wie das folgende imaginäre und bewußt extreme Beispiel zeigen wird.

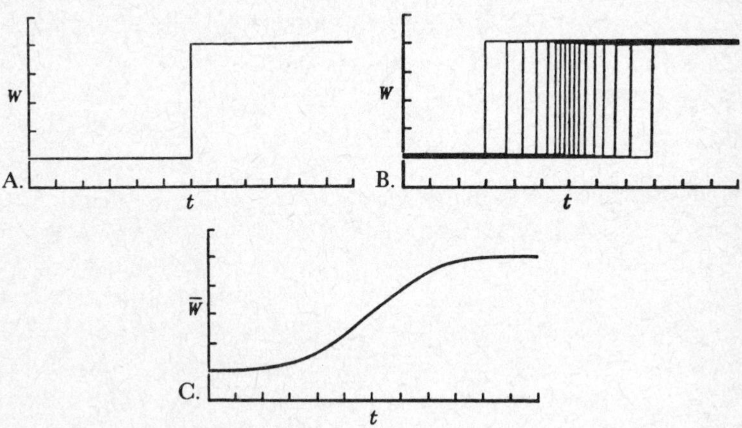

In der Abbildung oben ist *A* die Wachstumskurve eines hypothetischen Organismus, der etwa in der Mitte seiner Lebenszeit einen plötzlichen Wachstumsschub erfährt, wie die stufenförmige Steigerung der Wachstumskurve zeigt. Nehmen wir nun an, daß der Zeitpunkt dieses Wachstums von einem Organismus zum anderen variiert und mit einer Varianz eins um einen Mittelpunkt normal verteilt ist. Dieser Sachverhalt ist in *B* dargestellt, wo eine ganze Reihe von Wachstumskurven eingezeichnet sind, die alle von dem Typ sind, wie ihn der in *A* dargestellte Einzelorganismus aufweist. Es gibt hier nichts zu beanstanden, außer natürlich die extreme Unwahrscheinlichkeit solcher Wachstumsverläufe, die aber entschuldigt ist, da das Beispiel zum Zwecke der Veranschaulichung gewählt wurde. Nehmen wir nun an, wir tragen nach dem üblichen Verfahren der Durchschnittsbildung die *durchschnittliche* Größe *W* eines Organismus gegen das Alter ab. Die »Massenkurve« hat die krummlinige Form, die man in *C* sieht; sie ist der Wachstumskurve eines Individuums gänzlich unähnlich, sie muß vielmehr, ihrem Aufbau nach, eine modifizierte Normalverteilungskurve sein, die nicht den Wachstumsverlauf anzeigt, sondern die zeitliche Verteilung des Wachstumsschubes, den, wie angenommen wird, jeder Einzelorganismus erfährt.

Diese Schwierigkeiten und andere ähnliche Vorbehalte tun der Bedeutung der beiden oben formulierten Wachstumsgesetze keinen Abbruch, das heißt: des multiplikativen Gesetzes, das die Norm des biologischen Wachstums angibt, und des zweiten Gesetzes, das die Abweichung von der Norm in der Lebenswirklichkeit angibt.

Wasser

Auf dem Land lebende Tiere bestehen zu drei Vierteln aus Wasser. (»Selbst der Papst besteht zu 70 Prozent aus Wasser«, sagte J. B. S. Haldane mit der für ihn typischen Gleichgültigkeit gegenüber den Gefühlen der Katholiken.) Aber es sind natürlich andere Gründe, die das Wasser für den Biologen interessant machen: Das Wasser ist, soweit es um die Entwicklung geht, die Wiege des Lebens, so wie es im Rahmen der Evolution die Kinderstube war.

Auch wer sonst keine Ahnung von der Wissenschaft hat, weiß, daß Wasser einen atomaren Aufbau besitzt, der durch die empirische Formel H_2O dargestellt wird. Wir hoffen, daß für ihn die Welt nicht einstürzt, wenn er erfährt, daß Wasser auch in Formen mit einem molekularen Aufbau vorkommt, der genauer durch die empirischen Formeln H_4O_2 oder gar H_8O_4 wiedergegeben wird. Die physikalischen Eigenschaften des Wassers nehmen bisweilen extreme Werte an, die die Biologen besonders interessieren. So braucht man zum Beispiel, um die Temperatur von einer Volumeneinheit Wasser um 1° C zu erhöhen, mehr Wärme als für jede andere Substanz; diese Eigenschaft erleichtert sehr die Wärmeverteilung im Körper und den Wärmetransport durch Meeresströmungen (wie etwa den Golfstrom).

Die latente Verdunstungswärme des Wassers (gemessen an der Wärmeenergie, die erforderlich ist, um 1 ml zum Verdunsten zu bringen) ist größer als die jeder anderen Substanz. Auch das hat geophysikalische und biologische Auswirkungen. In biologischer Hinsicht ermöglicht es die Regulation der Körpertemperatur durch Verdunstung; in geophysikalischer Hinsicht sorgt es für die Aufrechterhaltung einer eher ausgeglichenen Temperatur auf der Erde, denn die ungeheure Menge an Sonnenwärme, die bei der Verdunstung des ozeanischen Oberflächenwassers absorbiert wird, wird bei der Kondensation, die vor Regenfällen stattfindet, wieder frei.

Eine weitere sonderbare physikalische Eigenschaft des Wassers besteht darin, daß es bei 4° C dichter ist als Eis bei 0° C, mit dem Ergebnis, daß Eis schwimmt und große Wassermassen nur oberflächlich gefrieren. Ein See wird erst zu Eis festfrieren, wenn der Frost sich von der Oberfläche bis in die untersten Schichten vorarbeitet, was aufgrund der geringen Wärmeleitfähigkeit des Wassers unwahrscheinlich ist. Aus dem gleichen Grund würde ein zu Eis festgefrorener See auch im Sommer nicht auftauen.

Diese in biologischer Hinsicht trefflichen Eigenschaften des Wassers spielten eine wichtige Rolle in Lawrence Joseph Hendersons (1878–1942) interessanter, aber philosophisch unhaltbarer Variante des Arguments vom Schöpfungsplan. In *Fitness of the Environment* (New York 1913) betonte er, daß die natürliche Umwelt, wie die Erde sie darstellt, keineswegs zufällig und blindlings entstanden, sondern für das Auftreten von Leben so hervorragend geeignet sei, daß wir annehmen dürften, sie sei für ein solches Phänomen »präadaptiert«. Die

Schwäche dieses Arguments liegt darin, daß Lebewesen die Eigenschaft haben, die sie nun einmal haben (darunter auch die Fähigkeit, Behauptungen wie diese aufzustellen), weil die umgebende Welt die Eigenschaften hatte, die sie nun einmal hatte. Wir können nicht rückblickend sagen, was für ein Glück es ist, daß sie so beschaffen waren, weil eine Alternative gar nicht vorstellbar ist.

Der menschliche Körper verliert Wasser mit dem Urin und durch das Schwitzen sowie durch Verdunstung an der Oberfläche des Körpers und der Lungen; Salze hält er dagegen wie andere Säugetiere sehr wirkungsvoll zurück. Salz durchläuft zwar den Filter der Niere, wird aber in den Körper rückresorbiert. Deshalb muß Wasser als solches (d. h. Wasser, welches nicht bereits als Lösungsmittel für Salze und lösliche Körperbestandteile in Anspruch genommen ist) aufgenommen werden, damit die richtige Konzentration der Körperflüssigkeiten wiederhergestellt werden kann.

Weil wir dank der Ingenieurtechnik unseren Durst verhältnismäßig einfach stillen können, sind wir Menschen abgestumpft gegen die mißliche Lage, in der sich Robben und Wale befinden, deren Körperflüssigkeiten weitgehend die gleiche Zusammensetzung aufweisen wie die unseren und deren Wasserbedarf weitgehend dem unseren gleicht. Wie der alte Seemann aus dem Gedicht von Coleridge können sie, obwohl von Wasser umgeben, nicht trinken, denn die Salzkonzentration des Meerwassers ist höher als die ihrer Körperflüssigkeiten, und wenn sie es tränken, so verschlimmerte das nur ihren Durst. Für Säugetiere ist das Meer eine dürre Wüste. Süßwasser ist für Robben und Wale eine Delikatesse, und wenn Robben Zugang zu Süßwasser haben, trinken sie es mit »ersichtlichem Genuß«. Leider begegnet ihnen solches Glück nicht oft. Der Süßwasserbedarf von Meeressäugern wird zwar ein wenig dadurch vermindert, daß sie einen stärker konzentrierten Urin ausscheiden als Landsäugetiere, doch wird er erhöht durch den unvermeidlichen Wasserverlust beim Säugen der Jungen (obwohl die Milch der Wale ziemlich dick und butterig ist). Irgendwie wird die Wasserbilanz dadurch ausgeglichen, daß aus der Verbrennung von Kohlehydraten und besonders von Fetten – Prozesse, die

»Stoffwechselwasser« freisetzen – sowie aus den Körperflüssigkeiten der Wirbellosen, die einen hohen Anteil an der Nahrung der Bartenwale darstellen, Wasser gewonnen wird. Die Verdauung der in diesen Körperflüssigkeiten enthaltenen organischen Materie setzt schließlich das Wasser frei, das im Körper des Wals eine osmotisch aktive Rolle übernimmt, wobei die Barten einen Großteil des Meerwassers, das sonst mit der Nahrung aufgenommen würde, fernhalten.

Man kann seinen Durst nicht dadurch löschen, daß man eine Flüssigkeit trinkt, die den gleichen Salzgehalt aufweist wie die eigenen Körperflüssigkeiten. Man kann dem alten Seemann jedoch keinen Vorwurf daraus machen, daß er sich in den Arm biß, um sein eigenes Blut zu saugen; ihm ging es nicht darum, seinen Durst zu stillen, er wollte seine Kehle befeuchten, um zu rufen: »Ein Segel, ein Segel!« – sonst hätte er diesen Ausruf vielleicht nicht herausgebracht.

Weichtiere

Zu diesem großen und äußerst mannigfaltigen Stamm, der Zehntausende von Arten umfaßt, gehören Wegschnecken und Weinbergschnecken, Miesmuscheln, Austern und Flußperlmuscheln sowie die verhältnismäßig primitiven Chitons (Käferschnecken). Weichtiere haben, allgemein gesagt, einen weichen und unsegmentierten Körper, und sie tragen ihre Schalen, sofern vorhanden (bei Wegschnecken ist das nicht der Fall), außen. Bei den höchstentwickelten Weichtieren (die zugleich die höchstentwickelten wirbellosen Tiere sind) sitzt die Schale allerdings innen. Zu ihnen zählt man die Tintenfische und Kraken, zusammengefaßt als »Cephalopoden« [Kopffüßer], die ein relativ hochentwickeltes Nervensystem besitzen. Sie sind sehr viel beweglicher als andere Weichtiere und verfügen über eine solche Vielfalt von Verhaltensweisen, daß sie für die Erforschung der Wechselbeziehung zwischen Verhalten und Nervensystem vorzügliche Objekte sind. Tintenfische besitzen außerdem erstaunlich lange (»riesige«) Nervenfasern, die für die biophysikalische Erforschung der Leitung von Nervenimpulsen von unschätzbarem Wert waren.

Wiederholung

Ernst Haeckels Gesetz der Wiederholung [Biogenetisches Grundgesetz] besagt, daß ein Tier im Laufe seiner Entwicklung Entwicklungsstadien durchläuft, die unverkennbar den Formen seiner mutmaßlichen stammesgeschichtlichen Vorfahren ähneln. Eine vollständige Darlegung gibt Haeckel in der fünften Auflage seiner *Anthropogenie oder Entwicklungsgeschichte des Menschen* (1. Auflage 1874). Der Sinn des Gesetzes wird, wie wir an anderer Stelle gesagt haben, gelegentlich wiedergegeben durch den Satz »Die Ontogenese wiederholt die Phylogenese« oder durch die Schülerversion, daß ein Tier im Laufe seiner Entwicklung »seinen Familienstammbaum hinaufklettert«.

Ein Säugetier beginnt sein Leben als eine einzelne Zelle: das Ovum, ein scheinbar unstrukturierter Klumpen aus »Protoplasma«, der mit einem einzelnen Protozoon verglichen werden könnte. Im Laufe der Entwicklung machen alle Wirbeltiere eine Metamorphose durch, bei der sich eine hohle Zellkugel in ein zweischichtiges Gebilde verwandelt, wie es etwa dadurch entstehen könnte, daß die Kugel an einem Pol eingedrückt wird. Die auf diese Weise gebildete Gastrula zeigt eine deutliche Verwandtschaft zu im wesentlichen zweischichtigen Tieren, wie es viele Polypen und Hydrozoen sind. Schließlich wird die embryonale Achse festgelegt. Der Embryo ist in diesem Stadium ein bilateral-symmetrisches Gebilde mit einem deutlich bestimmten Kopf, der paarige Sinnesorgane trägt, einem dorsalen Zentralnervensystem und einem in der Mitte liegenden dorsalen Stützorgan. Dies sei, meinte Haeckel, im wesentlichen der Bauplan des Lanzettfischchens, das nach einhelliger Ansicht eine Urform der Chordatiere darstellt. In der weiteren Entwicklung durchlaufen die Wirbeltiere ein fischähnliches Stadium, in dem das erweiterte Vorderende des Darmrohrs von Strukturen durchlöchert wird, die wie Kiemenspalten aussehen.

Haeckel glaubte, daß nicht nur der Körper, sondern auch die Psyche dem Gesetz der Wiederholung unterliegt; in der *Anthropogenie oder Entwicklungsgeschichte des Menschen* schrieb er: »Das wundervolle Geistesleben der menschlichen Gattung hat sich über viele Jahrtausende hinweg Schritt für Schritt aus dem einfachen Seelenleben der niederen Wirbeltiere entwickelt, und die Entwicklung jeder Kinderseele ist nur eine kurze, gedrängte Wiederholung dieses langwierigen und komplizierten phylogenetischen Prozesses.«

Einer der wichtigsten kritischen Texte zum Gesetz der Wiederholung ist Gavin de Beers Buch *Embryos and Ancestors* (Oxford ³1958). Sigmund Freud nahm die Idee kritiklos auf; in *Das Unbehagen in der Kultur* [1930] versuchte er seine Ansicht, die moderne Zivilisation sei ein Opfer der Neurose, mit dem folgenden Argument zu begründen: »Wenn die Kulturentwicklung so weitgehende Ähnlichkeit mit der des Einzelnen hat und mit denselben Mitteln arbeitet, soll man nicht zur Diagnose berechtigt sein, daß manche Kulturen – oder Kulturepochen – möglicherweise die ganze Menschheit – unter dem Einfluß der Kulturstrebungen ›neurotisch‹ geworden sind?«

Haeckels Gesetz der Wiederholung ist zwar nicht befriedigend, kann aber, wie wir unter dem Stichwort *Hypothese und Theorie* darlegen, nicht kurzerhand »falsch« genannt werden, weil es immerhin so viel an Wahrem enthält, daß wir ohne weiteres verstehen können, warum es formuliert wurde.

Das Stück Wahrheit, das es enthält, ist dasselbe wie in dem von Baerschen Gesetz, benannt nach Karl Ernst von Baer (1792–1876), dem hervorragenden Embryologen, der als erster das Ovum bei Säugetieren erkannte. Je weiter wir in der Entwicklung zurückgehen, desto größer ist die anatomische Übereinstimmung zwischen den Embryonen miteinander verwandter Tiere. Im Verlauf der Entwicklung zeigen sich divergente Strukturen, und die Embryonen werden einander immer unähnlicher.

Der Sinn von Haeckels Gesetz ist also einzusehen: Menschen und Hühner sehen ganz und gar nicht wie Fische aus, aber in ihrer Entwicklung gibt es ein Stadium, in dem ihre Embryonen den Embryonen von Fischen bemerkenswert ähneln. Nach dem von Baerschen Gesetz rekapitulieren höhere Tiere in einem gewissen, geringen Umfang die embryonale Geschichte – nicht die erwachsenen Formen – ihrer mutmaßlichen Vorfahren. Genau das muß man auch erwarten, denn die Phylogenese kann nichts anderes sein als eine Folge von Ontogenesen, und somit ist das, was in einer evolutionären Aufeinanderfolge evoluiert, eine Aufeinanderfolge von Ontogenesen. Es ist vielleicht notwendig, daß der Entwicklungsabschnitt, der modifiziert werden soll, zunächst durchlaufen werden muß, um ursächlich den Weg für seine anschließende Modifikation zu ebnen. Wenn etwa die Entwicklung des menschlichen Arms oder des Flügels eines Vogels eine evolutionäre Modifikation der Entwicklung der vorderen Extremität eines Fisches ist, dann ist es nicht verwunderlich, wenn die Entwicklung eines Flügels ein Stadium durchläuft, das dem der Entwicklung einer Brustflosse ähnlich ist – Entsprechendes gilt für die Entwicklung des menschlichen Arms. All die verschiedenen Phänomene mit »Wiederholungs«charakter, die auf eine Verwandtschaft zwischen der Entwicklung der Säuger und der Entwicklung der niederen Wirbeltiere hindeuten (so das Auftreten von viszeralen Spalten in der Entwicklung höherer Wirbeltiere), erschienen Thomas Hunt Morgan als die überzeugendsten Beweise für den Evolutionsgedanken. T. H. Huxley war der gleichen Ansicht.

Trotz seines erheblichen Wahrheitsgehalts ist das Gesetz der Wiederholung also verblaßt oder vielmehr in einem allgemeineren Gesetz aufgegangen, das wir mit dem Namen von Baers verknüpfen. Gerade rechtzeitig, denn einige haben, wie Stephen Jay Gould in seinem maßgeblichen Werk *Ontogeny and Phylogeny* (Cambridge, Massachusetts, 1977) darlegt, die Wiederholungsthese als Beleg für die angeborene Minderwertigkeit bestimmter Rassen genommen, die nur als Zwischenstufe in der Evolution eines höheren Menschentyps galten, wie er angeblich durch Haeckel selbst repräsentiert wurde.

Wirbellose

Das Wort »Wirbellose« [Invertebrata] klingt zwar so, als handele es sich um ein Taxon, ist aber in Wirklichkeit nur eine Bezeichnung für eine Ansammlung von Tieren, die einzig die Eigenschaft verbindet, daß sie keine Wirbelsäule besitzen. Es liegt auf der Hand, daß das *Fehlen* eines Merkmals keine taxonomische Bedeutung haben kann, denn sonst wären Protozoen, denen ebenfalls eine Wirbelsäule fehlt, als Wirbellose einzuordnen. Pflanzen übrigens auch. Deshalb ist die Anwendung dieses Terminus per Konvention auf Metazoa, auf vielzellige Tiere beschränkt.

Die Gruppen, die zu den Wirbellosen gerechnet werden, lassen sich in zwei große stammesgeschichtliche Abstammungslinien einteilen, wobei die Unterscheidung teils auf der embryonalen Entwicklung und teils auf dem Grundbauplan des erwachsenen Tieres beruht. Zu der einen Linie gehören die Anneliden, die Arthropoden und – aufgrund von Entwicklungsmerkmalen – die Weichtiere; Anneliden und Arthropoden haben ein ventral gelegenes Nervensystem und ein dorsales Herz. Dieser Linie können wir weitere Gruppen zurechnen, die nahezu mit Sicherheit durch Neotenie aus ihr abgeleitet sind, etwa die Fadenwürmer (Nematoden) und die sogenannten Rädertierchen.

Charakteristisch für die Wirbeltiere ist ein dorsal gelegenes Nervensystem und ein ventrales Herz. Mehrere Gruppen von Wirbellosen haben gemeinsam, daß sie auf oder nahe der Hauptabstammungslinie liegen, die zu den Chordaten führt. Diese armen Verwandten sind die Stachelhäuter (*Echinodermata,* darunter Seeigel, Seesterne und Seegurken) sowie die Gruppe, deren Hauptvertreter *Amphioxus* ist; außerdem gibt es noch einige kleine Gruppen, deren Anspruch auf Zugehörigkeit zur Abstammungslinie der Chordaten in mancher Hinsicht nicht ganz überzeugt – jene Gruppen, deren repräsentative Mitglieder Pfeilwürmer *(Chaetognata),* Hufeisenwürmer *(Phoronidea)* und Moostierchen *(Ectoprocta)* sind.

Woodgers Paradoxon

Es ist das Definitionsmerkmal eines Paradoxons, daß streng logisches Folgern aus anerkannten Prämissen zu Schlüssen führen kann, die im Widerspruch zum gesunden Menschenverstand stehen. Es ist treffend bemerkt worden, daß ein Paradoxon für einen Philosophen oder Logiker die gleiche Bedeutung habe wie der Geruch von brennendem Gummi für einen Elektronik-Ingenieur: Es ist ein Signal, daß etwas nicht stimmt.

Der angesehene mathematische Logiker und Biologe Joseph

Woodger, Verfasser von *Biological Principles* (London 1929) und *The Axiom Mathematic Method in Biology* (Cambridge 1937), verbreitete unter seinen Freunden, zu deren Vergnügen, das Paradoxon, das wir im folgenden skizzieren.

Nehmen wir irgendein Taxon, zum Beispiel den *Stamm* (die Klasse, die Gattung oder die Art wären ebenso geeignet). Es sei ein Grundsatz der Taxonomie, daß jeder Organismus zu irgendeinem Stamm gehören muß und daß kein Organismus zwei Stämmen angehören kann. Dies vorausgesetzt, muß – so Woodgers Argument – der evolutionäre Schritt von einem Stamm zum anderen zwischen zwei aufeinanderfolgenden Generationen, also zwischen einer Eltern- und einer Tochtergeneration stattfinden. Wenn ein zum Stamm A gehörender Organismus sich zu einem Organismus entwickelt, der dem Stamm C angehört, dann kann es keine Zwischenform B geben, die sowohl zu A wie auch zu C gehört; es ist andererseits aber auch nicht möglich, daß Organismus B sich in einem taxonomischen Niemandsland befindet und keinem Stamm angehört, denn beide Annahmen würden die zuvor anerkannten taxonomischen Grundsätze mißachten. Man kommt also nicht um die Annahme herum, daß A als Mitglied eines Stammes sich direkt zu einem Organismus C entwickelt haben muß, der einem anderen Stamm angehört. Die Fortentwicklung von einem Stamm zum anderen muß sich folglich, da es keine Zwischenglieder gibt, von einer Generation zur anderen vollziehen.

Was stimmt nicht an dieser Argumentation?

Woodger, ein ziemlich altmodischer Biologe, faßte die Evolution in einer Weise auf, die schon zu seinen Lebzeiten ziemlich altmodisch wurde: im Stile einer Genealogie oder eines Familienstammbaums. *Darin* liegt der Fehler. In den Erörterungen über Populationsgenetik, Genfrequenz und Neodarwinismus sowie in den Abschnitten des Kapitels *Taxon,* die sich mit der Benennung von Arten befassen, wird deutlich gemacht, daß die genealogische oder Stammbaum-Konzeption der Evolution nicht mit der Populationsgenetik zu vereinbaren ist. Es ist nicht so, daß ein Organismus sich zu einem anderen entwikkelt, sondern eine Population, die durch ein bestimmtes Muster von Genhäufigkeiten gekennzeichnet ist, entwickelt sich zu einer anderen Population. Aus populationsgenetischer Sicht wird sogar der Begriff der Artzugehörigkeit fragwürdig.

Wir haben in dem obigen Beispiel den Stamm als Taxon gewählt, um Woodgers Paradoxon besonderen rhetorischen Nachdruck zu verleihen. Es wäre zweifellos besser gewesen, die *Art* als Taxon zu wählen; wir wären dann zu der nicht minder paradoxen Ansicht gelangt, daß der Schritt von einer Art zur anderen sich ebenfalls innerhalb einer Generation vollzieht – eine Vorstellung, die aus populationsgenetischer Sicht genauso unannehmbar ist. Durch die Formulierung solcher Antinomien, wie Woodgers Paradoxon eine darstellt, werden wir zu jener gewissenhaften Selbstprüfung veranlaßt, von der das Gedeihen einer Wissenschaft auf lange Sicht in hohem Maße abhängt. Die älteren Evolutionstheoretiker, die sich ganz auf die genealogische Konzeption der Evolution verließen, hätten sich mit solchen Sorgen nicht herumgequält, ja, sie hätten sie womöglich als Einbildung abgetan.

Wurm

Dieses Wort ist ein hervorragendes Beispiel für eine Bezeichnung, die von Taxonomen als nichtssagend zurückgewiesen wird. Auch die sieben verschiedenen Schreibweisen, die der *Oxford English Dictionary* anerkennt (worm, wyrme, wirm, wrim, wrm, wurm, wormr), sind kein hinreichender Anlaß, das Wort im biologischen Sinne ernst zu nehmen, denn die Taxonomen lassen sich nicht davon abbringen, daß alle Würmer, die diesen Namen verdienen, Mitglieder des Stammes Annelida sind. Diese Klassifizierung schließt natürlich den gemeinen Regenwurm ein (»der mit seiner bescheidenen Unaufdringlichkeit und emsigen Wohltätigkeit uns allen Vorbild ist«); so wie sie festgelegt ist, umfaßt sie dagegen nicht: Plattwürmer, Rundwürmer, Hakenwürmer, Zungenwürmer, Mehlwürmer, Pfeilwürmer, Eichelwürmer, Erdnußwürmer, Fadenwürmer, Igelwürmer, Bandwürmer, Seidenwürmer, Bartwürmer oder Ringelwürmer, die sämtlich mit dem Odium einer falschen Benennung leben.

Die Anneliden stellen einen klar umrissenen Stamm von

rund zehntausend Arten röhrenförmiger Tiere dar, deren Körper sich in gleichmäßige Segmente gliedert, die äußerlich an ringförmigen Einschnürungen erkennbar sind. Alle Segmente sind gleich aufgebaut, jedes mit einem Nervenganglion, einem Ausscheidungsorgan, einer Anzahl Borsten, die ein Haften an der Unterlage ermöglichen, und einer Muskulatur, welche die typische Fortbewegung der Würmer erlaubt: das Vorderende streckt sich, dann wird das Hinterende nachgezogen. Es gibt eine geräumige Leibeshöhle, und das Blut ist in speziellen Blutgefäßen enthalten (das Gefäßsystem ist nicht – wie bei den Arthropoden – offen). Die größte Gruppe unter den Anneliden bilden die sogenannten Borstenwürmer; sie schließt auch die Egel ein.

Z

Zelltheorie

Eine Zelle ist die kleinste Untereinheit eines Gewebes, die, wenn man sie in einer Gewebekultur am Leben erhält, zu einem unabhängigen Leben befähigt ist. Man kann sie sich so oder so denken – einerseits als den Baustein, aus dem sich ein Gewebe zusammensetzt, andererseits als eine mechanische oder, wie man auch sagen könnte, administrative Untereinheit des Gewebes. »Administrativ« deshalb, weil die Zelle unter dem Aspekt der Genetik und der Epigenese den Einflußbereich ihres Kerns bildet. Es gibt Zellen ohne Kern (z. B. die roten Blutkörperchen der Säugetiere), doch in der Regel ist ein Kern vorhanden, umgeben von einem zähflüssigen, kolloidalen Zellsaft, der von einer äußeren Zellmembran umschlossen ist und hochorganisierte Organellen wie Mitochondrien und Systeme von Vakuolen enthält. Der Zellsaft ist die einzige materielle Substanz, die angemessen als »Protoplasma« bezeichnet werden kann, doch muß das Wort in diesem wie in jedem anderen Kontext von seiner naturphilosophischen Nebenbedeutung befreit werden.

Organismen, die aus vielen Zellen bestehen, bezeichnet man als *Metazoen* beziehungsweise *Metaphyten*. Es gibt die Auffassung, Metazoen entstünden durch Koloniebildung aus einzelnen Zellen, als Klone, deren Nachkommen sich nicht trennen, sondern zusammenbleiben. Man kann sich ein Metazoon aber ebensogut als einen Organismus vorstellen, der durch innere Aufteilung einer einzigen Zelle entstanden ist, so wie sich ja auch das befruchtete Ei eines Frosches oder eines Seeigels in einen vielzelligen Organismus verwandelt. Protozoen sind vollständige Organismen, die in ihrer Struktur einer einzelnen Zelle aus dem Gewebe eines Metazoons entsprechen. Ob sie als einzellig oder als »nichtzellulär« bezeichnet werden, ist gleichgültig – nur nicht für jene Naturphilosophen, die sich ihren Lebensunterhalt dadurch sichern, daß sie Scheinprobleme erfinden und sie ernsthaft und ausgiebig diskutieren, bisweilen in speziellen Publikationen, die sich ausschließlich derartigen Übungen widmen.

Die Zelltheorie ist die bedeutendste strukturelle Verallgemeinerung der gesamten Biologie. Ihr überraschendster und spektakulärster Erfolg ist das Konzept des Neurons, das unter dem Stichwort *Vegetatives Nervensystem* näher erörtert wird. Die von Theodor Schwann (1810–1882) vorgeschlagene Theorie sagt aus, daß sich die Gewebe der Tiere aus Zellen zusammensetzen. Wir müssen noch einen weiteren Namen nennen – den von Matthias Schleiden (1804–1881), der als mikroskopierender Botaniker in bezug auf den zellulären Aufbau der Pflanzen dasselbe leistete, was Schwann bezüglich der Tiere geleistet hatte.

Zentrifuge

Wenn ein System sich aus Bestandteilen von unterschiedlichem spezifischen Gewicht zusammensetzt, lassen seine Elemente sich mit Hilfe eines Geräts trennen, das als Zentrifuge bekannt ist. Die Zentrifuge steigert die Gravitationskraft und kann so beispielsweise Fettkügelchen und Milch oder Blutkörperchen und Blutplasma rasch voneinander trennen; von selbst verläuft diese Trennung nur sehr langsam, wenn man Milch oder Blut unter normalen Gravitationsverhältnissen ($g = 1$) stehen läßt.

Zentrifugen werden zur Analyse oder auch zur Produktion benutzt und funktionieren im wesentlichen folgendermaßen: Ein Behälter wird durch einen geeigneten Rotor in Umdrehungen versetzt, so daß eine (in Einheiten der Gravitationskraft gemessene) Fliehkraft entsteht, wie man sie auch erzeugt, wenn man einen Stein an einem Stück Schnur herumwirbeln läßt.

Nirgendwo ist der rasche technische Fortschritt so deutlich erkennbar wie auf dem Gebiet der Laborgeräte: Zentrifugen, die mit recht schweren Rotoren über tausend Umdrehungen pro Sekunde erreichen, gehören heute durchaus zur üblichen Einrichtung eines Laboratoriums. Für spezielle Forschungsvorhaben wurden Zentrifugen mit Gebläseturbinen konstruiert, die Gravitationskräfte von 100 000 g erzeugen können.

Zirbeldrüse

An der Oberseite des Zwischenhirns, zwischen Thalamus und Großhirn gelegen, hatte die Zirbeldrüse bei niederen Wirbeltieren etwas von einem Auge, jedenfalls war sie lichtempfindlich. Bei heutigen Säugetieren sieht man in ihr eine endokrine Drüse, welche die Pigmentierung beeinflußt.

Beim Menschen ist die Zirbeldrüse ausgeprägter als bei niederen Tieren, und von ihrer Bedeutung innerhalb der embryonalen Entwicklung hat Descartes noch nichts wissen können. Vielleicht ist das der Grund, warum er die Zirbeldrüse als Sitz der Seele vorschlug (möglicherweise wurde er von dem Umstand beeinflußt, daß er glaubte, Tiere hätten keine Seele). Für Descartes konnte die »Seele« nicht in einem materiellen Körper enthalten sein – so wie etwa die Gallenblase Galle enthält; sie war vielmehr ein belebendes Prinzip: »ein Wind, eine Flamme oder ein Äther« –, dem das Denkvermögen und besonders die Einbildungskraft innewohnten.

Zoos

Es wird nur wenige aufgeweckte Teenager geben, die nach einem ersten Blick auf die Affen im Käfig und einem zweiten auf die sie anstarrenden Besucher nicht auf trübe und (wie es ihnen scheint) recht tiefsinnige Gedanken kommen über die Frage, wer wohl als Ausstellungsgegenstand und wer als Betrachter anzusehen ist.

Zoos und Menagerien sind für alle Kulturen jederzeit und allerorten unterhaltsam; man findet dort viel Erbauliches, Ergötzliches und – aus Gründen, die sich schwer in Worte fassen lassen – Ergreifendes.

Die Verfasser dieses Bandes, Zoologen ihrer Ausbildung nach und aus Neigung, erinnern sich an viele wunderbare Erlebnisse im Zoo, zum Beispiel an eine Schar Giraffen, die, obwohl sie in ihrem Gehege ständig in Bewegung waren und in vollkommener Stille einmal hier-, einmal dorthin trabten, nie zusammenstießen oder sich auch nur streiften. Wir erinnern uns an das Entzücken (es wäre behavoristische Kleinlichkeit, es anders zu nennen), mit dem sich Elefanten an einem sehr heißen Tag mit kaltem Wasser abspritzen ließen. Wir erinnern uns auch – weil Menschen sich dabei so erbärmlich bloßstellten – an die öffentliche Paarung zweier Schildkröten – ein erhabenes Schauspiel im gemächlichen Tempo des Mesozoikums, das durch das vulgäre Gelächter und das Klicken der Kameras ringsum nicht erkennbar beeinträchtigt wurde. Ergreifend? Ja – vielleicht, weil die Tage der Schildkröten und überhaupt der Reptilien gezählt sind, so daß man sich fragt, was ihre Jungen noch zu erwarten haben.

Solche Unterhaltung ist ja schön und gut, aber ist es recht, zum Zwecke der Belustigung und Belehrung von Menschen Tiere zu fangen, einzusperren und zur Schau zu stellen? *Natürlich nicht!* Man bedenke aber, daß wir in einer unvollkommenen Welt leben, und wir haben nicht den Eindruck, daß die nichtmenschlichen Lebewesen in den Zoos es unverhältnismäßig schlecht haben, gemessen an der Tatsache, daß so viele Menschen in düsteren, unhygienischen Hütten oder Baracken hausen, die im Vergleich zu den Unterkünften, welche man in guten, modernen Zoos den Tieren zuweist, in mancher Hinsicht schlechter abschneiden. Erfreulicherweise zeichnen sich Verbesserungen ab, besonders in Gestalt von Wildreservaten, Naturschutzgebieten und anderen Formen, die einer natürlichen Umwelt mehr entsprechen. Das ist gleichwohl nur ein Anfang, und es gibt reichlich Gelegenheit zu großherzigem Handeln für amerikanische Industriemagnaten, die dem Fiskus vorenthaltene Gelder reumütig guten Zwecken zuwenden möchten, oder für vertrottelte britische Adlige, deren Ländereien statt von königlichen Steuereinnehmern ebensogut von richtigen Raubtieren bewohnt sein könnten. Im übrigen soll nicht unerwähnt bleiben, daß manche Tierarten nur deshalb noch existieren, weil Zoos ihnen einen Unterschlupf bieten.

Zufall

Der Zufall ist auf zwei Ebenen, die für die Evolutionstheorie bedeutsam sind, in die natürlichen Prozesse verwoben. Zufallsbedingt ist zum einen das Auftreten und der Charakter der Mutationen. Zum anderen ist der – man könnte fast sagen planmäßige – Zufall in den Mendelschen Vererbungsprozeß, in die zufällige Verteilung der Glieder von Chromosomenpaaren bei der Bildung der Gameten und ihre zufällige Vereinigung bei der Befruchtung, eingebaut. Der Zufall läßt eine wahrhaft unglaubliche Vielfalt an Kombinationen entstehen – Trillionen und Abertrillionen von möglichen Organismen, die das Ausgangsmaterial für die evolutionäre Veränderung bilden.

Was das Argument des Schöpfungsplans und die angebliche Güte eines vermeintlichen Planers betrifft, so geht es nicht an, die Segnungen des Zufalls anzuführen, über seine Missetaten aber hinwegzusehen. Der Zufall hat in das Naturgeschehen selbst jene Eigenschaften eingebaut, die nach der neodarwinistischen Theorie evolutionären Wandel überhaupt ermöglichen, und das muß als ein Pluspunkt gewertet werden. Es gibt aber auch eine Kehrseite, die drastisch zutage tritt, wenn man die Kosten der Überlebensfähigkeit nachrechnet – etwa in dem Fall, wo Mischerbige bezüglich des Hämoglobins S, das heißt, Träger des Sichelzellenmerkmals, eine gewisse Immunität gegen Malaria besitzen. Eine feine Sache ist diese relative Immunität für die Mischerbigen, aber für ihre Abkömmlinge ist sie recht grausam, denn jeder vierte von ihnen ist ein Opfer der praktisch tödlichen *Sichelzellenanämie.*

Ein Theologe hat uns einmal auseinandergesetzt, daß die Weisheit und die Güte Gottes in der Art und Weise zu erkennen seien, in der der Planer das Element des Zufalls, wie es in der Mendelschen Vererbung zu beobachten sei, vorgesehen und genutzt habe, auf daß es uns zum Vorteil gereiche. Bei dieser Argumentation, die sich fast unverändert auch auf den Besitzer eines Spielcasinos übertragen ließe, können wir ein Gefühl des Unbehagens nicht leugnen.

Personenregister

Sachregister

Mit dem Kursivdruck werden Buchtitel gekennzeichnet.